高等职业院校通识教育“十三五”规划教材

高等数学（第2版）

ADVANCED MATHEMATICS

彭黎霞 主编

人民邮电出版社
北京

图书在版编目（CIP）数据

高等数学 / 彭黎霞主编. -- 2版. -- 北京 : 人民邮电出版社, 2019.8
高等职业院校通识教育“十三五”规划教材
ISBN 978-7-115-51324-3

Ⅰ. ①高… Ⅱ. ①彭… Ⅲ. ①高等数学一高等职业教育一教材 Ⅳ. ①013

中国版本图书馆CIP数据核字(2019)第095724号

内 容 提 要

本书根据高职高专院校的高等数学实际教学需求而编写.全书共 10 章，主要内容包括函数与极限、导数与微分、导数的应用、不定积分、定积分、向量与空间解析几何、多元函数微积分学、常微分方程、线性代数初步和数学软件 Matlab 7.0 的应用.

本书既可作为高职高专院校各专业的高等数学教材，又可作为成人高校、继续教育学院和民办高校的高等数学教材，还可作为各类技术人员学习高等数学的参考用书.

◆ 主　　编　彭黎霞
　责任编辑　王　平
　责任印制　焦志炜

◆ 人民邮电出版社出版发行　　北京市丰台区成寿寺路 11 号
　邮编　100164　　电子邮件　315@ptpress.com.cn
　网址　http://www.ptpress.com.cn
　三河市君旺印务有限公司印刷

◆ 开本：787×1092　1/16
　印张：16　　　　　　2019 年 8 月第 2 版
　字数：377 千字　　　2024 年 8 月河北第11次印刷

定价：45.00 元

读者服务热线：(010)81055256　印装质量热线：(010)81055316
反盗版热线：(010)81055315
广告经营许可证：京东市监广登字 20170147 号

前言

“高等数学”是高职高专院校各专业的一门必修基础课程．高等数学不仅是学习其他课程的基础，而且是思维训练的工具．数学方法、数学思维会一直贯穿于人们的学习和工作中．

鉴于“高等数学”课程的重要性，我们根据高职高专院校学生的学习需要，结合多年的实际教学经验编写了此书．本书的编写遵循“必需、够用”的原则，不仅充分考虑到高职高专院校学生在校学习及工作后对数学知识与数学工具的需要，而且注重学生可持续发展的需要．与第 1 版相比较，这次改版我们对高等数学各部分知识做了适当的取舍，不过分追求数学理论的系统性与完整性，删除了一些难度较大的理论证明与推导，改用解释说明的方法加以阐述，以更适应高职高专院校学生的学习特点与要求．本书对基本概念的讲解采用案例驱动的方式，注重概念与实际问题的联系，以提高学生应用数学概念和方法建立数学模型的能力．本书按照由浅入深、循序渐进的原则选取例题和习题，同时注重例题和习题与实际应用相结合．本书为全部习题配备了参考答案．本书在每章之前，都有短小的序言，点明此章所述的主要内容；每章末尾有本章小结，为学生系统总结此章的主要概念、定理与方法，方便学生复习所学知识．

本书由彭黎霞任主编，参加本书编写工作的还有福建信息职业技术学院的林贞棋、林江、曾文建、陈柳彩、邓亮章、林丽英．全书的统稿、定稿由彭黎霞完成．

编　者

2019 年 2 月

目录

第 1 章

函数与极限

函数是高等数学研究的主要对象，极限是微积分学的理论基础. 本章将学习函数、函数的极限、函数的连续性等基本概念、基本性质和基本运算.

1.1 函数

1.1.1 函数的 4 种特性

1. 函数的有界性

设函数 $y=f(x)$ 在集合 D 上有定义，如果存在一个正数 M，对于所有的 $x\in D$，恒有 $|f(x)|\leqslant M$，则称函数 $f(x)$ 在 D 上是有界的. 如果不存在这样的正数 M，则称 $f(x)$ 在 D 上是无界的.

函数 $y=f(x)$ 在区间(a,b)内有界的几何意义：曲线 $y=f(x)$ 在区间(a,b)内被限制在 $y=-M$ 和 $y=M$ 两条直线之间.

2. 函数的奇偶性

设函数 $y=f(x)$ 在集合 D 上有定义，如果对任意的 $x\in D$，恒有 $f(-x)=f(x)$，则称 $f(x)$ 为偶函数；如果对任意的 $x\in D$，恒有 $f(-x)=-f(x)$，则称 $f(x)$ 为奇函数.

由上所述可知，对任意的 $x\in D$，必有 $-x\in D$，否则 $f(-x)$ 没有意义. 因此，当函数具有奇偶性时，其定义域定是关于原点对称的.

偶函数的图形关于 y 轴对称，奇函数的图形关于原点对称.

3. 函数的单调性

如果对于函数 $y=f(x)$ 定义域上某个区间(a,b)内的任意两点 x_1 和 x_2，当 $x_1<x_2$ 时，有 $f(x_1)<f(x_2)$，则称函数 $f(x)$ 在(a,b)内是单调增加的；如果对于(a,b)内的任意两点 x_1 和 x_2，当 $x_1<x_2$ 时，有 $f(x_1)>f(x_2)$，则称函数 $f(x)$ 在(a,b)内是单调减少的.

单调增加函数与单调减少函数统称为单调函数.

单调增加函数的图形是沿 x 轴正向逐渐上升的，单调减少函数的图形是沿 x 轴正向逐渐下降的.

4. **函数的周期性**

对于函数 $y=f(x)$，如果存在数 a，使 $f(x)=f(x+a)$ 恒成立，则称函数 $f(x)$ 为周期函数. 满足这个等式的最小正数 a 称为函数 $f(x)$ 的最小正周期(简称周期).

1.1.2 反函数

设 $y=f(x)$ 是 x 的函数，其值域为 R，如果对于 R 中的每一个 y 值，都有一个确定的且满足 $y=f(x)$ 的 x 值与之对应，则得到一个定义在 R 上的，以 y 为自变量、x 为因变量的新函数，称它为 $y=f(x)$ 的反函数，记作 $x=f^{-1}(y)$. 当然，也可以说 $y=f(x)$ 是 $x=f^{-1}(y)$ 的反函数，即它们互为反函数. 显然，单调函数一定有反函数. 习惯上总是用 x 表示自变量，用 y 表示因变量，因此，通常把 $x=f^{-1}(y)$ 改写为 $y=f^{-1}(x)$.

可以证明，函数 $y=f(x)$ 与其反函数 $y=f^{-1}(x)$ 的图形关于直线 $y=x$ 对称.

例 1.1.1 求 $y=4x-1$ 的反函数.

解：由 $y=4x-1$ 得到 $x=\dfrac{y+1}{4}$，然后交换 x 和 y，得 $y=\dfrac{x+1}{4}$. $y=\dfrac{x+1}{4}$ 就是 $y=4x-1$ 的反函数.

1.1.3 基本初等函数

把幂函数 $y=x^{\alpha}(\alpha\in\mathbf{R})$、指数函数 $y=a^{x}(a>0$ 且 $a\neq1)$、对数函数 $y=\log_a x\ (a>0$ 且 $a\neq1)$、三角函数和反三角函数统称为基本初等函数. 其中，三角函数包括 6 个函数：$y=\sin x$；$y=\cos x$；$y=\tan x$；$y=\cot x$；$y=\sec x$；$y=\csc x$. 反三角函数包括 4 个函数：$y=\arcsin x$；$y=\arccos x$；$y=\arctan x$；$y=\operatorname{arccot} x$.

1. **幂函数**

幂函数 $y=x^{\alpha}(\alpha\in\mathbf{R})$ 的定义域和值域因 α 不同而异，但是无论 α 取何值，幂函数 $y=x^{\alpha}$ 在区间 $(0,+\infty)$ 内总是有定义的. 在画幂函数的图形时，通常先画出第一象限的图形，再根据对称性画出幂函数在其他象限的图形. 常见的幂函数的图形如图 1-1 所示.

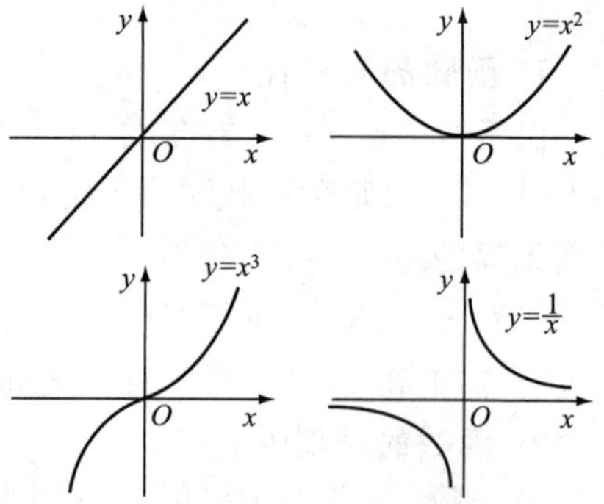

图 1-1

2. **指数函数**

指数函数 $y=a^{x}(a>0$ 且 $a\neq1)$ 的定义域为 $(-\infty,+\infty)$，值域为 $(0,+\infty)$. 指数函数 $y=a^{x}$ 的图形如图 1-2 所示.

3. **对数函数**

对数函数 $y=\log_a x\ (a>0$ 且 $a\neq1)$ 的定义域为 $(0,+\infty)$，值域为 $(-\infty,+\infty)$. 对数函数 $y=\log_a x$ 是指数函数 $y=a^{x}$ 的反函数. 对数函数 $y=\log_a x$ 的图形如图 1-3 所示.

以 e(e=2.718 281 828…) 为底的对数函数记作 $y=\ln x$，称为自然对数函数.

4. **三角函数**

三角函数有正弦函数 $y=\sin x$、余弦函数 $y=\cos x$、正切函数 $y=\tan x$、余切函数 $y=\cot x$、正割函数 $y=\sec x$(与余弦函数为倒数关系)和余割函数 $y=\csc x$(与正弦函数为倒数关系). 其中，正弦函数 $y=\sin x$、余弦函数 $y=\cos x$、正切函数 $y=\tan x$ 和余切函数 $y=\cot x$

的图形如图 1 - 4 所示.

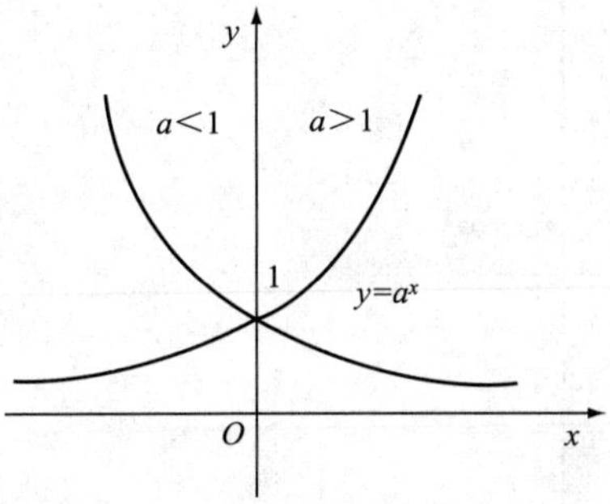

图 1 - 2

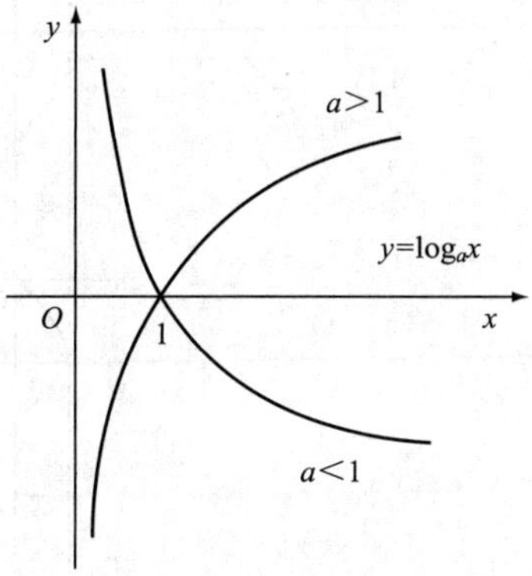

图 1 - 3

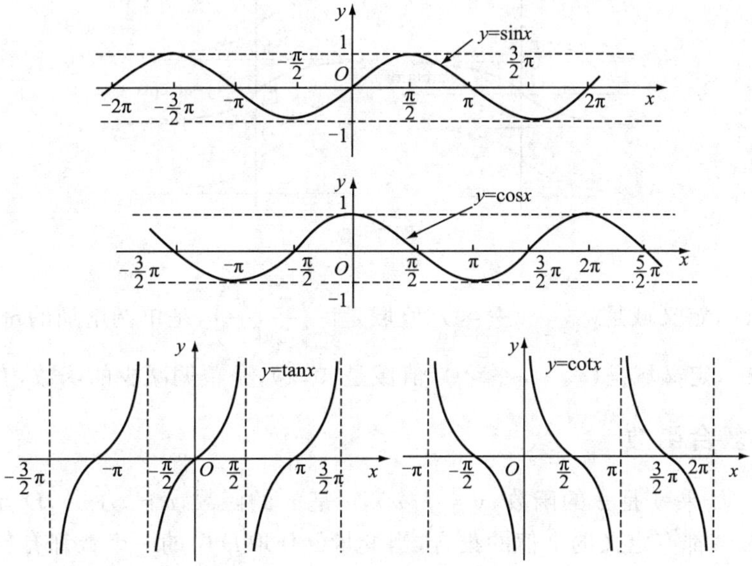

图 1 - 4

5. **反三角函数**

反三角函数包括反正弦函数 $y = \arcsin x$、反余弦函数 $y = \arccos x$、反正切函数 $y = \arctan x$ 和反余切函数 $y = \mathrm{arccot} x$，它们的图形如图 1 - 5 所示.

它们是作为相应三角函数的反函数定义出来的.

$y = \arcsin x$ 是 $y = \sin x \left(x \in \left[-\dfrac{\pi}{2}, \dfrac{\pi}{2}\right]\right)$ 的反函数.

$y = \arccos x$ 是 $y = \cos x\ (x \in [0, \pi])$ 的反函数.

$y = \arctan x$ 是 $y = \tan x \left(x \in \left(-\dfrac{\pi}{2}, \dfrac{\pi}{2}\right)\right)$ 的反函数.

$y = \mathrm{arccot} x$ 是 $y = \cot x\ (x \in (0, \pi))$ 的反函数.

$y = \arcsin x$，定义域是$[-1, 1]$，值域是$\left(-\dfrac{\pi}{2}, \dfrac{\pi}{2}\right)$，是单调增加的奇函数，有界.

$y = \arccos x$，定义域是$[-1, 1]$，值域是$[0, \pi]$，是单调减少的函数，有界.

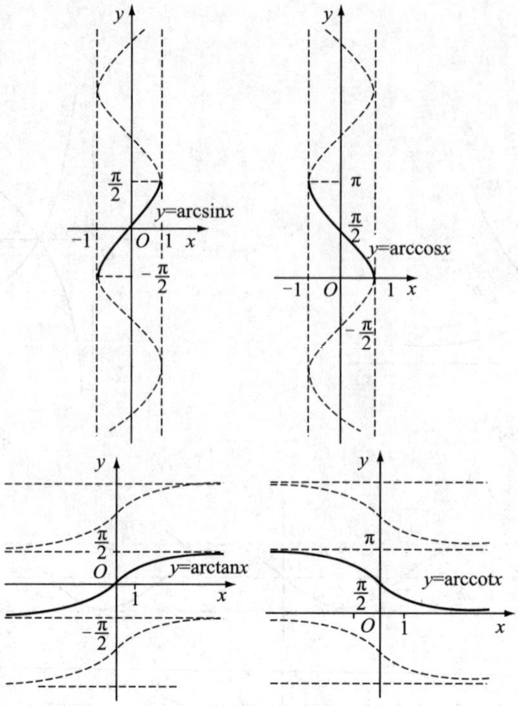

图 1-5

$y=\arctan x$，定义域是$(-\infty,+\infty)$，值域是$\left(-\frac{\pi}{2},\frac{\pi}{2}\right)$，是单调增加的奇函数，有界.

$y=\mathrm{arccot}\, x$，定义域是$(-\infty,+\infty)$，值域是$(0,\pi)$，是单调减少的函数，有界.

1.1.4 复合函数

定义 1.1 如果 y 是 u 的函数，$y=f(u)$，u 是 x 的函数，$u=\varphi(x)$，D 是使得函数 $y=f(u)$ 和 $u=\varphi(x)$ 都有定义的 x 值的集合，当变量 x 任取 D 中的一个数都有唯一确定的 y 值与之对应时，称 y 是 x 的复合函数，记作 $y=f[\varphi(x)]$，其中 x 称为自变量，u 称为中间变量. 若复合函数由多个函数复合而成，则中间变量可用变量 u,v,w,s,t 等表示.

注意：函数 $u=\varphi(x)$ 的值域应和函数 $y=f(u)$ 的定义域有交集，否则构成的复合函数没有意义. 例如，$y=2^{2x}$ 和 $y=\arctan 2x$ 都是复合函数，而 $y=\arcsin(x^2+2)$ 则没有意义.

例 1.1.2 已知 $y=\ln u$，$u=4-v^2$，$v=\cos x$，将 y 表示成 x 的函数.

解：$y=\ln(4-v^2)=\ln(4-\cos^2 x)$

上例是复合函数的“合成”问题，复合函数的“合成”只要将所给的函数逐个代入即可.

例 1.1.3 指出函数 $y=3\cos^2[3(x^2+2)^2]$ 的复合过程.

解：复合过程为 $y=3u^2$，$u=\cos v$，$v=3w^2$，$w=x^2+2$.

上例是复合函数的“分解”问题. 通常情况下，所分解出来的函数必须是基本初等函数或多项式.

1.1.5 初等函数

由基本初等函数和常数经过有限次的四则运算或经过有限次的复合步骤所形成的，并且可用一个解析式表示的函数叫作初等函数.

例如，$y=2^{x^2}$、$y=3\sin x$、$y=2+\sqrt{x}$、$y=\sin^3(2x)$、$y=\ln(x-1)$、$y=\arctan\sqrt{3x}$ 等都是初等函数. 不难发现，我们过去所见的函数一般都是初等函数.

1.1.6　分段函数

有些函数虽然可以用解析式表示，但不能用一个解析式表示，它们在定义域的不同范围内具有不同的解析式，这样的函数称为分段函数.

例如，$y=\begin{cases}x, & x>0,\\ -x, & x\leqslant 0\end{cases}$ 和 $y=\begin{cases}1, & x>0,\\ 0, & x=0,\\ -1, & x<0\end{cases}$ 都是分段函数.

习题 1.1

1. 求 $y=\sqrt[3]{x+1}$ 的反函数.
2. 求 $f(x)=\begin{cases}2x-1, & x>0,\\ x^2-1, & x\leqslant 0\end{cases}$ 的定义域和值域.
3. 设 $y=f(u)=3\ln u$，$u=\varphi(x)=1-x^2$，求复合函数及定义域.
4. 下列各组函数中，哪些能构成复合函数，哪些不能？

(1) $y=\arccos u$，$u=2+x^2$；　(2) $y=\sqrt{u}$，$u=\sin v$，$v=\frac{x}{2}$.

5. 指出下列函数由哪些函数复合而成：

(1) $y=\mathrm{e}^{-x}$；　(2) $y=\left(\arcsin\frac{x}{2}\right)^2$；

(3) $y=2\mathrm{e}^{3-x^2}$；　(4) $y=\arcsin\sqrt{\sin x}$；

(5) $y=\sin^3(\ln x)$；　(6) $y=\sin(\ln^3\cos x)$；

(7) $y=3\operatorname{arccot}^2 x$；　(8) $y=\ln^2(\sin\mathrm{e}^{x^2+2x+2})$.

1.2　函数的极限

1.2.1　当 $x\to\infty$ 时的极限

当自变量 x 的绝对值无限增大时，如果函数 $f(x)$ 无限趋近于一个常数 A，则称 A 为函数 $f(x)$ 当 $x\to\infty$ 时的极限，记为 $\lim\limits_{x\to\infty}f(x)=A$. 否则，称 $f(x)$ 的极限不存在. 显然，$x\to\infty$ 包括 $x\to-\infty$ 和 $x\to+\infty$，当 $x\to-\infty$ 时，$f(x)$ 的极限记为 $\lim\limits_{x\to-\infty}f(x)$；当 $x\to+\infty$ 时，$f(x)$ 的极限记为 $\lim\limits_{x\to+\infty}f(x)$.

极限 $\lim\limits_{x\to\infty}f(x)=A$ 存在的充要条件是 $\lim\limits_{x\to-\infty}f(x)=\lim\limits_{x\to+\infty}f(x)=A$.

考察函数 $y=\frac{1}{x}$ 的图形（见图1-6），容易发现 $x\to-\infty$ 和 $x\to+\infty$ 都有 $y\to 0$，因此称

函数 $y=\frac{1}{x}$ 当 $x\to\infty$ 时的极限为 0,记作 $\lim\limits_{x\to\infty}\frac{1}{x}=0$.

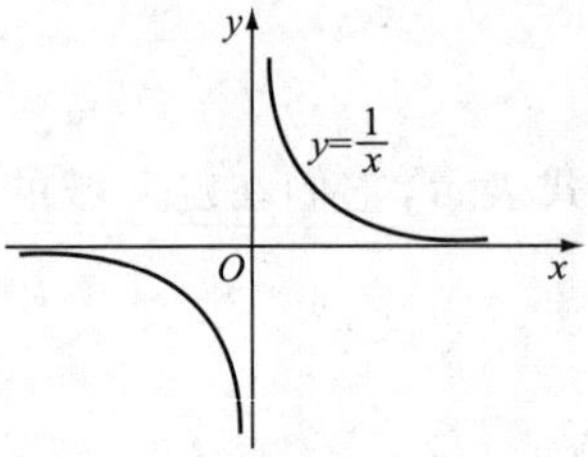

图 1-6

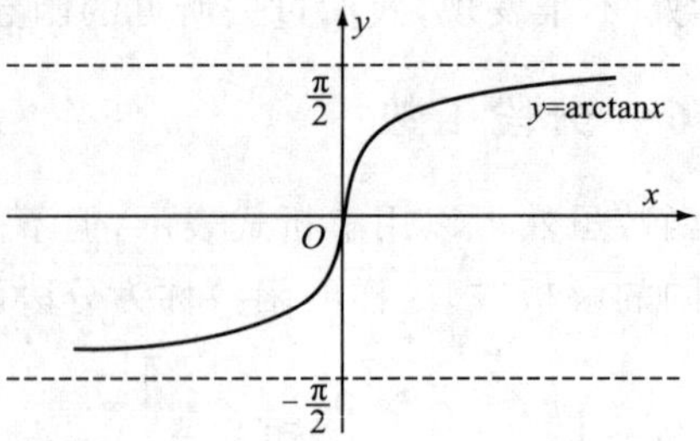

图 1-7

对于反正切函数(见图 1-7),因为 $\lim\limits_{x\to-\infty}\arctan x=-\frac{\pi}{2}$, $\lim\limits_{x\to+\infty}\arctan x=\frac{\pi}{2}$, $\lim\limits_{x\to-\infty}\arctan x\neq\lim\limits_{x\to+\infty}\arctan x$,所以 $\lim\limits_{x\to\infty}\arctan x$ 不存在.

1.2.2 当 $x\to x_0$ 时的极限

当自变量 x 无限接近于 $x_0(x\neq x_0)$ 时,如果函数 $f(x)$ 无限趋近于一个常数 A,则称 A 为函数 $f(x)$ 当 $x\to x_0$ 时的极限,记为 $\lim\limits_{x\to x_0}f(x)=A$.

若 x 从左侧趋近于 x_0(记为 $x\to x_0^-$)$f(x)$ 的极限为 A,则称当 $x\to x_0^-$ 时 $f(x)$ 的左极限为 A,记为 $\lim\limits_{x\to x_0^-}f(x)=A$;若 x 从右侧趋近于 x_0(记为 $x\to x_0^+$)时 $f(x)$ 的极限为 A,则称当 $x\to x_0^+$ 时 $f(x)$ 的右极限为 A,记为 $\lim\limits_{x\to x_0^+}f(x)=A$.

极限 $\lim\limits_{x\to x_0}f(x)=A$ 存在的充要条件是 $\lim\limits_{x\to x_0^-}f(x)=\lim\limits_{x\to x_0^+}f(x)=A$.

例 1.2.1 考察当 $x\to 0.5$ 时,函数 $f(x)=2x+1$ 的极限.

解:列表如下(见表 1-1).

表 1-1

从左侧 → 0.5 ← 从右侧
⇓

x	…	0.49	0.499	0.499 9	…	0.5	…	0.500 1	0.501	0.51	…
$f(x)$	…	1.98	1.998	1.999 8	…	2	…	2.000 2	2.002	2.02	…

从表中可以看出,当 $x\to 0.5$(无论 x 从左侧还是从右侧趋于 0.5)时,函数 $f(x)=2x+1$ 的值趋于 2,因此称当 $x\to 0.5$ 时,函数 $f(x)=2x+1$ 的极限为 2,记为 $\lim\limits_{x\to 0.5}(2x+1)=2$.

判断分段函数 $f(x)$ 在其定义域交界点 x_0 处的极限是否存在时,需要考察当 $x\to x_0$ 时 $f(x)$ 的左右极限的情况.

例 1.2.2 考察函数 $f(x)=\begin{cases}1, & x<0,\\ 0, & x=0,\\ -1, & x>0\end{cases}$ 在 $x\to 0$ 时的极限.

解：由于 $\lim\limits_{x\to 0^-}f(x)=1$，$\lim\limits_{x\to 0^+}f(x)=-1$，左右极限不相等，所以当 $x\to 0$ 时 $f(x)$ 的极限不存在.

例 1.2.3　函数 $f(x)=\begin{cases}x+1, & x<0,\\ x^2, & 0\leqslant x\leqslant 1,\\ x, & x>1,\end{cases}$ 判断当 $x\to 0$，$x\to 1$，$x\to 2$ 时函数极限的存在性，若存在，则求之.

解：(1) 由于 $\lim\limits_{x\to 0^-}f(x)=\lim\limits_{x\to 0^-}(x+1)=1$，$\lim\limits_{x\to 0^+}f(x)=\lim\limits_{x\to 0^+}x^2=0$，所以 $\lim\limits_{x\to 0}f(x)$ 不存在；

(2) 由于 $\lim\limits_{x\to 1^-}f(x)=\lim\limits_{x\to 1^-}x^2=1$，$\lim\limits_{x\to 1^+}f(x)=\lim\limits_{x\to 1^+}x=1$，所以 $\lim\limits_{x\to 1}f(x)=1$；

(3) $\lim\limits_{x\to 2}f(x)=\lim\limits_{x\to 2}x=2$.

例 1.2.4　观察说明 $\lim\limits_{x\to 1}\dfrac{x^2-1}{x-1}=2$.

说明：函数 $f(x)=\dfrac{x^2-1}{x-1}$ 在 $x=1$ 时没有意义，而当 $x\to 1$ 时，函数 $f(x)=\dfrac{x^2-1}{x-1}$ 的极限是2. 这说明当 $x\to x_0$ 时，函数 $f(x)$ 的极限与函数 $f(x)$ 在 $x=x_0$ 时有没有意义无关；反之，有意义也未必有极限.

习题 1.2

1. 观察并写出下列函数的极限：

(1) $\lim\limits_{x\to\infty}\dfrac{1}{x^3}$；　　(2) $\lim\limits_{x\to 3}(3x-1)$；

(3) $\lim\limits_{x\to -2}\dfrac{x^2-4}{x+2}$；　　(4) $\lim\limits_{x\to -\infty}\mathrm{e}^x$.

2. 证明 $\lim\limits_{x\to 0}\dfrac{x}{|x|}$ 不存在.

3. 设 $f(x)=\begin{cases}x, & x<3,\\ 2x+1, & x\geqslant 3,\end{cases}$ 画出 $f(x)$ 的图形，并讨论当 $x\to 3$ 时，$f(x)$ 的左、右极限以及 $\lim\limits_{x\to 3}f(x)$ 是否存在.

4. 设 $f(x)=\begin{cases}-\dfrac{1}{x-1}, & x<0,\\ 0, & x=0,\\ x, & x>0,\end{cases}$ 求 $f(x)$ 当 $x\to 0$ 时的左、右极限，并说明 $f(x)$ 当 $x\to 0$ 时的极限是否存在.

5. $f(x)=\begin{cases}x^2+3x-1, & x\leqslant 1,\\ x, & 1<x<2,\\ x-1, & x\geqslant 2,\end{cases}$ 求 $\lim\limits_{x\to 0}f(x)$，$\lim\limits_{x\to 1}f(x)$，$\lim\limits_{x\to 2}f(x)$，$\lim\limits_{x\to 3}f(x)$.

1.3 极限的四则运算法则

利用极限的定义只能计算一些很简单的函数的极限，而实际问题中的函数却要复杂得多. 本节将介绍极限的四则运算法则，并运用这些法则求解一些较复杂函数的极限问题.

定理 1.1 若 $\lim\limits_{x \to x_0} u(x) = A$，$\lim\limits_{x \to x_0} v(x) = B$，则

(1) $\lim\limits_{x \to x_0} [u(x) \pm v(x)] = \lim\limits_{x \to x_0} u(x) \pm \lim\limits_{x \to x_0} v(x) = A \pm B$；

(2) $\lim\limits_{x \to x_0} [u(x) \cdot v(x)] = \lim\limits_{x \to x_0} u(x) \cdot \lim\limits_{x \to x_0} v(x) = A \cdot B$；

(3) 当 $\lim\limits_{x \to x_0} v(x) = B \neq 0$ 时，$\lim\limits_{x \to x_0} \dfrac{u(x)}{v(x)} = \dfrac{\lim\limits_{x \to x_0} u(x)}{\lim\limits_{x \to x_0} v(x)} = \dfrac{A}{B}$.

上述运算法则可推广到有限个函数的代数和及乘法的情况，此外还有以下推论.

推论 设 $\lim\limits_{x \to x_0} u(x)$ 存在，C 为常数，n 为正整数，则有

(1) $\lim\limits_{x \to x_0} [Cu(x)] = C \lim\limits_{x \to x_0} u(x)$；

(2) $\lim\limits_{x \to x_0} [u(x)]^n = [\lim\limits_{x \to x_0} u(x)]^n$.

在使用这些法则时，必须注意以下 3 点.

(1) 每个参与运算的函数的极限都存在.

(2) 商的极限的运算法则有一个重要前提，即分母的极限不能为 0.

(3) 将 $x \to x_0$ 换成自变量的任何一种变化情况，法则仍成立.

当上面的 3 个条件不具备时，不能使用极限的四则运算法则.

例 1.3.1 求 $\lim\limits_{x \to 2} \dfrac{3x^3 - 8x^2 - 9}{6x^2 - 9x + 4}$.

解：
$$\begin{aligned}\lim_{x \to 2} \frac{3x^3 - 8x^2 - 9}{6x^2 - 9x + 4} &= \frac{\lim\limits_{x \to 2}(3x^3 - 8x^2 - 9)}{\lim\limits_{x \to 2}(6x^2 - 9x + 4)} \\ &= \frac{\lim\limits_{x \to 2}(3x^3) - \lim\limits_{x \to 2}(8x^2) - \lim\limits_{x \to 2} 9}{\lim\limits_{x \to 2}(6x^2) - \lim\limits_{x \to 2}(9x) + \lim\limits_{x \to 2} 4} \\ &= \frac{3 \times 2^3 - 8 \times 2^2 - 9}{6 \times 2^2 - 9 \times 2 + 4} \\ &= -\frac{17}{10}.\end{aligned}$$

思考：对于多项式和有理分式函数（分子、分母都是多项式）的极限，你能得出怎样的结论？

例 1.3.2 求 $\lim\limits_{x \to -2} \dfrac{x^2 + 2x}{3x^2 + x - 10}$.

解：
$$\begin{aligned}\lim_{x \to -2} \frac{x^2 + 2x}{3x^2 + x - 10} &= \lim_{x \to -2} \frac{x(x + 2)}{(x + 2)(3x - 5)} \\ &= \lim_{x \to -2} \frac{x}{3x - 5} = \frac{2}{11}.\end{aligned}$$

例 1.3.3　求$\lim\limits_{x \to 4} \dfrac{\sqrt{x}-2}{x-4}$.

解：$\lim\limits_{x \to 4} \dfrac{\sqrt{x}-2}{x-4} = \lim\limits_{x \to 4} \dfrac{(\sqrt{x}-2)(\sqrt{x}+2)}{(x-4)(\sqrt{x}+2)} = \lim\limits_{x \to 4} \dfrac{1}{\sqrt{x}+2} = \dfrac{1}{4}$.

以上两例的极限类型可记为$\dfrac{0}{0}$型. 求$\dfrac{0}{0}$型极限的一般方法是先将分式约简后求之. 常用的方法有因式分解法和分子(或分母)有理化法.

例 1.3.4　求$\lim\limits_{x \to \infty} \dfrac{2x^2-x+1}{x^2+1}$.

解：$\lim\limits_{x \to \infty} \dfrac{2x^2-x+1}{x^2+1} = \lim\limits_{x \to \infty} \dfrac{2-\dfrac{1}{x}+\dfrac{1}{x^2}}{1+\dfrac{1}{x^2}} = 2$.

例 1.3.5　求$\lim\limits_{x \to \infty} \dfrac{x^2+1}{5x^3-5}$.

解：$\lim\limits_{x \to \infty} \dfrac{x^2+1}{5x^3-5} = \lim\limits_{x \to \infty} \dfrac{\dfrac{1}{x}+\dfrac{1}{x^3}}{5-\dfrac{5}{x^3}} = 0$.

思考：对于有理分式函数，$x \to \infty$ 时的极限有什么规律？

例 1.3.6　求$\lim\limits_{x \to +\infty} \dfrac{2^x-1}{4^x+1}$.

解：$\lim\limits_{x \to +\infty} \dfrac{2^x-1}{4^x+1} = \lim\limits_{x \to +\infty} \dfrac{\left(\dfrac{2}{4}\right)^x-\left(\dfrac{1}{4}\right)^x}{1+\left(\dfrac{1}{4}\right)^x} = 0$.

以上 3 例的极限类型为$\dfrac{\infty}{\infty}$型. 求$\dfrac{\infty}{\infty}$型极限的一般方法是先将分式约简，或分子、分母同除以 x 的最高次幂，或分子、分母同除以某个以 ∞ 为极限的函数式，然后求极根.

除了$\dfrac{0}{0}$和$\dfrac{\infty}{\infty}$型以外，还有 $0 \cdot \infty$、$\infty - \infty$ 等类型(这些类型的极限称为未定式)，求后两种类型的极限的一般方法是转化法，可以通过通分、有理化等方法将后两种类型转化为$\dfrac{0}{0}$或$\dfrac{\infty}{\infty}$型来求极限.

例 1.3.7　求$\lim\limits_{x \to 2}\left(\dfrac{4}{x^2-4}-\dfrac{1}{x-2}\right)$.

解：$\lim\limits_{x \to 2}\left(\dfrac{4}{x^2-4}-\dfrac{1}{x-2}\right) = \lim\limits_{x \to 2} \dfrac{4-x-2}{x^2-4} = \lim\limits_{x \to 2}\left(-\dfrac{1}{x+2}\right) = -\dfrac{1}{4}$.

思考：$\lim\limits_{x \to +\infty} \sqrt{x} \cdot (\sqrt{x+2}-\sqrt{x})$ 是什么类型的极限？如何求？

习题 1.3

求下列函数的极限：

(1) $\lim\limits_{x\to 1}(x^2-9x+4)$；

(2) $\lim\limits_{x\to -16}\sqrt{1-5x}$；

(3) $\lim\limits_{x\to 2}\dfrac{x^2-5x+6}{x^2-3x+2}$；

(4) $\lim\limits_{x\to\infty}\dfrac{2x^5-x^3+1}{x^5+1}$；

(5) $\lim\limits_{x\to\infty}\dfrac{5x^4-x^3+1}{x^5+1}$；

(6) $\lim\limits_{x\to 1}\left(\dfrac{1}{1-x}-\dfrac{3}{1-x^3}\right)$；

(7) $\lim\limits_{x\to 1}\left(\dfrac{x^2-3x+1}{x+4}+2\right)$；

(8) $\lim\limits_{x\to 0}\left(\dfrac{x}{1-\sqrt{1+x}}\right)$；

(9) $\lim\limits_{x\to 1}\dfrac{\sqrt[3]{x}-1}{\sqrt{x}-1}$；

(10) $\lim\limits_{x\to +\infty}\dfrac{2^x+3^x}{2^{x+1}+3^{x+1}}$；

(11) $\lim\limits_{x\to\infty}\dfrac{(x-1)^4-x^3+1}{x^4+1}$.

1.4 两个重要极限

1.4.1 第一个重要极限：$\lim\limits_{x\to 0}\dfrac{\sin x}{x}=1$

表 1-2 列出了当 x 取接近 0 的数时函数 $\dfrac{\sin x}{x}$ 的函数值.

表 1-2

x	1	0.5	0.1	0.01	…
$\dfrac{\sin x}{x}$	0.841 47	0.958 85	0.998 33	0.999 98	…

从上表可以看出，当 $x\to 0$ 时，函数 $\dfrac{\sin x}{x}\to 1$，即 $\lim\limits_{x\to 0}\dfrac{\sin x}{x}=1$，当然，也可以写成 $\lim\limits_{f(x)\to 0}\dfrac{\sin f(x)}{f(x)}=1$.

例 1.4.1 求 $\lim\limits_{x\to 0}\dfrac{\sin 4x}{x}$.

解：$\lim\limits_{x\to 0}\dfrac{\sin 4x}{x}=\lim\limits_{x\to 0}\dfrac{4\sin 4x}{4x}=4\lim\limits_{x\to 0}\dfrac{\sin 4x}{4x}=4$.

例 1.4.2 求 $\lim\limits_{x\to 0}\dfrac{\tan x}{x}$.

解：$\lim\limits_{x\to 0}\dfrac{\tan x}{x}=\lim\limits_{x\to 0}\dfrac{\sin x}{x}\cdot\dfrac{1}{\cos x}=\lim\limits_{x\to 0}\dfrac{\sin x}{x}\cdot\lim\limits_{x\to 0}\dfrac{1}{\cos x}=1$.

例 1.4.3　求$\lim\limits_{x\to 0}\dfrac{\tan 2x}{\sin x}$.

解:$\lim\limits_{x\to 0}\dfrac{\tan 2x}{\sin x}=\lim\limits_{x\to 0}\left(\dfrac{2\sin 2x}{2x\cos 2x}\cdot\dfrac{x}{\sin x}\right)=2\lim\limits_{x\to 0}\dfrac{\sin 2x}{2x}\cdot\lim\limits_{x\to 0}\dfrac{x}{\sin x}\cdot\lim\limits_{x\to 0}\dfrac{1}{\cos 2x}=2.$

例 1.4.4　求$\lim\limits_{x\to 0}\dfrac{1-\cos x}{x^2}$.

$$\text{解}:\lim_{x\to 0}\frac{1-\cos x}{x^2}=\lim_{x\to 0}\frac{2\left(\sin\frac{x}{2}\right)^2}{4\left(\frac{x^2}{2}\right)}=\frac{1}{2}\lim_{x\to 0}\left[\frac{\sin\frac{x}{2}}{\frac{x}{2}}\right]^2=\frac{1}{2}.$$

例 1.4.5　求$\lim\limits_{x\to 0}\dfrac{\tan x-\sin x}{x^3}$.

$$\text{解}:\lim_{x\to 0}\frac{\tan x-\sin x}{x^3}=\lim_{x\to 0}\frac{\sin x\left(\frac{1}{\cos x}-1\right)}{x^3}=\lim_{x\to 0}\left(\frac{\sin x}{x}\cdot\frac{1-\cos x}{x^2}\cdot\frac{1}{\cos x}\right)=\frac{1}{2}.$$

1.4.2　第二个重要极限:$\lim\limits_{x\to\infty}\left(1+\dfrac{1}{x}\right)^x=e$ 或 $\lim\limits_{x\to 0}(1+x)^{\frac{1}{x}}=e$

表 1-3 列出了当 x 取越来越大的数时函数$\left(1+\dfrac{1}{x}\right)^x$的函数值.

表 1-3

x	2	10	100	1 000	10 000	…
$\left(1+\frac{1}{x}\right)^x$	2.250	2.594	2.705	2.717	2.718	…

从上表可以看出,当 $x\to\infty$ 时,函数$\left(1+\dfrac{1}{x}\right)^x\to e$,即

$$\lim_{x\to\infty}\left(1+\frac{1}{x}\right)^x=e\text{ 或}\lim_{x\to 0}(1+x)^{\frac{1}{x}}=e,\text{其中},e=2.718\,281\,828\,45\cdots$$

$\lim\limits_{x\to 0}(1+x)^{\frac{1}{x}}=e$ 可以写成 $\lim\limits_{f(x)\to 0}[1+f(x)]^{\frac{1}{f(x)}}=e$,公式$\lim\limits_{x\to\infty}\left(1+\dfrac{1}{x}\right)^x=e$ 可以写成 $\lim\limits_{f(x)\to\infty}\left[1+\dfrac{1}{f(x)}\right]^{f(x)}=e$.

例 1.4.6　求$\lim\limits_{x\to\infty}\left(1+\dfrac{3}{x}\right)^x$.

$$\text{解}:\lim_{x\to\infty}\left(1+\frac{3}{x}\right)^x=\lim_{x\to\infty}\left(1+\frac{1}{\frac{x}{3}}\right)^{\frac{x}{3}\cdot 3}=e^3.$$

例 1.4.7　求$\lim\limits_{x\to\infty}\left(1-\dfrac{3}{2x}\right)^x$.

$$\text{解}:\lim_{x\to\infty}\left(1-\frac{3}{2x}\right)^x=\lim_{x\to\infty}\left(1+\frac{1}{-\frac{2x}{3}}\right)^{-\frac{2x}{3}\cdot\left(-\frac{3}{2}\right)}=e^{-\frac{3}{2}}.$$

例 1.4.8 求$\lim\limits_{x\to 0}(1-3x)^{\frac{2}{x}}$.

解:$\lim\limits_{x\to 0}(1-3x)^{\frac{2}{x}}=\lim\limits_{x\to 0}[1+(-3x)]^{\frac{1}{-3x}\cdot(-6)}=\mathrm{e}^{-6}$.

例 1.4.9 求$\lim\limits_{x\to\infty}\left(\dfrac{2-x}{3-x}\right)^{x+2}$.

解:
$$\lim_{x\to\infty}\left(\frac{2-x}{3-x}\right)^{x+2}=\lim_{x\to\infty}\left(1+\frac{1}{x-3}\right)^{x-3+5}$$
$$=\lim_{x\to\infty}\left[\left(1+\frac{1}{x-3}\right)^{x-3}\cdot\left(1+\frac{1}{x-3}\right)^{5}\right]$$
$$=\lim_{x\to\infty}\left(1+\frac{1}{x-3}\right)^{x-3}\cdot\lim_{x\to\infty}\left(1+\frac{1}{x-3}\right)^{5}$$
$$=\mathrm{e}\cdot 1=\mathrm{e}.$$

例 1.4.10 求$\lim\limits_{x\to\infty}\left(\dfrac{3-x}{1-x}\right)^{2x}$.

解:
$$\lim_{x\to\infty}\left(\frac{3-x}{1-x}\right)^{2x}=\lim_{x\to\infty}\left(\frac{x-1-2}{x-1}\right)^{2x}=\lim_{x\to\infty}\left(1-\frac{2}{x-1}\right)^{2x}$$
$$=\lim_{x\to\infty}\left(1+\frac{1}{-\frac{x-1}{2}}\right)^{-\frac{x-1}{2}\times(-4)+2}=\mathrm{e}^{-4}.$$

习题 1.4

1. 求下列极限:

(1) $\lim\limits_{x\to 0}\dfrac{\sin 5x}{10x}$;

(2) $\lim\limits_{x\to 0}\dfrac{\sin 2x}{\tan 3x}$;

(3) $\lim\limits_{x\to 0}\dfrac{x^2}{\sin^2\dfrac{x}{5}}$;

(4) $\lim\limits_{x\to 0}\dfrac{x-\sin x}{x+\sin x}$;

(5) $\lim\limits_{x\to 0}\dfrac{1-\cos 2x}{x\sin x}$;

(6) $\lim\limits_{x\to\infty}\left(x^2\sin\dfrac{1}{x^2}\right)$;

(7) $\lim\limits_{x\to 0}\dfrac{\sin 5x-\sin 4x}{x}$;

(8) $\lim\limits_{x\to 0}\dfrac{\tan x-\sin x}{\sin^3 x}$.

2. 求下列极限:

(1) $\lim\limits_{x\to\infty}\left(1+\dfrac{2}{x}\right)^{x}$;

(2) $\lim\limits_{x\to\infty}\left(1+\dfrac{3}{2x}\right)^{x}$;

(3) $\lim\limits_{x\to\infty}\left(1-\dfrac{3}{x}\right)^{x}$;

(4) $\lim\limits_{x\to\infty}\left(1+\dfrac{2}{x+1}\right)^{x}$;

(5) $\lim\limits_{x\to 0}(1+3x)^{\frac{1}{2x}}$;

(6) $\lim\limits_{x\to 0}(1-x)^{\frac{x+1}{x}}$;

(7) $\lim\limits_{x\to\infty}\left(\dfrac{x-1}{x+1}\right)^{2x}$;

(8) $\lim\limits_{x\to\infty}\left(\dfrac{3x+1}{3x-1}\right)^{x-1}$.

1.5　无穷大与无穷小

1.5.1　无穷小

定义1.2　如果函数 $f(x)$ 当 $x \to x_0$（或 $x \to \infty$）时的极限为零，那么函数 $f(x)$ 称为 $x \to x_0$（或 $x \to \infty$）时的无穷小量（简称无穷小）.

如 $\lim\limits_{x \to \infty} \frac{1}{x} = 0$，函数 $\frac{1}{x}$ 是当 $x \to \infty$ 时的无穷小. $x \to 0$ 时，x，x^2，$x + x^2$，$\sin x$，$\tan x$ 都是无穷小. 因此也可以说：极限为零的变量称为无穷小.

对于无穷小的几点说明如下.

(1) 无穷小是变量，不能将无穷小与很小的数混淆.

(2) 零是可以作为无穷小的唯一的数.

(3) 无穷小反映的是变量的变化趋势，因此谈及无穷小时，首先应给出自变量的变化趋势.

无穷小有如下性质.

性质1：无穷小与有界函数之积仍为无穷小.

性质2：两个无穷小之积仍为无穷小.

性质3：两个无穷小的代数和仍为无穷小.

例1.5.1　求极限：(1) $\lim\limits_{x \to 0}\left(x^2 \sin \frac{1}{x}\right)$；(2) $\lim\limits_{x \to \infty} \frac{\sin x}{x}$.

解：(1) 由于 $\lim\limits_{x \to 0} x^2 = 0$，而 $\left|\sin \frac{1}{x}\right| \leqslant 1$，所以 $\lim\limits_{x \to 0}\left(x^2 \sin \frac{1}{x}\right) = 0$；

(2) 由于 $\lim\limits_{x \to \infty} \frac{1}{x} = 0$，而 $|\sin x| \leqslant 1$，所以 $\lim\limits_{x \to \infty} \frac{\sin x}{x} = 0$.

1.5.2　无穷大

定义1.3　如果函数 $\frac{1}{f(x)}$ 当 $x \to x_0$（或 $x \to \infty$）时的极限为0，那么函数 $f(x)$ 称为 $x \to x_0$（或 $x \to \infty$）时的无穷大量（简称无穷大），记为 $\lim\limits_{x \to x_0} f(x) = \infty$ [或 $\lim\limits_{x \to \infty} f(x) = \infty$].

如 $\frac{1}{x}$ $(x \to 0)$，$\ln x$ $(x \to 0^+)$，3^n $(n \to \infty)$ 都是无穷大. $n \to \infty$ 时，n，n^2，n^3 … 都是无穷大.

对于无穷小与无穷大的几点说明如下.

(1) 无穷小和无穷大是与某一极限过程相联系的，如函数 $\frac{x}{x^3 - 1}$ 在 $x \to 0$ 时是无穷小；在 $x \to 1$ 时是无穷大；在 $x \to -1$ 时既不是无穷小，也不是无穷大.

(2) 无穷大是变量，不能将无穷大与很大的数混淆.

(3) 切勿将 $\lim\limits_{x \to x_0} f(x) = \infty$ 认为极限存在.

(4) 无穷大是一种特殊的无界变量，但是无界变量未必是无穷大.

1.5.3　无穷小的比较

观察表1-4，当 $x \to 0$ 时，比较 x，$3x$，x^2 的函数值的变化情况.

表 1-4

x	1	0.5	0.1	0.01	0.001	…	$\to 0$
$3x$	3	1.5	0.3	0.03	0.003	…	$\to 0$
x^2	1	0.25	0.01	0.000 1	0.000 001	…	$\to 0$

从表中可看出,当 $x\to 0$ 时,x 与 $3x$ 趋于0的"速度"几乎相当,而 x^2 趋于0的"速度"比 x 与 $3x$"快"得多. 如何用数学的形式来刻画这种趋于0的"速度"的"快慢"呢?

注意:$\lim\limits_{x\to 0}\dfrac{x^2}{3x}=0$ (分子比分母趋于0的"速度"快)

$\lim\limits_{x\to 0}\dfrac{x^2}{x}=0$ (分子比分母趋于0的"速度"快)

$\lim\limits_{x\to 0}\dfrac{x}{3x}=\dfrac{1}{3}$ (分子与分母趋于0的"速度"几乎相当)

定义 1.4 设 α、β 都是同一极限过程中的两个无穷小.

如果 $\lim\dfrac{\beta}{\alpha}=0$,则称 β 是比 α 高阶的无穷小,记作 $\beta=o(\alpha)$;

如果 $\lim\dfrac{\beta}{\alpha}=\infty$,则称 β 是比 α 低阶的无穷小;

如果 $\lim\dfrac{\beta}{\alpha}=C\neq 0$,则称 β 和 α 是同阶无穷小;

如果 $\lim\dfrac{\beta}{\alpha}=1$,则称 β 与 α 是等价无穷小,记作 $\alpha\sim\beta$.

常用的等价无穷小:当 $x\to 0$ 时,$\sin x\sim x$,$\arcsin x\sim x$,$\tan x\sim x$,$\arctan x\sim x$,$\ln(1+x)\sim x$,$e^x-1\sim x$,$1-\cos x\sim\dfrac{1}{2}x^2$.

定理 1.2 当 $x\to x_0$ 时,如果 $\alpha\sim\alpha'$,$\beta\sim\beta'$,那么 $\lim\limits_{x\to x_0}\dfrac{\beta}{\alpha}=\lim\limits_{x\to x_0}\dfrac{\beta'}{\alpha'}$.

在求极限的过程中,一个无穷小可以用与其等价的无穷小代替,但只能在单项式情况下使用,和、差情况下不能用. 如 $\lim\limits_{x\to 0}\dfrac{\tan x-\sin x}{\sin^3 x}$ 中分子就不能用 $x-x$ 代替.

例 1.5.2 当 $x\to 0$ 时,比较无穷小 $1-\cos x$ 与 $\dfrac{1}{2}x^2$ 的阶.

解:因为 $\lim\limits_{x\to 0}\dfrac{1-\cos x}{\frac{1}{2}x^2}=\lim\limits_{x\to 0}\dfrac{\frac{1}{2}x^2}{\frac{1}{2}x^2}=1$,所以当 $x\to 0$ 时,无穷小 $1-\cos x$ 与 $\dfrac{1}{2}x^2$ 是等价无穷小.

例 1.5.3 求 $\lim\limits_{x\to 0}\dfrac{\sin 3x}{\tan 2x}$.

解:当 $x\to 0$ 时,$\sin 3x\sim 3x$,$\tan 2x\sim 2x$.

$\lim\limits_{x\to 0}\dfrac{\sin 3x}{\tan 2x}=\lim\limits_{x\to 0}\dfrac{3x}{2x}=\dfrac{3}{2}$.

例 1.5.4　求$\lim\limits_{x\to 0}\dfrac{\sin x}{x^3+3x}$.

解：$\lim\limits_{x\to 0}\dfrac{\sin x}{x^3+3x}=\lim\limits_{x\to 0}\dfrac{x}{x(x^2+3)}=\lim\limits_{x\to 0}\dfrac{1}{x^2+3}=\dfrac{1}{3}$.

例 1.5.5　求$\lim\limits_{x\to 0}\dfrac{\tan^2 2x}{1-\cos x}$.

解：$\lim\limits_{x\to 0}\dfrac{\tan^2 2x}{1-\cos x}=\lim\limits_{x\to 0}\dfrac{(2x)^2}{\dfrac{1}{2}x^2}=8$.

例 1.5.6　求$\lim\limits_{x\to 0}\dfrac{\tan x-\sin x}{\sin^3 2x}$.

解：$\lim\limits_{x\to 0}\dfrac{\tan x-\sin x}{\sin^3 2x}=\lim\limits_{x\to 0}\dfrac{\tan x(1-\cos x)}{\sin^3 2x}=\lim\limits_{x\to 0}\dfrac{\dfrac{1}{2}x^3}{(2x)^3}=\dfrac{1}{16}$.

例 1.5.7　求$\lim\limits_{x\to 0}\dfrac{\sin 5x-\cos x+1}{\tan 3x}$.

解：
$$\begin{aligned}\lim_{x\to 0}\frac{\sin 5x-\cos x+1}{\tan 3x}&=\lim_{x\to 0}\left(\frac{\sin 5x}{\tan 3x}+\frac{1-\cos x}{\tan 3x}\right)\\&=\lim_{x\to 0}\frac{\sin 5x}{\tan 3x}+\lim_{x\to 0}\frac{1-\cos x}{\tan 3x}\\&=\lim_{x\to 0}\frac{5x}{3x}+\lim_{x\to 0}\frac{\frac{x^2}{2}}{3x}=\frac{5}{3}.\end{aligned}$$

习题 1.5

1. 利用无穷小的性质计算下列极限：

(1) $\lim\limits_{x\to 0}\left(x^3\cos\dfrac{1}{x}\right)$；　　(2) $\lim\limits_{x\to\infty}\dfrac{\arctan x}{x}$.

2. 比较下列无穷小：

(1) $1-\cos x$ 与 $x\,(x\to 0)$；　　(2) $\sin x$ 与 $\tan 2x\,(x\to 0)$；

(3) $1-x$ 与 $1-\sqrt[3]{x}\,(x\to 1)$；　　(4) $\sin\dfrac{1}{x}$ 与 $\dfrac{1}{x^2}\,(x\to\infty)$.

3. 求下列极限：

(1) $\lim\limits_{x\to 0}\dfrac{\arcsin 3x}{\sin x}$；　　(2) $\lim\limits_{x\to 0}\dfrac{1-\cos 2x}{x\arctan x}$；

(3) $\lim\limits_{x\to 0}\dfrac{\tan x-\sin x}{x^2\sin x}$；　　(4) $\lim\limits_{x\to 0}\dfrac{e^{2x}-1}{\arcsin x}$；

(5) $\lim\limits_{x\to 0}\dfrac{1-\cos 3x}{\ln(1+x^2)}$；　　(6) $\lim\limits_{x\to \pi}\dfrac{\sin 2x}{\pi-x}$；

(7) $\lim\limits_{x\to 0}\dfrac{e^{2x}-e^x}{x}$；　　(8) $\lim\limits_{x\to 0}\dfrac{\sqrt{1+x+x^2}-1}{\ln(1+2x)}$.

1.6　函数的连续性

客观世界中广泛存在连续变化的现象,例如,气温的连续变化、液体的连续流动、路程的连续增加等,这是人们对连续变化现象的感性认识. 本节将介绍函数连续性的有关知识.

1.6.1　函数的连续性与连续函数

1. 改变量

(1) Δx 称为自变量 x 从 x_0 变到 x 的改变量,记为 $\Delta x = x - x_0$.

由点 x_0 变到 x: 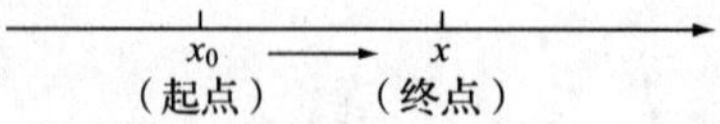 ,$\Delta x > 0$.

由点 x_0 变到 x: 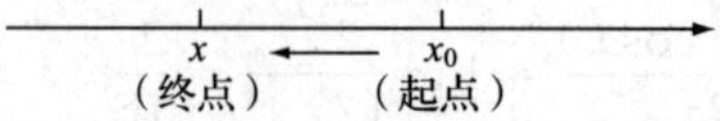 ,$\Delta x < 0$.

(2) Δy 称为函数 $f(x)$ 从 x_0 变到 x 的改变量,即

$$\Delta y = f(x) - f(x_0).$$

2. 函数在点 x_0 处连续

在数学中所说的函数 $f(x)$ 在点 x_0 处连续是指在点 x_0 处当自变量的改变量 Δx 趋于零时,相应函数的改变量 Δy 也趋于零,即

$$\lim_{\Delta x \to 0} \Delta y = 0,$$

上式中,$x = x_0 + \Delta x$,当 $\Delta x \to 0$ 时,$x \to x_0$,于是式子 $\lim\limits_{\Delta x \to 0} \Delta y = 0$ 可以写为 $\lim\limits_{x \to x_0}[f(x) - f(x_0)] = 0$,即 $\lim\limits_{x \to x_0} f(x) = f(x_0)$. 因此,函数在点 x_0 处连续可以定义如下.

定义 1.5　设函数 $y = f(x)$ 在点 x_0 的某个邻域内有定义,如果当 $x \to x_0$ 时,函数 $f(x)$ 的极限存在,且等于 $f(x)$ 在点 x_0 处的函数值 $f(x_0)$,即

$$\lim_{x \to x_0} f(x) = f(x_0),$$

则称函数 $f(x)$ 在点 x_0 处连续.

可以看出,函数 $f(x)$ 在点 x_0 处连续必须满足以下 3 个条件:

(1) $f(x)$ 在点 x_0 的某个邻域内有定义;

(2) $\lim\limits_{x \to x_0} f(x)$ 存在;

(3) $\lim\limits_{x \to x_0} f(x) = f(x_0)$.

如果以上 3 个条件中有一条不满足,则函数 $f(x)$ 在点 $x = x_0$ 处就不连续. 不连续的点称为函数 $f(x)$ 的间断点.

例 1.6.1　证明函数 $f(x) = \begin{cases} x, x \geqslant 0, \\ -x, x < 0 \end{cases}$ 在点 $x = 0$ 处是连续的.

证明:显然,$f(x)$ 在点 $x = 0$ 处有定义,且 $f(0) = 0$,

由于 $\lim\limits_{x \to 0^+} f(x) = \lim\limits_{x \to 0^+} x = 0$,$\lim\limits_{x \to 0^-} f(x) = \lim\limits_{x \to 0^-} (-x) = 0$,

故有 $\lim\limits_{x \to 0} f(x) = 0 = f(0)$.

所以 $f(x)$ 在点 $x = 0$ 处是连续的.

例 1.6.2　试判断函数 $f(x)=\begin{cases}x^2\sin\dfrac{1}{x}, x\neq 0,\\ 0, x=0\end{cases}$ 在点 $x=0$ 处的连续性.

解：因为 $f(x)$ 在点 $x=0$ 处有定义，且 $f(0)=0$，

$$\lim_{x\to 0}f(x)=\lim_{x\to 0}\left(x^2\sin\frac{1}{x}\right)=0=f(0),$$

所以 $f(x)$ 在点 $x=0$ 处是连续的.

3. **单侧连续**

定义 1.6　如果 $\lim\limits_{x\to x_0^-}f(x)$ 存在且等于 $f(x_0)$，即 $\lim\limits_{x\to x_0^-}f(x)=f(x_0)$，则称函数 $f(x)$ 在点 x_0 处左连续. 如果 $\lim\limits_{x\to x_0^+}f(x)$ 存在且等于 $f(x_0)$，即 $\lim\limits_{x\to x_0^+}f(x)=f(x_0)$，则称函数 $f(x)$ 在点 x_0 处右连续.

显然，函数 $f(x)$ 在点 x_0 处连续的充要条件是 $f(x)$ 在点 x_0 处既左连续又右连续.

例 1.6.3　讨论函数 $f(x)=\begin{cases}x+2, x\geqslant 0,\\ x-2, x<0\end{cases}$ 在点 $x=0$ 处的连续性.

解：因为 $\lim\limits_{x\to 0^+}f(x)=\lim\limits_{x\to 0^+}(x+2)=2=f(0)$，

$\lim\limits_{x\to 0^-}f(x)=\lim\limits_{x\to 0^-}(x-2)=-2\neq f(0)$，

所以 $f(x)$ 在点 $x=0$ 处右连续但不左连续. 因此，函数 $f(x)$ 在点 $x=0$ 处不连续.

4. **连续函数与连续区间**

定义 1.7　在区间上每一点都连续的函数叫作该区间上的连续函数，或说函数在该区间上连续. 该区间就叫连续区间.

如果函数在开区间 (a,b) 内连续，并且在左端点 $x=a$ 处右连续，在右端点 $x=b$ 处左连续，则称函数 $f(x)$ 在闭区间 $[a,b]$ 上连续.

根据极限运算法则和连续函数的定义可知：有限个连续函数的和、差、积、商（分母不为 0）是连续函数，由连续函数复合而成的函数也是连续函数. 因此，得到初等函数连续性的重要结论：一切初等函数在其定义区间（指包含在定义域内的区间）内连续.

另外，对于复合函数 $y=f[\varphi(x)]$，如果 $\lim\limits_{x\to x_0}\varphi(x)=a$，且 $y=f(u)$ 在点 $u=a$ 处连续，那么 $\lim\limits_{x\to x_0}f[\varphi(x)]=f[\lim\limits_{x\to x_0}\varphi(x)]=f(a)$.

例 1.6.4　求 $\lim\limits_{x\to 0}\dfrac{\ln(1+x)}{x}$.

解：$\lim\limits_{x\to 0}\dfrac{\ln(1+x)}{x}=\lim\limits_{x\to 0}\ln(1+x)^{\frac{1}{x}}=\ln[\lim\limits_{x\to 0}(1+x)^{\frac{1}{x}}]=\ln e=1.$

1.6.2　函数的间断点

定义 1.8　设函数 $f(x)$ 在点 x_0 的某去心邻域内有定义. 在此前提下，如果函数 $f(x)$ 有下列 3 种情形之一：

(1) 在点 $x=x_0$ 处没有定义；

(2) 虽然在点 $x=x_0$ 处有定义，但是 $\lim\limits_{x\to x_0}f(x)$ 不存在；

(3) 虽然在点 $x=x_0$ 处有定义,且 $\lim\limits_{x\to x_0} f(x)$ 存在,但 $\lim\limits_{x\to x_0} f(x) \neq f(x_0)$;

则函数 $f(x)$ 在点 x_0 处不连续,点 x_0 便是函数 $f(x)$ 的不连续点或间断点.

观察下面 6 个函数的曲线在点 $x=1$ 处的情况.

① $y=x+1$

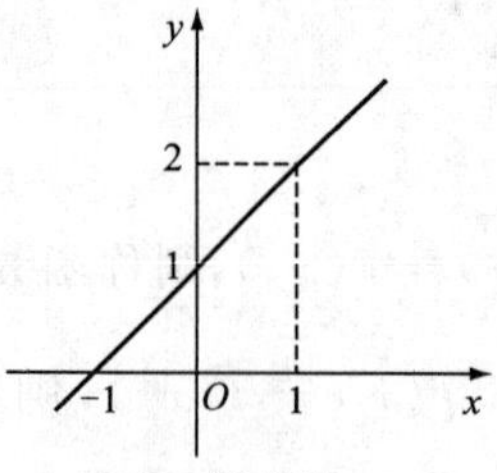

在x=1处连续

图 1-8

② $y=\dfrac{x^2-1}{x-1}$

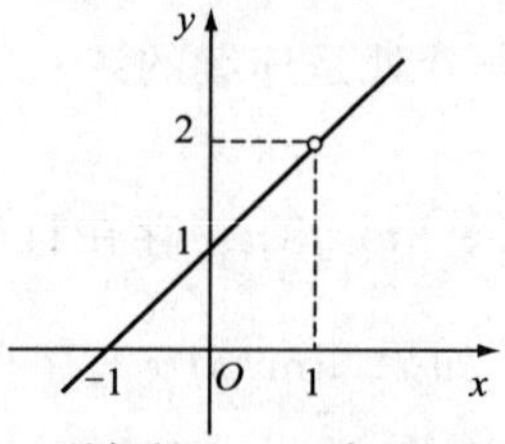

在x=1处间断,x→1时y的极限为2

图 1-9

③ $y=\begin{cases} x+1, x\neq 1, \\ 1, x=1. \end{cases}$

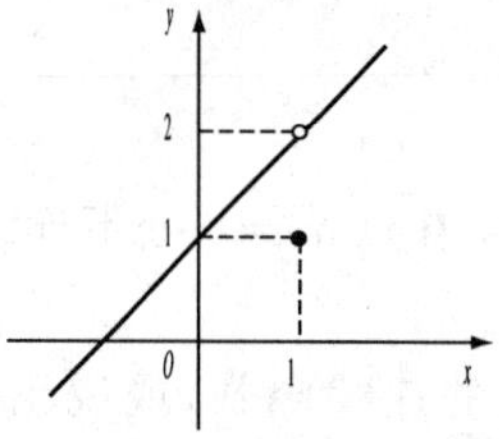

在 x=1处间断,x→1时y的极限为2

图 1-10

④ $y=\begin{cases} x+1, x<1, \\ x, x\geqslant 1. \end{cases}$

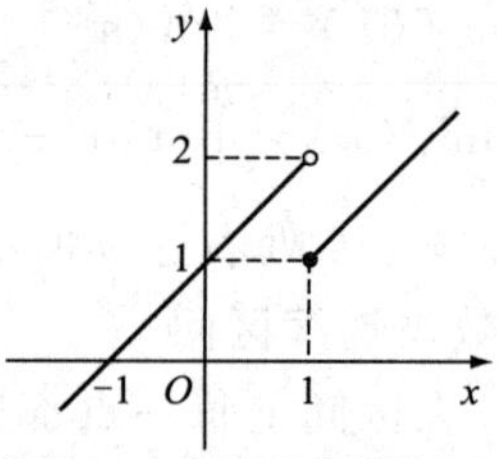

在x=1处间断,x→1时y的左极限为2,右极限为1

图 1-11

⑤ $y=\dfrac{1}{x-1}$

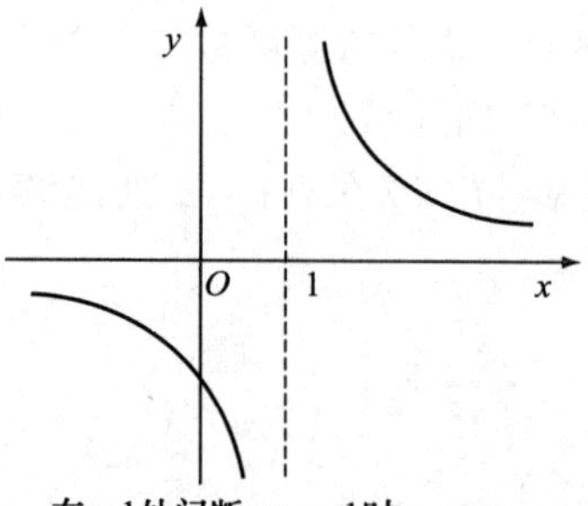

在x=1处间断,x→1时y→∞

图 1-12

⑥ $y=\sin\dfrac{1}{x}$

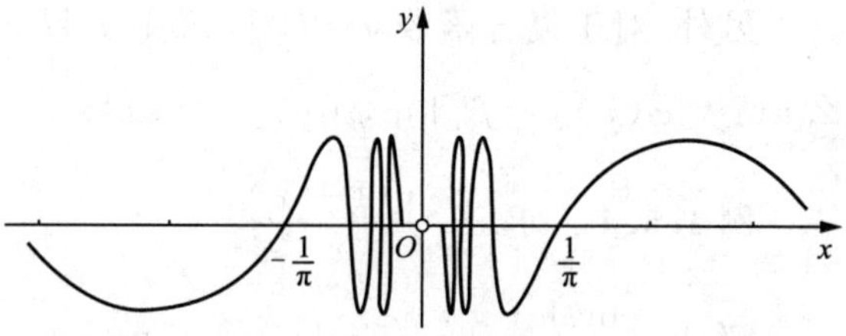

图 1-13

像 ②③④ 这样在点 x_0 处的左、右极限都存在的间断,被称为第一类间断,其中极限存在的 ②③ 被称作第一类间断的可去间断,此时只要令 $y(1)=2$,则函数在 $x=1$ 处就变成连续的了;④ 被 称作第一类间断的跳跃间断. ⑤⑥ 被称作第二类间断,其中 ⑤ 也被称作无穷间断,⑥ 也被称作振荡间断.

就一般情况而言,通常把间断点分成两类:如果 x_0 是函数 $f(x)$ 的间断点,且左极限和右极限都存在,那么 x_0 被称为函数 $f(x)$ 的第一类间断点. 不是第一类间断点的任何间断点,被称为第二类间断点.在第一类间断点中,左、右极限相等者称为可去间断点,不相等者称为跳跃间断点.无穷间断点和振荡间断点是第二类间断点.

1.6.3　闭区间上连续函数的性质

定理 1.3(最大值与最小值定理)　在闭区间上连续的函数在该区间上一定有最大值和最小值.

上述两个条件缺一不可.例如:函数 $f(x)=\begin{cases}1-x, & 0\leqslant x<1,\\ 1, & x=1,\\ 3-x, & 1<x\leqslant 2\end{cases}$ 在 $x=1$ 处不连续,在闭区间 $[0,2]$ 上无最大值和最小值;函数 $f(x)=\dfrac{1}{x}$ 在开区间 $(0,1)$ 内连续,但无最大值和最小值.

定理 1.4(有界性定理)　在闭区间上连续的函数在该区间上一定有界.

定理 1.5(介值定理)　设函数 $f(x)$ 在闭区间 $[a,b]$ 上连续,且在该区间的端点取不同的函数值 $f(a)=A$ 及 $f(b)=B$,那么,对于 A 与 B 之间的任意一个数 C,在开区间 (a,b) 内至少有一点 ξ,使得 $f(\xi)=C(a<\xi<b)$.

介值定理的示意图如图 1-14 所示.

定理 1.6(零点定理)　设函数 $f(x)$ 在闭区间 $[a,b]$ 上连续,且 $f(a)$ 与 $f(b)$ 异号[即 $f(a)\cdot f(b)<0$],那么,在开区间 (a,b) 内函数 $f(x)$ 至少有一个零点,即至少有一点 $\xi(a<\xi<b)$,使得 $f(\xi)=0$.

零点定理的示意图如图 1-15 所示.

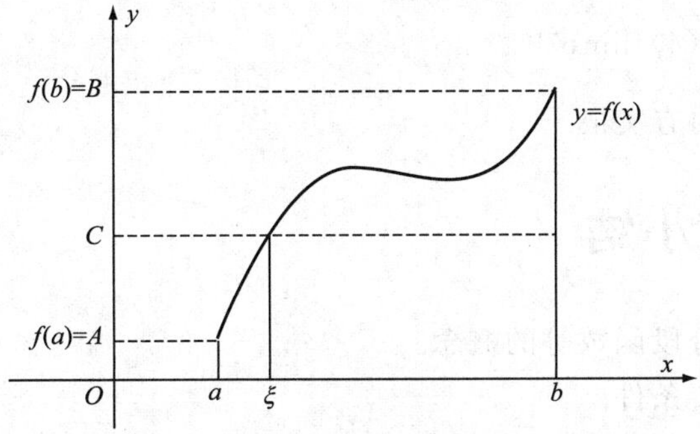

图 1-14

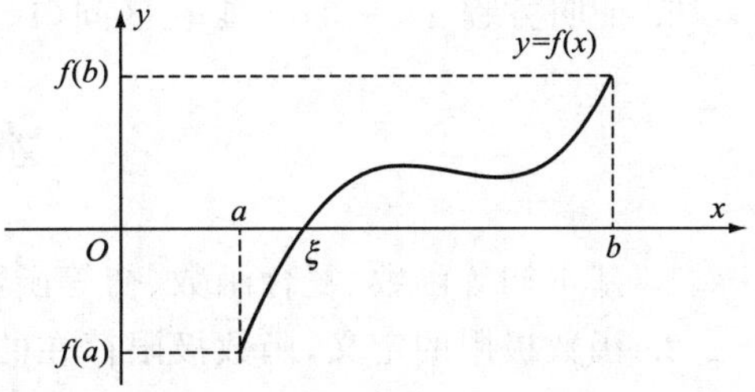

图 1-15

例 1.6.5　证明方程 $x^3-4x^2+1=0$ 在 $(0,1)$ 内至少有一个实根.

证明:设 $f(x)=x^3-4x^2+1$,显然 $f(x)$ 在 $[0,1]$ 上连续,且 $f(0)=1$,$f(1)=-2$,即 $f(0)\cdot f(1)<0$.

由零点定理可知,在 $(0,1)$ 内至少有一点 ξ 使 $f(\xi)=\xi^3-4\xi^2+1=0$,即 $x^3-4x^2+1=0$ 在 $(0,1)$ 内至少有一个实根.

习题 1.6

1. 判断下列函数在指定点处是连续还是间断:

(1) $f(x)=\dfrac{1}{x}$ 在 $x=0$ 处;

(2) $f(x)=\begin{cases}1, & x\geqslant 0,\\ -1, & x<0\end{cases}$ 在 $x=0$ 处;

(3) $f(x)=\begin{cases}x+1, & x<0,\\ 0, & x=0,\\ x^2+1, & x>0\end{cases}$ 在 $x=0$ 处;

(4) $f(x)=\begin{cases}x+1, & x<0,\\ x^2, & 0\leqslant x\leqslant 1,\\ x, & x>1\end{cases}$ 在 $x=0$ 和 $x=1$ 处.

2. 求下列函数的间断点并判断其类型:

(1) $y=\dfrac{1}{(x+1)^2}$;

(2) $y=\dfrac{x^2-1}{x^2-3x+2}$;

(3) $y=\begin{cases}x-3, & x\leqslant 0,\\ x, & x>0;\end{cases}$

(4) $y=\begin{cases}\dfrac{\sin x}{2x}, & x\neq 0,\\ 1, & x=0.\end{cases}$

3. 设 $f(x)=\begin{cases}e^x, & x<0,\\ a+x, & x\geqslant 0,\end{cases}$ 当 a 取何值时该函数的连续区间是 $(-\infty,+\infty)$?

4. 求下列极限:

(1) $\lim\limits_{x\to 0}(x^2-x+1)$;

(2) $\lim\limits_{x\to 1}\dfrac{x^3-x^2-1}{x^2-2x+4}$;

(3) $\lim\limits_{x\to 1}\sqrt{\dfrac{\sin(x-1)}{x-1}}$;

(4) $\lim\limits_{x\to\infty}e^{\frac{1}{x}\arctan x}$.

5. 证明方程 $x^5-3x=1$ 在区间 $(1,2)$ 内有实根.

本章小结

1. 基本初等函数、复合函数、初等函数、分段函数等的概念.

2. 函数极限的定义,函数极限存在的充要条件.

3. 利用极限的四则运算法则求极限,特别是 $\dfrac{0}{0}$ 型、$\dfrac{\infty}{\infty}$ 型、$0\cdot\infty$ 型、$\infty-\infty$ 型等极限的求法.

4. 利用两个重要极限求极限. 第一个重要极限是 $\lim\limits_{x\to 0}\dfrac{\sin x}{x}=1$,第二个重要极限是 $\lim\limits_{x\to\infty}\left(1+\dfrac{1}{x}\right)^x=e$ 或 $\lim\limits_{x\to 0}(1+x)^{\frac{1}{x}}=e$.

5. 利用无穷小的 3 个性质求极限.

6. 利用无穷小的等价无穷小求极限. 牢记当 $x\to 0$ 时,$\sin x\sim x$,$\arcsin x\sim x$,$\tan x\sim x$,$\arctan x\sim x$,$\ln(1+x)\sim x$,$e^x-1\sim x$,$1-\cos x\sim\dfrac{1}{2}x^2$.

7. 利用函数的连续性求极限，即利用代入法和复合函数求极限的法则 $\lim\limits_{x \to x_0} f[\varphi(x)] = f[\lim\limits_{x \to x_0} \varphi(x)]$ 求极限.

8. 由函数概念和极限概念相结合得出的函数连续性概念是本章的重要概念，关于函数连续性，主要应掌握函数在点 x_0 处连续的定义、函数在点 x_0 处连续和函数在点 x_0 处极限存在二者之间的关系、间断点的类型和初等函数的连续性.

复习题一

一、填空题

1. $f(x)=1+\ln(x+2)$ 的反函数是________.

2. 函数 $y=\cos 3x$ 的周期是________.

3. 函数 $f(x)=|x-1|+|x-2|$ 用分段函数可表示为 $f(x)=$________.

4. 设 $f(x)=x^2, g(x)=2^x$，则 $f[g(x)]=$________，$g[f(x)]=$________.

5. $f(x)=\begin{cases} e^x, & x \leqslant 1, \\ \ln(x-1), & x>1, \end{cases}$ 则 $f(0)=$________，$f(2)=$________.

6. $\lim\limits_{x \to 2}(x^2-x+2)=$________.

7. $\lim\limits_{x \to 5} \dfrac{\sqrt{x-1}+2}{\sqrt{x+4}+3}=$________.

8. $\lim\limits_{x \to 0}\left(x \sin \dfrac{1}{x}+\dfrac{1}{x} \sin x\right)=$________.

9. $\lim\limits_{x \to \infty} \dfrac{(x^4+1)(3x-2)}{(1-x)^5}=$________.

10. 若函数 $f(x)=(1+x)^{\frac{n}{x}}(x \neq 0)$ 在 $x=0$ 处连续，则应补充定义 $f(0)=$________.

11. 若 $f(x)=\begin{cases} x^2+a, & x<0, \\ 2, & x=0, \\ 2\sin x+b, & x>0 \end{cases}$ 在 $x=0$ 处连续，则 $a=$________，$b=$________.

12. 函数 $f(x)=\dfrac{\sqrt{x+2}}{(x+1)(x+3)}$ 的间断点是________，它属于________类间断点.

二、选择题

1. 下列函数中，既不是奇函数又不是偶函数的是（　　）.

A. $\sin x \cos x$　　B. $x^2+\cos x$　　C. $x^2+\sin x$　　D. $x^3+\sin x$

2. 下列函数中是基本初等函数的是（　　）.

A. $\sin 2x$　　B. $2\tan x$　　C. $\cos x^2$　　D. 3^x

3. 设 $f(x)=\begin{cases} 4x+2, & x \leqslant 0, \\ x^2-2, & x>0, \end{cases}$ 则 $\lim\limits_{x \to 0^+} f(x)=$（　　）.

A. 0　　B. -1　　C. 2　　D. -2

4. $\lim\limits_{x \to \infty} \dfrac{2x^3+3x+1}{5x^3-2x^2+x}=$（　　）.

A. $-\frac{2}{5}$　　B. $-\frac{5}{2}$　　C. $\frac{2}{5}$　　D. $\frac{5}{2}$

5. 当 $x \to 1$ 时,下列函数中是无穷小的是(　　).

A. $\frac{1}{x^2}$　　B. $\ln x$　　C. e^x　　D. $\sin x$

6. 下列各函数在指定变化过程中为无穷小的是(　　).

A. $\frac{x-3}{x^2-9}(x \to 3)$　　B. $e^x(x \to 0)$

C. $\sin\frac{1}{x}(x \to 0)$　　D. $\ln(x+1)(x \to 0)$

7. 下列各对无穷小量在指定变化过程中等价的是(　　).

A. $\tan\frac{1}{x} \sim \frac{1}{x}(x \to \infty)$　　B. $e^{\frac{1}{x}}-1 \sim \frac{2}{x}(x \to \infty)$

C. $\ln(1+x) \sim x^2(x \to 0)$　　D. $1-\cos x \sim x^2(x \to 0)$

8. 若$\lim\limits_{x\to\infty}\frac{(x-1)^{97}(1-kx)^3}{(x^2-1)^{50}}=-8$,则 $k=$(　　).

A. 8　　B. 2　　C. -8　　D. -2

9. 下列各式中,极限不存在的是(　　).

A. $\lim\limits_{x\to3}\frac{x^2-5x+6}{x^2-9}$　　B. $\lim\limits_{x\to\infty}\frac{(x+10)^2}{5x+x^2-9}$

C. $\lim\limits_{x\to0}\frac{\sqrt{1+x}-1}{\sin x}$　　D. $\lim\limits_{x\to+\infty}\frac{1-\sqrt{1+x}}{\sin x}$

10. 下列各式中,正确的是(　　).

A. $\lim\limits_{x\to0}\frac{x^2+1}{3x^2-2}=\frac{1}{3}$　　B. $\lim\limits_{x\to\infty}\frac{\sin x}{x}=1$

C. $\lim\limits_{x\to\infty}e^x=\infty$　　D. $\lim\limits_{x\to\infty}\left(x\sin\frac{1}{x}\right)=1$

11. 极限$\lim\limits_{x\to0}\frac{\sqrt{1+x}-1}{\sin x}=$(　　).

A. 1　　B. 0　　C. $\frac{1}{2}$　　D. ∞

12. 极限$\lim\limits_{x\to0}\frac{\sin5x+\sin x}{\sin7x}=$(　　).

A. 5　　B. 7　　C. $\frac{5}{7}$　　D. $\frac{6}{7}$

13. 函数 $f(x)$ 在 $x=x_0$ 处有定义是它在该点处连续的(　　)条件.

A. 必要　　B. 充分　　C. 充要　　D. 无关

14. $\lim\limits_{x\to0}\frac{\ln(1+3x)}{\sin5x}=$(　　).

A. 0　　B. ∞　　C. $\frac{3}{5}$　　D. $\frac{5}{3}$

15. $\lim\limits_{x \to 0} \frac{\log_a(1+x)}{x} = ($　　$)$.

A. 0　　B. ∞　　C. e　　D. $\log_a e$

三、求下列函数的极限

1. $\lim\limits_{x \to 2}(x+1)(x+2)$.

2. $\lim\limits_{x \to 0}(x\sqrt{1-x})$.

3. $\lim\limits_{x \to 2} \frac{x^3 - x^2 - 2}{x^3 - 9x + 2}$.

4. $\lim\limits_{x \to 2} \frac{x^2 - 5x + 6}{x^2 + 2x - 8}$.

5. $\lim\limits_{x \to 2} \frac{\sqrt{x} - \sqrt{2}}{x - 2}$.

6. $\lim\limits_{x \to \infty} \frac{2x^2 - x + 1}{x^3 + 1}$.

7. $\lim\limits_{x \to 1}\left(\frac{1 - x^3}{1 - x^2}\right)$.

8. $\lim\limits_{x \to \infty}\left(\frac{1+x}{x}\right)^{\frac{x}{2}}$.

9. $\lim\limits_{x \to \infty}\left(\frac{1+2x}{2x-3}\right)^{x-2}$.

10. $\lim\limits_{x \to 0} \frac{\sin 3x}{\sin 4x}$.

11. $\lim\limits_{x \to 0}\left(2x\mathrm{e}^x \sin \frac{1}{x}\right)$.

12. $\lim\limits_{x \to 0} \frac{\arcsin x}{x}$.

13. $\lim\limits_{x \to 0} \frac{x^2 \sin \frac{1}{x}}{\arctan x}$.

14. $\lim\limits_{x \to \infty} \frac{x - \sin x}{x + \tan x}$.

四、判断下列函数在 $x=0$ 处是否连续

1. $f(x) = \begin{cases} \sqrt{x}\sin\frac{1}{x}, & x \neq 0, \\ 0, & x = 0. \end{cases}$

2. $f(x) = \begin{cases} \frac{\sin 2x}{\arcsin 2x}, & x < 0, \\ 1, & x = 0, \\ 1 + \mathrm{e}^{-\frac{1}{x}}, & x > 0. \end{cases}$

第 2 章

导数与微分

导数与微分的概念是建立在极限概念基础上的，导数与微分用来研究函数相对于自变量变化的快慢程度。本章将介绍导数与微分的概念，给出导数与微分的基本公式和计算方法.

2.1 导数的概念

2.1.1 引例

我们在研究变量时，不仅要研究变量与变量之间的对应关系，而且要研究变量变化的快慢程度. 例如，物体运动的速度、城市人口增长的速度、国民经济发展的速度等. 只有引入导数的概念，才能更好地说明和解决这些问题。为此，我们先从实例进行分析.

1. 自由落体的速度

我们知道，自由落体运动路程与时间的关系方程是 $s=s(t)=\frac{1}{2}gt^2$，其中，g 表示重力加速度，我们来考察物体在 t_0 时刻的瞬时速度.

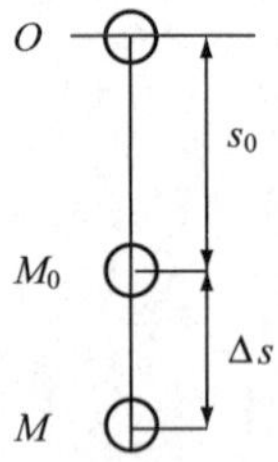

图 2-1

图 2-1 所示，设物体从 O 点开始自由下落，经过时间 t_0 落到点 M_0，这时经过的路程为 $s_0=\frac{1}{2}gt_0^2$（Ⅰ）. 当时间从 t_0 变到 $t_0+\Delta t$ 时，物体就从点 M_0 落到点 M，这时有 $s_0+\Delta s=\frac{1}{2}g(t_0+\Delta t)^2$（Ⅱ）. Ⅱ－Ⅰ，得物体在 Δt 时间内经过的路程为 $\Delta s=\frac{1}{2}g(t_0+\Delta t)^2-\frac{1}{2}gt_0^2=gt_0\Delta t+\frac{1}{2}g(\Delta t)^2$. 物体在 Δt 时间内的平均速度 $\overline{v}=\frac{\Delta s}{\Delta t}=gt_0+\frac{1}{2}g\cdot\Delta t$. 显然，平均速度 $\overline{v}$ 随 Δt 的变化而变化，Δt 越小，这个平均速度就越接近 t_0 时刻的瞬时速度，当 $\Delta t\to 0$ 时，如果这个平均速度的极限存在，则这个极限就是 t_0 时刻的瞬时速度，$v=\lim\limits_{\Delta t\to 0}\overline{v}=\lim\limits_{\Delta t\to 0}\frac{\Delta s}{\Delta t}=\lim\limits_{\Delta t\to 0}\left(gt_0+\frac{1}{2}g\cdot\Delta t\right)=gt_0$.

2. **曲线切线的斜率**

图 2-2 所示，割线 MN 的斜率为 $\dfrac{\Delta y}{\Delta x}=\dfrac{f(x_0+\Delta x)-f(x_0)}{\Delta x}$，当割线 MN 绕点 M 旋转至切线 MT 位置时，曲线 $y=f(x)$ 在点 x_0 处的切线的斜率为 $k=\tan\alpha=\lim\limits_{\Delta x\to 0}\dfrac{f(x_0+\Delta x)-f(x_0)}{\Delta x}$.

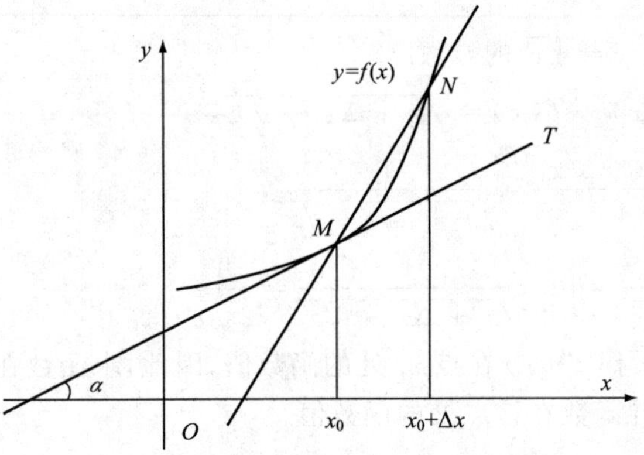

图 2-2

上述两个例子的实际意义不同，但实质是一样的，抽出它们的实际意义，可归结为函数的改变量与自变量的改变量比值的极限，为此引出导数的概念.

2.1.2　导数的概念

定义 2.1　设函数 $y=f(x)$ 在点 x_0 的某个邻域内有定义，在 x_0 处取得一个改变量 Δx，相应函数的改变量 $\Delta y=f(x_0+\Delta x)-f(x_0)$，如果 $\lim\limits_{\Delta x\to 0}\dfrac{\Delta y}{\Delta x}=\lim\limits_{\Delta x\to 0}\dfrac{f(x_0+\Delta x)-f(x_0)}{\Delta x}$ 存在，则称此极限为函数 $y=f(x)$ 在点 x_0 处的导数，记作

$$f'(x_0),\left[\text{或 } y'\big|_{x=x_0},\text{或}\left.\frac{\mathrm{d}y}{\mathrm{d}x}\right|_{x=x_0},\text{或}\left.\frac{\mathrm{d}f(x)}{\mathrm{d}x}\right|_{x=x_0}\right],$$

这时我们称 $f(x)$ 在点 x_0 处可导；若极限不存在，则称 $f(x)$ 在点 x_0 处不可导.

由导数的定义，得到函数在点 x_0 处的求导步骤如下.

(1) 求改变量：$\Delta y=f(x_0+\Delta x)-f(x_0)$.

(2) 算比值：$\dfrac{\Delta y}{\Delta x}=\dfrac{f(x_0+\Delta x)-f(x_0)}{\Delta x}$.

(3) 求极限：$\lim\limits_{\Delta x\to 0}\dfrac{\Delta y}{\Delta x}$.

例 2.1.1　求 $y=x^2$ 在点 $x=2$ 处的导数.

解：$\Delta y=f(2+\Delta x)-f(2)=(2+\Delta x)^2-2^2=4\Delta x+(\Delta x)^2$,

$$\frac{\Delta y}{\Delta x}=\frac{4\Delta x+(\Delta x)^2}{\Delta x}=4+\Delta x,$$

$$f'(2)=\lim_{\Delta x\to 0}\frac{\Delta y}{\Delta x}=\lim_{\Delta x\to 0}(4+\Delta x)=4.$$

定义 2.2 若函数 $y=f(x)$ 在 (a,b) 内的每点都可导，则称函数 $f(x)$ 在区间 (a,b) 内可导. 显然，对于区间 (a,b) 内的每一个 x 值，都有一个导数值 $f'(x)$ 与之对应，这就构成了一个新的函数，称这个函数 $f'(x)$ 为 $f(x)$ 的导函数(简称导数)，记作

$$f'(x)\left[\text{或 } y',\text{或}\frac{\mathrm{d}y}{\mathrm{d}x},\text{或}\frac{\mathrm{d}f(x)}{\mathrm{d}x}\right].$$

求函数的导数的方法实际上与求函数在点 x_0 处的导数相同，只需把其中的 x_0 换成 x 就行了.

例 2.1.2 求函数 $y=\sqrt{x}$ 的导数.

解：$\Delta y=f(x+\Delta x)-f(x)=\sqrt{x+\Delta x}-\sqrt{x}$，

$$\frac{\Delta y}{\Delta x}=\frac{\sqrt{x+\Delta x}-\sqrt{x}}{\Delta x}=\frac{1}{\sqrt{x+\Delta x}+\sqrt{x}},$$

$$f'(x)=\lim_{\Delta x\to 0}\frac{\Delta y}{\Delta x}=\lim_{\Delta x\to 0}\frac{1}{\sqrt{x+\Delta x}+\sqrt{x}}=\frac{1}{2\sqrt{x}}.$$

导数 $f'(x_0)$ 可以看作 $f'(x)$ 在点 x_0 处的函数值，因此，求函数在某点处的导数时，可先求出导函数，然后求出导函数在该点处的函数值.

例 2.1.3 求函数 $y=\dfrac{1}{x}$ 在点 $x=2$ 和 $x=5$ 处的导数.

解：$\Delta y=\dfrac{1}{x+\Delta x}-\dfrac{1}{x}=\dfrac{-\Delta x}{x(x+\Delta x)}$，

$$\frac{\Delta y}{\Delta x}=\frac{-1}{x(x+\Delta x)},$$

$$f'(x)=\lim_{\Delta x\to 0}\frac{\Delta y}{\Delta x}=\lim_{\Delta x\to 0}\frac{-1}{x(x+\Delta x)}=-\frac{1}{x^2}.$$

$f'(2)=-\dfrac{1}{4}$，$f'(5)=-\dfrac{1}{25}$.

2.1.3 左、右导数

如果极限 $f'_-(x_0)=\lim\limits_{\Delta x\to 0^-}\dfrac{f(x_0+\Delta x)-f(x_0)}{\Delta x}$，$f'_+(x_0)=\lim\limits_{\Delta x\to 0^+}\dfrac{f(x_0+\Delta x)-f(x_0)}{\Delta x}$ 存在，则分别称它们为函数 $y=f(x)$ 在点 x_0 处的左导数和右导数.

定理 2.1 函数 $y=f(x)$ 在点 x_0 处可导的充分必要条件是函数 $y=f(x)$ 在点 x_0 处的左、右导数均存在且相等.

例 2.1.4 设函数 $f(x)=\begin{cases}x^2, & x<0,\\ 3x, & x\geqslant 0,\end{cases}$ 试判断函数在点 $x=0$ 处是否可导.

解：因为 $f(0)=0$，

$$f'_-(0)=\lim_{\Delta x\to 0^-}\frac{f(0+\Delta x)-f(0)}{\Delta x}=\lim_{\Delta x\to 0^-}\frac{(0+\Delta x)^2-0}{\Delta x}=\lim_{\Delta x\to 0^-}\Delta x=0,$$

$$f'_+(0)=\lim_{\Delta x\to 0^+}\frac{f(0+\Delta x)-f(0)}{\Delta x}=\lim_{\Delta x\to 0^+}\frac{3(0+\Delta x)-0}{\Delta x}=3,$$

所以，函数 $f(x)$ 在点 $x=0$ 处不可导.

2.1.4　导数的几何意义

$f'(x_0)$ 的几何意义是曲线 $y=f(x)$ 在点$(x_0,f(x_0))$处的切线的斜率，即 $k=\tan\alpha=f'(x_0)$，曲线在点$(x_0,f(x_0))$处的切线方程为 $y-f(x_0)=f'(x_0)(x-x_0)$，法线方程为 $y-f(x_0)=-\dfrac{1}{f'(x_0)}(x-x_0)$，其中 $f'(x_0)\neq 0$.

例 2.1.5　求曲线 $f(x)=\sqrt{x}$ 在点(4,2)处的切线方程和法线方程.

解：由例 2.1.2 可得 $f'(x)=\dfrac{1}{2\sqrt{x}}$，因此，$f(x)=\sqrt{x}$ 在点(4,2)处的切线斜率 $k=f'(4)=\dfrac{1}{4}$.

所求切线方程为 $y-2=\dfrac{1}{4}(x-4)$，即 $x-4y+4=0$.

所求法线方程为 $y-2=-4(x-4)$，即 $4x+y-18=0$.

2.1.5　导数与连续的关系

定理 2.2　如果函数 $y=f(x)$ 在点 x_0 处可导，则它在点 x_0 处连续.

证明：因为函数 $y=f(x)$ 在点 x_0 处可导，所以 $\lim\limits_{\Delta x\to 0}\dfrac{\Delta y}{\Delta x}$ 存在，从而有

$$\lim_{\Delta x\to 0}\Delta y=\lim_{\Delta x\to 0}\left(\frac{\Delta y}{\Delta x}\cdot\Delta x\right)=\lim_{\Delta x\to 0}\left(\frac{\Delta y}{\Delta x}\right)\cdot\lim_{\Delta x\to 0}\Delta x=0,$$

由函数在点 x_0 处连续的定义可知，函数 $y=f(x)$ 在点 x_0 处连续.

反之，若函数 $y=f(x)$ 在点 x_0 处连续，函数 $y=f(x)$ 在点 x_0 处不一定可导.

例如，函数 $y=|x|$ 在点 $x=0$ 处连续但不可导。这是因为

$$\Delta y=f(0+\Delta x)-f(0)=|\Delta x|,$$

$$\frac{\Delta y}{\Delta x}=\frac{|\Delta x|}{\Delta x},$$

$$\lim_{\Delta x\to 0^-}\frac{\Delta y}{\Delta x}=-1,\ \lim_{\Delta x\to 0^+}\frac{\Delta y}{\Delta x}=1,$$

所以，函数 $y=|x|$ 在点 $x=0$ 处不可导.

例 2.1.4 中函数 $f(x)$ 在点 $x=0$ 处也是连续但不可导.

习题 2.1

1. 求下列函数的导数：

(1) $y=ax+b$；　　(2) $y=\dfrac{1}{x^2}$.

2. 求下列函数在指定点的导数：

(1) $y=4\sqrt{x}, x=1, x=4$；　　(2) $y=\dfrac{4}{x}, x=1, x=2$.

3. 求曲线 $y=x^2$ 在点 $M(2,4)$ 处的切线方程和法线方程.

2.2 导数的四则运算法则

2.2.1 导数公式

前一节我们引入了导数的概念,并通过一些例子求了一些函数的导数,但用定义只能求一些简单函数的导数,而在实际应用中我们经常碰到比较复杂的函数,若用导数的定义求导,将十分困难.本节主要介绍求导的基本公式与运算法则,借助这些基本公式与运算法则,我们可以对初等函数进行求导.

基本初等函数的导数公式如下:

(1) $(C)'=0$;

(2) $(x^{\alpha})'=\alpha x^{\alpha-1}$;

(3) $(a^x)'=a^x\ln a$ [特别地, $(\mathrm{e}^x)'=\mathrm{e}^x$];

(4) $(\log_a x)'=\dfrac{1}{x\ln a}$ $\left[特别地, (\ln x)'=\dfrac{1}{x}\right]$;

(5) $(\sin x)'=\cos x$;

(6) $(\cos x)'=-\sin x$;

(7) $(\tan x)'=\sec^2 x$;

(8) $(\cot x)'=-\csc^2 x$;

(9) $(\sec x)'=\sec x\tan x$;

(10) $(\csc x)'=-\csc x\cot x$;

(11) $(\arcsin x)'=\dfrac{1}{\sqrt{1-x^2}}$;

(12) $(\arccos x)'=-\dfrac{1}{\sqrt{1-x^2}}$;

(13) $(\arctan x)'=\dfrac{1}{1+x^2}$;

(14) $(\mathrm{arccot}\, x)'=-\dfrac{1}{1+x^2}$.

2.2.2 导数的四则运算法则

利用导数的定义,我们可得到导数的四则运算法则.

设函数 $u=u(x)$, $v=v(x)$ 在点 x 处可导,则

(1) $(u\pm v)'=u'\pm v'$;

(2) $(uv)'=u'v+uv'$;

(3) $(Cu)'=Cu'$ (C 为常数);

(4) $\left(\dfrac{u}{v}\right)'=\dfrac{u'v-uv'}{v^2}$ $\left[特别地, \left(\dfrac{1}{v}\right)'=-\dfrac{v'}{v^2}\right]$.

例 2.2.1　设 $y=x^3-\frac{1}{x^3}-\ln x+\sin 5$，求 y'.

解：$y'=(x^3)'-\left(\frac{1}{x^3}\right)'-(\ln x)'+(\sin 5)'=3x^2+\frac{3}{x^4}-\frac{1}{x}$.

例 2.2.2　设 $y=x^3\ln x$，求 y'.

解：$y'=3x^2\ln x+x^3\cdot\frac{1}{x}=3x^2\ln x+x^2$.

例 2.2.3　设 $y=\frac{\sin x}{x}$，求 y'.

解：$y'=\frac{(\sin x)'\cdot x-\sin x\cdot(x)'}{x^2}=\frac{x\cos x-\sin x}{x^2}$.

例 2.2.4　设 $y=\frac{x^3-2x^2-x+3\sqrt{x}}{x}$，求 y'.

解：因为 $y=x^2-2x-1+3x^{-\frac{1}{2}}$，

所以 $y'=2x-2-\frac{3}{2}x^{-\frac{3}{2}}$.

例 2.2.5　设 $y=\ln(x^3e^{5x})$，求 y'.

解：因为 $y=\ln x^3+\ln e^{5x}=3\ln x+5x$，

所以 $y'=\frac{3}{x}+5$.

注：求函数的导数，当式子中积商可化为和差时，先化积商为和差，再求导，这样可以简化计算.

习题 2.2

求下列函数的导数：

(1) $y=3x^4-\cos x+e^2$；

(2) $y=\tan x-2\ln x+\arctan x$；

(3) $y=\frac{5}{x^3}-\frac{3}{x^2}-\frac{1}{x}+\ln 3$；

(4) $y=\frac{x^2}{2}+\frac{2}{x^2}-3^x$；

(5) $y=x^3\ln x\sin x$；

(6) $y=\frac{1+\sin x}{1+\cos x}$；

(7) $y=\frac{x^3\cdot\sqrt[4]{x^3}}{\sqrt{x}}$；

(8) $y=\frac{1+\sin x}{\cos x}$；

(9) $y=(x^2+x)\sqrt{x}$；

(10) $y=(x^2-1)^2(x^2+1)^2$.

2.3　复合函数的求导法则

定理 2.3　如果函数 $y=f(u)$ 在点 u 处可导，函数 $u=\varphi(x)$ 在点 x 处可导，则复合函数 $y=f[\varphi(x)]$ 在点 x 处可导，且有 $\frac{dy}{dx}=\frac{dy}{du}\cdot\frac{du}{dx}$，或 $y'_x=y'_u\cdot u'_x$.

运用复合函数求导法则时，要弄清复合层次，由外层到内层，逐层求导，做乘积.

定理 2.3 可以推广到多次复合的情形.

例 2.3.1 求 $y=(5x-6)^7$ 的导数.

解：$y'=7(5x-6)^{7-1}\cdot(5x-6)'=35(5x-6)^6$.

例 2.3.2 求 $y=\cos^3 x$ 的导数.

解：$y'=3\cos^2 x(\cos x)'=-3\cos^2 x\sin x$.

例 2.3.3 求 $y=\ln(\tan 2x)$ 的导数.

解：$y'=\dfrac{1}{\tan 2x}(\tan 2x)'=\dfrac{1}{\tan 2x}\sec^2 2x\cdot(2x)'=\dfrac{2}{\tan 2x}\sec^2 2x=\dfrac{4}{\sin 4x}$.

例 2.3.4 求 $y=\arctan x^2$ 的导数.

解：$y'=\dfrac{1}{1+x^4}(x^2)'=\dfrac{2x}{1+x^4}$.

例 2.3.5 求 $y=5\sin 2x-e^{3x}\tan 5x$ 的导数.

解：
$$\begin{aligned}y'&=5\cos 2x\cdot(2x)'-[e^{3x}\cdot(3x)'\cdot\tan 5x+e^{3x}\sec^2 5x\cdot(5x)']\\&=10\cos 2x-3e^{3x}\tan 5x-5e^{3x}\sec^2 5x\end{aligned}$$

习题 2.3

求下列函数的导数：

(1) $y=(5x+3)^4$；　(2) $y=\sqrt{1-2x}$；

(3) $y=\sin^2 x$；　(4) $y=e^{\sin 3x}$；

(5) $y=\ln\tan 3x$；　(6) $y=\arctan\dfrac{1}{x}$；

(7) $y=(\arcsin x^2)^3$；　(8) $y=\ln(x+\sqrt{x^2-a^2})$；

(9) $y=\ln(\sec x+\tan x)$；　(10) $y=x^2\sin\dfrac{1}{x}$.

2.4 隐函数、对数和参数方程的求导法

2.4.1 隐函数求导法

把函数 y 直接表示成自变量 x 的函数 $y=f(x)$，这种函数称为显函数；把函数 y 与自变量 x 的关系用方程 $F(x,y)=0$ 给出，这种函数称为隐函数，如方程 $2x-y+3=0$，$x^2+y^2=9$，$xy-e^x-e^y=0$.

有些隐函数可以化为显函数，还有些隐函数不能化为显函数，而实际中又需要求这类不能作为显函数的隐函数的导数，因此需要找一种不用把隐函数化为显函数，又能直接从方程 $F(x,y)=0$ 中求出导数的求导方法. 对于隐函数求导，可以采用这样的方法：首先在等式两边对 x 求导，遇到 y 时将其看作中间变量，利用复合函数的求导法则，得到含 y' 的方程，解出 y' 即可.

例 2.4.1　求由方程 $x^2+y^2=9$ 所确定的隐函数的导数.

解：两边对 x 求导，得 $2x+2yy'=0$，

解得
$$y'=-\frac{x}{y}.$$

从上面的例子，得到隐函数的求导步骤如下.

(1) 方程两边同时对 x 求导，遇到含 y 的项，先对 y 求导，再乘以 y 的导数 y'，得到一个含有 y' 的方程.

(2) 从中求出 y' 即得.

例 2.4.2　求由方程 $x^2+xy+y^2=4$ 所确定的隐函数的导数.

解：两边对 x 求导，得 $2x+y+xy'+2yy'=0$，

解得
$$y'=-\frac{2x+y}{x+2y}.$$

例 2.4.3　求由方程 $e^{x+y}=xy$ 所确定的隐函数的导数.

解：两边对 x 求导，得 $e^{x+y}(1+y')=y+xy'$，

解得
$$y'=\frac{y-e^{x+y}}{e^{x+y}-x}.$$

例 2.4.4　求由方程 $y^5+2y-x-3x^7=0$ 所确定的隐函数在点 $x=0$ 处的导数.

解：两边对 x 求导，得 $5y^4y'+2y'-1-21x^6=0$，

解得
$$y'=\frac{1+21x^6}{5y^4+2},$$

将 $x=0$ 代入原方程，可得 $y=0$，

所以
$$y'|_{x=0}=y'\Big|_{\substack{x=0\\y=0}}=\frac{1}{2}.$$

2.4.2　对数求导法

有些函数虽然是显函数，但要直接求出其导数却比较困难. 对这类函数进行求导时，可以先两边取对数，再利用隐函数求导法，求出其导数. 这种求导方法称为对数求导法. 对数求导法适用于以下两种情况：

(1) 由多次的乘、除、乘方、开方运算所得到的函数；

(2) 幂指函数 $y=u(x)^{v(x)}$.

例 2.4.5　求函数 $y=\dfrac{(2x-3)^5(3x-5)^7}{(4x+1)^3\sqrt{5x-3}}$ 的导数.

解：两边取自然对数，得

$$\ln y=5\ln(2x-3)+7\ln(3x-5)-3\ln(4x+1)-\frac{1}{2}\ln(5x-3),$$

两边对 x 求导，得

$$\frac{1}{y}\cdot y'=5\cdot\frac{2}{2x-3}+7\cdot\frac{3}{3x-5}-3\cdot\frac{4}{4x+1}-\frac{1}{2}\cdot\frac{5}{5x-3},$$

$$y'=\frac{(2x-3)^5(3x-5)^7}{(4x+1)^3\sqrt{5x-3}}\left[\frac{10}{2x-3}+\frac{21}{3x-5}-\frac{12}{4x+1}-\frac{5}{2(5x-3)}\right].$$

例 2.4.6 求 $y=x^{\sin x}$ 的导数.

解:两边取自然对数,得

$$\ln y=\sin x\ln x,$$

两边对 x 求导,得

$$\frac{1}{y}\cdot y'=\cos x\ln x+\sin x\cdot\frac{1}{x},$$

$$y'=x^{\sin x}\left[\cos x\ln x+\frac{\sin x}{x}\right].$$

有些函数虽然是显函数,但我们可以把其化为隐函数,利用复合函数的求导法则求出其导数.

例 2.4.7 求 $y=\arcsin x$ 的导数.

解:由 $y=\arcsin x$ 得 $x=\sin y$,

两边对 x 求导,得 $1=\cos y\cdot y'$,所以 $y'=\dfrac{1}{\cos y}$,

因为 $x=\sin y$ 在区间 $\left(-\dfrac{\pi}{2},\dfrac{\pi}{2}\right)$ 内连续、单调、可导,$\cos y>0$,

所以在对应区间 $(-1,1)$ 内有 $y'=\dfrac{1}{\cos y}=\dfrac{1}{\sqrt{1-\sin^2 y}}=\dfrac{1}{\sqrt{1-x^2}}$.

2.4.3 参数方程求导法

在求导的时候,我们有时遇到由参数方程所确定的函数,下面介绍参数方程求导法.

设函数 $y=f(x)$ 由参数方程 $\begin{cases}x=\varphi(t),\\ y=\psi(t)\end{cases}$ 确定,其中 t 为参数,且 $x=\varphi(t)$,$y=\psi(t)$ 都可导,则该参数方程所确定的函数可以看成由 $y=\psi(t)$,$t=\varphi^{-1}(x)$ 复合而成,由复合函数的求导法则,有

$$\frac{\mathrm{d}y}{\mathrm{d}x}=\frac{\mathrm{d}y}{\mathrm{d}t}\cdot\frac{\mathrm{d}t}{\mathrm{d}x}=\frac{\dfrac{\mathrm{d}y}{\mathrm{d}t}}{\dfrac{\mathrm{d}x}{\mathrm{d}t}}=\frac{\psi'(t)}{\varphi'(t)}.$$

例 2.4.8 求由参数方程 $\begin{cases}x=t^2-\cos t,\\ y=3t-\sin t\end{cases}$ 所确定的函数的导数.

解:$\dfrac{\mathrm{d}y}{\mathrm{d}x}=\dfrac{y'_t}{x'_t}=\dfrac{3-\cos t}{2t+\sin t}$.

习题 2.4

1. 求下列隐函数的导数:

(1) $3y^2-5y+x=2$;　　(2) $x^2-2xy+y^2=6x$;

(3) $\mathrm{e}^y+xy-\mathrm{e}=0$;　　(4) $\arctan\dfrac{y}{x}=\ln\sqrt{x^2+y^2}$.

2. 求下列函数的导数：

(1) $y=\dfrac{\sqrt{4x+1}\,(3x-2)^2}{(2x+1)^6}$；　　(2) $y=\dfrac{\sqrt{2x+3}\,(5x+2)^3}{(2x+5)^7}$；

(3) $y=x^x$；　　(4) $y=x^{\cos x}$.

3. 求下列由参数方程所确定的函数的导数：

(1) $\begin{cases}x=5\cos t,\\ y=4\sin t;\end{cases}$　　(2) $\begin{cases}x=1+\sqrt{t},\\ y=t+\sqrt{t};\end{cases}$

(3) $\begin{cases}x=1-t^2,\\ y=t-t^3;\end{cases}$　　(4) $\begin{cases}x=\ln(1+t^2),\\ y=t-\arctan t.\end{cases}$

2.5　高阶导数

从 2.1 节我们就知道，变速直线运动的瞬时速度 $v(t)$ 是路程 s 对时间 t 的导数，即 $v=s'=f'(t)$. 由物理学知识可知，加速度 $a(t)$ 是速度 $v(t)$ 对时间 t 的导数，即

$$a(t)=v'(t)=[f'(t)]',$$

因此，加速度 $a(t)$ 可看作路程 s 对时间 t 的导数的导数，由此引出二阶导数的定义.

一般地，函数 $y=f(x)$ 的导数 $f'(x)$ 的导数称为 $f(x)$ 的二阶导数，记作

$$f''(x)\left[\text{或 } y'',\text{或}\frac{\mathrm{d}^2y}{\mathrm{d}x^2},\text{或}\frac{\mathrm{d}^2f(x)}{\mathrm{d}x^2}\right].$$

类似地，函数 $y=f(x)$ 的二阶导数的导数称为 $f(x)$ 的三阶导数，记作

$$f'''(x)\left[\text{或 } y''',\text{或}\frac{\mathrm{d}^3y}{\mathrm{d}x^3},\text{或}\frac{\mathrm{d}^3f(x)}{\mathrm{d}x^3}\right].$$

一般地，函数 $y=f(x)$ 的 $n-1$ 阶导数的导数称为 $f(x)$ 的 n 阶导数，记作

$$f^{(n)}(x)\left[\text{或 } y^{(n)},\text{或}\frac{\mathrm{d}^ny}{\mathrm{d}x^n},\text{或}\frac{\mathrm{d}^nf(x)}{\mathrm{d}x^n}\right].$$

二阶及二阶以上的导数统称为高阶导数.

例 2.5.1　求 $y=x^4-2x^3+x-3$ 的二阶、三阶导数.

解：$y'=4x^3-6x^2+1$,

$y''=12x^2-12x$,

$y'''=24x-12$.

例 2.5.2　证明函数 $y=\mathrm{e}^x\sin x$ 满足方程 $y''-2y'+2y=0$.

证明：$y'=\mathrm{e}^x\sin x+\mathrm{e}^x\cos x$,

$y''=\mathrm{e}^x\sin x+\mathrm{e}^x\cos x+\mathrm{e}^x\cos x-\mathrm{e}^x\sin x=2\mathrm{e}^x\cos x$,

$y''-2y'+2y=2\mathrm{e}^x\cos x-2(\mathrm{e}^x\sin x+\mathrm{e}^x\cos x)+2\mathrm{e}^x\sin x=0$,

等式成立.

下面介绍几个常见的 n 阶导数.

例 2.5.3　求 $y=\mathrm{e}^x$ 的 n 阶导数.

解：$y'=\mathrm{e}^x, y''=\mathrm{e}^x, \cdots, y^{(n)}=\mathrm{e}^x$.

例 2.5.4 求 $y=\sin x$ 的 n 阶导数.

解:$y'=\cos x=\sin\left(\frac{\pi}{2}+x\right)$,

$y''=-\sin x=\sin\left(2\cdot\frac{\pi}{2}+x\right)$,

$y'''=-\cos x=\sin\left(3\cdot\frac{\pi}{2}+x\right)$,

$\vdots$

$y^{(n)}=\sin\left(n\cdot\frac{\pi}{2}+x\right)$.

用类似方法,可得 $(\cos x)^{(n)}=\cos\left(n\cdot\frac{\pi}{2}+x\right)$.

例 2.5.5 求 $y=x^n$ 的 n 阶导数.

解:$y'=nx^{n-1}$,

$y''=n(n-1)x^{n-2}$,

$y'''=n(n-1)(n-2)x^{n-3}$,

$\vdots$

$y^{(n)}=n(n-1)(n-2)\cdots 1$,

即 $(x^n)^{(n)}=n!$.

习题 2.5

1. 已知函数 $y=(3x-2)^5$,求 y''.
2. 已知函数 $y=x^2\ln x$,求 y''.
3. 已知函数 $y=x\mathrm{e}^x$,求 $y^{(n)}$.
4. 已知函数 $y=3^x$,求 $y^{(n)}$.

2.6 微分

2.6.1 微分的概念

导数表示函数在点 x 处的变化率,它描述函数在点 x 处的变化的快慢程度。但有时我们还需要考虑在自变量有微小变化时,函数所取得的相应变化的大小. 通常,改变量的计算比较麻烦,于是我们要寻求一种既便于计算,又有一定精确度的求解方法,这就是微分.

设正方形边长为 x,则正方形面积 $S=x^2$,当边长从 x 变到 $x+\Delta x$ 时,相应面积的改变量 $\Delta S=(x+\Delta x)^2-x^2=2x\Delta x+(\Delta x)^2$. ΔS 由两部分构成,一部分是 Δx 的线性函数 $2x\Delta x$,另外一部分是当 $\Delta x\to 0$ 时,比 Δx 高阶的无穷小. 当 $\Delta x\to 0$ 时,我们可以用第一部分 $2x\Delta x$ 来近似计算面积的改变量,即 $\Delta S\approx 2x\Delta x$,由此,我们引入微分的概念.

因为 $S'=2x$,所以 $\Delta S\approx S'\Delta x$.

定义 2.3 设函数 $y=f(x)$ 在点 x 处的某邻域内有定义,若 $\Delta y=A\Delta x+o(\Delta x)$,其中

A 是不依赖于 Δx 的常数,$o(\Delta x)$ 是比 Δx 高阶的无穷小,则称函数 $y=f(x)$ 在点 x 处可微,称 $A\Delta x$ 为函数在点 x 处的微分,记作 dy,即 $dy=A\Delta x$.

下面我们来考察 A 是什么.

假设函数 $y=f(x)$ 在点 x 处可微,由定义有 $\dfrac{\Delta y}{\Delta x}=A+\dfrac{o(\Delta x)}{\Delta x}$,

当 $\Delta x\to 0$ 时,得 $A=\lim\limits_{\Delta x\to 0}\dfrac{\Delta y}{\Delta x}-\lim\limits_{\Delta x\to 0}\dfrac{o(\Delta x)}{\Delta x}=\lim\limits_{\Delta x\to 0}\dfrac{\Delta y}{\Delta x}=f'(x)$.

从而得到结论:如果函数 $y=f(x)$ 在点 x 处可微,则函数 $y=f(x)$ 在点 x 处也一定可导,且 $A=f'(x)$,反之也成立.

定理 2.4 函数 $y=f(x)$ 在点 x 处可微的充分必要条件是函数 $y=f(x)$ 在点 x 处可导. 因为 $dy=f'(x)\Delta x$,所以当 $|\Delta x|$ 很小时,有 $\Delta y\approx dy$.

通常把自变量 x 的改变量称为自变量的微分,即 $dx=\Delta x$. 因此,函数的微分又可记为 $dy=f'(x)dx$.

例 2.6.1 求函数 $y=x^2$ 在 $x=1,\Delta x=0.01$ 时的改变量及微分.

解:$\Delta y=(1+0.01)^2-1^2=0.0201$,

$dy=y'(1)\cdot\Delta x=2\times 1\times 0.01=0.02$.

由上例可见,$\Delta y\approx dy$.

2.6.2 微分的几何意义

如图 2-3 所示,过点 M 作曲线 $y=f(x)$ 的切线,它的倾角为 α,则 $PQ=MQ\cdot\tan\alpha=\Delta x\cdot f'(x_0)$,即 $dy=PQ$. 由此可见,函数 $y=f(x)$ 在点 x_0 处的微分 dy 就是曲线在点 (x_0,y_0) 处的切线当横坐标由 x_0 变到 $x_0+\Delta x$ 时其对应纵坐标的改变量. 当 $|\Delta x|$ 很小时,$\Delta y\approx dy$.

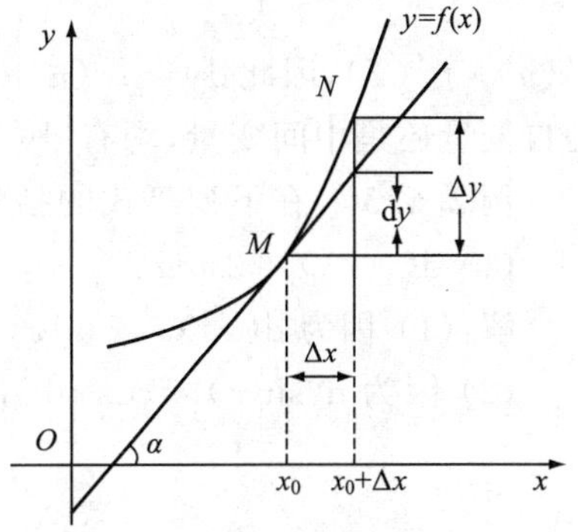

图 2-3

2.6.3 微分的公式

(1) $d(C)=0$(C 为常数);

(2) $d(x^{\alpha})=\alpha x^{\alpha-1}dx$;

(3) $d(a^x)=a^x\ln a\,dx$;

(4) $d(e^x)=e^x dx$;

(5) $d(\log_a x)=\dfrac{1}{x\ln a}dx$;

(6) $d(\ln x)=\dfrac{1}{x}dx$;

(7) $d(\sin x)=\cos x\,dx$;

(8) $d(\cos x)=-\sin x\,dx$;

(9) $d(\tan x)=\sec^2 x\,dx$;

(10) $d(\cot x)=-\csc^2 x\,dx$;

(11) $d(\sec x)=\sec x\tan x\,dx$;

(12) $d(\csc x)=-\csc x\cot x\,dx$;

(13) $d(\arcsin x)=\dfrac{1}{\sqrt{1-x^2}}dx$;

(14) $d(\arccos x)=-\dfrac{1}{\sqrt{1-x^2}}dx$;

(15) $d(\arctan x)=\dfrac{1}{1+x^2}dx$;

(16) $d(\text{arccot}\,x)=-\dfrac{1}{1+x^2}dx$.

例 2.6.2 求下列函数的微分:

(1) $y=5e^x+\dfrac{1}{x}+3\sqrt{x}-3e^2$;

(2) $y=\arctan\dfrac{1}{x}$;

(3) $y=\sin^3 2x$；　　(4) $y=\frac{\ln x}{x}$.

解：(1) $y'=5e^x-\frac{1}{x^2}+\frac{3}{2\sqrt{x}}$，　$dy=\left(5e^x-\frac{1}{x^2}+\frac{3}{2\sqrt{x}}\right)dx$；

(2) $y'=\frac{-\frac{1}{x^2}}{1+\frac{1}{x^2}}=-\frac{1}{1+x^2}$，　$dy=-\frac{1}{1+x^2}dx$；

(3) $y'=3\sin^2 2x(\sin 2x)'=6\sin^2 2x\cos 2x$，　$dy=6\sin^2 2x\cos 2x\,dx$；

(4) $y'=\frac{\frac{1}{x}\cdot x-\ln x}{x^2}=\frac{1-\ln x}{x^2}$，　$dy=\frac{1-\ln x}{x^2}dx$.

2.6.4　微分形式的不变性

如果函数 $y=f(u)$，$u=g(x)$，则复合函数 $y=f[g(x)]$ 的导数为 $y'=\frac{dy}{dx}=\frac{dy}{du}\cdot\frac{du}{dx}=f'(u)\cdot g'(x)$，因此 $dy=f'(u)\cdot g'(x)dx$. 由于 $du=g'(x)dx$，所以 $dy=f'(u)du$. 不论 u 是自变量还是中间变量，均有 $dy=f'(u)du$，我们把这种性质叫作微分形式的不变性.

例 2.6.3　在下列等式的括号内填入适当的函数，使等式成立.

(1) d(　　)$=2x\,dx$.　　(2) d(　　)$=\cos x\,dx$.

解：(1) 因为 $d(x^2)=2x\,dx$，所以 $d(x^2+C)=2x\,dx$.

(2) 因为 $d(\sin x)=\cos x\,dx$，所以 $d(\sin x+C)=\cos x\,dx$.

习题 2.6

求下列函数的微分：

(1) $y=\frac{1}{x}+2\sqrt{x}$；　　(2) $y=\sqrt{3-2x^5}$；

(3) $y=\arcsin\sqrt{x}$；　　(4) $y=x\sin 3x$；

(5) $y=\ln\sqrt{1-x^4}$；　　(6) $y=e^{-x}\sin x$；

(7) $y=x\ln x-x^2$；　　(8) $y=\tan^5 3x$；

(9) $x^2+3xy+y^2=7$；　　(10) $e^x-e^y-xy=0$.

本章小结

1. 导数定义：$f'(x_0)=\lim\limits_{\Delta x\to 0}\frac{\Delta y}{\Delta x}=\lim\limits_{\Delta x\to 0}\frac{f(x_0+\Delta x)-f(x_0)}{\Delta x}$.

2. 函数 $y=f(x)$ 在点 x_0 处可导与左、右导数的关系：函数 $y=f(x)$ 在点 x_0 处可导的充分必要条件是函数 $y=f(x)$ 在点 x_0 处的左、右导数均存在且相等.

3. 函数在某点的导数与函数的导函数的关系：$f'(x_0)$ 可以看作 $f'(x)$ 在点 x_0 处的函数值.

4. 导数的几何意义：曲线在对应点的切线的斜率.

5. 导数与连续的关系：可导 $\Rightarrow$ 连续.导数与微分的关系：可导 $\Leftrightarrow$ 可微.

6. 求导公式：略.

7. 导数的四则运算法则：(1)$(u\pm v)'=u'\pm v'$；(2)$(uv)'=u'v+uv'$；(3)$(Cu)'=Cu'$(C 为常数)；(4)$\left(\dfrac{u}{v}\right)'=\dfrac{u'v-uv'}{v^2}(v\neq 0)$.

8. 复合函数的求导法则：$y'_x=y'_u\cdot u'_x$.

9. 隐函数的求导法则：(1) 方程两边同时对 x 求导，遇到含 y 的项，先对 y 求导，再乘以 y 的导数 y'，得到一个含有 y' 的方程；(2) 从中求出 y' 即得.

10. 对数求导法：(1) 先两边取对数，化为隐函数；(2) 利用隐函数求导数.

11. 参数方程求导法：$\dfrac{\mathrm{d}y}{\mathrm{d}x}=\dfrac{y'_t}{x'_t}$.

12. 高阶导数：函数 $y=f(x)$ 的 $n-1$ 阶导数的导数称为 $f(x)$ 的 n 阶导数，记作

$$f^{(n)}(x)\left[\text{或 } y^{(n)}\text{，或}\frac{\mathrm{d}^n y}{\mathrm{d}x^n}\text{，或}\frac{\mathrm{d}^n f(x)}{\mathrm{d}x^n}\right].$$

几个常见函数的 n 阶导数：$(\mathrm{e}^x)^{(n)}=\mathrm{e}^x$，$(x^n)^{(n)}=n!$，$(\sin x)^{(n)}=\sin\left(n\cdot\dfrac{\pi}{2}+x\right)$，$(\cos x)^{(n)}=\cos\left(n\cdot\dfrac{\pi}{2}+x\right)$.

13. 微分：$\mathrm{d}y=f'(x)\mathrm{d}x$.

复习题二

一、填空题

1. 设函数 $f(x)=\dfrac{2}{\sqrt[3]{x^2}}-\dfrac{1}{x\sqrt{x}}$，则 $f'(1)=$________.

2. 曲线 $y=\dfrac{x+4}{4-x}$ 上点(2,3) 处的切线的斜率为________.

3. 设 $y=\arccos x^2$，则$\dfrac{\mathrm{d}y}{\mathrm{d}x}=$________.

4. 设 $y=\arctan\sqrt{x}$，则 $y'=$________.

5. 设 $f(x)=x(x-1)(x-2)(x-3)(x-4)$，则 $f'(0)=$________.

6. 设 $f(x)=\dfrac{1-x}{1+x}$，则 $f''(1)=$________.

7. 设 $y=\ln\sin x$，则 $y''=$________.

8. 设 $y=\ln(\tan 2x)$，则 $\mathrm{d}y=$________.

二、选择题

1. 设 $f'(x_0)$ 存在，则$\lim\limits_{h\to 0}\dfrac{f(x_0-2h)-f(x_0)}{h}=$(　　).

A. $f'(x_0)$　　B. $-2f'(x_0)$　　C. $-f'(x_0)$　　D. $2f'(x_0)$

2. 函数 $f(x)=|1-2x|$ 在点 $x=($ $)$ 处不可导.

A. 1　　B. 0　　C. $\frac{1}{2}$　　D. $-\frac{1}{2}$

3. 函数 $f(x)$ 在点 x_0 处连续是 $f(x)$ 在点 x_0 处可导的(　　).

A. 充分条件　　B. 必要条件　　C. 充要条件　　D. 无关条件

4. 下列函数中,在点 $x=2$ 处连续但不可导的函数是(　　).

A. $y=\frac{1}{x-2}$　　B. $y=|x-2|$　　C. $y=\ln(x^2-4)$　　D. $y=(x-2)^2$

5. 设函数 $f(x)=\ln\frac{1}{x}-\ln 2$,则 $f'(x)=($　　$)$.

A. $x-\frac{1}{2}$　　B. $-\frac{1}{x}-\frac{1}{2}$　　C. x　　D. $-\frac{1}{x}$

6. 设函数 $y=x(x-1)(x-2)(x-3)(x-4)(x-5)$,则 $y'|_{x=0}=($　　$)$.

A. 0　　B. 5!

C. $-5!$　　D. $-1+(-2)+(-3)+(-4)+(-5)$

7. 设函数 $y=\frac{1-x}{1+x}$,则 $y'(0)=($　　$)$.

A. 0　　B. 2　　C. -2　　D. $\frac{1}{2}$

8. 设函数 $y=\ln(1+ax)$,则 $y'=($　　$)$.

A. $\frac{a}{1+ax}$　　B. $\frac{x}{1+ax}$　　C. $\frac{1}{1+ax}$　　D. $\frac{ax}{1+ax}$

9. 函数 $y=\arctan(-2x)$,则 $y'=($　　$)$.

A. $\frac{1}{1+4x^2}$　　B. $\frac{1}{1-4x^2}$　　C. $-\frac{2}{1-4x^2}$　　D. $-\frac{2}{1+4x^2}$

10. 设函数 $y=x^n+e^x$,则 $y^{(n)}=($　　$)$.

A. $n!+e^x$　　B. e^x　　C. $n!$　　D. $n!+ne^x$

11. 设函数 $y=\arcsin(3x^2)$,则 $dy=($　　$)$.

A. $\frac{6x}{\sqrt{1-9x^4}}dx$　　B. $\frac{1}{\sqrt{1-9x^4}}dx$　　C. $\frac{1}{\sqrt{1-9x^4}}$　　D. $\frac{6x}{\sqrt{1-9x^4}}$

三、解答题

1. 已知 $y=x^2\cdot\sqrt[7]{x^3}$,求 y'.

2. 已知 $y=\left(\frac{1}{2}\right)^x+x^3$,求 y'.

3. 已知 $f(x)=a^x+x^a+a^a$,求 $f'(x)$.

4. 设 $y=\frac{1-\sqrt{x}}{1+\sqrt{x}}$,求 $y'(4)$.

5. 设 $y=\frac{1}{x}+\frac{1}{x^2}+\ln 3$,求 $y'|_{x=1}$.

6. 设 $y=\cos^2(2x+1)$,求 y'.

7. 求隐函数 $x^2 - xy + y^2 = 7$ 在点(2，−1) 处的一阶导数.

8. 求隐函数 $e^x - e^y = \arctan y$ 的一阶导数 y'.

9. 设 $y^3 - 3y + 2ax = 0$，求$\frac{dy}{dx}$.

10. 设 $y = y(x)$ 是由方程 $e^{x+y} + x + y^2 = 1$ 所确定的隐函数，求$\left.\frac{dy}{dx}\right|_{\substack{x=0\\y=0}}$ 的值.

11. 求 $y = \frac{(2x+3)^4\sqrt{x-6}}{\sqrt[3]{x+1}}$ 的导数.

12. 求由参数方程$\begin{cases} x = 1 + \sin t, \\ y = t\cos t \end{cases}$所确定的函数的导数.

13. 设 $y = x^4 + 2x^3 + 6x^2 - 3x - 5$，求 $y'(1)$，$y^{(5)}$.

14. 求下列函数的微分：

(1) $y = x\sin 2x$；　　(2) $y = \tan 2x + \sin 2^x$.

第 3 章

导数的应用

本章以微分中值定理为基础，应用导数来研究函数及曲线的一些性态，并讲解利用这些知识解决一些实际问题的方法.

3.1 微分中值定理与洛必达法则

本节主要介绍罗尔定理、拉格朗日中值定理以及求函数极限的一种方法 —— 洛必达法则.

3.1.1 微分中值定理

罗尔定理、拉格朗日中值定理是微分学中的基本定理，由于这些定理均与自变量在区间内部的某点的值有关，因此被统称为微分中值定理. 运用这些定理，就能通过导数研究函数的一些问题. 因此，它们在微积分的理论和应用中占有重要的地位.

定理 3.1(罗尔定理) 如果函数 $f(x)$ 满足

(1) 在闭区间 $[a,b]$ 上连续；

(2) 在开区间 (a,b) 内可导；

(3) $f(a)=f(b)$；

那么在 (a,b) 内至少存在一点 ξ，使得 $f'(\xi)=0$.

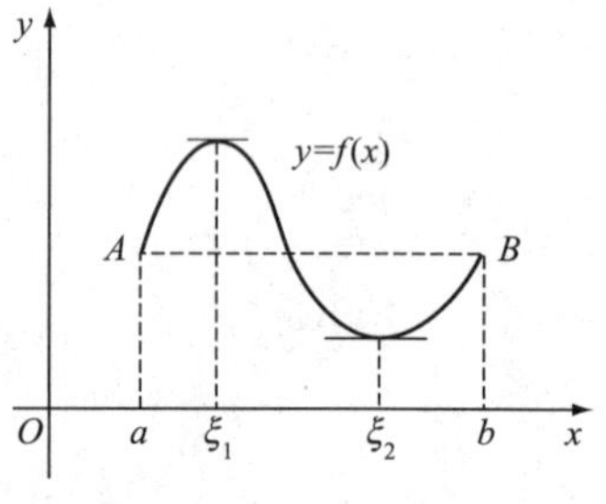

图 3-1

罗尔定理的几何意义：如果连续曲线除端点外都有不垂直于 x 轴的切线，且两端点的纵坐标相等，那么曲线上至少有一条平行于 x 轴的切线.（见图 3-1）

例 3.1.1 验证函数 $f(x)=x^2-2x-3$ 在 $[-1,3]$ 上满足罗尔定理的条件，并求出罗尔定理结论中的 ξ.

解：因为 $f(x)=x^2-2x-3$ 在 $[-1,3]$ 上连续，在 $(-1,3)$ 上可导，且 $f(-1)=f(3)=0$，所以函数 $f(x)=x^2-2x-3$ 在 $[-1,3]$ 上满足罗尔定理的条件. 解 $f'(\xi)=2\xi-2=0$ 得 $\xi=1$，罗尔定理结论中的 $\xi=1$.

如果取消罗尔定理的条件 $f(a)=f(b)$，并相应地改变结论，就得到更具一般性的拉格朗日中值定理.

定理 3.2(拉格朗日中值定理)　如果函数 $f(x)$ 满足

(1) 在闭区间 $[a,b]$ 上连续;

(2) 在开区间 (a,b) 内可导;

那么在 (a,b) 内至少存在一点 ξ,使得 $f'(\xi)=\dfrac{f(b)-f(a)}{b-a}$.

拉格朗日中值定理的几何意义:如果连续曲线除端点外都有不垂直于 x 轴的切线,那么该曲线上至少有这样一点存在,在该点处曲线的切线平行于连接两端点的直线.(见图 3-2)

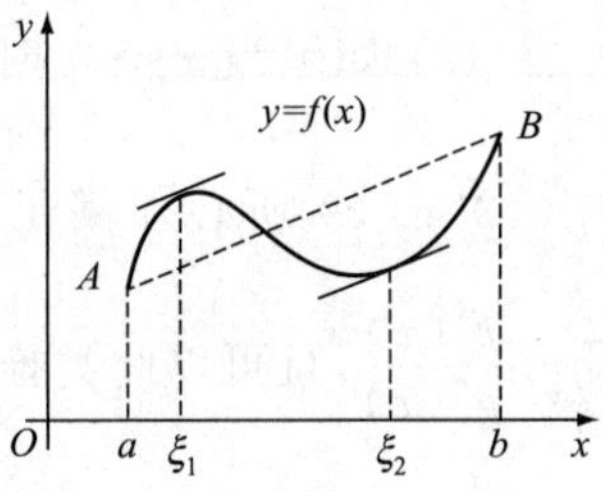

图 3-2

推论 1　如果函数 $f(x)$ 在开区间 (a,b) 内的导数恒为零,那么 $f(x)$ 在 (a,b) 内恒为一个常数.

推论 2　如果两个函数 $f(x)$、$g(x)$ 在开区间 (a,b) 内的导数相等,即 $f'(x)=g'(x)$,那么 $f(x)$ 与 $g(x)$ 之差在 (a,b) 内恒为常数,即 $f(x)-g(x)\equiv C$.

例 3.1.2　验证函数 $f(x)=x^2-3x$ 在 $[0,2]$ 上满足拉格朗日中值定理的条件,并求出拉格朗日中值定理结论中的 ξ.

解:因为 $f(x)=x^2-3x$ 在 $[0,2]$ 上连续,在 $(0,2)$ 上可导,所以函数 $f(x)=x^2-3x$ 在 $[0,2]$ 上满足拉格朗日中值定理的条件. $f'(\xi)=2\xi-3=\dfrac{f(2)-f(0)}{2-0}=-1$,解得 $\xi=1$,拉格朗日中值定理结论中的 $\xi=1$.

例 3.1.3　证明不等式:当 $x>0$ 时,$\ln(1+x)<x$.

证明:因为 $x>0$,所以 $1+x>1$. 在闭区间 $[1,1+x]$ 上对函数 $f(x)=\ln x$ 应用拉格朗日中值定理,有 $\dfrac{\ln(1+x)-\ln 1}{(1+x)-1}=\dfrac{1}{\xi}$.

因为 $1<\xi<1+x$,所以 $\dfrac{1}{\xi}<1$.

于是,由 $\dfrac{\ln(1+x)-\ln 1}{(1+x)-1}=\dfrac{1}{\xi}$ 可得 $\ln(1+x)<x$.

3.1.2　洛必达法则

在同一变化过程中,当分子、分母同时趋于零或同时趋于无穷大时,分式的极限可能存在,也可能不存在,分子、分母同时趋于零、同时趋于无穷大的分式分别称为 $\dfrac{0}{0}$ 型和 $\dfrac{\infty}{\infty}$ 型未定式. 对于某些这样的未定式,常用洛必达法则来求其极限.

1. 用洛必达法则求 $\dfrac{0}{0}$ 型或 $\dfrac{\infty}{\infty}$ 型未定式

定理 3.3　如果函数 $f(x)$ 和 $g(x)$ 满足下述条件:

(1) $\lim\limits_{x\to a}f(x)=\lim\limits_{x\to a}g(x)=0$(或 ∞);

(2) 在点 a 的某个邻域内(点 a 除外)$f'(x)$、$g'(x)$ 均存在,且 $g'(x)\neq 0$;

(3) $\lim\limits_{x\to a}\dfrac{f'(x)}{g'(x)}=A$(或 ∞);

则$\lim\limits_{x\to a}\dfrac{f(x)}{g(x)}=\lim\limits_{x\to a}\dfrac{f'(x)}{g'(x)}=A$(或 ∞).

注意:

(1) 把 $x\to a$ 改为 $x\to\infty$ 仍然成立;

(2) 如果当 $x\to a$ 时$\dfrac{f'(x)}{g'(x)}$仍属$\dfrac{0}{0}$型或$\dfrac{\infty}{\infty}$型,且这时 $f'(x)$、$g'(x)$ 满足洛必达法则中 $f(x)$、$g(x)$ 所必须满足的条件,那么仍可使用洛必达法则,即$\lim\limits_{x\to a}\dfrac{f(x)}{g(x)}=\lim\limits_{x\to a}\dfrac{f'(x)}{g'(x)}=\lim\limits_{x\to a}\dfrac{f''(x)}{g''(x)}$,且可以此类推.

例 3.1.4 求$\lim\limits_{x\to 3}\dfrac{x^3-27}{x-3}$.

解:这是$\dfrac{0}{0}$型的未定式,由洛必达法则得

$$\lim_{x\to 3}\frac{x^3-27}{x-3}=\lim_{x\to 3}\frac{(x^3-27)'}{(x-3)'}=\lim_{x\to 3}\frac{3x^2}{1}=27.$$

例 3.1.5 求$\lim\limits_{x\to 0}\dfrac{x-\sin x}{x^3}$.

解:这是$\dfrac{0}{0}$型的未定式,由洛必达法则得

$$\lim_{x\to 0}\frac{x-\sin x}{x^3}=\lim_{x\to 0}\frac{(x-\sin x)'}{(x^3)'}=\lim_{x\to 0}\frac{1-\cos x}{3x^2}=\lim_{x\to 0}\frac{\sin x}{6x}=\frac{1}{6}.$$

注意:上式中两次运用了洛必达法则.

例 3.1.6 求$\lim\limits_{x\to 1}\dfrac{x^3-3x+2}{x^3-x^2-x+1}$.

解:这是$\dfrac{0}{0}$型的未定式,由洛必达法则得

$$\lim_{x\to 1}\frac{x^3-3x+2}{x^3-x^2-x+1}=\lim_{x\to 1}\frac{3x^2-3}{3x^2-2x-1}=\lim_{x\to 1}\frac{6x}{6x-2}=\frac{3}{2}.$$

注意:上式中的$\lim\limits_{x\to 1}\dfrac{6x}{6x-2}$已不是未定式,因此不能再用洛必达法则了.

例 3.1.7 求$\lim\limits_{x\to+\infty}\dfrac{\ln^2 x}{x^n}(n>1)$.

解:这是$\dfrac{\infty}{\infty}$型的未定式,由洛必达法则得

$$\lim_{x\to+\infty}\frac{\ln^2 x}{x^n}=\lim_{x\to+\infty}\frac{2\,\frac{1}{x}\ln x}{nx^{n-1}}=2\lim_{x\to+\infty}\frac{\ln x}{nx^n}=2\lim_{x\to+\infty}\frac{1}{n^2x^n}=0.$$

例 3.1.8 求$\lim\limits_{x\to+\infty}\dfrac{x^2}{2\mathrm{e}^x}$.

解：这是$\frac{\infty}{\infty}$型的未定式，由洛必达法则得

$$\lim_{x\to+\infty}\frac{x^2}{2e^x}=\lim_{x\to+\infty}\frac{2x}{2e^x}=\lim_{x\to+\infty}\frac{1}{e^x}=0.$$

2. 其他类型的未定式

对于 $0\cdot\infty$、$\infty-\infty$、∞^0、1^∞、0^0 等类型的未定式，设法将其转化成$\frac{0}{0}$型或$\frac{\infty}{\infty}$型，然后用洛必达法则来求极限。具体办法：对于 $0\cdot\infty$、$\infty-\infty$ 型未定式，可通过代数式恒等变形转化为$\frac{0}{0}$、$\frac{\infty}{\infty}$型未定式；对于 0^0、1^∞、∞^0 型未定式，可通过取对数的方式，转化为 $0\cdot\infty$ 型未定式，再转化为$\frac{0}{0}$、$\frac{\infty}{\infty}$型未定式.

例 3.1.9　求 $\lim\limits_{x\to0^+}(x^2\ln x)$.

解：这是 $0\cdot\infty$ 型的未定式.

$$\lim_{x\to0^+}(x^2\ln x)=\lim_{x\to0^+}\frac{(\ln x)'}{\left(\frac{1}{x^2}\right)'}=\lim_{x\to0^+}\frac{\frac{1}{x}}{-\frac{2}{x^3}}=-\lim_{x\to0^+}\frac{1}{\frac{2}{x^2}}=0.$$

例 3.1.10　求$\lim\limits_{x\to0}\left(\frac{1}{\sin x}-\frac{1}{x}\right)$.

解：这是 $\infty-\infty$ 型的未定式.

$$\lim_{x\to0}\left(\frac{1}{\sin x}-\frac{1}{x}\right)=\lim_{x\to0}\frac{x-\sin x}{x\sin x}=\lim_{x\to0}\frac{1-\cos x}{\sin x+x\cos x}=\lim_{x\to0}\frac{\sin x}{2\cos x-x\sin x}=0.$$

习题 3.1

1. 下列函数在给定区间上是否满足罗尔定理？如满足，求出罗尔定理结论中的 ξ.

(1) $f(x)=2x^2-x-3, x\in[-1,1.5]$；　　(2) $f(x)=x\sqrt{3-x}, x\in[0,3]$.

2. 下列函数在给定区间上是否满足拉格朗日中值定理？如满足，求出拉格朗日中值定理结论中的 ξ.

(1) $f(x)=x^3, x\in[-1,2]$；　　(2) $f(x)=x-x^3, x\in[-2,1]$.

3. 用洛必达法则求下列函数的极限：

(1) $\lim\limits_{x\to2}\frac{x^2-4}{x-2}$；　　(2) $\lim\limits_{x\to0}\frac{e^x-e^{-x}}{x}$；

(3) $\lim\limits_{x\to+\infty}\frac{x}{e^x}$；　　(4) $\lim\limits_{x\to+\infty}\frac{\ln(1+e^x)}{e^x}$；

(5) $\lim\limits_{x\to1}\left(\frac{2}{x^2-1}-\frac{1}{x-1}\right)$；　　(6) $\lim\limits_{x\to0^+}(x\ln x)$.

3.2　函数的单调性与极值

本节主要介绍用一阶导数判定函数单调性和函数极值的方法.

3.2.1 函数的单调性

在研究函数图形时首先要考虑的是函数的单调性,现介绍利用导数来判定函数单调性的方法.

定理3.4 设函数 $y=f(x)$ 在 (a,b) 内可导.

(1) 如果在 (a,b) 内 $f'(x)>0$,那么函数 $f(x)$ 在 (a,b) 内单调增加.

(2) 如果在 (a,b) 内 $f'(x)<0$,那么函数 $f(x)$ 在 (a,b) 内单调减少.

证明:设函数 $f(x)$ 在 $[a,b]$ 上连续,在 (a,b) 内可导.

在 $[a,b]$ 上任取 $x_1<x_2$,由拉格朗日中值定理可知,

至少存在一点 $\xi\in(x_1,x_2)$,使 $f(x_2)-f(x_1)=f'(\xi)(x_2-x_1)$.

$\because x_2-x_1>0$,

$\therefore$ 当 $f'(x)>0$ 时有 $f(x_2)>f(x_1)$,表明 $f(x)$ 在 (a,b) 内单调增加.

当 $f'(x)<0$ 时有 $f(x_2)<f(x_1)$,表明 $f(x)$ 在 (a,b) 内单调减少.

注意:

(1) 定理3.4对无穷区间也成立.

(2) 当 $f'(x)\geqslant 0$[或 $f'(x)\leqslant 0$]时,若等号只在个别点处成立,则 $f(x)$ 在 (a,b) 内仍是单调增加(减少)的.

定理3.4的几何意义:在开区间 (a,b) 内,如果曲线上每一点的切线斜率都为正值,即 $\tan\alpha=f'(x)>0$,那么曲线是上升的,即函数 $y=f(x)$ 在 (a,b) 内是单调增加的,如图3-3所示;反之,如果切线斜率都为负值,即 $\tan\alpha=f'(x)<0$,那么曲线是下降的,即函数 $y=f(x)$ 在 (a,b) 内是单调减少的,如图3-4所示.

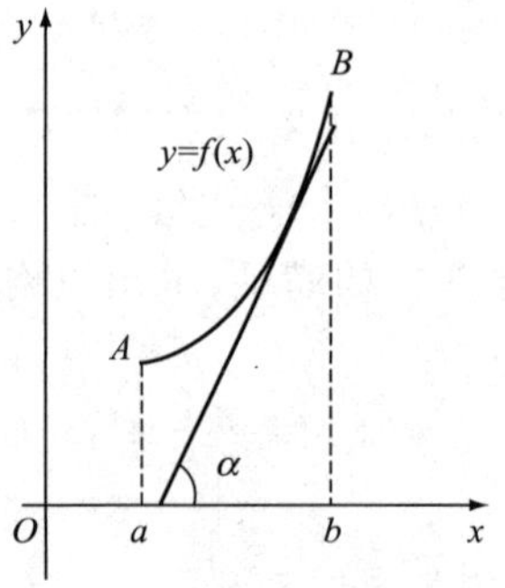

图3-3

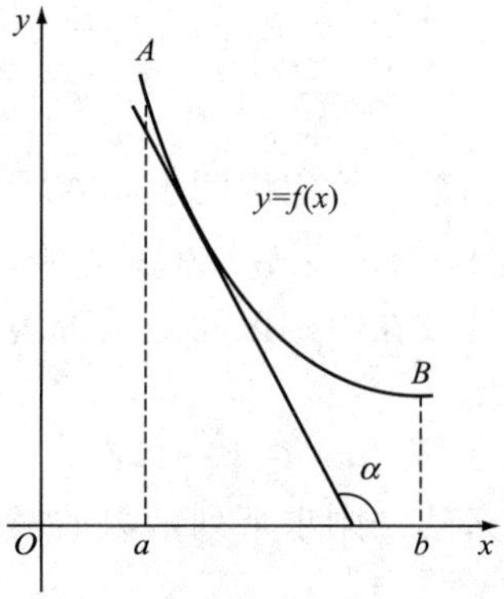

图3-4

例3.2.1 判定函数 $f(x)=2x-\sin x$ 在 $(0,2\pi)$ 内的单调性.

解:因为在 $(0,2\pi)$ 内,$f'(x)=2-\cos x>0$,

所以由定理3.4可知,$f(x)$ 在 $(0,2\pi)$ 内单调增加.

例3.2.2 求 $f(x)=x^3-3x+2$ 的单调区间.

解:$f(x)$ 的定义域为 $(-\infty,+\infty)$,$f'(x)=3x^2-3=3(x-1)(x+1)$.

令 $f'(x)=0$,解得 $x_1=-1,x_2=1$.

列表如下(见表3-1).

表 3-1

x	$(-\infty,-1)$	$(-1,+1)$	$(1,+\infty)$
$f'(x)$	+	−	+
$f(x)$	↗	↘	↗

由表 3-1 可知，$f(x)$ 的单调增加区间为$(-\infty,-1)$和$(1,+\infty)$，单调减少区间为$(-1,+1)$.

确定函数单调性的步骤如下：

(1) 确定函数定义域；

(2) 令 $f'(x)=0$，解得使 $f'(x)=0$ 和使 $f'(x)$ 不存在的点，并把这些点作为分界点；

(3) 列表确定 $f'(x)$ 在各个子区间内的正负情况，从而确定 $f(x)$ 的单调性.

3.2.2　函数的极值

1. 函数极值的定义

定义 3.1　设函数 $f(x)$ 在点 x_0 的邻域内有定义. 除点 x_0 外，对于点 x_0 邻域内的任一点 x，如果 $f(x)<f(x_0)$ 均成立，则称 $f(x_0)$ 为函数 $f(x)$ 的一个极大值，点 x_0 称为函数 $f(x)$ 的一个极大值点；如果 $f(x)>f(x_0)$ 均成立，则称 $f(x_0)$ 为函数 $f(x)$ 的一个极小值，点 x_0 称为函数 $f(x)$ 的一个极小值点.

函数的极大值与极小值统称为函数的极值，极大值点和极小值点统称为极值点.

2. 函数极值存在的必要条件

定理 3.5　如果函数 $f(x)$ 在点 x_0 处有极值 $f(x_0)$，且 $f'(x_0)$ 存在，那么 $f'(x_0)=0$.

注意：(1) 使 $f'(x)=0$ 的点称为驻点.

(2) 可导函数的极值点必定是驻点，但驻点不一定是极值点. 如函数 $y=x^3$，$x=0$ 是驻点，但不是极值点.

3. 函数极值存在的充分条件

定理 3.6　设函数 $f(x)$ 在点 x_0 的邻域内连续，在其空心邻域内可导.

(1) 如果当 $x<x_0$ 时，$f'(x)>0$，当 $x>x_0$ 时，$f'(x)<0$，那么函数 $f(x)$ 在点 x_0 处取得极大值.

(2) 如果当 $x<x_0$ 时，$f'(x)<0$，当 $x>x_0$ 时，$f'(x)>0$ 那么函数 $f(x)$ 在点 x_0 处取得极小值.

(3) 如果当 x 取 x_0 左右两侧的值时，$f'(x)$ 不变号，那么函数 $f(x)$ 在点 x_0 处没有极值.

求函数极值的步骤如下：

(1) 确定函数 $f(x)$ 的定义域，求出导数 $f'(x)$；

(2) 求出函数 $f(x)$ 的全部驻点和一阶导数不存在的点；

(3) 考察 $f'(x)$ 在驻点和不可导点的左右邻域内的值是否异号，以确定极值点；

(4) 判断各极值点的函数值是极大值还是极小值，并计算出极大值和极小值.

例 3.2.3　求 $f(x)=\frac{1}{3}x^3+x^2-8x+1$ 的单调区间和极值.

解：$f(x)$ 的定义域为$(-\infty,+\infty)$，

$$f'(x)=x^2+2x-8=(x-2)(x+4).$$

令 $f'(x)=0$,解得 $x_1=-4, x_2=2$,没有不可导点.

两个驻点把定义域分成3个子区间:$(-\infty,-4)$,$(-4,2)$,$(2,+\infty)$.

列表如下(见表3-2).

表3-2

x	$(-\infty,-4)$	-4	$(-4,2)$	2	$(2,+\infty)$
$f'(x)$	+	0	−	0	+
$f(x)$	↗	极大值 $\frac{83}{3}$	↘	极小值 $-\frac{25}{3}$	↗

由表3-2可知,函数 $f(x)$ 在 $(-\infty,-4)$ 和 $(2,+\infty)$ 内单调增加;在 $(-4,2)$ 内单调减少;在 $x=-4$ 处有极大值 $f(-4)=\frac{83}{3}$;在 $x=2$ 处有极小值 $f(2)=-\frac{25}{3}$.

习题3.2

1. 求下列函数的单调区间:

(1) $f(x)=x-\frac{1}{3}x^3$;　　(2) $f(x)=e^x-x-1$;

(3) $f(x)=\frac{1}{3}x^3-\frac{1}{2}x^2$;　　(4) $f(x)=x^4-2x^2+2$.

2. 求下列函数的极值:

(1) $f(x)=2x^2-x^4$;　　(2) $f(x)=x-e^x$;

(3) $f(x)=x^2e^x$;　　(4) $f(x)=x^3-4x^2-3x$.

3.3 函数的最大值与最小值

本节主要介绍函数在闭区间上的最大值与最小值求法,以及求函数的最大值与最小值在实际生活中的应用.

3.3.1 函数在闭区间上的最大值与最小值

在日常的生活和经济活动中,经常需要求解一些最大值或最小值问题.由闭区间上的连续函数的性质可知,若函数 $f(x)$ 在 $[a,b]$ 上连续,则 $f(x)$ 在 $[a,b]$ 上一定有最大值和最小值.对于一个闭区间上的连续函数 $f(x)$,它的最大值、最小值只能在极值点或端点上取得,因此,只要求出函数 $f(x)$ 的所有极值和端点值,它们之中最大的就是最大值,最小的就是最小值.

最大值、最小值与极大值、极小值是不同的概念.极值是局部的概念,在一个闭区间可能有多个数值不同的极大值或极小值,有的极大值可能小于某个极小值.最大值和最小值是整体的概念,是所考虑的闭区间上全部函数值的最大值或最小值.函数在闭区间上取得极大值的点可能不止一个,但取得最大值的点只有一个;函数在闭区间上取得极小值的点也可能不止一个，但取得最小值的点只有一个.

求函数 $f(x)$ 在闭区间 $[a,b]$ 上的最大值与最小值的步骤如下：

(1) 求出函数 $f(x)$ 在 (a,b) 内的所有驻点和一阶导数不存在的点，并计算各点对应的函数值(不必判断在这些点是否取得极值)；

(2) 求出端点的函数值 $f(a)$ 和 $f(b)$；

(3) 比较前面两步中求出的所有函数值的大小，其中最大的就是函数 $f(x)$ 在 $[a,b]$ 上的最大值，最小的就是函数 $f(x)$ 在 $[a,b]$ 上的最小值.

例 3.3.1　求 $f(x)=x^4-2x^2+3$ 在 $[-2,2]$ 上的最大值和最小值.

解：$f'(x)=4x^3-4x=4x(x-1)(x+1)$，

令 $f'(x)=0$，解得 $x_1=-1, x_2=1, x_3=0$.

计算得 $f(-1)=2, f(0)=3, f(1)=2, f(-2)=11, f(2)=11$.

比较得函数 $f(x)$ 在 $[-2,2]$ 上的最大值为 $f(\pm 2)=11$，最小值为 $f(\pm 1)=2$.

例 3.3.2　求 $f(x)=\dfrac{x}{1+x^2}$ 在 $[0,2]$ 上的最大值和最小值.

解：$f'(x)=\dfrac{(1-x)(1+x)}{(1+x^2)^2}$，

令 $f'(x)=0$，得 $f(x)$ 在 $(0,2)$ 内的驻点为 $x=1$.

计算得 $f(0)=0, f(1)=\dfrac{1}{2}, f(2)=\dfrac{2}{5}$.

比较得函数 $f(x)$ 在 $[0,2]$ 上的最大值为 $f(1)=\dfrac{1}{2}$，最小值为 $f(0)=0$.

3.3.2　应用问题举例

如果在一个区间(有限或无限，开区间或闭区间)内，可导函数 $f(x)$ 只有一个驻点 x_0，并且这个驻点是函数的唯一极值点，那么当 $f(x_0)$ 是极大值时，$f(x_0)$ 就是函数 $f(x)$ 在该区间上的最大值；当 $f(x_0)$ 是极小值时，$f(x_0)$ 就是函数 $f(x)$ 在该区间上的最小值. 在应用问题中，遇到这样的情形时，可以把最值问题当作极值问题来解决，不必比较极值点与区间端点函数值的大小.

对实际问题求最值，往往根据实际意义断定函数确有最大值或最小值，且一定在区间内部取得，若该函数在区间内部只有一个驻点，则该唯一驻点一定是最值点，不必讨论是否为极值点.

例 3.3.3　将边长为 30 cm 的一块正方形铁皮的四角各截去一个大小相同的小正方形，然后将四边折起做成一个无盖的方盒. 问：截掉的小正方形边长为多长时，所得方盒的容积最大？

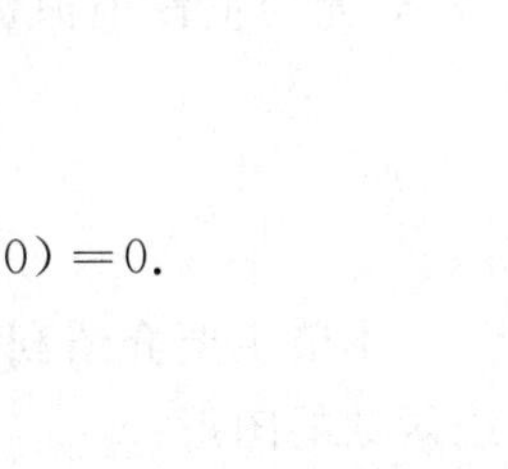

图 3-5

解：如图 3-5 所示，设截掉的小正方形边长为 x，则盒底边长为 $30-2x$，方盒的容积为

$$V=(30-2x)^2x, x\in(0,15),$$

$$\begin{aligned}V'&=-4x(30-2x)+(30-2x)^2\\&=(30-2x)(30-6x)\end{aligned}$$

令 $V'=0$,解得 $x_1=5$,$x_2=15$(舍弃),且 $x_1=5$ 是 V 在定义域内的唯一驻点.

因此,$x_1=5$ 是 V 的极大值点,也是 V 的最大值点. 即截掉的小正方形边长为 5 cm 时,所得方盒的容积最大,最大容积为

$$V=5\times(30-10)^2=2\ 000\ (\text{cm}^3).$$

答:截掉的小正方形边长为 5 cm 时,所得方盒的容积最大.

习题 3.3

1. 求下列函数在指定区间上的最大值与最小值:

(1) $f(x)=x^4-2x^2+5, x\in[-2,2]$; (2) $f(x)=x+\sqrt{1-x}, x\in[-5,1]$;

(3) $f(x)=\ln(1+x^2), x\in[-1,2]$; (4) $f(x)=\dfrac{x^2}{1+x}, x\in\left[-\dfrac{1}{2},1\right]$.

2. 将周长为 $2a$ 的矩形绕它的一边旋转而构成一个圆柱体,问:矩形的长和宽各为多少时,圆柱的体积最大?

3. 某房地产公司有 50 套公寓要出租,当租金定为每套每月 180 元时,公寓会全部租出去. 当租金每套每月增加 10 元时,就有一套公寓租不出去,而租出去的房子每套每月需要花费 20 元的整修维护费. 试问:租金每套每月定为多少时可获得最大收入?

3.4 曲线的凹凸性与拐点

本节主要介绍利用函数的二阶导数来判别曲线的凹凸性,以及利用曲线的各种性质描绘函数的图形.

3.4.1 曲线的凹凸性与拐点

通过研究函数的单调性与极值,我们对函数的变化情况有了初步的了解,这对描绘函数的图形很有用. 但仅限于此还不够. 如图 3-6 所示,函数 $y=f(x)$ 在 (a,b) 内的曲线弧虽然一直是上升的,但是,在 (a,x_0) 和 (x_0,b) 内,弧段 $\overset{\frown}{AM}$ 和弧段 $\overset{\frown}{MB}$ 的弯曲方向是不同的,点 M 是它们的分界点. 了解曲线的弯曲方向及其分界点,对作图是很有用的.

由图 3-6 可以看出,$\overset{\frown}{AM}$ 上任意一点的切线均在该弧段的下方,$\overset{\frown}{MB}$ 上任意一点的切线均在该弧段的上方,由此给出以下定义.

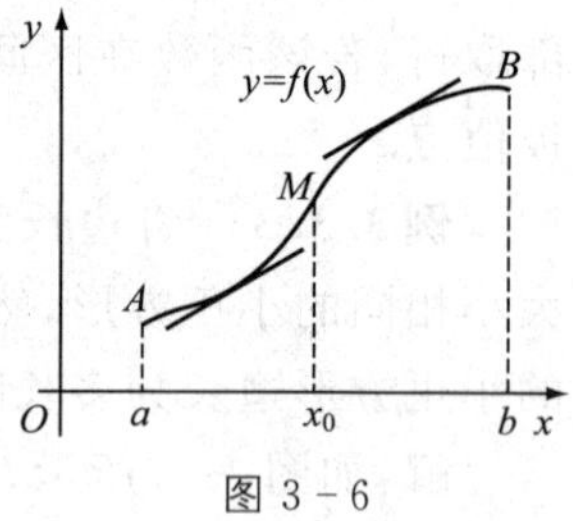

图 3-6

定义 3.2 设曲线的方程为 $y=f(x)$,且处处有切线. 如果在某区间内,曲线弧位于任意一点切线的上方,则称曲线在这个区间内是凹的,这个区间称为曲线的凹区间;如果在某区间内,曲线弧位于任意一点切线的下方,则称曲线在这个区间内是凸的,这个区间称为曲线的凸区间.

定义 3.3 曲线的凹与凸的分界点称为曲线的拐点.

定理 3.7 设函数 $f(x)$ 在区间 (a,b) 内具有二阶导数,且

(1) 如果 $x\in(a,b)$ 时,恒有 $f''(x)>0$,那么曲线 $y=f(x)$ 在 (a,b) 内是凹的;

(2) 如果 $x \in (a,b)$ 时，恒有 $f''(x)<0$，那么曲线 $y=f(x)$ 在 (a,b) 内是凸的.

例 3.4.1　求曲线 $f(x)=x^4-2x^3+1$ 的凹凸区间及拐点.

解：定义域为 $(-\infty,+\infty)$，

$$f'(x)=4x^3-6x^2,$$

$$f''(x)=12x^2-12x=12x(x-1).$$

令 $f''(x)=0$，解得 $x_1=0, x_2=1$.

列表如下(见表 3-3).

表 3-3

x	$(-\infty,0)$	0	$(0,1)$	1	$(1,+\infty)$
$f''(x)$	+	0	—	0	+
$f(x)$	$\cup$	拐点 (0,1)	$\cap$	拐点 (1,0)	$\cup$

曲线 $f(x)$ 的凹区间为 $(-\infty,0)\cup(1,+\infty)$，凸区间为 $(0,1)$，拐点为 $(0,1)$ 和 $(1,0)$，如图 3-7 所示.

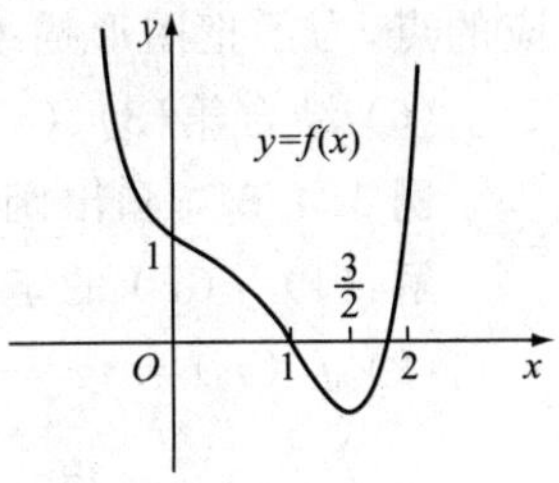

图 3-7

3.4.2　函数图形的描绘

在平面上，当曲线延伸至无穷远处时往往很难把曲线描绘准确，但如果曲线在伸向无穷远处时能渐渐靠近一条直线，那么就可以较好地描绘出这条曲线的大致形状，这条直线就是曲线的渐近线.

1. **水平渐近线**

定义 3.4　如果函数 $y=f(x)$ 的定义域是无限区间，且有 $\lim\limits_{x\to\infty}f(x)=A$ [$\lim\limits_{x\to+\infty}f(x)=A$ 或 $\lim\limits_{x\to-\infty}f(x)=A$]，其中 A 是常数，

则称 $y=A$ 是曲线 $y=f(x)$ 的一条水平渐近线.

2. **铅垂渐近线**

定义 3.5　如果有常数 x_0，使得

$$\lim_{x\to x_0}f(x)=\infty\left[\lim_{x\to x_0^+}f(x)=\infty \text{ 或 } \lim_{x\to x_0^-}f(x)=\infty\right],$$

则称 $x=x_0$ 是曲线 $y=f(x)$ 的一条铅垂渐近线.

例 3.4.2　求曲线 $f(x)=\dfrac{1}{x-1}$ 的渐近线.

解：$\because \lim\limits_{x\to\infty}\dfrac{1}{x-1}=0$，

$\therefore y=0$ 是曲线 $f(x)=\dfrac{1}{x-1}$ 的一条水平渐近线.

$\because \lim\limits_{x\to 1}\dfrac{1}{x-1}=\infty$，

$\therefore x=1$ 是曲线 $f(x)=\dfrac{1}{x-1}$ 的一条铅垂渐近线.

3. 函数图形的描绘

对于一个给定的函数,可以先确定它的单调区间、极值点、凹凸区间、拐点等函数图形的关键性态,这有助于把函数的图形画得比较准确.

利用导数描绘函数 $y=f(x)$ 的图形的一般步骤如下:

(1) 确定 $y=f(x)$ 的定义域以及 $f(x)$ 所具有的某些特征(如奇偶性、周期性等),求出函数 $f(x)$ 的一阶导数 $f'(x)$ 和二阶导数 $f''(x)$;

(2) 求出一阶导数 $f'(x)$ 和二阶导数 $f''(x)$ 在函数 $f(x)$ 的定义域内的全部零点,并求出函数 $f(x)$ 的间断点以及使 $f'(x)$ 和 $f''(x)$ 不存在的点,这些点把函数 $f(x)$ 的定义域划分成几个区间;

(3) 确定这些区间内 $f'(x)$ 和 $f''(x)$ 的符号,并由此确定函数 $f(x)$ 的图形的单调性和凹凸性、极值点和拐点;

(4) 确定函数图形的水平渐近线、铅垂渐近线以及其他变化趋势;

(5) 算出 $f'(x)$ 和 $f''(x)$ 的零点,以及一些不存在的点所对应的函数值,定出图形上相应的点,为了把图形描绘得更准确些,有时还需要补充一些点;

(6) 结合第(3)、(4) 步中得到的结果,连接这些点画出函数 $y=f(x)$ 的图形.

例 3.4.3 画出函数 $y=f(x)=x^3-x^2-x+1$ 的图形.

解:(1) $f(x)$ 的定义域为$(-\infty,+\infty)$,$f(x)$ 无对称性和周期性.

(2) $f'(x)=3x^2-2x-1=(3x+1)(x-1)$,$f''(x)=6x-2=2(3x-1)$,

令 $f'(x)=0$,得 $x=-\dfrac{1}{3}$ 和1,令 $f''(x)=0$,得 $x=\dfrac{1}{3}$,这些点把定义域分成4个区间:$\left(-\infty,-\dfrac{1}{3}\right)$,$\left(-\dfrac{1}{3},\dfrac{1}{3}\right)$,$\left(\dfrac{1}{3},1\right)$,$(1,+\infty)$.

(3) 在各个区间内考察 $f'(x)$ 和 $f''(x)$ 的符号,确定曲线的单调性和凹凸性.

列表如下(见表 3-4).

表 3-4

x	$\left(-\infty,-\frac{1}{3}\right)$	$-\frac{1}{3}$	$\left(-\frac{1}{3},\frac{1}{3}\right)$	$\frac{1}{3}$	$\left(\frac{1}{3},1\right)$	1	$(1,+\infty)$
$f'(x)$	+	0	−	−	−	0	+
$f''(x)$	−	−	−	0	+	+	+
$f(x)$	↗∩	极大值$\frac{32}{27}$	↘∩	拐点 $\left(\frac{1}{3},\frac{16}{27}\right)$	↘∪	极小值 0	↗∪

(4) 当 $x\to+\infty$ 时,$y\to+\infty$;当 $x\to-\infty$ 时,$y\to-\infty$. $f(x)$ 的曲线没有水平渐近线,也没有铅垂渐近线.

(5) 补充3个点:$(-1,0)$,$(0,1)$,$\left(\dfrac{3}{2},\dfrac{5}{8}\right)$.

(6) 做出函数的图形,如图 3-8 所示.

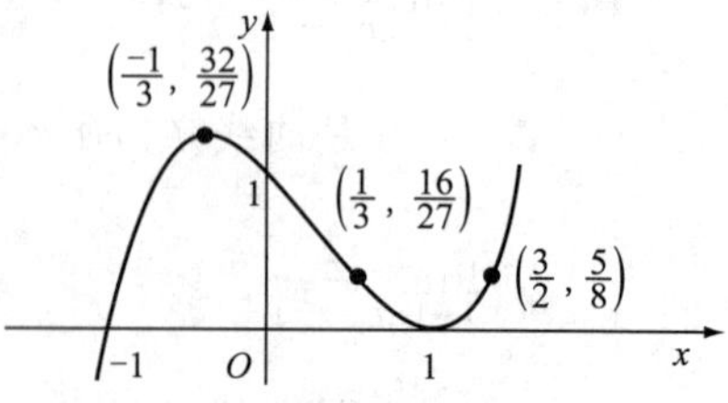

图 3-8

习题 3.4

1. 求下列函数的凹凸区间与拐点：

(1) $f(x)=x^2-x^3$；　　(2) $f(x)=x\mathrm{e}^{-x}$；

(3) $f(x)=\ln(1+x^2)$；　　(4) $f(x)=\dfrac{2x}{1+x^2}$.

2. 做出下列函数的图形：

(1) $f(x)=2x^2-x^4$；　　(2) $f(x)=\dfrac{1}{1+x^2}$.

3.5　导数在工程上的应用

工程技术与生产实践中常常要考虑曲线的弯曲程度. 本节将利用函数的一阶导数、二阶导数讨论曲线的弯曲程度. 例如，在设计铁路的弯道时，要选择合适的弯曲程度并使它连续变化，才能保证火车行驶时的平稳、安全；又如，在机械和土建工程中，各种梁在荷载作用下会弯曲变形，因此，定量地描述曲线的弯曲程度是很重要的.

3.5.1　曲线的弧微分

如果函数 $y=f(x)$ 在区间 (a,b) 内有连续的一阶导数，则称曲线 $y=f(x)$ 是光滑曲线.

在光滑曲线 $y=f(x)$ 上取一定点 $M_0(x_0,y_0)[x_0\in(a,b)]$ 作为度量曲线弧长的起点，如图 3-9 所示，并以 x 增大的方向作为曲线的正向. 对于曲线弧上任一点 $M(x,y)$，弧段 $\overset{\frown}{M_0M}$ 为一条有方向的弧段，即有向弧段，简称弧 s，弧 s 的绝对值等于弧段 $\overset{\frown}{M_0M}$ 的长度. 当弧段 $\overset{\frown}{M_0M}$ 的方向与曲线的正向一致时，$s>0$；当二者方向相反时，$s<0$. 这样得到一个定义在区间 (a,b) 上的弧函数 $s(x)$，且 $s(x)$ 为 x 的单调增加函数，$s(x)$ 的微分称为弧微分.

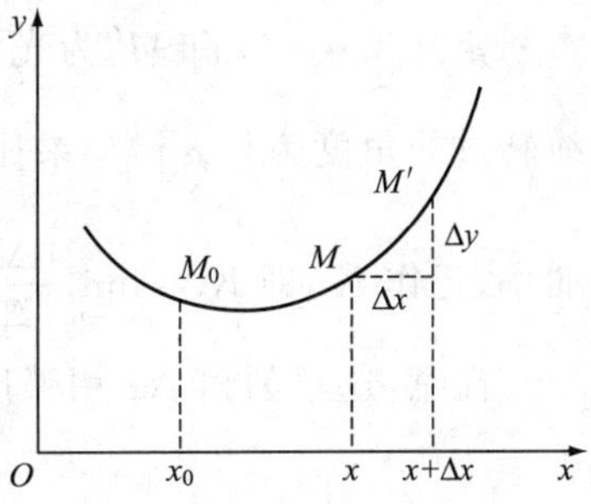

图 3-9

在曲线 $y=f(x)$ 上点 $M(x,y)$ 的邻近位置取一点 $M'(x+\Delta x,y+\Delta y)[x\in(a,b),(x+\Delta x)\in(a,b)]$，对应于区间 $[a,b]$ 上任意一个小区间 $[x,x+\mathrm{d}x]$ 上的弧长，都可以用曲线 $y=f(x)$ 在点 $(x,f(x))$ 处的相应割线段的长近似代替，所以弧长的微分为

$$\mathrm{d}s=\sqrt{(\mathrm{d}x)^2+(\mathrm{d}y)^2}=\sqrt{1+y'^2}\,\mathrm{d}x.$$

例 3.5.1　求抛物线 $y=2x^2+3x+4$ 的弧微分.

解：由弧微分公式 $\mathrm{d}s=\sqrt{1+y'^2}\,\mathrm{d}x$ 得

$$\mathrm{d}s=\sqrt{1+y'^2}\,\mathrm{d}x=\sqrt{1+(4x+3)^2}\,\mathrm{d}x=\sqrt{16x^2+24x+10}\,\mathrm{d}x$$

3.5.2 曲率

1. 曲率的定义

有了弧微分的概念,就可以对曲线的弯曲程度进行研究了. 下面先从几何图形直观地分析曲线的弯曲程度与哪些量有关.

如图 3-10 所示,弧$\overset{\frown}{M_1M_2}$比弧$\overset{\frown}{M_2M_3}$平直. 在弧$\overset{\frown}{M_1M_2}$上,当动点沿曲线由点 M_1 移动到点 M_2 时,切线转过的角度是 φ_1;在$\overset{\frown}{M_2M_3}$上,当动点沿曲线由点 M_2 移动到点 M_3 时,切线转过的角度是 φ_2,且 $\varphi_1 < \varphi_2$. 如图 3-11 所示,两段弧$\overset{\frown}{M_1M_2}$与$\overset{\frown}{N_1N_2}$,它们的切线转过的角度都是 φ,但它们的弯曲程度却不同,较短的弧比较长的弧弯曲的程度大. 由此可知,曲线弧的弯曲程度不仅与切线转过的角度有关,还与弧的长度有关.

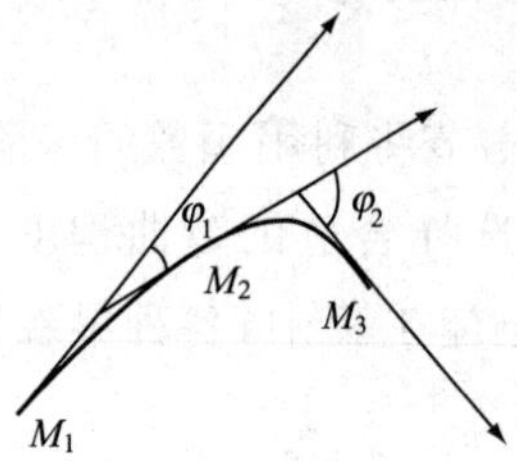

图 3-10

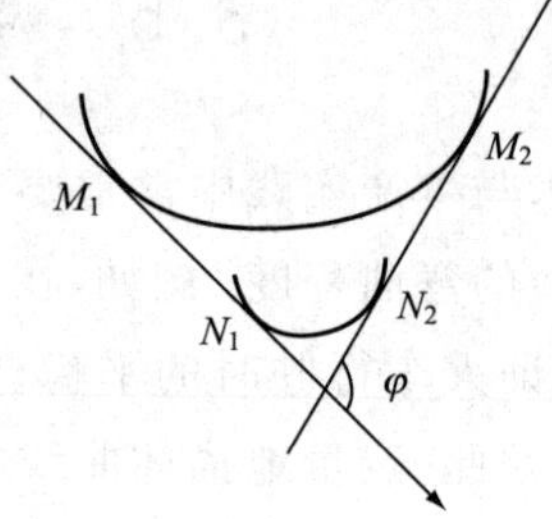

图 3-11

综合上面的分析,下面引入曲率的概念.

定义 3.6 M 和 M' 为光滑曲线 C 上的两点,如图 3-12 所示,当 $M' \to M$ 时,$\Delta s \to 0$,切线转过的角度为 $|\Delta\alpha|$,如果比值 $\dfrac{|\Delta\alpha|}{|\Delta s|}$ 的极限存在,则称这个极限值为曲线 C 在点 M 处的曲率,记作 K,即 $K = \lim\limits_{\Delta s \to 0}\dfrac{|\Delta\alpha|}{|\Delta s|}$. 由导数定义得 $K = \left|\dfrac{\mathrm{d}\alpha}{\mathrm{d}s}\right|$.

注意:这里的角 $\Delta\alpha$ 用弧度表示,曲率的单位为弧度 / 单位长.

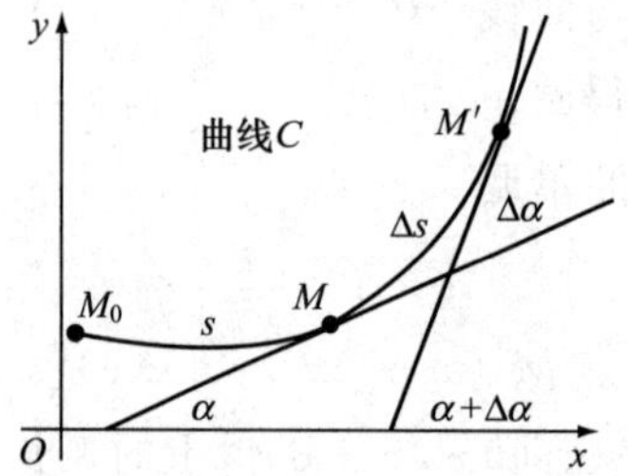

图 3-12

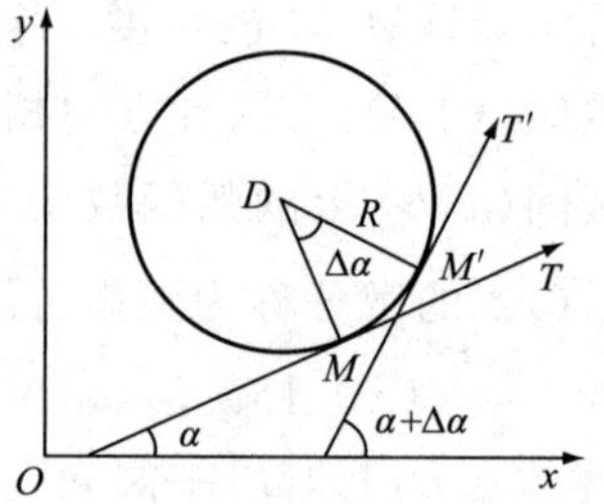

图 3-13

例 3.5.2 求半径为 R 的圆上任一点处的曲率.

解:如图 3-13 所示,圆上点 M 及 M' 处两切线的夹角等于圆心角 $\angle MDM'$,而弧长 $|\Delta s| = |\overset{\frown}{MM'}| = R|\Delta\alpha|$,所以 $\dfrac{|\Delta\alpha|}{|\Delta s|} = \dfrac{1}{R}$,从而 $K = \lim\limits_{\Delta s \to 0}\dfrac{|\Delta\alpha|}{|\Delta s|} = \dfrac{1}{R}$. 圆上各点处的曲率都等于半径的倒数,即圆上处处弯曲程度相同.

2. **曲率的计算公式**

设函数 $y=f(x)$ 有二阶导数，由于 $y'=\tan\alpha$，因此 $y''=\sec^2\alpha\dfrac{\mathrm{d}\alpha}{\mathrm{d}x}=(1+y'^2)\dfrac{\mathrm{d}\alpha}{\mathrm{d}x}$，于是 $\mathrm{d}\alpha=\dfrac{y''}{1+y'^2}\mathrm{d}x$，又 $\mathrm{d}s=\sqrt{1+y'^2}\,\mathrm{d}x$，得公式 $K=\left|\dfrac{\mathrm{d}\alpha}{\mathrm{d}s}\right|=\dfrac{|y''|}{(1+y'^2)^{\frac{3}{2}}}$.

由上面这个公式可知，在函数 $y=f(x)$ 的二阶导数等于 0 的点，曲率等于 0，如曲线上的拐点处的曲率等于 0.

例 3.5.3　求双曲线 $xy=1$ 在点 $(1,1)$ 处的曲率.

解：由 $xy=1$ 得 $y=\dfrac{1}{x}$，所以 $y'=-\dfrac{1}{x^2}$，$y''=\dfrac{2}{x^3}$. 计算得 $y'(1)=-1$，$y''(1)=2$.

代入公式 $K=\left|\dfrac{\mathrm{d}\alpha}{\mathrm{d}s}\right|=\dfrac{|y''|}{(1+y'^2)^{\frac{3}{2}}}$ 得

$$K=\frac{2}{[1+(-1)^2]^{\frac{3}{2}}}=\frac{1}{\sqrt{2}}=\frac{\sqrt{2}}{2}.$$

在工程技术上往往出现 y' 很小的情况. 例如，在土木工程中，梁由于承重而弯曲，但弯曲程度很轻微，各点的倾斜角 α 很小，此时 $|y'|$ 与 1 相比是很小的，y'^2 可以忽略不计，于是 $1+y'^2\approx 1$，从而得到曲率 K 的近似计算公式 $K=\dfrac{|y''|}{(1+y'^2)^{\frac{3}{2}}}\approx|y''|$.

3. **曲率圆与曲率半径**

定义 3.7　若曲线 $C[y=f(x)]$ 在点 M 处的曲率等于 $K(K\neq 0)$，过点 M 作曲线 C 的切线 MT 及法线 MA. 在曲线的凹向的一侧取 MA 上的一点 A，使 $|MA|=\dfrac{1}{K}=R$，以 A 为中心、R 为半径作圆，如图 3-14 所示，这个圆称为曲线 C 在点 M 处的曲率圆（又称为密切圆）. 曲率圆的圆心 A 称为曲线 C 在点 M 处的曲率中心，曲率圆的半径称为曲线 C 在点 M 处的曲率半径.

下面介绍曲率在铁轨的弯道设计中的应用. 火车由直道转入弯道时，若铁轨直道和弯道接头处的曲率突然改变，就容易发生事故. 为了使火车行驶平稳，往往在直道和弯道之间接入一段缓冲段，如图 3-15 所示，使曲率连续地由零过渡到 $\dfrac{1}{R}$，R 为圆弧弯道的半径.

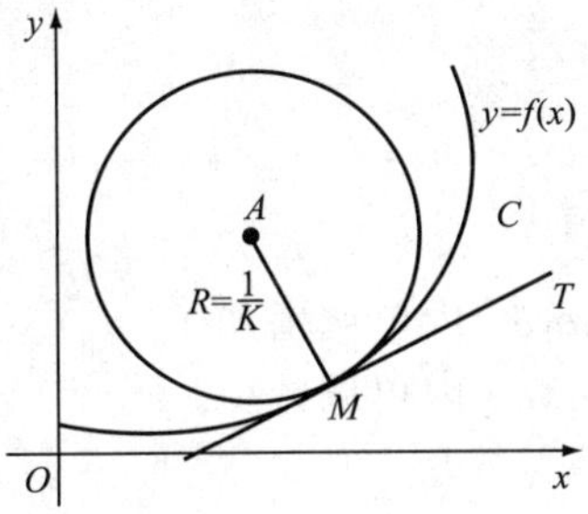

图 3-14

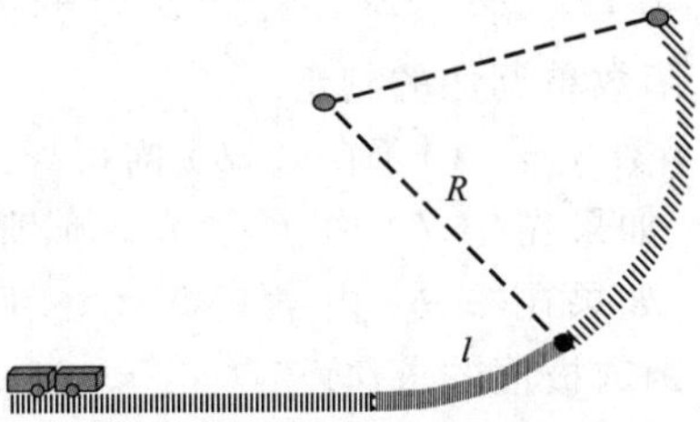

图 3-15

例 3.5.4 如图 3-16 所示，我国铁路常用立方抛物线 $y=\frac{1}{6Rl}x^3$ 作缓和曲线，其中 R 是圆弧弯道的半径，l 是缓和曲线的长度，且 $l \ll R$. 求此缓和曲线在其两个端点 $O(0,0)$，$A\left(l,\frac{l^2}{6R}\right)$ 处的曲率.

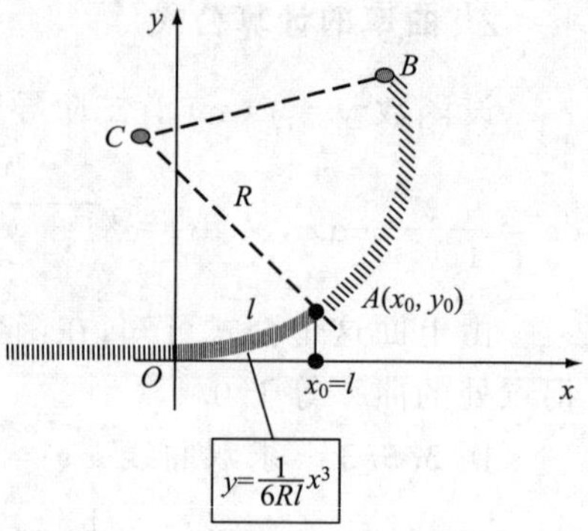

图 3-16

解：当 $x \in [0,l]$ 时，

$$\because y'=\frac{1}{2Rl}x^2 \leqslant \frac{l}{2R} \approx 0, y''=\frac{1}{Rl}x,$$

$$\therefore K \approx |y''|=\frac{1}{Rl}x.$$

$$\therefore K|_{x=0}=0; K|_{x=l} \approx \frac{1}{R}.$$

注意：(1) 曲线上某一点处的曲率半径与曲线在该点处的曲率互为倒数.

(2) 曲线上某一点处的曲率半径越大，曲线在该点处的曲率越小(曲线越平坦)；曲率半径越小，曲率越大(曲线越弯曲).

习题 3.5

1. 求下列曲线的弧微分：

(1) $y=x^2-x^3$； (2) $y^2=2x$；

(3) $y=\ln(1+x^2)$； (4) $x^2+y^2=R^2$.

2. 求抛物线 $y=x^2+x$ 的弧微分和在点(0,0)处的曲率.

3. 求双曲线 $xy=4$ 在点(2,2)处的曲率.

4. 求立方抛物线 $y=x^3$ 在点(0,0)和点(1,1)处的曲率.

本章小结

1. 罗尔定理.

2. 拉格朗日中值定理.

3. 洛必达法则.

(1) $\frac{0}{0}$ 型和 $\frac{\infty}{\infty}$ 型未定式.

(2) $0\cdot\infty$，$\infty-\infty$，0^0，1^∞，∞^0 型未定式.

4. 函数单调性的判定.

设函数 $y=f(x)$ 在 (a,b) 内可导.

(1) 如果在 (a,b) 内 $f'(x)>0$，那么函数 $f(x)$ 在 (a,b) 内单调增加.

(2) 如果在 (a,b) 内 $f'(x)<0$，那么函数 $f(x)$ 在 (a,b) 内单调减少.

5. 函数极值的求法.

(1) 确定 $f(x)$ 的定义域，求出导数 $f'(x)$.

(2) 求出函数 $f(x)$ 的全部驻点和一阶导数不存在的点.

(3) 考察 $f'(x)$ 在驻点和不可导点的左右邻域内是否异号,以确定极值点.

(4) 判断各极值点的函数值是极大值还是极小值,并计算出极大值和极小值.

6. 求最大值、最小值.

(1) 求出驻点和不可导点.

(2) 求出区间端点、驻点和不可导点的函数值并比较大小,最大者为最大值,最小者为最小值.

7. 曲线的凹凸性与拐点.

曲线 $y=f(x)$ 的凹凸与拐点求解步骤如下:

(1) 写出 $y=f(x)$ 的定义域,求出 $f'(x)$,$f''(x)$;

(2) 令 $f''(x)=0$,解出该方程的实根;

(3) 根据(2)中求出的根,把定义域分成几个部分区间,列表讨论 $f''(x)$ 在各个部分区间上的符号,判定曲线在各部分区间的凹凸性,并求出拐点.

8. 函数图形的描绘.

9. 导数在工程上的应用.

(1) 曲率:$K=\lim\limits_{\Delta s\to 0}\dfrac{|\Delta\alpha|}{|\Delta s|}$. 由导数定义得 $K=\left|\dfrac{\mathrm{d}\alpha}{\mathrm{d}s}\right|$.

(2) 曲率的计算公式:$K=\left|\dfrac{\mathrm{d}\alpha}{\mathrm{d}s}\right|=\dfrac{|y''|}{(1+y'^2)^{\frac{3}{2}}}$.

复习题三

一、填空题

1. 函数 $f(x)=x^2-2x-8$ 在区间 $[-2,4]$ 上满足罗尔定理的 $\xi=$__________.

2. 函数 $f(x)=\ln x$ 在区间 $[1,\mathrm{e}]$ 上满足拉格朗日中值定理的 $\xi=$__________.

3. 函数 $f(x)=\dfrac{1}{3}x^3-x+2$ 在区间__________内单调减少,在区间__________内单调增加.

4. 函数 $f(x)=x^3$ 在区间__________内是凹的,在区间__________内是凸的.

5. 已知函数 $y=ax^2-2x+c$ 在点 $x=1$ 处取得极小值 2,则 $a=$__________,$c=$__________.

二、选择题

1. 函数 $y=2x^3+x^2$ 的单调增加区间为(　　).

A. $\left(-\dfrac{1}{3},0\right)$　　B. $\left(-\dfrac{1}{6},+\infty\right)$

C. $\left(-\infty,-\dfrac{1}{3}\right)$ 和 $(0,+\infty)$　　D. $\left(-\infty,-\dfrac{1}{6}\right)$

2. 已知函数 $y=2x^3-6x^2+a$(a 是常数)在 $[-2,2]$ 上最大值是 3,则该函数在 $[-2,2]$ 上的最小值是(　　).

A. -5　　B. -11　　C. -29　　D. -37

3. 已知二次函数 $y=ax^2+(a^2+1)x$ 在 $x=1$ 处的导数为 1,则该函数的最大值是(　　).

A. $\dfrac{25}{16}$　　B. $\dfrac{25}{8}$　　C. $\dfrac{25}{4}$　　D. $\dfrac{25}{2}$

4. 已知函数 $y=f(x)$ 在$[0,2]$上连续,在$(0,2)$内可导,且 $f'(x)>0$,则有( ).

A. $f(2)>f(0)$ B. $f(2)<f(0)$ C. $f(0)<0$ D. $f(2)>0$

5. 若函数 $y=f(x)$ 在区间(a,b)内,$f'(x)>0$,$f''(x)<0$,则 $y=f(x)$ 在区间(a,b)内( ).

A. 单调增加且曲线 $y=f(x)$ 是凹的 B. 单调减少且曲线 $y=f(x)$ 是凹的

C. 单调增加且曲线 $y=f(x)$ 是凸的 D. 单调减少且曲线 $y=f(x)$ 是凸的

三、解答题

1. 下列函数在给定区间上是否满足罗尔定理?如满足,求出罗尔定理结论中的 ξ.

(1) $f(x)=x^2-x-3, x\in[-1,2]$; (2) $f(x)=\dfrac{1}{1+x^2}, x\in[-2,2]$.

2. 下列函数在给定区间上是否满足拉格朗日中值定理?如满足,求出拉格朗日中值定理中的 ξ.

(1) $f(x)=x^3+x-2, x\in[-1,1]$; (2) $f(x)=e^x, x\in[0,1]$.

3. 用洛必达法则求下列函数的极限:

(1) $\lim\limits_{x\to3}\dfrac{x^2-9}{x-3}$; (2) $\lim\limits_{x\to0}\dfrac{e^{-x}-e^x}{x}$;

(3) $\lim\limits_{x\to+\infty}\dfrac{x^2}{e^x}$; (4) $\lim\limits_{x\to+\infty}\dfrac{\ln(1+e^x)}{e^x}$;

(5) $\lim\limits_{x\to1}\dfrac{\ln x}{x-1}$; (6) $\lim\limits_{x\to1}\left(\dfrac{2}{x^2-1}-\dfrac{1}{x-1}\right)$.

4. 求下列函数的单调区间:

(1) $f(x)=x-\ln(1+x)$; (2) $f(x)=e^x-x+1$;

(3) $f(x)=x^3-x^2$; (4) $f(x)=x^4-2x^2+4$.

5. 求下列函数的极值:

(1) $f(x)=2+x-x^2$; (2) $f(x)=2x-2e^x$;

(3) $f(x)=\dfrac{2x}{1+x^2}$; (4) $f(x)=2x^3-3x^2-12x+14$.

6. 求下列函数在指定区间上的最大值与最小值:

(1) $f(x)=x^4-2x^2+10, x\in[-2,2]$; (2) $f(x)=x+\sqrt{1-x}, x\in[-3,1]$;

(3) $f(x)=\dfrac{x-1}{x+1}, x\in[0,4]$; (4) $f(x)=\dfrac{x-1}{1+x}, x\in[0,3]$.

7. 求下列函数的凹凸区间与拐点:

(1) $f(x)=2x^2-x^3$; (2) $f(x)=xe^x$;

(3) $f(x)=1+\sqrt[3]{x}$; (4) $f(x)=\dfrac{1}{1+x^2}$.

8. 做出下列函数的图形:

(1) $f(x)=x^4-2x^3+1$; (2) $f(x)=\dfrac{x}{1+x^2}$.

9. 求曲线 $y=x^4-4x^3-18x^2$ 在点$(0,0)$处的曲率.

第 4 章

不定积分

在第 2 章中我们讨论了求已知函数的导数问题，本章将讨论它的逆问题，即已知一个函数的导数，求该函数.

4.1 不定积分的概念与性质

4.1.1 不定积分

定义 4.1 如果在区间 I 上存在一个可导函数 $F(x)$，使得对 I 上任意一个 x 值，都有 $F'(x)=f(x)$ 或 $dF(x)=f(x)dx$，则称函数 $F(x)$ 为 $f(x)$ 在区间 I 上的一个原函数.

例如，因为 $(x^2)'=2x$，所以 x^2 是 $2x$ 的一个原函数；因为 $(x^2+C)'=2x$（其中 C 是任意常数），所以 x^2+C 也是 $2x$ 的原函数. 由于这里的 C 是任意常数，因此 $2x$ 就有无穷多个原函数.

定理 4.1 区间 I 上的连续函数一定有原函数，且有无限多个原函数，并且任意两个原函数的差是常数.

定义 4.2 函数 $f(x)$ 的全体原函数 $F(x)+C$ 称为 $f(x)$ 的不定积分，记为 $\int f(x)dx$，即 $\int f(x)dx=F(x)+C$，其中 $\int$ 称为积分号，$f(x)$ 称为被积函数，x 称为积分变量，$f(x)dx$ 称为积分表达式，C 称为积分常数.

4.1.2 不定积分的性质

由不定积分的定义，推出不定积分的如下性质.

性质 1: $\left[\int f(x)dx\right]'=f(x)$ 或 $d\left[\int f(x)dx\right]=f(x)dx$.

性质 2: $\int F'(x)dx=F(x)+C$ 或 $\int dF(x)=F(x)+C$.

性质 3: $\int[f(x)\pm g(x)]dx=\int f(x)dx\pm\int g(x)dx$.

性质 4:$\int kf(x)\mathrm{d}x=k\int f(x)\mathrm{d}x$(其中 k 为任意常数).

性质 1 与性质 2 说明了不定积分与导数(或微分)之间的关系,即互为逆运算.

例 4.1.1 已知$\int f(x)\mathrm{d}x=x^3+2\sin x+C$,求 $f(x)$.

解:由性质 1 得

$$f(x)=\left[\int f(x)\mathrm{d}x\right]'=(x^3+2\sin x+C)'=3x^2+2\cos x.$$

从这里可以得出不定积分的导数便是被积函数.换句话说,不定积分的结果是否正确是可以验证的,即如果不定积分的导数等于被积函数,则结果是正确的,否则就是错误的.

4.1.3 基本积分公式

通过导数公式推演出下列积分公式:

(1) $\int x^\alpha \mathrm{d}x=\frac{1}{\alpha+1}x^{\alpha+1}+C(\alpha\neq-1)$;

(2) $\int \frac{1}{x}\mathrm{d}x=\ln|x|+C$;

(3) $\int a^x\mathrm{d}x=\frac{a^x}{\ln a}+C$;

(4) $\int \mathrm{e}^x\mathrm{d}x=\mathrm{e}^x+C$;

(5) $\int \cos x\,\mathrm{d}x=\sin x+C$;

(6) $\int \sin x\,\mathrm{d}x=-\cos x+C$;

(7) $\int \sec^2 x\,\mathrm{d}x=\tan x+C$;

(8) $\int \csc^2 x\,\mathrm{d}x=-\cot x+C$;

(9) $\int \sec x\tan x\,\mathrm{d}x=\sec x+C$;

(10) $\int \csc x\cot x\,\mathrm{d}x=-\csc x+C$;

(11) $\int \frac{1}{\sqrt{1-x^2}}\mathrm{d}x=\arcsin x+C$;

(12) $\int \frac{1}{1+x^2}\mathrm{d}x=\arctan x+C$.

习题 4.1

1. 验证下列各组函数是否为同一函数的原函数:

(1) $F(x)=x^2+2,G(x)=x^2+5$;

(2) $F(x)=\sin x+1,G(x)=\cos x-1$;

(3) $F(x)=\ln 3x,G(x)=\ln x$;

(4) $F(x)=\sin^2 x,G(x)=\frac{1}{2}\cos 2x+1$.

2. 如果 $f(x)$ 的一个原函数为 $2x^2+\mathrm{e}^x$,求$\int f(x)\mathrm{d}x$.

3. 如果 $f(x)$ 的一个原函数为 $2\sqrt{x}$,求 $f(x)$.

4. 已知$\int f(x)\mathrm{d}x=x\sqrt{x}+3\ln x+C$,求 $f(x)$.

5. 如果 $f(x)$ 的一个原函数为 $\sin x$,求$\int f'(x)\mathrm{d}x$.

6. 如果 $f(x)$ 的一个原函数为 $\cos x$,求$\left[\int f(x)\mathrm{d}x\right]'$.

4.2　直接积分法

直接利用基本积分公式与基本性质积分的方法称为直接积分法.

例 4.2.1　计算下列不定积分：

(1) $\int x\sqrt{x}\,dx$；　　(2) $\int 3^x\,dx$.

解：(1) 原式 $=\int x^{\frac{3}{2}}dx=\dfrac{1}{\dfrac{3}{2}+1}x^{\frac{3}{2}+1}+C=\dfrac{2}{5}x^{\frac{5}{2}}+C$；

(2) 原式 $=\dfrac{3^x}{\ln 3}+C$.

例 4.2.2　计算下列不定积分：

(1) $\int(2x^3+x-3)dx$；　　(2) $\int\left(2\sin x+\dfrac{1}{\sqrt{1-x^2}}-5e^x\right)dx$.

解：(1) 原式 $=2\int x^3dx+\int x\,dx-3\int dx=\dfrac{1}{2}x^4+\dfrac{1}{2}x^2-3x+C$；

(2) 原式 $=2\int\sin x\,dx+\int\dfrac{1}{\sqrt{1-x^2}}dx-5\int e^x dx=-2\cos x+\arcsin x-5e^x+C$.

有些不定积分的被积函数需要经过适当的恒等变形(包括代数和三角函数的恒等变形)后才能积分.

例 4.2.3　计算下列不定积分：

(1) $\int\left(2+\dfrac{1}{x}\right)^2dx$；　　(2) $\int\dfrac{1+2x^2}{x^2(1+x^2)}dx$；　　(3) $\int\left(\sin\dfrac{x}{2}+\cos\dfrac{x}{2}\right)^2dx$.

解：(1) 原式 $=\int\left(4+\dfrac{4}{x}+\dfrac{1}{x^2}\right)dx=4x+4\ln|x|-\dfrac{1}{x}+C$；

(2) 原式 $=\int\dfrac{(1+x^2)+x^2}{x^2(1+x^2)}dx=\int\left(\dfrac{1}{x^2}+\dfrac{1}{1+x^2}\right)dx$

$=-\dfrac{1}{x}+\arctan x+C$；

(3) 原式 $=\int\left(\sin^2\dfrac{x}{2}+2\sin\dfrac{x}{2}\cos\dfrac{x}{2}+\cos^2\dfrac{x}{2}\right)dx$

$=\int(1+\sin x)dx=x-\cos x+C$.

习题 4.2

1. 求下列不定积分：

(1) $\int(x^2+2x+3)dx$；　　(2) $\int\dfrac{x+1}{\sqrt{x}}dx$；

(3) $\int\left(\dfrac{2}{x}+\dfrac{x}{3}\right)^2dx$；　　(4) $\int(ae)^x dx$；

(5) $\int \frac{2x^2}{1+x^2}\mathrm{d}x$；　　(6) $\int \frac{1+3x^2}{x^2(1+x^2)}\mathrm{d}x$；

(7) $\int \frac{(x+1)^2}{x(1+x^2)}\mathrm{d}x$；　　(8) $\int \cos^2 \frac{x}{2}\mathrm{d}x$；

(9) $\int \tan^2 x\,\mathrm{d}x$；　　(10) $\int \frac{1}{1+\cos 2x}\mathrm{d}x$.

2. 已知一个函数的导数为 $2x+3$，且当 $x=0$ 时，$y=1$，求这个函数.

3. 一曲线通过点$(\mathrm{e}^2,3)$，且在任一点处的切线的斜率等于该点横坐标的倒数，求该曲线的方程.

4.3 换元积分法

4.3.1 第一换元法

由一阶微分形式的不变性可知，当 u 为自变量时，如果 $\mathrm{d}F(u)=f(u)\mathrm{d}u$，则当 u 为 x 的函数 $u=\varphi(x)$ 时，有 $\mathrm{d}F[\varphi(x)]=f[\varphi(x)]\mathrm{d}\varphi(x)$.

将此性质转换为积分法则即为第一换元法，也称凑微分法.

定理 4.2 设 $\int f(u)\mathrm{d}u=F(u)+C$，$u=\varphi(x)$ 具有连续导数，则 $\int f[\varphi(x)]\varphi'(x)\mathrm{d}x=\int f[\varphi(x)]\mathrm{d}\varphi(x) \xlongequal{令\ \varphi(x)=u} \int f(u)\mathrm{d}u=F(u)+C \xlongequal{回代\ u=\varphi(x)} F[\varphi(x)]+C$.

例 4.3.1 求下列不定积分：

(1) $\int \sin 4x\,\mathrm{d}x$；　　(2) $\int x\mathrm{e}^{2x^2}\mathrm{d}x$.

解：(1) 原式 $=\frac{1}{4}\int \sin 4x\,\mathrm{d}(4x) \xlongequal{令\ 4x=u} \frac{1}{4}\int \sin u\,\mathrm{d}u=-\frac{1}{4}\cos u+C$

$$\xlongequal{回代\ u=4x} -\frac{1}{4}\cos 4x+C；$$

(2) 原式 $=\frac{1}{4}\int \mathrm{e}^{2x^2}\mathrm{d}(2x^2) \xlongequal{令\ 2x^2=u} \frac{1}{4}\int \mathrm{e}^u\mathrm{d}u=\frac{1}{4}\mathrm{e}^u+C \xlongequal{回代\ u=2x^2} \frac{1}{4}\mathrm{e}^{2x^2}+C$.

例 4.3.2 求下列不定积分：

(1) $\int (2x+3)^5\mathrm{d}x$；　　(2) $\int \frac{(1+\ln x)^2}{x}\mathrm{d}x$.

解：(1) 原式 $\xlongequal{令\ 2x+3=u} \frac{1}{2}\int u^5\mathrm{d}u=\frac{1}{12}u^6+C \xlongequal{回代\ u=2x+3} \frac{1}{12}(2x+3)^6+C$；

(2) 原式 $\xlongequal{令\ 1+\ln x=u} \int u^2\mathrm{d}u=\frac{1}{3}u^3+C \xlongequal{回代\ u=1+\ln x} \frac{1}{3}(1+\ln x)^3+C$.

注：代换 $\varphi(x)=u$，在熟练这一规则后可不写出，以加快解题速度.

例 4.3.3 求下列不定积分：

(1) $\int x^2\sqrt{1+x^3}\,\mathrm{d}x$；　　(2) $\int \mathrm{e}^{\sin x}\cos x\,\mathrm{d}x$；

(3) $\int \tan x\,dx$；　　　　(4) $\int \sec x\,dx$.

解：(1) 原式 $=\frac{1}{3}\int(1+x^3)^{\frac{1}{2}}d(1+x^3)=\frac{2}{9}(1+x^3)^{\frac{3}{2}}+C$；

(2) 原式 $=\int e^{\sin x}d\sin x=e^{\sin x}+C$；

(3) 原式 $=\int\frac{\sin x}{\cos x}dx=-\int\frac{d\cos x}{\cos x}=-\ln|\cos x|+C$；

(4) 原式 $=\int\frac{\sec x(\sec x+\tan x)}{\sec x+\tan x}dx=\int\frac{\sec^2 x+\sec x\tan x}{\sec x+\tan x}dx$

$=\int\frac{d(\sec x+\tan x)}{\sec x+\tan x}=\ln|\sec x+\tan x|+C$.

4.3.2　第二换元法

在第一换元法中，我们通过变量代换 $\varphi(x)=u$，使积分 $\int f[\varphi(x)]\varphi'(x)dx$ 转化为容易求的积分 $\int f(u)du$，即 $\int f[\varphi(x)]\varphi'(x)dx\xlongequal{令\varphi(x)=u}\int f(u)du$. 如果右边积分不易求，则利用左边积分计算，即为第二换元法.

定理 4.3　设 $x=\psi(t)$ 是单调、可导的函数，并且 $\psi'(t)\neq 0$，又设 $f[\psi(t)]\psi'(t)$ 具有原函数 $F(t)$，则有换元法公式 $\int f(x)dx\xlongequal{令x=\psi(t)}\int f[\psi(t)]\psi'(t)dt=F(t)+C$
$\xlongequal{回代t=\psi^{-1}(x)}F[\psi^{-1}(x)]+C$，
其中 $t=\psi^{-1}(x)$ 是 $x=\psi(t)$ 的反函数.

利用第二换元法求不定积分的关键是选择适当的变换 $x=\psi(t)$. 由于含有根式的积分计算比较困难，因此我们设法做代换消去根式，使其变成容易计算的积分，常见的代换形式如下：

(1) 对 $\sqrt[n]{ax+b}$，设 $\sqrt[n]{ax+b}=t$；

(2) 对 $\sqrt{a^2-x^2}$，设 $x=a\sin t$，则 $\sqrt{a^2-x^2}=a\cos t$；

(3) 对 $\sqrt{a^2+x^2}$，设 $x=a\tan t$，则 $\sqrt{a^2+x^2}=a\sec t$；

(4) 对 $\sqrt{x^2-a^2}$，设 $x=a\sec t$，则 $\sqrt{x^2-a^2}=a\tan t$.

例 4.3.4　求下列不定积分：

(1) $\int\frac{1}{2+\sqrt{x+1}}dx$；　　　　(2) $\int\sqrt{a^2-x^2}\,dx\,(a>0)$；

(3) $\int\frac{1}{\sqrt{x^2+a^2}}dx\,(a>0)$；　　　　(4) $\int\frac{1}{\sqrt{x^2-a^2}}dx\,(a>0)$.

解：(1) 令 $\sqrt{x+1}=t$，则 $x=t^2-1$，$dx=2t\,dt$，

原式 $=\int\frac{2t\,dt}{2+t}=2\int\frac{t+2-2}{2+t}dt=2\int dt-4\int\frac{1}{2+t}dt=2t-4\ln|2+t|+C$

$=2\sqrt{x+1}-4\ln(2+\sqrt{x+1})+C$；

(2) 令 $x=a\sin t$,则 $dx=a\cos t\,dt$,$\sqrt{a^2-x^2}=a\cos t$,

$$原式=a^2\int\cos^2 t\,dt=a^2\int\frac{1+\cos 2t}{2}dt=\frac{1}{2}a^2\left(t+\frac{1}{2}\sin 2t\right)+C$$

$$=\frac{1}{2}a^2(t+\sin t\cos t)+C=\frac{1}{2}a^2\arcsin\frac{x}{a}+\frac{x}{2}\sqrt{a^2-x^2}+C;$$

(3) 令 $x=a\tan t$,则 $dx=a\sec^2 t\,dt$,$\sqrt{a^2+x^2}=a\sec t$,

$$原式=\int\frac{a\sec^2 t\,dt}{a\sec t}=\int\sec t\,dt=\ln|\sec t+\tan t|+C_1$$

$$=\ln\left|\frac{\sqrt{x^2+a^2}}{a}+\frac{x}{a}\right|+C_1=\ln\left|x+\sqrt{x^2+a^2}\right|+C;$$

(4) 令 $x=a\sec t$,则 $dx=a\sec t\tan t\,dt$,$\sqrt{x^2-a^2}=a\tan t$,

$$原式=\int\frac{a\sec t\tan t\,dt}{a\tan t}=\int\sec t\,dt=\ln|\sec t+\tan t|+C_1$$

$$=\ln\left|\frac{x}{a}+\frac{\sqrt{x^2-a^2}}{a}\right|+C_1=\ln\left|x+\sqrt{x^2-a^2}\right|+C.$$

习题 4.3

1. 求下列不定积分:

(1) $\int(3x+2)^4dx$;　　(2) $\int\sin(x+3)dx$;

(3) $\int e^{4x}dx$;　　(4) $\int\frac{x}{a^2+x^2}dx$;

(5) $\int\frac{\cos x}{1+\sin x}dx$;　　(6) $\int x(2+x^2)^4dx$;

(7) $\int\frac{x^2}{1+x^3}dx$;　　(8) $\int\frac{e^x}{1+e^{2x}}dx$;

(9) $\int\frac{1}{x\ln^2 x}dx$;　　(10) $\int\frac{\arcsin x}{\sqrt{1-x^2}}dx$;

(11) $\int e^x\sin e^x dx$;　　(12) $\int\frac{e^{\frac{1}{x}}}{x^2}dx$;

(13) $\int\cos^2 x\,dx$;　　(14) $\int\cos^3 x\,dx$.

2. 求下列不定积分:

(1) $\int x\sqrt{x-3}\,dx$;　　(2) $\int\frac{\sqrt{x}}{1+x}dx$;

(3) $\int\frac{1}{1-\sqrt{x+1}}dx$;　　(4) $\int\frac{1}{\sqrt{x}+\sqrt[3]{x}}dx$;

(5) $\int\frac{x^2}{\sqrt{9-x^2}}dx$;　　(6) $\int\frac{\sqrt{1-x^2}}{x^2}dx$;

(7) $\int \frac{1}{x^2\sqrt{1+x^2}}dx$；　　(8) $\int \frac{1}{\sqrt{(x^2+1)^3}}dx$；

(9) $\int \frac{\sqrt{x^2-1}}{x}dx$.

4.4 分部积分法

利用函数乘积的求导法则来推导另一种积分法，即分部积分法.

设函数 $u=u(x)$，$v=v(x)$ 有连续导数，由

$$(uv)'=u'v+uv'$$

得

$$uv'=(uv)'-u'v$$

两边求不定积分得

$$\int uv'dx=uv-\int u'vdx$$

这就是分部积分公式，也可写成

$$\int udv=uv-\int vdu$$

使用分部积分法的目的是把左边的积分 $\int uv'dx$ 转化为右边的积分 $\int u'vdx$，此时积分 $\int u'vdx$ 必须比积分 $\int uv'dx$ 容易求，或二者难度相当.

例 4.4.1　求 $\int x\cos x dx$.

解：如果选择 $u=x$，$dv=\cos x dx=d\sin x$，则

原式 $=\int x d\sin x=x\sin x-\int \sin x dx=x\sin x+\cos x+C$.

如果选择 $u=\cos x$，$dv=x dx=\frac{1}{2}d(x^2)$，则

原式 $=\frac{1}{2}\int \cos x d(x^2)=\frac{1}{2}x^2\cos x+\frac{1}{2}\int x^2\sin x dx$.

由于积分 $\int x^2\sin x dx$ 比原来的积分 $\int x\cos x dx$ 更不好求，所以这种选择不合适. 由此可见，适当选取 u 和 dv 是关键，选 dv 一般要考虑下面两点：

(1) v 要容易求得；

(2) $\int vdu$ 要比 $\int udv$ 容易求.

我们可按下面的规律选择 u 和 dv：反对幂三指，排在前面的为 u，排在后面的为 dv. 其中"反"指反三角函数；"对"指对数函数 $\ln x$；"幂"指幂函数；"三"指三角函数 $\sin ax$、$\cos ax$；"指"指指数函数 e^{ax}.

例 4.4.2　求 $\int x^3\ln x dx$.

解：选择 $u=\ln x$，$dv=x^3 dx=\frac{1}{4}d(x^4)$，则

原式 $=\frac{1}{4}\int \ln x d(x^4)=\frac{1}{4}x^4\ln x-\frac{1}{4}\int x^4\cdot\frac{1}{x}dx=\frac{1}{4}x^4\ln x-\frac{1}{16}x^4+C$.

例 4.4.3 求$\int x\arcsin x\,dx$.

解:选择 $u=\arcsin x$,$dv=x\,dx=\frac{1}{2}d(x^2)$,则

$$\text{原式}=\frac{1}{2}\int \arcsin x\,d(x^2)=\frac{1}{2}x^2\arcsin x-\frac{1}{2}\int\frac{x^2}{\sqrt{1-x^2}}dx$$

$$=\frac{1}{2}x^2\arcsin x+\frac{1}{2}\int\frac{(1-x^2)-1}{\sqrt{1-x^2}}dx$$

$$=\frac{1}{2}x^2\arcsin x+\frac{1}{2}\int\sqrt{1-x^2}\,dx-\frac{1}{2}\int\frac{1}{\sqrt{1-x^2}}dx$$

$$=\frac{1}{2}x^2\arcsin x+\frac{1}{2}\left(\frac{1}{2}\arcsin x+\frac{x}{2}\sqrt{1-x^2}\right)-\frac{1}{2}\arcsin x+C$$

$$=\frac{1}{4}(2x^2-1)\arcsin x+\frac{x}{4}\sqrt{1-x^2}+C.$$

当被积函数是单一反三角函数或对数函数时,dx 便是 dv.

例 4.4.4 求$\int \arctan x\,dx$.

解:$$\text{原式}=x\arctan x-\int x\,d(\arctan x)=x\arctan x-\int\frac{x}{1+x^2}dx$$

$$=x\arctan x-\frac{1}{2}\int\frac{d(1+x^2)}{1+x^2}$$

$$=x\arctan x-\frac{1}{2}\ln(1+x^2)+C.$$

有时要多次用分部积分公式.

例 4.4.5 求$\int x^2\sin x\,dx$

解:$$\text{原式}=-\int x^2 d\cos x=-x^2\cos x+2\int x\cos x\,dx=-x^2\cos x+2\int x\,d\sin x$$

$$=-x^2\cos x+2x\sin x-2\int\sin x\,dx=-x^2\cos x+2x\sin x+2\cos x+C.$$

当指数函数与三角函数同时出现时,不用考虑先后顺序,可随便选择 dv,但各步的选择必须保持一致性.

例 4.4.6 求$\int e^x\cos x\,dx$.

解:$$\int e^x\cos x\,dx=\int\cos x\,de^x=e^x\cos x+\int e^x\sin x\,dx$$

$$=e^x\cos x+\int\sin x\,de^x=e^x\cos x+e^x\sin x-\int e^x\cos x\,dx,$$

$$2\int e^x\cos x\,dx=e^x(\sin x+\cos x)+2C,$$

$$\int e^x\cos x\,dx=\frac{1}{2}e^x(\sin x+\cos x)+C.$$

有时需要多种积分法同时使用.

例 4.4.7　求$\int e^{\sqrt{x}}\,dx$.

解：令$\sqrt{x}=t$，则$x=t^2$，$dx=2t\,dt$，于是

原式$=2\int te^t\,dt=2te^t-2e^t+C=2\sqrt{x}\,e^{\sqrt{x}}-2e^{\sqrt{x}}+C$.

习题 4.4

1. 求下列不定积分：

(1) $\int x\sin x\,dx$；　　(2) $\int x^2\ln x\,dx$；

(3) $\int \arcsin x\,dx$；　　(4) $\int \arccos x\,dx$；

(5) $\int \ln x\,dx$.

2. 求下列不定积分：

(1) $\int xe^{-x}\,dx$；　　(2) $\int x\cos 2x\,dx$；

(3) $\int \ln^2 x\,dx$；　　(4) $\int x^2e^x\,dx$.

本章小结

1. 不定积分的概念：如果$F'(x)=f(x)$，则称$F(x)$是$f(x)$的一个原函数. 把$f(x)$的全部原函数$F(x)+C$称为$f(x)$的不定积分，记为$\int f(x)\,dx$，即$\int f(x)\,dx=F(x)+C$.

2. 不定积分的性质.

性质 1：$\left[\int f(x)\,dx\right]'=f(x)$ 或 $d\left[\int f(x)\,dx\right]=f(x)\,dx$.

性质 2：$\int F'(x)\,dx=F(x)+C$ 或$\int dF(x)=F(x)+C$.

性质 3：$\int [f(x)\pm g(x)]\,dx=\int f(x)\,dx\pm\int g(x)\,dx$.

性质 4：$\int kf(x)\,dx=k\int f(x)\,dx$（其中 k 为任意常数）.

3. 基本积分公式.（略）

4. 积分方法.

(1) 直接积分法：利用基本积分公式与基本性质进行积分的方法，有时先要对被积函数进行恒等变形.

(2) 第一换元法：

$$\int f[\varphi(x)]\varphi'(x)\,dx=\int f[\varphi(x)]\,d\varphi(x)\xlongequal{\text{令 }\varphi(x)=u}\int f(u)\,du=F(u)+C$$

$$\xlongequal{\text{回代 }u=\varphi(x)}F[\varphi(x)]+C.$$

(3) 第二换元法：

$$\int f(x)\mathrm{d}x \xlongequal{令 x=\psi(t)} \int f[\psi(t)]\psi'(t)\mathrm{d}t = F(t)+C \xlongequal{回代 t=\psi^{-1}(x)} F[\psi^{-1}(x)]+C,$$

其中 $t=\psi^{-1}(x)$ 是 $x=\psi(t)$ 的反函数.

(4) 分部积分法：

$\int uv'\mathrm{d}x = uv - \int u'v\mathrm{d}x$，也可写成$\int u\mathrm{d}v = uv - \int v\mathrm{d}u$.

复习题四

一、填空题

1. 已知$\int f(x)\mathrm{d}x = x - \arctan x + C$，则 $f(x)=$__________.

2. 设 $x\sin 2x$ 是 $f(x)$ 的一个原函数，则$\int f(x)\mathrm{d}x=$__________.

3. $\int \mathrm{d}\ln(1+x^2)=$__________.

4. $\int f'(2x)\mathrm{d}x=$__________.

5. 已知$\int f(x)\mathrm{d}x = F(x)+C$，则$\int \mathrm{e}^x f(\mathrm{e}^x)\mathrm{d}x=$__________.

6. 设 $f(x)$ 连续，则 $\mathrm{d}\left[\int x^2 f(x)\mathrm{d}x\right]$__________.

7. $\int \dfrac{\sin(\ln x)}{x}\mathrm{d}x=$__________.

8. 如果$\int f(x)\mathrm{d}x=\sqrt{x}+C$，则$\int xf(1-x^2)\mathrm{d}x=$__________.

二、选择题

1. 设 $f(x)$ 是可导函数，则$\left[\int f(x)\mathrm{d}x\right]'$为(　　).

A. $f(x)$　　B. $f(x)+C$　　C. $f'(x)$　　D. $f'(x)+C$

2. 如果 $f'(x)$ 连续，则下列等式中正确的是(　　).

A. $\int \mathrm{d}f(x)=f(x)$　　B. $\int f'(x)\mathrm{d}x=f(x)$

C. $\left[\int f(x)\mathrm{d}x\right]'=f(x)$　　D. $\mathrm{d}\left[\int f(x)\mathrm{d}x\right]=f(x)$

3. 下列函数中原函数为 $\arctan 2x+C$(C 为任意常数) 的是(　　).

A. $\dfrac{2}{1+4x^2}$　　B. $\dfrac{2}{1+x^2}$　　C. $\dfrac{2}{1+2x^2}$　　D. $\dfrac{1}{1+4x^2}$

4. 函数 e^{-2x} 的一个原函数是(　　).

A. $\dfrac{1}{2}\mathrm{e}^{-2x}$　　B. $-\dfrac{1}{2}\mathrm{e}^{-2x}$　　C. e^{-2x}　　D. $-\mathrm{e}^{-2x}$

5. $\int f(x)f'(x)\mathrm{d}x=($　　$)$.

A. $\ln|f(x)|+C$　　B. $\frac{1}{2}[f'(x)]^2+C$

C. $f(x)f'(x)+C$　　D. $\frac{1}{2}[f(x)]^2+C$

6. 已知 $x\sin x$ 是 $f(x)$ 的一个原函数，则 $\int f(2x)\mathrm{d}x=($　　$)$.

A. $2x\sin 2x+C$　B. $2x\sin x+C$　C. $x\sin 2x+C$　D. $x\sin x+C$

7. 下列函数对中，属于同一函数的原函数的是(　　).

A. $\sqrt{x+1}$ 与 $\sqrt{x+2}$　　B. $\sin x$ 与 $-\cos x$

C. e^{x^2} 与 e^{2x}　　D. $\sin^2 x-\cos^2 x$ 与 $2\sin^2 x$

8. 如果 $\int f(x)\mathrm{d}x=F(x)+C$，则 $\int \sin x f(\cos x)\mathrm{d}x$ 等于(　　).

A. $F(\sin x)+C$　　B. $-F(\sin x)+C$

C. $F(\cos x)+C$　　D. $-F(\cos x)+C$

9. 如果 $\int f(x)e^{-\frac{1}{x}}\mathrm{d}x=-e^{-\frac{1}{x}}+C$，则 $f(x)$ 为(　　).

A. $-\frac{1}{x}$　B. $-\frac{1}{x^2}$　C. $\frac{1}{x}$　D. $\frac{1}{x^2}$

10. 设 $F(x)$ 是 $f(x)$ 的一个原函数，则 $\int \frac{f(\arcsin x)}{\sqrt{1-x^2}}\mathrm{d}x$ 等于(　　).

A. $-F(\arcsin x)+C$　　B. $F(\arcsin x)+C$

C. $-F(\sqrt{1-x^2})+C$　　D. $F(\sqrt{1-x^2})+C$

三、解答题

1. 求下列不定积分：

(1) $\int (2e^x+3\cos x-1)\mathrm{d}x$；　　(2) $\int \frac{x^2+\sqrt{x}+3}{\sqrt{x}}\mathrm{d}x$；

(3) $\int \frac{1+3x^2}{x^2(1+x^2)}\mathrm{d}x$；　　(4) $\int e^x\left(1-\frac{e^{-x}}{\sqrt{x}}\right)\mathrm{d}x$；

(5) $\int \frac{e^{2x}-1}{e^x+1}\mathrm{d}x$；　　(6) $\int \cos\frac{x}{2}\left(\sin\frac{x}{2}+\cos\frac{x}{2}\right)\mathrm{d}x$；

(7) $\int \frac{1}{1+\cos 2x}\mathrm{d}x$；　　(8) $\int \sec x(\sec x+\tan x)\mathrm{d}x$.

2. 求下列不定积分：

(1) $\int (x-2)^{\frac{5}{2}}\mathrm{d}x$；　　(2) $\int x\sqrt{x^2+1}\mathrm{d}x$；

(3) $\int \frac{1}{x^2}\tan\frac{1}{x}\mathrm{d}x$；　　(4) $\int e^x\sin(e^x-2)\mathrm{d}x$；

(5) $\int \frac{e^x}{1+e^{2x}}\mathrm{d}x$；　　(6) $\int \frac{\sin x}{\cos^2 x}\mathrm{d}x$；

(7) $\int \frac{x}{\sqrt{1-2x^2}}\mathrm{d}x$；

(8) $\int \frac{\mathrm{e}^x}{\mathrm{e}^x-3}\mathrm{d}x$；

(9) $\int \frac{1}{x(1+\ln^2 x)}\mathrm{d}x$；

(10) $\int \frac{1}{x(1+2\ln x)}\mathrm{d}x$.

3. 求下列不定积分：

(1) $\int \frac{1}{1+\sqrt[3]{x+1}}\mathrm{d}x$；

(2) $\int \frac{(\sqrt{x})^3+1}{\sqrt{x}+1}\mathrm{d}x$；

(3) $\int \frac{x^2}{\sqrt{4-x^2}}\mathrm{d}x$；

(4) $\int \frac{\sqrt{x^2+1}}{x^2}\mathrm{d}x$；

(5) $\int \frac{\sqrt{x^2-1}}{x}\mathrm{d}x$.

4. 求下列不定积分：

(1) $\int x^2\mathrm{e}^{2x}\mathrm{d}x$；

(2) $\int \sin\sqrt{x}\,\mathrm{d}x$；

(3) $\int (x\ln x)^2\mathrm{d}x$；

(4) $\int \mathrm{e}^{2x}\sin 3x\,\mathrm{d}x$.

第 5 章

定积分

定积分是积分学的另一个重要概念,自然科学与生产实践中的许多问题,如平面图形的面积、旋转体的体积等都可以归结为定积分问题.

本章将从实际问题出发引入定积分的概念,然后讨论定积分的性质、计算方法和实际应用.

5.1　定积分的概念和性质

5.1.1　定积分的概念

直观地看,由平面曲线围成的平面图形的面积,往往可以化为两个曲边梯形的面积之差. 所谓曲边梯形,就是由 3 条直线段和一条曲线弧所围成的平面图形,其中两条直线段相互平行且与第三条直线段垂直,且曲边与任意一条垂直于底边的直线最多只有一个交点. 因此,讨论曲线围成的平面图形的面积,就可归结为讨论曲边梯形的面积.

下面讨论如何定义和计算曲边梯形的面积.

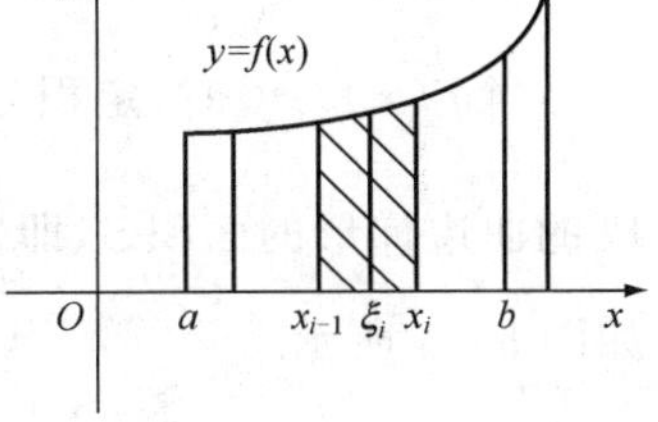

图 5 - 1

设曲边梯形由 $y=f(x)[f(x)\geqslant 0]$、x 轴以及直线 $x=a$ 和 $x=b$ 所围成,如图 5-1 所示. 我们按下列步骤计算曲边梯形的的面积.

(1) 分割. 先将区间 $[a,b]$ 分成 n 份,分点为 $a=x_0<x_1<x_2<\cdots<x_{i-1}<x_i<\cdots<x_{n-1}<x_n=b$. 每个小区间为 $[x_{i-1},x_i](i=1,2,\cdots,n)$,区间长度记为 $\Delta x_i=x_i-x_{i-1}(i=1,2,\cdots,n)$,过每个分点作平行于 y 轴的直线把曲边梯形分成 n 个小曲边梯形.

(2) 取近似. 在每个小区间 $[x_{i-1},x_i]$ 上任取一点 $\xi_i(i=1,2,\cdots,n)$,作一个以 $[x_{i-1},x_i]$ 为底,以 $f(\xi_i)$ 为高的小矩形,小矩形的面积为 $f(\xi_i)\Delta x_i$,

(3) 求和. n 个小矩形的面积之和为

$$f(\xi_1)\Delta x_1+\cdots+f(\xi_i)\Delta x_i+\cdots+f(\xi_n)\Delta x_n=\sum_{i=1}^{n}f(\xi_i)\Delta x_i,$$

则曲边梯形的面积 $S \approx \sum_{i=1}^{n} f(\xi_i)\Delta x_i$.

(4) 取极限. 当分点数逐渐增加,各个小区间长度逐渐变小时,小矩形面积之和逐渐接近曲边梯形的面积,记 $\lambda = \max\limits_{1 \leqslant i \leqslant n}\{\Delta x_i\}$,当 $\Delta x_i \to 0$,即 $\lambda \to 0$ 时,小矩形面积之和的极限便是曲边梯形的面积,即 $S = \lim\limits_{\lambda \to 0}\sum_{i=1}^{n} f(\xi_i)\Delta x_i$. 求曲边梯形面积的问题便被归结为求上述和式的极限.

可以证明只要函数 $f(x)$ 在$[a,b]$上连续,则和式的极限 $\lim\limits_{\lambda \to 0}\sum_{i=1}^{n} f(\xi_i)\Delta x_i$ 必存在.

定义 5.1 设函数 $f(x)$ 在区间$[a,b]$上有界. 任意用若干个分点

$$a = x_0 < x_1 < x_2 < \cdots < x_{i-1} < x_i < \cdots < x_{n-1} < x_n = b$$

把区间$[a,b]$分成 n 个小区间$[x_{i-1}, x_i]$($i=1,2,\cdots,n$),用 $\Delta x_i = x_i - x_{i-1}$($i=1,2,\cdots,n$)记它们的长度,在每个小区间$[x_{i-1}, x_i]$上任取一点 ξ_i($i=1,2,\cdots,n$),做和式 $\sum_{i=1}^{n} f(\xi_i)\Delta x_i$. 设 $\lambda = \max\limits_{1 \leqslant i \leqslant n}\{\Delta x_i\}$,当 $\lambda \to 0$ 时,和式极限 $\lim\limits_{\lambda \to 0}\sum_{i=1}^{n} f(\xi_i)\Delta x_i$ 总存在,且与$[a,b]$的分法及 ξ_i 的取法无关,此极限值为 $f(x)$ 在$[a,b]$上的定积分(简称积分),记作 $\int_a^b f(x)\mathrm{d}x$,即 $\int_a^b f(x)\mathrm{d}x = \lim\limits_{\lambda \to 0}\sum_{i=1}^{n} f(\xi_i)\Delta x_i$.

其中,$f(x)$ 称为被积函数,$f(x)\mathrm{d}x$ 称为被积表达式,x 称为积分变量,$[a,b]$ 称为积分区间,a,b 分别称为积分下限和积分上限.

注:在定积分定义中,我们曾经假定 $a < b$,但为了今后应用和计算方便,做补充规定如下:

(1) $\int_a^b f(x)\mathrm{d}x = -\int_b^a f(x)\mathrm{d}x$;

(2) $\int_a^a f(x)\mathrm{d}x = 0$.

5.1.2 定积分的几何意义

当 $f(x) \geqslant 0$ 时,定积分 $\int_a^b f(x)\mathrm{d}x$ 表示由曲线 $y = f(x)$,直线 $x = a$ 和 $x = b$ 及 x 轴所围成的曲边梯形的面积 S,即 $\int_a^b f(x)\mathrm{d}x = S$,如图 5-2 所示;当 $f(x) \leqslant 0$ 时,$\int_a^b f(x)\mathrm{d}x = -S$,如图 5-3 所示.

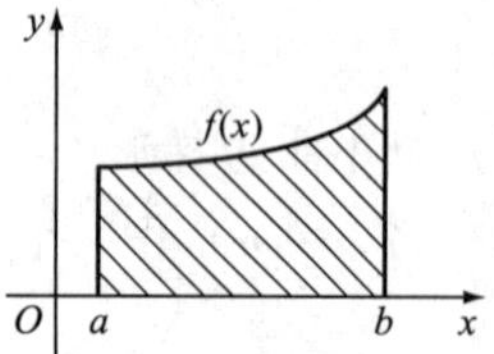

$\int_a^b f(x)\mathrm{d}x = S$

图 5-2

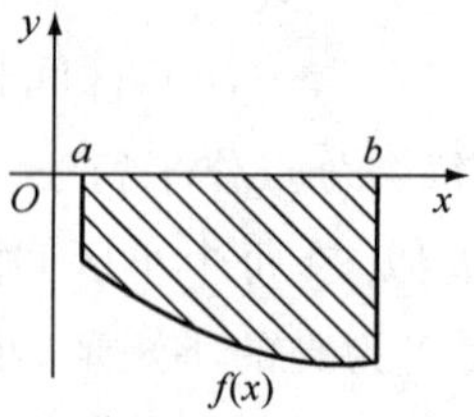

$\int_a^b f(x)\mathrm{d}x = -S$

图 5-3

因此，定积分$\int_a^b f(x)\mathrm{d}x$ 的几何意义：由曲线 $y=f(x)$，直线 $x=a$ 和 $x=b$ 及 x 轴所围成图形的各部分面积的代数和，即在 x 轴上方的图形面积与在 x 轴下方的图形面积之差，如图 5-4 所示，$\int_a^b f(x)\mathrm{d}x=S_1-S_2$.

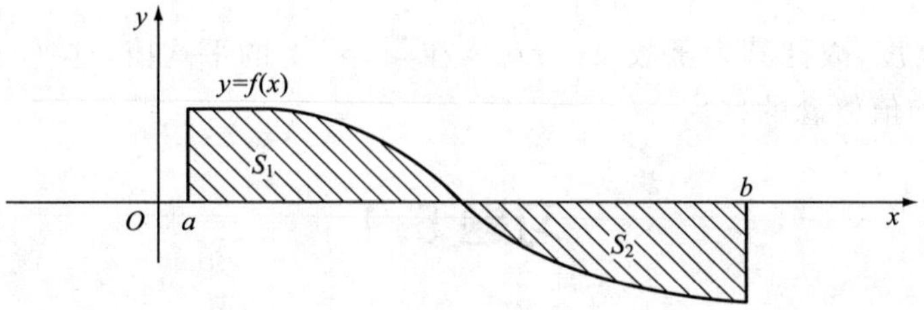

图 5-4

5.1.3　定积分的性质

性质 1：定积分线性性质.

$$\int_a^b[f(x)\pm g(x)]\mathrm{d}x=\int_a^b f(x)\mathrm{d}x\pm\int_a^b g(x)\mathrm{d}x;$$

$$\int_a^b Cf(x)\mathrm{d}x=C\int_a^b f(x)\mathrm{d}x(C\text{ 为常数}).$$

性质 2：积分区间可加性质.

$\int_a^b f(x)\mathrm{d}x=\int_a^c f(x)\mathrm{d}x+\int_c^b f(x)\mathrm{d}x$(见图 5-5).

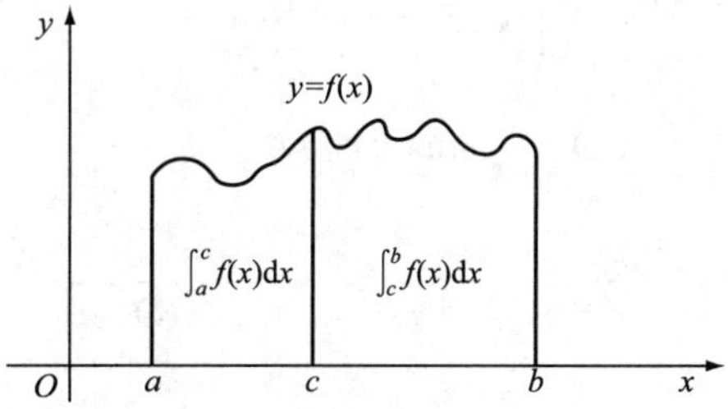

图 5-5

性质 3：定积分可比性质.

在区间$[a,b]$上，若 $f(x)\leqslant g(x)$，则$\int_a^b f(x)\mathrm{d}x\leqslant\int_a^b g(x)\mathrm{d}x$.

例 5.1.1　比较定积分$\int_0^1 \mathrm{e}^x\mathrm{d}x$ 和$\int_0^1 \mathrm{e}^{-x}\mathrm{d}x$ 的大小.

解：在区间$[0,1]$上，$\mathrm{e}^x\geqslant\mathrm{e}^{-x}$，由性质 3 知

$$\int_0^1 \mathrm{e}^x\mathrm{d}x\geqslant\int_0^1 \mathrm{e}^{-x}\mathrm{d}x.$$

性质 4：定积分介值性质.

设 M 和 m 分别是 $f(x)$ 在$[a,b]$上的最大值和最小值，则有

$$m(b-a)\leqslant\int_a^b f(x)\mathrm{d}x\leqslant M(b-a).$$

例 5.1.2　估计$\int_{-1}^2 \mathrm{e}^{x^4}\mathrm{d}x$ 的值.

解：在闭区间$[-1,2]$上显然有 $0\leqslant x^4\leqslant16$，所以 e^{x^4} 在闭区间$[-1,2]$上的最大值和最小值分别为

$$M=\mathrm{e}^{16},m=1.$$

由性质 4 可得 $3\leqslant\int_{-1}^2 \mathrm{e}^{x^4}\mathrm{d}x\leqslant3\mathrm{e}^{16}$

性质 5:定积分中值定理.

若 $f(x)$ 在区间$[a,b]$上连续,那么在区间$[a,b]$上至少存在一点 $\xi \in [a,b]$,使$\int_a^b f(x)\mathrm{d}x = f(\xi)(b-a)$,如图 5-6 所示.

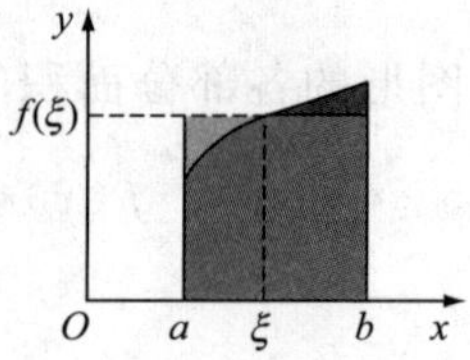

图 5-6

图 5-6 表明,数值 $f(\xi)=\frac{1}{b-a}\int_a^b f(x)\mathrm{d}x$ 表示曲线 $y=f(x)$ 在$[a,b]$上的平均高度,故称其为函数 $y=f(x)$ 在$[a,b]$上的平均值,这是有限个数的平均值概念的推广.

习题 5.1

1. 一曲边梯形由曲线 $y=\mathrm{e}^x+1$,直线 $x=-1$ 和 $x=2$ 及 x 轴所围成,试用定积分表示该曲边梯形的面积.

2. 比较下列定积分的大小:

(1) $\int_0^{\frac{\pi}{2}} \cos x\mathrm{d}x$ 与$\int_0^{\frac{\pi}{2}} \cos^2 x\mathrm{d}x$; (2) $\int_1^{\mathrm{e}} \ln x\mathrm{d}x$ 与$\int_1^{\mathrm{e}} \ln^2 x\mathrm{d}x$;

(3) $\int_0^1 (\mathrm{e}^x+1)\mathrm{d}x$ 与$\int_0^1 (\mathrm{e}x+1)\mathrm{d}x$; (4) $\int_0^1 x^2\mathrm{d}x$ 与$\int_0^1 \sin^2 x\mathrm{d}x$.

3. 利用定积分的几何意义说明下列等式:

(1) $\int_a^b k\mathrm{d}x = k(b-a)$; (2) $\int_{-2}^2 \sqrt{4-x^2}\mathrm{d}x = 2\pi$;

(3) $\int_{-\frac{\pi}{2}}^{\frac{\pi}{2}} \sin x\mathrm{d}x = 0$.

5.2 微积分基本定理

从 5.1 节中定积分的定义可知,即使被积函数简单,直接按定义来计算它的定积分也是比较烦琐的. 如果被积函数复杂一些,计算其定积分就更加困难,有时甚至无法求解. 因此,我们必须寻求计算定积分的简便方法. 为此,我们先讨论变上限的函数及其性质.

5.2.1 变上限函数

设函数 $f(x)$ 在$[a,b]$上连续,对于任一 $x\in[a,b]$,$f(x)$ 在$[a,x]$上连续, 因此定积分$\int_a^x f(x)\mathrm{d}x$ 存在,它的值随 x 的变化而变化,对于每一个上限 $x\in[a,b]$ 都有唯一确定的值与之对应,故它是上限 x 的函数,称之为变上限的积分所确定的函数,简称变上限函数,记作$\Phi(x)$,即

$$\Phi(x)=\int_a^x f(x)\mathrm{d}x.$$

根据定积分的定义,我们知道定积分与积分变量的符号无关,这里积分上限和积分变量都用 x,但意义不同,为了避免混淆,将积分变量换成 t,即将变上限函数写成

$$\Phi(x)=\int_a^x f(t)\mathrm{d}t \qquad (a\leqslant x\leqslant b).$$

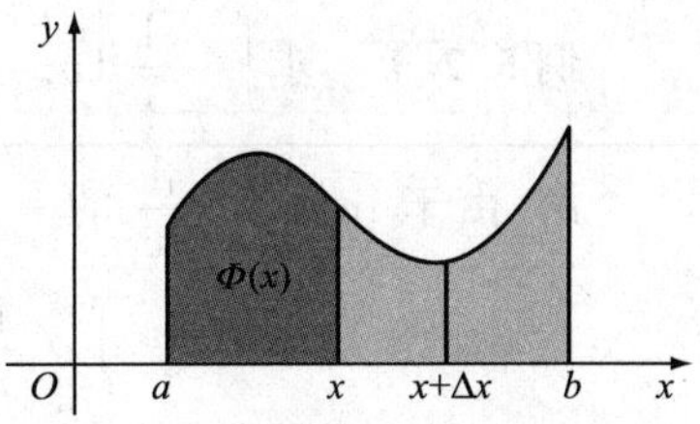

图 5-7

从几何的角度来看，变上限函数 $\Phi(x)=\int_a^x f(t)\mathrm{d}t$ 表示区间 $[a,x]$ 上曲边梯形的面积(见图 5-7 阴影部分).

变上限函数 $\Phi(x)$ 具有下面重要性质.

定理 5.1　如果函数 $y=f(x)$ 在区间 $[a,b]$ 上连续，则变上限函数 $\Phi(x)=\int_a^x f(t)\mathrm{d}t$ 在 $[a,b]$ 上可导，且其导数是

$$\Phi'(x)=\left[\int_a^x f(t)\mathrm{d}t\right]'=f(x).$$

定理 5.1 指出，连续函数 $f(x)$ 取变上限 x 的定积分后再求导，其结果还原为 $f(x)$ 本身. 这说明变上限函数 $\Phi(x)=\int_a^x f(t)\mathrm{d}t$ 是连续函数 $f(x)$ 的一个原函数. 因此，可得如下原函数存在理论.

定理 5.2　如果函数 $f(x)$ 在区间 $[a,b]$ 上连续，则变上限函数

$$\Phi(x)=\int_a^x f(t)\mathrm{d}t$$

就是 $f(x)$ 在区间 $[a,b]$ 上的一个原函数.

定理 5.2 具有重要意义，它一方面肯定了连续函数的原函数的存在性，即不定积分的存在性，另一方面初步揭示了积分学中的定积分与不定积分(原函数)之间的联系，下面我们就利用定理 5.2 导出定积分的简便公式，即牛顿-莱布尼兹公式.

5.2.2　牛顿-莱布尼兹公式

定理 5.3　如果 $F(x)$ 为连续函数 $f(x)$ 在区间 $[a,b]$ 上的一个原函数，则

$$\int_a^b f(x)\mathrm{d}x=F(b)-F(a).$$

证明：由定理 5.2 知，变上限函数 $\Phi(x)=\int_a^x f(t)\mathrm{d}t$ 是 $f(x)$ 在区间 $[a,b]$ 上的一个原函数，根据同一个函数的两个原函数之间至多只相差一个常数，有

$$\int_a^x f(t)\mathrm{d}t=F(x)+C$$

分别用 b,a 代入该等式两边得

$$\int_a^b f(t)\mathrm{d}t=F(b)+C \qquad ①$$

$$\int_a^a f(t)\mathrm{d}t=F(a)+C \qquad ②$$

①、② 两式相减得 $\int_a^b f(t)\mathrm{d}t=F(b)-F(a)$，即 $\int_a^b f(x)\mathrm{d}x=F(b)-F(a)$.

为了方便起见，记

$$\int_a^b f(x)\mathrm{d}x=F(x)\Big|_a^b=F(b)-F(a).$$

上式称为牛顿-莱布尼兹公式，它揭示了定积分与被积函数的原函数(或不定积分)之间的联系。该公式在高等数学中具有重要意义，我们常常把它称为微积分基本公式.

例 5.2.1 求$\int_{-2}^{-3}\frac{1}{x}\mathrm{d}x$.

解:由于$\ln|x|$是$\frac{1}{x}$的一个原函数,因此

$$\int_{-2}^{-3}\frac{1}{x}\mathrm{d}x=\ln|x|\Big|_{-2}^{-3}=\ln 3-\ln 2=\ln\frac{3}{2}.$$

例 5.2.2 已知$f(x)=\begin{cases}\sin x, & x\geqslant 0,\\ x^2, & x<0,\end{cases}$求$\int_{-1}^{\frac{\pi}{6}}f(x)\mathrm{d}x$.

解:$\int_{-1}^{\frac{\pi}{6}}f(x)\mathrm{d}x=\int_{-1}^{0}f(x)\mathrm{d}x+\int_{0}^{\frac{\pi}{6}}f(x)\mathrm{d}x$

$$=\int_{-1}^{0}x^2\mathrm{d}x+\int_{0}^{\frac{\pi}{6}}\sin x\mathrm{d}x=\frac{1}{3}x^3\Big|_{-1}^{0}-\cos x\Big|_{0}^{\frac{\pi}{6}}$$

$$=\left(0+\frac{1}{3}\right)-\left(\frac{\sqrt{3}}{2}-1\right)=\frac{4}{3}-\frac{\sqrt{3}}{2}.$$

例 5.2.3 求$\int_{-\frac{\pi}{2}}^{\frac{\pi}{2}}\sqrt{1-\cos^2 x}\,\mathrm{d}x$

解:$\int_{-\frac{\pi}{2}}^{\frac{\pi}{2}}\sqrt{1-\cos^2 x}\,\mathrm{d}x=\int_{-\frac{\pi}{2}}^{\frac{\pi}{2}}|\sin x|\mathrm{d}x=\int_{0}^{\frac{\pi}{2}}|\sin x|\mathrm{d}x+\int_{-\frac{\pi}{2}}^{0}|\sin x|\mathrm{d}x$

$$=\int_{0}^{\frac{\pi}{2}}\sin x\mathrm{d}x+\int_{-\frac{\pi}{2}}^{0}(-\sin x)\mathrm{d}x$$

$$=-\cos x\Big|_{0}^{\frac{\pi}{2}}+\cos x\Big|_{-\frac{\pi}{2}}^{0}=2.$$

习题 5.2

1. 利用牛顿-莱布尼兹公式求下列定积分:

(1)$\int_{1}^{2}(x+1)^3\mathrm{d}x$; (2)$\int_{0}^{2}\left(\frac{1}{\sqrt{x}}+2^x\right)\mathrm{d}x$;

(3)$\int_{\frac{\sqrt{3}}{3}}^{1}\frac{1}{1+x^2}\mathrm{d}x$; (4)$\int_{0}^{1}\frac{x}{1+x^2}\mathrm{d}x$;

(5)$\int_{0}^{\frac{\pi}{4}}\frac{1}{\cos^2 x}\mathrm{d}x$; (6)$\int_{0}^{\frac{\pi}{6}}\sin^2\frac{x}{2}\mathrm{d}x$;

(7)$\int_{0}^{\pi}\sqrt{1-\sin^2 x}\,\mathrm{d}x$; (8)$\int_{1}^{\sqrt{2}}\frac{1}{\sqrt{4-x^2}}\mathrm{d}x$;

(9)$\int_{1}^{2}\frac{x^2+1}{x+1}\mathrm{d}x$; (10)$\int_{\frac{\pi}{6}}^{\frac{\pi}{4}}\cot^2 2x\,\mathrm{d}x$.

2. 设$f(x)=\begin{cases}2x-1, & x\geqslant 0,\\ -\cos 2x, & x<0,\end{cases}$求$\int_{-\frac{\pi}{6}}^{1}f(x)\mathrm{d}x$.

5.3 定积分的换元积分法和分部积分法

从5.2节中我们知道,定积分的计算可归结为求被积函数的原函数(不定积分)的上限值

与下限值的差. 与不定积分的积分方法类似,本节介绍定积分的换元积分法和分部积分法.

5.3.1　定积分换元积分法

考察下列定积分计算.

例 5.3.1　计算$\int_0^3 x\sqrt{1+x}\,dx$.

解:运用牛顿-莱布尼兹公式,首先计算不定积分$\int x\sqrt{1+x}\,dx$.

令$\sqrt{1+x}=t$,则 $dx=2t\,dt$.

$$\int x\sqrt{1+x}\,dx=2\int(t^2-1)t^2\,dt=2\int(t^4-t^2)\,dt=\left(\frac{2}{5}t^5-\frac{2}{3}t^3\right)+C$$

$$=\left[\frac{2}{5}(1+x)^{\frac{5}{2}}-\frac{2}{3}(1+x)^{\frac{3}{2}}\right]+C.$$

故

$$\int_0^3 x\sqrt{1+x}\,dx=\left[\frac{2}{5}(1+x)^{\frac{5}{2}}-\frac{2}{3}(1+x)^{\frac{3}{2}}\right]\Bigg|_0^3=\frac{116}{15}.$$

如果换元的同时考虑积分变量上下限的变换,$x=0$ 时,$t=1$,$x=3$ 时,$t=2$,则在求出被积函数关于 t 的不定积分后就可以直接计算定积分.

$$\int_0^3 x\sqrt{1+x}\,dx=2\int_1^2(t^2-1)t^2\,dt=2\int_1^2(t^4-t^2)\,dt$$

$$=\left(\frac{2}{5}t^5-\frac{2}{3}t^3\right)\Bigg|_1^2=\frac{116}{15}.$$

这就是定积分换元积分法的基本思路,其理论依据为定理 5.4.

定理 5.4　设 $f(x)$ 在$[a,b]$上连续,函数 $x=\varphi(t)$ 在$[\alpha,\beta]$(或$[\beta,\alpha]$)上具有连续导数,且满足 $a=\varphi(\alpha)$,$b=\varphi(\beta)$,当 x 在$[a,b]$上变化时,t 在$[\alpha,\beta]$(或$[\beta,\alpha]$)上变化,则

$$\int_a^b f(x)\,dx=\int_\alpha^\beta f[\varphi(t)]\varphi'(t)\,dt.$$

上式即为定积分的换元积分公式.

例 5.3.2　计算$\int_0^9\frac{1}{1+\sqrt{x}}\,dx$.

解:令$\sqrt{x}=t$,则 $dx=2t\,dt$,且当 $x=0$ 时,$t=0$;$x=9$ 时,$t=3$.

$$\int_0^9\frac{1}{1+\sqrt{x}}\,dx=\int_0^3\frac{2t}{1+t}\,dt=\int_0^3\frac{2(t+1)-2}{1+t}\,dt=\int_0^3\left(2-\frac{2}{1+t}\right)dt$$

$$=[2t-2\ln(1+t)]\big|_0^3=6-2\ln4=6-4\ln2.$$

例 5.3.3　计算$\int_0^1(1+x)^8x\,dx$.

解:令 $1+x=t$,则 $dx=dt$,且当 $x=0$ 时,$t=1$;$x=1$ 时,$t=2$.

$$\int_0^1(1+x)^8x\,dx=\int_1^2 t^8(t-1)\,dt=\int_1^2(t^9-t^8)\,dt=\left(\frac{1}{10}t^{10}-\frac{1}{9}t^9\right)\Bigg|_1^2=\frac{2^{12}+1}{90}.$$

例 5.3.4 计算$\int_0^1 \sqrt{1-x^2}\,\mathrm{d}x$.

解:令 $x=\sin t$,则 $\mathrm{d}x=\cos t\,\mathrm{d}t$,且当 $x=0$ 时,$t=0$;$x=1$ 时,$t=\frac{\pi}{2}$.

$$\int_0^1 \sqrt{1-x^2}\,\mathrm{d}x=\int_0^{\frac{\pi}{2}} \cos^2 t\,\mathrm{d}t=\int_0^{\frac{\pi}{2}} \frac{1+\cos 2t}{2}\mathrm{d}t=\left(\frac{1}{2}t+\frac{1}{4}\sin 2t\right)\bigg|_0^{\frac{\pi}{2}}=\frac{\pi}{4}.$$

例 5.3.5 证明:

(1) 若 $f(x)$ 在$[-a,a]$上连续且为偶函数,则$\int_{-a}^a f(x)\mathrm{d}x=2\int_0^a f(x)\mathrm{d}x$;

(2) 若 $f(x)$ 在$[-a,a]$上连续且为奇函数,则$\int_{-a}^a f(x)\mathrm{d}x=0$.

证明:因为

$$\int_{-a}^a f(x)\mathrm{d}x=\int_{-a}^0 f(x)\mathrm{d}x+\int_0^a f(x)\mathrm{d}x,$$

对积分$\int_{-a}^0 f(x)\mathrm{d}x$ 做变量代换 $x=-t$,则

$$\int_{-a}^0 f(x)\mathrm{d}x=-\int_a^0 f(-t)\mathrm{d}t=\int_0^a f(-t)\mathrm{d}t,$$

于是$\int_{-a}^a f(x)\mathrm{d}x=\int_0^a f(-x)\mathrm{d}x+\int_0^a f(x)\mathrm{d}x$.

(1) 若 $f(x)$ 在$[-a,a]$上为偶函数,即 $f(-x)=f(x)$,则

$$\int_{-a}^a f(x)\mathrm{d}x=\int_0^a f(-x)\mathrm{d}x+\int_0^a f(x)\mathrm{d}x=2\int_0^a f(x)\mathrm{d}x;$$

(2) 若 $f(x)$ 在$[-a,a]$上为奇函数,即 $f(-x)=-f(x)$,则

$$\int_{-a}^a f(x)\mathrm{d}x=\int_0^a f(-x)\mathrm{d}x+\int_0^a f(x)\mathrm{d}x=-\int_0^a f(x)\mathrm{d}x+\int_0^a f(x)\mathrm{d}x=0.$$

此例的结论可以用来简化某些积分区间关于原点对称的积分计算. 如函数$\frac{x\sin^2 x}{1+x^2}$为奇函数,$\sqrt{1-\cos^2 x}$ 为偶函数,所以

$$\int_{-2}^2 \frac{x\sin^2 x}{1+x^2}\mathrm{d}x=0;\int_{-\frac{\pi}{2}}^{\frac{\pi}{2}} \sqrt{1-\cos^2 x}\,\mathrm{d}x=\int_{-\frac{\pi}{2}}^{\frac{\pi}{2}} |\sin x|\,\mathrm{d}x=2\int_0^{\frac{\pi}{2}} \sin x\,\mathrm{d}x=2.$$

5.3.2 定积分分部积分法

利用不定积分的分部积分公式和牛顿-莱布尼兹公式,可得定积分的分部积分公式:

$$\int_a^b u\,\mathrm{d}v=(uv)\Big|_a^b-\int_a^b v\,\mathrm{d}u.$$

例 5.3.6 计算$\int_0^{\frac{\pi}{2}} x\sin x\,\mathrm{d}x$.

解:$\int_0^{\frac{\pi}{2}} x\sin x\,\mathrm{d}x=-\int_0^{\frac{\pi}{2}} x\,\mathrm{d}\cos x=(-x\cos x)\Big|_0^{\frac{\pi}{2}}+\int_0^{\frac{\pi}{2}} \cos x\,\mathrm{d}x=0+\sin x\Big|_0^{\frac{\pi}{2}}=1$.

例 5.3.7 计算$\int_{\frac{1}{e}}^{e} |\ln x|\,\mathrm{d}x$.

解:$\int_{\frac{1}{e}}^{e} |\ln x|\,\mathrm{d}x=\int_{\frac{1}{e}}^{1} |\ln x|\,\mathrm{d}x+\int_1^e |\ln x|\,\mathrm{d}x=-\int_{\frac{1}{e}}^{1} \ln x\,\mathrm{d}x+\int_1^e \ln x\,\mathrm{d}x$

$$=-(x\ln x)\Big|_{\frac{1}{e}}^{1}+\int_{\frac{1}{e}}^{1}x\,\mathrm{d}\ln x+(x\ln x)\Big|_{1}^{e}-\int_{1}^{e}x\,\mathrm{d}\ln x$$

$$=-\left(0-\frac{1}{e}\ln\frac{1}{e}\right)+\left(1-\frac{1}{e}\right)+(e-0)-(e-1)=2\left(1-\frac{1}{e}\right).$$

例 5.3.8　计算$\int_1^2 x\mathrm{e}^{2x}\mathrm{d}x$.

解：$\int_1^2 x\mathrm{e}^{2x}\mathrm{d}x=\frac{1}{2}\int_1^2 x\mathrm{d}\mathrm{e}^{2x}=\frac{1}{2}(x\mathrm{e}^{2x})\Big|_1^2-\frac{1}{2}\int_1^2\mathrm{e}^{2x}\mathrm{d}x$

$$=\frac{1}{2}(2\mathrm{e}^4-\mathrm{e}^2)-\frac{1}{4}\mathrm{e}^{2x}\Big|_1^2=\frac{1}{4}(3\mathrm{e}^4-\mathrm{e}^2).$$

习题 5.3

1. 利用换元法求下列定积分：

(1)$\int_1^5\frac{1}{1+\sqrt{2x-1}}\mathrm{d}x$；　(2)$\int_0^1 x(1-x)^5\mathrm{d}x$；

(3)$\int_0^{\frac{\sqrt{3}}{2}}\frac{x^2}{\sqrt{1-x^2}}\mathrm{d}x$；　(4)$\int_0^1\frac{x}{\sqrt{1+x^2}}\mathrm{d}x$.

2. 利用函数奇偶性求下列定积分：

(1)$\int_{-1}^1\frac{x\sin^2x}{1+\sqrt{2x^2+1}}\mathrm{d}x$；　(2)$\int_{-\frac{\pi}{3}}^{\frac{\pi}{3}}|\sin 2x|\mathrm{d}x$；

(3)$\int_{-3}^3 x(\cos^3x+x)\mathrm{d}x$；　(4)$\int_{-\frac{1}{2}}^{\frac{1}{2}}\frac{(\arcsin x)^2}{\sqrt{1-x^2}}\mathrm{d}x$.

3. 利用分部积分法求下列定积分：

(1)$\int_0^1 x\mathrm{e}^x\mathrm{d}x$；　(2)$\int_0^{\frac{\pi}{2}}x\sin 2x\mathrm{d}x$；

(3)$\int_1^{\mathrm{e}}x\ln x\mathrm{d}x$；　(4)$\int_0^1\arctan x\mathrm{d}x$；

(5)$\int_0^1\mathrm{e}^x\sin x\mathrm{d}x$；　(6)$\int_{-\frac{1}{2}}^{\frac{1}{2}}(x^2+1)\arcsin x\mathrm{d}x$.

*5.4　广义积分

前面我们讨论了利用牛顿-莱布尼兹公式计算定积分，所举例子中的定积分都具备积分区间是有限区间并且被积函数在积分区间内连续的条件。但在实际问题中，我们经常会遇到积分区间是无限区间，或被积函数在积分区间不连续的情况，这就是本节我们要讨论的广义积分.

5.4.1　无限区间的广义积分

定义 5.2　设$f(x)$在区间$[a,+\infty)$上连续，极限$\lim\limits_{b\to+\infty}\int_a^b f(x)\mathrm{d}x$称为$f(x)$在区间$[a,$

$+\infty)$ 上的广义积分，记为$\int_a^{+\infty} f(x)\mathrm{d}x$，即

$$\int_a^{+\infty} f(x)\mathrm{d}x = \lim_{b\to+\infty}\int_a^b f(x)\mathrm{d}x.$$

若上式右端极限存在，则称 $f(x)$ 在区间$[a,+\infty)$ 上收敛，否则称 $f(x)$ 在区间$[a,+\infty)$ 上发散.

类似地，连续函数 $f(x)$ 在区间$(-\infty,b]$ 上的广义积分定义为

$$\int_{-\infty}^b f(x)\mathrm{d}x = \lim_{a\to-\infty}\int_a^b f(x)\mathrm{d}x.$$

连续函数 $f(x)$ 在区间$(-\infty,+\infty)$ 内的广义积分定义为

$$\int_{-\infty}^{+\infty} f(x)\mathrm{d}x = \int_{-\infty}^{c} f(x)\mathrm{d}x + \int_{c}^{+\infty} f(x)\mathrm{d}x = \lim_{a\to-\infty}\int_a^c f(x)\mathrm{d}x + \lim_{b\to+\infty}\int_c^b f(x)\mathrm{d}x.$$

例 5.4.1 计算$\int_1^{+\infty}\frac{1}{1+x^2}\mathrm{d}x$.

解：$\int_1^{+\infty}\frac{1}{1+x^2}\mathrm{d}x = \lim_{b\to+\infty}\int_1^b \frac{1}{1+x^2}\mathrm{d}x = \lim_{b\to+\infty}\arctan x\Big|_1^b = \frac{\pi}{4}.$

上述计算可简记为$\int_1^{+\infty}\frac{1}{1+x^2}\mathrm{d}x = \arctan x\Big|_1^{+\infty} = \frac{\pi}{4}.$

例 5.4.2 计算$\int_0^{+\infty} x\mathrm{e}^{-x}\mathrm{d}x$.

解：$\int_0^{+\infty} x\mathrm{e}^{-x}\mathrm{d}x = -\int_0^{+\infty} x\mathrm{d}\mathrm{e}^{-x} = -(x\mathrm{e}^{-x})\big|_0^{+\infty} + \int_0^{+\infty}\mathrm{e}^{-x}\mathrm{d}x = 0 - \mathrm{e}^{-x}\Big|_0^{+\infty} = 1.$

例 5.4.3 计算$\int_{-\infty}^{+\infty}\frac{2x}{1+x^2}\mathrm{d}x$.

解：
$$\begin{aligned}\int_{-\infty}^{+\infty}\frac{2x}{1+x^2}\mathrm{d}x &= \int_{-\infty}^{0}\frac{1}{1+x^2}\mathrm{d}x^2 + \int_{0}^{+\infty}\frac{1}{1+x^2}\mathrm{d}x^2\\ &= \ln(1+x^2)\Big|_{-\infty}^{0} + \ln(1+x^2)\Big|_{0}^{+\infty}\end{aligned}$$

由于$\lim_{x\to\infty}\ln(1+x^2)=\infty$，所以广义积分$\int_{-\infty}^{+\infty}\frac{2x}{1+x^2}\mathrm{d}x$ 发散.

5.4.2 无界函数的广义积分

定义 5.3 设 $f(x)$ 在区间$(a,b]$ 上连续且极限 $\lim_{x\to a^+}f(x)=\infty$，极限 $\lim_{\varepsilon\to0^+}\int_{a+\varepsilon}^b f(x)\mathrm{d}x$ 称为 $f(x)$ 在区间$(a,b]$ 上的广义积分，记为$\int_a^b f(x)\mathrm{d}x$，即

$$\int_a^b f(x)\mathrm{d}x = \lim_{\varepsilon\to0^+}\int_{a+\varepsilon}^b f(x)\mathrm{d}x.$$

若上式右端极限存在，则称 $f(x)$ 在区间$(a,b]$ 上收敛，否则称 $f(x)$ 在区间$(a,b]$ 上发散.

类似地，$f(x)$ 在区间$[a,b)$ 上连续且 $\lim_{x\to b^-}f(x)=\infty$ 的广义积分定义为

$$\int_a^b f(x)\mathrm{d}x = \lim_{\varepsilon\to0^+}\int_a^{b-\varepsilon} f(x)\mathrm{d}x.$$

对于 $f(x)$ 在区间$[a,b]$ 内存在间断点 c 且$\lim_{x\to c}f(x)=\infty$ 的广义积分定义为

$$\int_a^b f(x)\mathrm{d}x=\int_a^c f(x)\mathrm{d}x+\int_c^b f(x)\mathrm{d}x=\lim_{\varepsilon\to 0^+}\int_a^{c-\varepsilon} f(x)\mathrm{d}x+\lim_{\varepsilon\to 0^+}\int_{c+\varepsilon}^b f(x)\mathrm{d}x.$$

例 5.4.4　计算广义积分$\int_0^1 \frac{1}{\sqrt{1-x^2}}\mathrm{d}x$.

解：$\int_0^1 \frac{1}{\sqrt{1-x^2}}\mathrm{d}x=\lim_{\varepsilon\to 0^+}\arcsin x\Big|_0^{1-\varepsilon}=\frac{\pi}{2}$.

例 5.4.5　计算广义积分$\int_1^2 \frac{x}{\sqrt{x^2-1}}\mathrm{d}x$.

解：$\int_1^2 \frac{x}{\sqrt{x^2-1}}\mathrm{d}x=\frac{1}{2}\lim_{\varepsilon\to 0^+}\int_{1+\varepsilon}^2 \frac{1}{\sqrt{x^2-1}}\mathrm{d}(x^2-1)=\lim_{\varepsilon\to 0^+}\sqrt{x^2-1}\Big|_{1+\varepsilon}^2=\sqrt{3}$.

例 5.4.6　计算广义积分$\int_0^{+\infty} \frac{1}{\sqrt{x}}\mathrm{e}^{-\sqrt{x}}\mathrm{d}x$.

解：
$$\begin{aligned}\int_0^{+\infty} \frac{1}{\sqrt{x}}\mathrm{e}^{-\sqrt{x}}\mathrm{d}x&=\int_0^1 \frac{1}{\sqrt{x}}\mathrm{e}^{-\sqrt{x}}\mathrm{d}x+\int_1^{+\infty} \frac{1}{\sqrt{x}}\mathrm{e}^{-\sqrt{x}}\mathrm{d}x\\&=-2\lim_{\varepsilon\to 0^+}\int_\varepsilon^1 \mathrm{e}^{-\sqrt{x}}\mathrm{d}(-\sqrt{x})-2\lim_{b\to+\infty}\int_1^b \mathrm{e}^{-\sqrt{x}}\mathrm{d}(-\sqrt{x})\\&=-2\lim_{\varepsilon\to 0^+}\mathrm{e}^{-\sqrt{x}}\Big|_\varepsilon^1-2\mathrm{e}^{-\sqrt{x}}\Big|_1^{+\infty}\\&=2.\end{aligned}$$

习题 5.4

计算下列广义积分：

(1) $\int_1^{+\infty} \frac{1}{x^3}\mathrm{d}x$；　(2) $\int_1^{+\infty} \frac{\mathrm{e}^{-\frac{1}{x}}}{x^2}\mathrm{d}x$；

(3) $\int_{-\infty}^{+\infty} \frac{(\arctan x)^2}{1+x^2}\mathrm{d}x$；　(4) $\int_\mathrm{e}^{+\infty} \frac{\ln x}{x}\mathrm{d}x$；

(5) $\int_{-1}^1 \frac{1}{x^3}\mathrm{d}x$；　(6) $\int_0^8 \frac{1}{\sqrt[3]{x^2}}\mathrm{d}x$；

(7) $\int_0^2 \frac{1}{(1-x)^2}\mathrm{d}x$；　(8) $\int_0^{+\infty} \frac{\mathrm{d}x}{\sqrt{x}(1+x)}$.

5.5　定积分在几何上的应用

根据定积分的几何意义，由曲线 $y=f(x)\ [f(x)\geqslant 0]$，直线 $x=a$ 和 $x=b$ 及 x 轴围成的曲边梯形的面积可以表示为定积分$\int_a^b f(x)\mathrm{d}x$，即 $A=\int_a^b f(x)\mathrm{d}x$.

利用定积分解决实际问题的关键是积分表达式的确定，如上式中的 $f(x)\mathrm{d}x$. 以曲边梯形面积的积分表达式为例，下面介绍确定所求量 A 的积分表达式的方法.

(1) 合理选择积分变量与积分区间，例如，以横坐标 x 为积分变量，并确定其变化区间为$[a,b]$.

(2) 在区间$[a,b]$上任取一个小区间$[x,x+\mathrm{d}x]$,求出所求量A在该区间的近似值,即所求量A的微元,记为$\mathrm{d}A$,即$\mathrm{d}A=f(x)\mathrm{d}x$(见图 5-8 阴影部分).

(3) 以A的微元$\mathrm{d}A$为被积表达式,在区间$[a,b]$上做定积分,得

$$A=\int_a^b \mathrm{d}A=\int_a^b f(x)\mathrm{d}x.$$

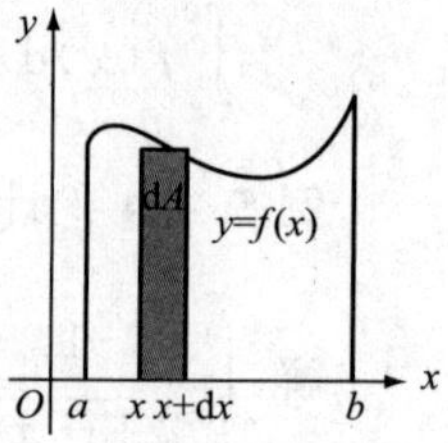

图 5-8

以上这种方法称为微元法. 下面我们就结合定积分的微元法介绍定积分在几何上的运用.

5.5.1 平面图形的面积

当平面图形由$y=f_1(x)$,$y=f_2(x)[f_1(x)\leqslant f_2(x)]$及$x=a$,$x=b$所围成时,如图 5-9 所示.选横坐标$x$为积分变量,其变化区间为$[a,b]$,在区间$[a,b]$上任取一个小区间$[x,x+\mathrm{d}x]$,则区间$[x,x+\mathrm{d}x]$对应的小曲边形面积近似于以$\mathrm{d}x$为底,以$f_2(x)-f_1(x)$为高的矩形面积$\mathrm{d}A=[f_2(x)-f_1(x)]\mathrm{d}x$,从而可得,由$y=f_1(x)$,$y=f_2(x)[f_1(x)\leqslant f_2(x)]$及$x=a$,$x=b$所围成的图形面积为$A=\int_a^b[f_2(x)-f_1(x)]\mathrm{d}x$.

当平面图形由$x=\varphi_1(y)$,$x=\varphi_2(y)[\varphi_1(y)\leqslant\varphi_2(y)]$及$y=c$,$y=d$所围成时,如图 5-10 所示,选纵坐标$y$为积分变量,类似可得该平面图形的面积为$A=\int_c^d[\varphi_2(y)-\varphi_1(y)]\mathrm{d}y$.

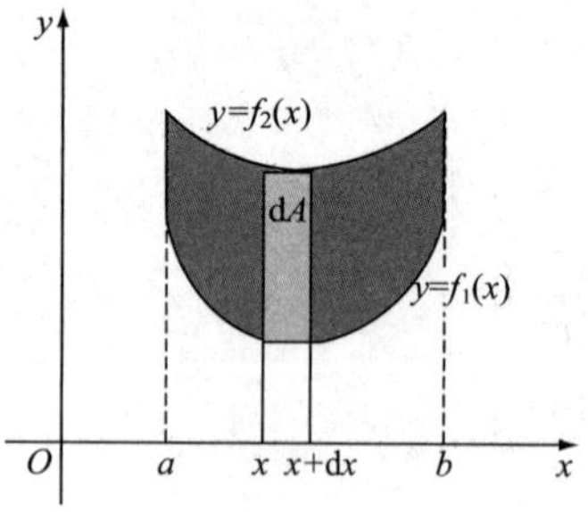

图 5-9

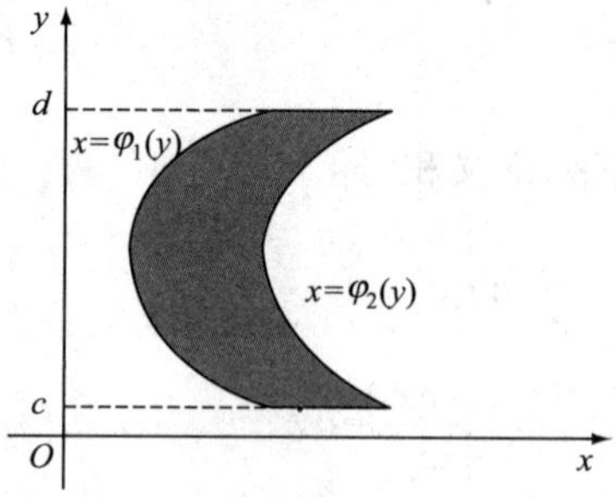

图 5-10

例 5.5.1 求由曲线$y=x^2$,$x=y^2$所围成的图形的面积.

解:做出两条抛物线$y=x^2$,$x=y^2$的图形,如图 5-11 所示,由$\begin{cases}y=x^2,\\x=y^2,\end{cases}$得交点坐标$(0,0)$,$(1,1)$. 选定$x$为积分变量,其变化区间为$[0,1]$,面积微元$\mathrm{d}A=(\sqrt{x}-x^2)\mathrm{d}x$,故所求图形面积

$$A=\int_0^1(\sqrt{x}-x^2)\mathrm{d}x=\left(\frac{2}{3}x^{\frac{3}{2}}-\frac{1}{3}x^3\right)\Big|_0^1=\frac{1}{3}.$$

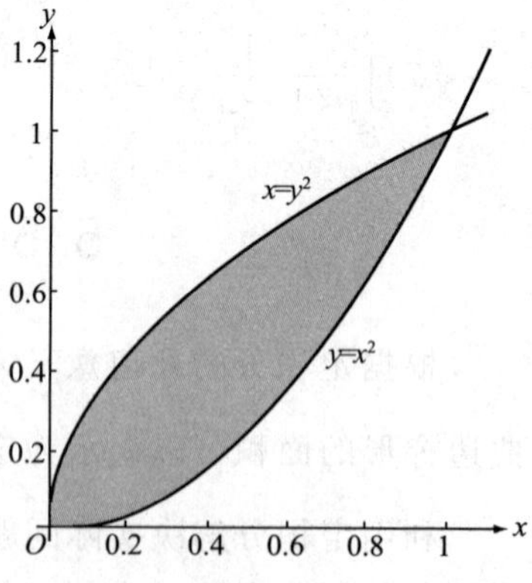

图 5-11

例 5.5.2　求由曲线 $y=\sin x$, $y=\cos x$ 和直线 $x=0$, $x=\frac{\pi}{2}$ 所围成的图形的面积.

解:做出该图形,如图 5-12 所示. 考虑到 $y=\sin x$ 与 $y=\cos x$ 的交点为 $\left(\frac{\pi}{4},\frac{\sqrt{2}}{2}\right)$ 以及所围成的图形的对称性,可得

$$A=\int_0^{\frac{\pi}{4}}(\cos x-\sin x)\mathrm{d}x+\int_{\frac{\pi}{4}}^{\frac{\pi}{2}}(\sin x-\cos x)\mathrm{d}x=2\int_0^{\frac{\pi}{4}}(\cos x-\sin x)\mathrm{d}x$$

$$=2(\sin x+\cos x)\Big|_0^{\frac{\pi}{4}}=2(\sqrt{2}-1).$$

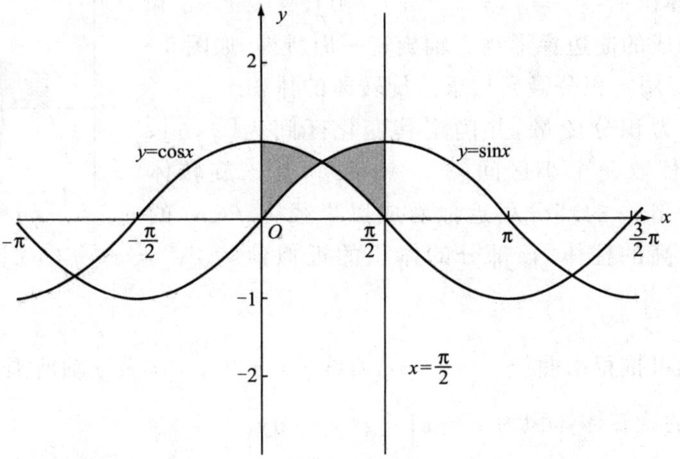

图 5-12

例 5.5.3　求由曲线 $y^2=x+1$, $y=x-1$ 所围成的图形的面积.

解:做出 $y^2=x+1$, $y=x-1$ 的图形,如图 5-13 所示. 由 $\begin{cases}y^2=x+1,\\y=x-1,\end{cases}$ 得交点坐标

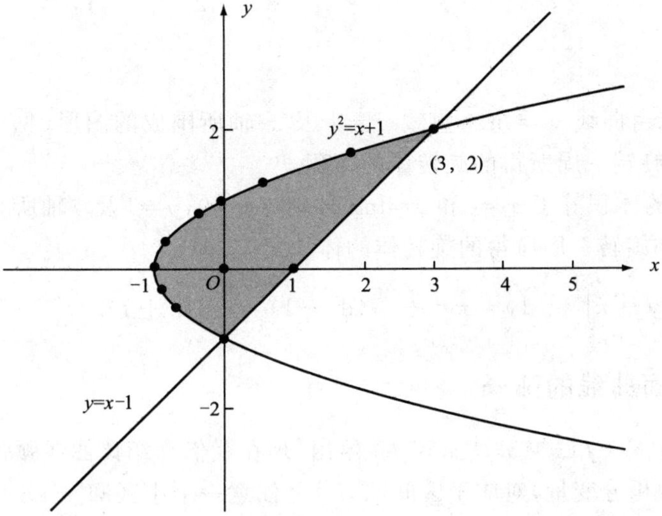

图 5-13

$(0,-1)$,$(3,2)$. 选定 y 为积分变量,其变化区间为$[-1,2]$,面积微元 $\mathrm{d}A=[(y+1)-(y^2-1)]\mathrm{d}y$,故所求图形面积

$$A=\int_{-1}^{2}[(y+1)-(y^2-1)]\mathrm{d}y=\left(\frac{1}{2}y^2+2y-\frac{1}{3}y^3\right)\Big|_{-1}^{2}=\frac{9}{2}.$$

5.5.2 旋转体的体积

由平面图形绕一条直线旋转一周所得的图形称为旋转体,这条直线叫作旋转轴. 例如,我们熟悉的旋转体圆锥就是由直角三角形绕一条直角边旋转一周所得的,球体就是由半圆绕其直径旋转一周所得的.

假设一旋转体由曲线 $y=f(x)[f(x)\geqslant 0]$,直线 $x=a$ 和 $x=b$ 及 x 轴所围成的曲边梯形绕 x 轴旋转一周所得,如图 5-14 所示. 现在我们用定积分微元法求该旋转体的体积.

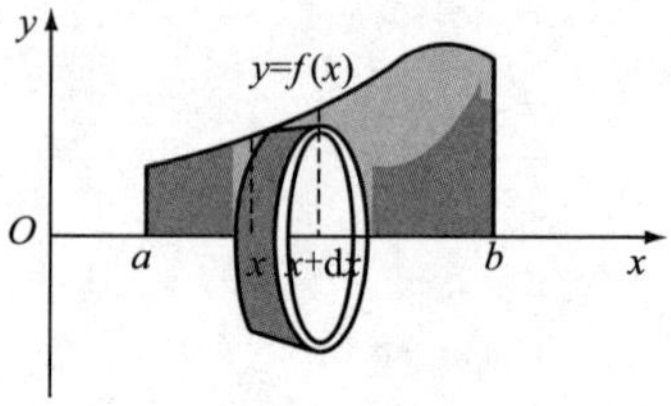

图 5-14

取横坐标 x 为积分变量,并确定其变化区间为$[a,b]$,在区间$[a,b]$上任取一个小区间$[x,x+\mathrm{d}x]$,则该旋转体位于区间$[x,x+\mathrm{d}x]$的部分可近似看成以半径为 $f(x)$ 的圆为底,以 $\mathrm{d}x$ 为高的柱体,该部分的体积的近似值为 $\mathrm{d}V=\pi[f(x)]^2\mathrm{d}x$,则所求旋转体的体积为 $V=\pi\int_a^b[f(x)]^2\mathrm{d}x$.

类似地,我们可推得由曲线 $x=g(y)$,直线 $y=c$ 和 $y=d$ 及 y 轴所围成的曲边梯形绕 y 轴旋转一周所得的旋转体体积为 $V=\pi\int_c^d[g(y)]^2\mathrm{d}y$.

例 5.5.4 求由曲线 $y=\sin x$,直线 $x=0$ 和 $x=\frac{\pi}{4}$ 及 x 轴所围成的图形(见图 5-15)绕 x 轴旋转一周所得的旋转体的体积.

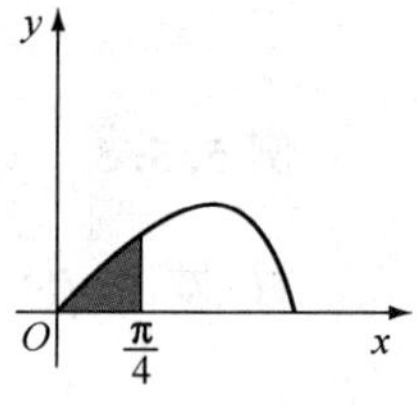

图 5-15

解:所求体积为

$$V=\pi\int_0^{\frac{\pi}{4}}\sin^2 x\,\mathrm{d}x=\frac{\pi}{2}\int_0^{\frac{\pi}{4}}(1-\cos 2x)\mathrm{d}x=\frac{\pi}{2}\left(x-\frac{1}{2}\sin 2x\right)\Big|_0^{\frac{\pi}{4}}$$

$$=\frac{\pi^2}{8}-\frac{\pi}{4}.$$

例 5.5.5 求由曲线 $y=\ln x$,直线 $x=\mathrm{e}$ 及 x 轴所围成的图形(见图 5-16)绕 y 轴旋转一周所得的旋转体的体积.

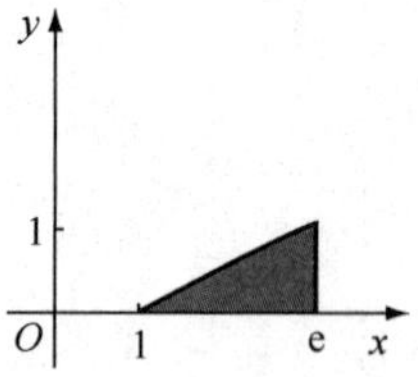

图 5-16

解:该旋转体的体积等于 $x=\mathrm{e}$ 和 $y=\ln x$ 分别与 $y=0$,$y=1$ 及 y 轴所围成的图形绕 y 轴旋转一周所得的旋转体的体积之差,即

$$V=\pi\int_0^1\mathrm{e}^2\mathrm{d}y-\pi\int_0^1\mathrm{e}^{2y}\mathrm{d}y=\pi\mathrm{e}^2-\frac{\pi}{2}(\mathrm{e}^2-1)=\frac{\pi}{2}(\mathrm{e}^2+1).$$

5.5.3 平面曲线的弧长

设一曲线弧由 $y=f(x)(a\leqslant x\leqslant b)$ 给出,现在我们介绍该曲线弧弧长的计算方法.

取横坐标 x 为积分变量,对应于区间$[a,b]$上任意一个小区间$[x,x+\mathrm{d}x]$上的弧长,都可以用曲线 $y=f(x)$ 在点$(x,f(x))$处的相应切线长近似代替,因此,弧长的微元(即第3章

中提及的弧微分)

$$ds=\sqrt{(dx)^2+(dy)^2}=\sqrt{1+y'^2}\,dx.$$

所求弧长即为 $s=\int_a^b \sqrt{1+y'^2}\,dx$.

例 5.5.6　求曲线 $y=\frac{2}{3}x^{\frac{3}{2}}$ 上从 $x=3$ 到 $x=8$ 的一段弧长.

解:$y'=\sqrt{x}$,$s=\int_3^8 \sqrt{1+x}\,dx=\frac{2}{3}(1+x)^{\frac{3}{2}}\Big|_3^8=\frac{2}{3}(27-8)=\frac{38}{3}$.

习题 5.5

1. 求由直线 $y=2x+3$ 与抛物线 $y=x^2$ 所围成的图形的面积.

2. 求由 $y=|\ln x|$ 与直线 $x=\frac{1}{e}$,$x=e$ 及 x 轴所围成的图形的面积.

3. 求由 $y=\frac{1}{x}$,$y=x$ 及直线 $y=2$ 所围成的图形的面积.

4. 求由 $x^2+(y-2)^2=9$ 绕 y 轴旋转一周所得旋转体的体积.

5. 求由 $y=e^x$,$y=e$ 及 y 轴所围成的图形绕 x 轴旋转一周所得旋转体的体积.

6. 求由 $y=x^2$,$x=0$,$x=2$ 及 x 轴所围成的曲边梯形分别绕 x 轴和 y 轴旋转一周所得旋转体的体积.

7. 计算下列曲线指定弧段的弧长:

(1) $y=x^{\frac{3}{2}}$ 从 $(0,0)$ 到 $(4,8)$;

(2) $y=\frac{1}{4}x^2-\frac{1}{2}\ln x$ 从 $\left(1,\frac{1}{4}\right)$ 到 $\left(e,\frac{1}{4}e^2-\frac{1}{2}\right)$.

5.6　定积分在其他方面的应用

上一节介绍了定积分在几何中的应用,本节通过举例介绍定积分在实际生活中其他方面的运用.

5.6.1　定积分在经济上的应用

例 5.6.1　已知某产品生产 x 个单位的边际收入为 $R'(x)=(300-0.5x)$ 元,求生产 40 个单位产品的总收入和平均每个单位产品的收入.

解:生产 40 个单位产品的总收入为 $R(40)=\int_0^{40} R'(x)dx=\int_0^{40}(300-0.5x)dx=(300x-0.25x^2)\Big|_0^{40}=11\ 600$(元),平均每个单位产品的收入为 $\frac{R(40)}{40}=290$(元).

例 5.6.2　若一企业生产某产品的边际成本是产量 x 的函数 $C'(x)=3e^{0.3x}$,固定成本 $C_0=100$,求总成本函数.

解:由于固定成本 $C_0=100$,即 $x=0$ 时,$C(0)=100$,所以 $C(x)$ 为 $C'(x)$ 的一个原函数

且 $C(0)=100$,

即 $C(x)=\int_0^x C'(x)\mathrm{d}x+C_0=\int_0^x 3\mathrm{e}^{0.3x}\mathrm{d}x+100=10\mathrm{e}^{0.3x}+90.$

5.6.2 求平均值

例 5.6.3 求从 $t=0$ 到 $t=T$ 这段时间内做自由落体运动的物体的平均速度.

解:由于做自由落体运动的物体的速度为 $v=gt$,所以平均速度

$$\overline{v}=\frac{1}{T-0}\int_0^T gt\,\mathrm{d}t=\frac{1}{2T}gt^2\Big|_0^T=\frac{1}{2}gT.$$

例 5.6.4 计算纯电阻电路中正弦交流电 $i=I_m\sin\omega t$ 在一个周期内功率的平均值.

解:设电阻为 R,那么电路中电阻两端的电压为 $U=Ri=RI_m\sin\omega t$.

交流电 $i=I_m\sin\omega t$ 的周期为 $T=\dfrac{2\pi}{\omega}$,所以功率 P 的平均值为

$$\overline{P}=\frac{1}{\frac{2\pi}{\omega}}\int_0^{\frac{2\pi}{\omega}}RI_m^2\sin^2\omega t\,\mathrm{d}t=\frac{RI_m^2}{4\pi}\int_0^{\frac{2\pi}{\omega}}(1-\cos 2\omega t)\mathrm{d}\omega t$$

$$=\frac{RI_m^2}{4\pi}\left(\omega t-\frac{\sin\omega t}{2}\right)\Bigg|_0^{\frac{2\pi}{\omega}}=\frac{I_m^2R}{4\pi}\times 2\pi=\frac{I_m^2R}{2}=\frac{I_mU_m}{2}.$$

通常,在交流电器上见到的功率即为平均功率.

习题 5.6

1. 已知某产品生产 x 个单位时的边际收入为 $R'(x)=(100-0.1x)$ 元,求:

(1) 生产这种产品 300 个单位时的总收入 R_1 和平均单位收入 $\overline{R_1}$;

(2) 生产这种产品 300 个单位后,再生产 300 个单位时总收入 R_2.

2. 已知某产品生产 x 百台时的边际收入为 $R'(x)=(8-2x)$ 万元,边际成本 $C'(x)=2$ 万元,固定成本为 3 000 元.求:

(1) 产量为多少时,总利润 L 最大;

(2) 在利润最大时又生产 100 台,总利润减少多少?

3. 求函数 $y=\sin 2x$ 在 $\left[0,\dfrac{\pi}{4}\right]$ 上的平均值.

4. 一物体以速度 $v=(3t^2+4t+3)\mathrm{m/s}$ 做直线运动,试计算该物体从 $t=1$ s 到 $t=3$ s 时间内的平均速度.

本章小结

1. 定积分的概念与性质.

(1) 定积分的概念: $\displaystyle\int_a^b f(x)\mathrm{d}x=\lim_{\lambda\to 0}\sum_{i=1}^n f(\xi_i)\Delta x_i.$

(2) 定积分的性质：

性质1：$\int_a^b [f(x) \pm g(x)]\mathrm{d}x = \int_a^b f(x)\mathrm{d}x \pm \int_a^b g(x)\mathrm{d}x$.

$\int_a^b kf(x)\mathrm{d}x = k\int_a^b f(x)\mathrm{d}x$（其中 k 为常数）.

性质2：$\int_a^b f(x)\mathrm{d}x = \int_a^c f(x)\mathrm{d}x + \int_c^b f(x)\mathrm{d}x$（其中 c 为任意常数）.

性质3：若在$[a,b]$上 $f(x) \leqslant g(x)$，则有$\int_a^b f(x)\mathrm{d}x \leqslant \int_a^b g(x)\mathrm{d}x$.

性质4：设 M 和 m 分别是 $f(x)$ 在$[a,b]$上的最大值和最小值，则有

$$m(b-a) \leqslant \int_a^b f(x)\mathrm{d}x \leqslant M(b-a).$$

性质5（定积分中值定理）：若 $f(x)$ 在区间$[a,b]$上连续，那么在区间$[a,b]$上至少存在一点 $\xi \in [a,b]$，使$\int_a^b f(x)\mathrm{d}x = f(\xi)(b-a)$.

2. 微积分基本定理.

(1) 变上限函数及其导数：

$$\Phi(x) = \int_a^x f(t)\mathrm{d}t,$$

$$\Phi'(x) = \frac{\mathrm{d}}{\mathrm{d}x}\int_a^x f(t)\mathrm{d}t = f(x).$$

(2) 牛顿-莱布尼兹公式（微积分基本定理）：

设函数 $f(x)$ 在区间$[a,b]$上连续，且 $F(x)$ 是 $f(x)$ 的一个原函数，则

$$\int_a^b f(x)\mathrm{d}x = F(x)\big|_a^b = F(b) - F(a).$$

3. 定积分的换元积分法、分部积分法以及广义积分的计算方法.

(1) 换元积分法：

$$\int_a^b f[\varphi(x)]\varphi'(x)\mathrm{d}x \xlongequal{\text{令 } \varphi(x)=u} \int_\alpha^\beta f(u)\mathrm{d}u = F(u)\Big|_\alpha^\beta = F(\beta) - F(\alpha).$$

(2) 分部积分法：

$$\int_a^b u\mathrm{d}v = (uv)\big|_a^b - \int_a^b v\mathrm{d}u.$$

(3) 广义积分的计算方法：

$\int_a^{+\infty} f(x)\mathrm{d}x = \lim\limits_{b\to+\infty}\int_a^b f(x)\mathrm{d}x$；$\int_{-\infty}^b f(x)\mathrm{d}x = \lim\limits_{a\to-\infty}\int_a^b f(x)\mathrm{d}x$.

$\int_a^b f(x)\mathrm{d}x = \lim\limits_{\varepsilon\to0^+}\int_{a+\varepsilon}^b f(x)\mathrm{d}x$；$\int_a^b f(x)\mathrm{d}x = \lim\limits_{\varepsilon\to0^+}\int_a^{b-\varepsilon} f(x)\mathrm{d}x$；$\int_a^b f(x)\mathrm{d}x = \int_a^c f(x)\mathrm{d}x + \int_c^d f(x)\mathrm{d}x = \lim\limits_{\varepsilon\to0^+}\int_a^{c-\varepsilon} f(x)\mathrm{d}x + \lim\limits_{\varepsilon\to0^+}\int_{c+\varepsilon}^b f(x)\mathrm{d}x$.

4. 积分区间关于原点对称的定积分性质.

$$\int_{-a}^a f(x)\mathrm{d}x = \begin{cases} 0, & f(x)\text{ 为奇函数}, \\ 2\int_0^a f(x)\mathrm{d}x, & f(x)\text{ 为偶函数}. \end{cases}$$

5. 定积分的应用.

(1) 定积分的微元法:

选变量、定区间:$x \in [a,b]$.

求微元:$\Delta A \approx f(x)\mathrm{d}x$.

列积分:$S=\int_a^b f(x)\mathrm{d}x$.

(2) 平面图形的面积:

由上下两条曲线围成的平面图形的面积 $A=\int_a^b [f_2(x)-f_1(x)]\mathrm{d}x$.

由左右两条曲线围成的平面图形的面积 $A=\int_c^d [\varphi_2(y)-\varphi_1(y)]\mathrm{d}y$.

(3) 旋转体的体积:

绕 x 轴旋转所得旋转体的体积 $V_x=\int_a^b \pi y^2\mathrm{d}x=\int_a^b \pi[f(x)]^2\mathrm{d}x$.

绕 y 轴旋转所得旋转体的体积 $V_y=\int_c^d \pi x^2\mathrm{d}y=\int_c^d \pi[g(y)]^2\mathrm{d}y$.

(4) 平面曲线的弧长:

曲线弧 $y=f(x)(a\leqslant x\leqslant b)$ 的弧长 $s=\int_a^b \sqrt{1+y'^2}\mathrm{d}x$.

复习题五

一、填空题

1. 设 $f(x)$ 在$[-a,a]$上连续,则$\int_{-a}^{a}\sin x[f(x)+f(-x)]\mathrm{d}x=$____________.

2. $\int_{-2}^{2}\sqrt{4-x^2}\mathrm{d}x$ 在几何上表示____________所围成的图形的面积.

3. 由曲线 $y=x^3+1$,x 轴以及直线 $x=-2$ 和 $x=0$ 所围成的图形的面积用定积分表示为 $A=$____________.

4. $\int_{-1}^{2}x|x|\mathrm{d}x=$____________.

5. $f(x)=\sqrt{x}$ 在$[0,64]$上的平均值为____________.

6. $\lim\limits_{x\to 0}\dfrac{\int_0^x \cos t\,\mathrm{d}t}{x}=$____________.

7. $\left[\int_{-3}^{2}\dfrac{x}{1+x^2}\mathrm{d}x\right]'=$____________.

8. 已知$\int_0^{a^2}(2x-1)\mathrm{d}x=2$,则常数 $a=$____________.

9. 设$\int_0^{+\infty}a\mathrm{e}^{-x}\mathrm{d}x=2$,则常数 $a=$____________.

10. $\int_{-\infty}^{+\infty}\dfrac{k}{1+x^2}\mathrm{d}x=1$,则常数 $k=$____________.

二、选择题

1. 定积分$\int_{-1}^{1}\frac{\sin x}{(1+x^2)\cos x}\mathrm{d}x=($　　$)$.

A. -1　　B. 0　　C. 1　　D. 2

2. 下列结果正确的是(　　).

A. $\int_{0}^{\frac{\pi}{2}}\cos^2 x\mathrm{d}x\geqslant\int_{0}^{\frac{\pi}{2}}\cos x\mathrm{d}x$　　B. $\int_{-1}^{0}\mathrm{e}^{2x}\mathrm{d}x\geqslant\int_{-1}^{0}\mathrm{e}^{x}\mathrm{d}x$

C. $\int_{1}^{\mathrm{e}}\ln^2 x\mathrm{d}x\geqslant\int_{1}^{\mathrm{e}}\ln x\mathrm{d}x$　　D. $\int_{\frac{\pi}{4}}^{\frac{\pi}{3}}\tan^2 x\mathrm{d}x\geqslant\int_{\frac{\pi}{4}}^{\frac{\pi}{3}}\tan x\mathrm{d}x$

3. $\int_{0}^{1}f(x)f'(x)\mathrm{d}x=($　　$)$.

A. $f(1)-f(0)$　　B. $f(1)f'(1)-f(0)f'(0)$

C. $\frac{1}{2}[f(1)]^2-\frac{1}{2}[f(0)]^2$　　D. $\frac{1}{2}[f'(1)]^2-\frac{1}{2}[f'(0)]^2$

4. 设$f(x)$在$(-\infty,+\infty)$上连续，若广义积分$\int_{0}^{+\infty}f'(1-x)\mathrm{d}x$收敛，则(　　).

A. $\lim\limits_{x\to-\infty}f(x)$存在　　B. $\lim\limits_{x\to+\infty}f(x)$存在

C. $\lim\limits_{x\to-\infty}f'(x)$存在　　D. $\lim\limits_{x\to+\infty}f'(x)$存在

5. 设$\int_{2}^{a}|x-1|\mathrm{d}x=\frac{1}{2}(a-1)^2-\frac{1}{2}$，则常数$a$满足(　　).

A. $a\leqslant 1$　　B. $a\geqslant 1$　　C. $a\leqslant 2$　　D. $a\geqslant 2$

6. $\int_{0}^{2\pi}\sin^3 x\mathrm{d}x=($　　$)$.

A. 0　　B. $\frac{1}{3}$　　C. $\frac{2}{3}$　　D. $-\frac{2}{3}$

7. $\int_{\frac{1}{\mathrm{e}}}^{\mathrm{e}}\frac{\ln x}{x}\mathrm{d}x=($　　$)$.

A. 0　　B. $\frac{1}{2}$　　C. 1　　D. 2

8. 已知$\int_{-3}^{3}f(x^2)\mathrm{d}x=\sqrt{\pi}$，则$\int_{0}^{3}f(x^2)\mathrm{d}x=($　　$)$.

A. $\sqrt{\pi}$　　B. $\frac{\sqrt{\pi}}{2}$　　C. $\frac{\sqrt{\pi}}{4}$　　D. $\frac{\sqrt{\pi}}{8}$

9. 广义积分$\int_{3}^{+\infty}\frac{1}{x^2}\mathrm{d}x=($　　$)$.

A. 0　　B. $\frac{1}{3}$　　C. $-\frac{1}{3}$　　D. $+\infty$

10. 广义积分$\int_{-1}^{1}\frac{1}{x^2}\mathrm{d}x=($　　$)$.

A. 0　　B. -1　　C. 1　　D. 发散

三、解答题

1. 计算下列定积分：

(1) $\int_0^1 \sqrt{x^2 - x + \frac{1}{4}}\,\mathrm{d}x$；

(2) $\int_4^9 \frac{\sqrt{x}}{\sqrt{x}+1}\,\mathrm{d}x$；

(3) $\int_{-\frac{\pi}{2}}^{\frac{\pi}{2}} (1+x)^2 \sin x\,\mathrm{d}x$；

(4) $\int_0^{27} \frac{1}{1+\sqrt[3]{x}}\,\mathrm{d}x$；

(5) $\int_0^1 \frac{\mathrm{e}^x}{1+\mathrm{e}^x}\,\mathrm{d}x$；

(6) $\int_1^{\mathrm{e}} x^2 \ln x\,\mathrm{d}x$；

(7) $\int_0^1 x\mathrm{e}^{2x}\,\mathrm{d}x$；

(8) $\int_{-1}^0 \frac{1}{x^2+2x+2}\,\mathrm{d}x$.

2. 求由曲线 $x^2 = 2y$ 和 $y = x + 4$ 所围成的图形的面积.

3. 求由曲线 $y^2 = 4x$ 及其在点(1,2) 处的法线所围成的图形的面积.

4. 求由曲线 $y = 1 - x^2$ 与 x 轴围成的平面图形分别绕 x 轴、y 轴旋转一周所得旋转体的体积.

5. 求由抛物线 $y^2 = x$ 与直线 $x = 4$ 围成的平面图形分别绕 x 轴、y 轴旋转一周所得旋转体的体积.

6. 计算曲线 $y^2 = \frac{2}{3}\sqrt{(x-1)^3}$ 上从 $x = 1$ 到 $x = 5$ 的弧长.

第 6 章

向量与空间解析几何

为了学习多元函数微积分，本章首先建立空间直角坐标系，同时引入在工程技术上有着广泛应用的向量，介绍向量的一些运算，然后以向量为工具来讨论空间的平面与直线的方程，最后介绍空间曲面、空间曲线及二次曲面.

6.1 空间直角坐标系

这一节主要介绍空间直角坐标系的概念和空间两点间的距离公式.

6.1.1 空间直角坐标系的概念

众所周知，实数 x 与数轴上的点是一一对应的，二元数组 (x, y) 与坐标平面上的点是一一对应的，从而可以用代数的方法讨论几何问题. 类似地，通过建立空间直角坐标系，把空间中的点与一个三元有序数组 (x, y, z) 建立一一对应关系，用代数的方法研究空间问题.

1. 空间直角坐标系的建立

过空间定点 O 作 3 条互相垂直的数轴，它们都以 O 为原点，并且通常取相同的长度单位. 这 3 条数轴分别称为 x 轴、y 轴、z 轴. 各轴正向之间的顺序通常按下述法则确定：将右手的 4 个手指从 x 轴正方向转向 y 轴正方向，这时大拇指所指的方向就是 z 轴的正方向. 这个法则叫作右手法则（如图 6 - 1 所示）. 这样就组成了空间直角坐标系. O 称为坐标原点，每两条坐标轴确定的平面称为坐标平面，简称为坐标面. x 轴与 y 轴所确定的坐标面称为 xOy 坐标面. 类似地有 yOz 坐标面、zOx 坐标面. 这些坐标面把空间分成 8 个部分，每一部分称为一个卦限（如图 6 - 2 所示）. x 轴、y 轴、z 轴的正半轴的卦限称为第 Ⅰ 卦限，从第 Ⅰ 卦限开始，从 z 轴的正向向下看，按逆时针方向，先后出现的卦限依次称为第 Ⅱ、第 Ⅲ、第 Ⅳ 卦限，第 Ⅰ、第 Ⅱ、第 Ⅲ、第 Ⅳ 卦限下方的空间部分依次称为第 Ⅴ、第 Ⅵ、第 Ⅶ、第 Ⅷ 卦限.

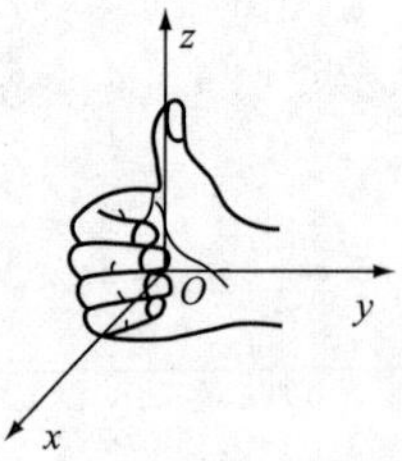

图 6 - 1

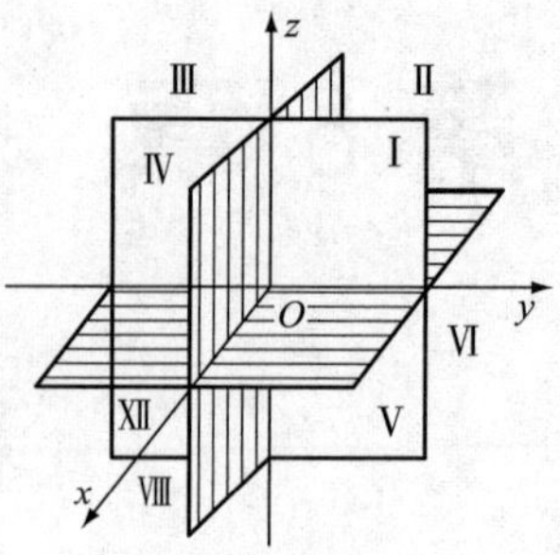

图 6 - 2

2. 空间中点的直角坐标

设 M 为空间中的一点,若过点 M 分别作垂直于 3 坐标轴的平面,与3条坐标轴分别相交于 P,Q,R 点,且这3点在 x 轴、y 轴、z 轴上的坐标依次为 x,y,z,则点 M 唯一地确定了一个有序数组(x,y,z). 反之,设给定一个有序数组(x,y,z),且 x,y,z 分别在 x 轴、y 轴和 z 轴上依次对应于P,Q 和R 点,若过 P,Q 和R 点分别作垂直于所在坐标轴的平面,则这 3 个平面确定了唯一的交点 M. 这样,空间的点与有序数组(x,y,z)之间就建立了一一对应关系(如图 6 - 3 所示). 有序数组(x,y,z)就称为点M 的坐标,记为$M(x,y,z)$,x,y,z 分别称为横坐标、纵坐标和竖坐标.

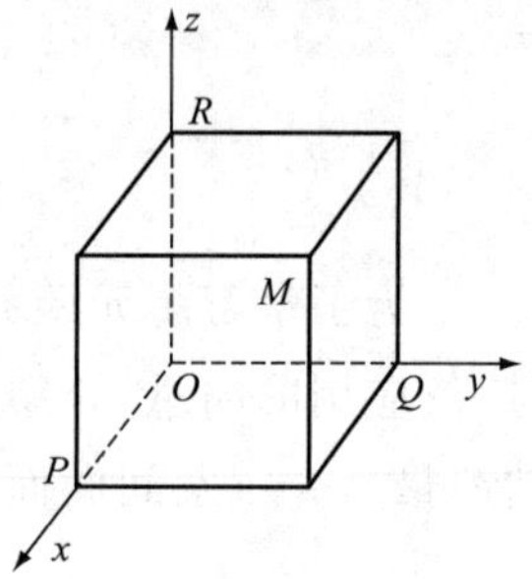

图 6 - 3

显然,原点 O 的坐标为$(0,0,0)$,坐标轴上的点至少有两个坐标为 0,坐标面上的点至少有一个坐标为 0. 例如,在 x 轴上的点,均有 $y=z=0$;在 xOy 坐标面上的点,均有 $z=0$.

6.1.2 空间两点间的距离公式

设空间两点 $M_1(x_1,y_1,z_1)$、$M_2(x_2,y_2,z_2)$,求它们之间的距离 $d=|M_1M_2|$.

过点 M_1,M_2 各作 3 个平面分别垂直于 3 个坐标轴,形成如图 6 - 4 所示的长方体. 易知

$$\begin{aligned} d^2 &= |M_1M_2|^2 = |M_1Q|^2 + |QM_2|^2 (\Delta M_1QM_2 \text{ 是直角三角形}) \\ &= |M_1P|^2 + |PQ|^2 + |QM_2|^2 (\Delta M_1PQ \text{ 是直角三角形}) \\ &= |M'_1P'|^2 + |P'M'_2|^2 + |QM_2|^2 \\ &= (x_2-x_1)^2 + (y_2-y_1)^2 + (z_2-z_1)^2, \end{aligned}$$

所以 $d=\sqrt{(x_2-x_1)^2+(y_2-y_1)^2+(z_2-z_1)^2}$.

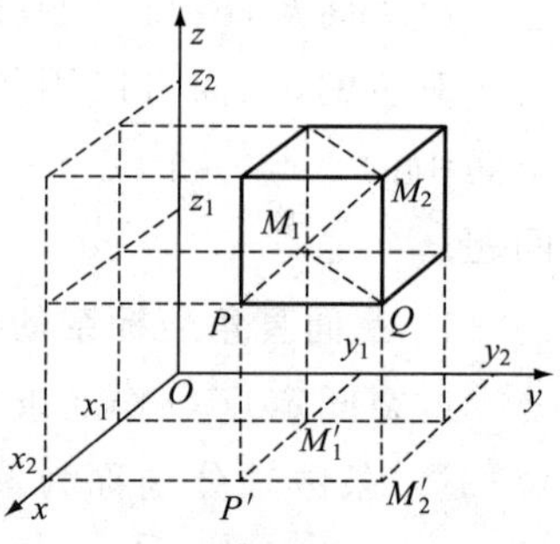

图 6 - 4

特别地,点$M(x,y,z)$与原点$O(0,0,0)$的距离(如图 6 - 4 所示)

$$d=|OM|=\sqrt{x^2+y^2+z^2}.$$

例 6.1.1 在 x 轴上求与点$A(-4,-1,2)$和点 $B(3,1,-2)$等距离的点.

解:因所求的点 M 在 x 轴上,故设该点坐标为 $M(x,0,0)$,依题意得

$$|MA|=|MB|, \text{即}$$

$$\sqrt{(x+4)^2+(0+1)^2+(0-2)^2}=\sqrt{(x-3)^2+(0-1)^2+(0+2)^2}.$$

解得 $x=-\dfrac{1}{2}$,所求点为 $M\left(-\dfrac{1}{2},0,0\right)$.

习题 6.1

1. 在空间直角坐标系中，定出下列各点的位置：

$A(1,3,2)$，$B(1,2,-1)$，$C(-1,-2,3)$，$D(0,-2,0)$.

2. 在 y 轴上求与点 $A(-4,1,2)$ 和点 $B(3,2,-2)$ 等距离的点.

3. 在 xOz 坐标面上，求与 3 个已知点 $A(3,1,2)$，$B(4,-2,2)$ 和 $C(0,5,1)$ 等距离的点.

6.2 向量及其运算

这一节主要介绍向量的概念和运算.

6.2.1 向量的概念

在物理学和工程技术中经常会碰到一些既有大小又有方向的量，如力、位移、速度、加速度等，把这类量称为向量（或矢量）.

空间中的向量常用具有一定长度且标有方向的线段（称为有向线段）来表示. 起点为 A，终点为 B 的向量记为$\overrightarrow{AB}$，线段 AB 的长度表示向量$\overrightarrow{AB}$ 的大小，记为$|\overrightarrow{AB}|$. 从 A 指向 B 的箭头表示向量$\overrightarrow{AB}$ 的方向. 在不必特别指明向量的起点与终点时，向量也可以用黑体字母 $\boldsymbol{a}$，$\boldsymbol{b}$ 等来表示，如图 6－5 和图 6－6 所示.

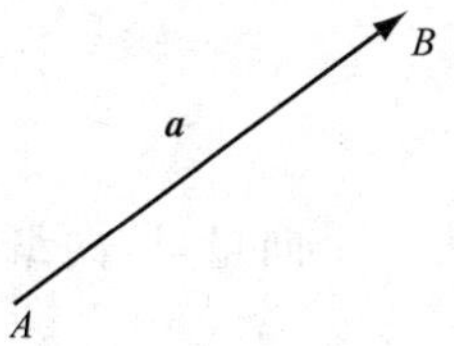

图 6－5

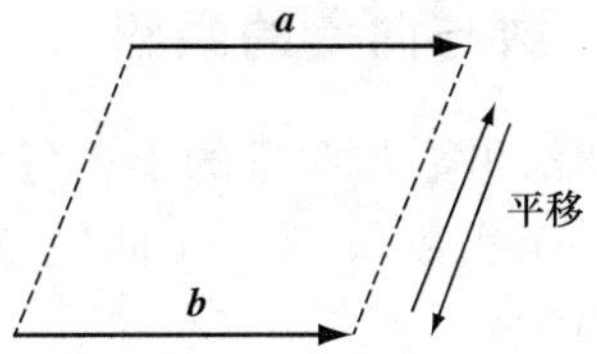

图 6－6

向量的大小也叫作向量的模，模为 1 的向量称为单位向量，与 $\boldsymbol{a}$ 同向的单位向量记为 $\boldsymbol{e}_a$，模为 0 的向量称为零向量，记为 $\boldsymbol{0}$，零向量没有规定方向，可以看作任何方向.

通常，对于两个向量 $\boldsymbol{a}$ 和 $\boldsymbol{b}$，不论起点是否一致，只要大小相等、方向相同，就称这两个向量相等，记为 $\boldsymbol{a}=\boldsymbol{b}$，如图 6－6 所示. 因此，空间中的向量可以平移. 称可以平行移动的向量为自由向量，本书所说的向量都是自由向量.

将两个非零向量 $\boldsymbol{a}$ 与 $\boldsymbol{b}$ 平行移动，使其起点重合后两向量之间的夹角为向量 $\boldsymbol{a}$ 与 $\boldsymbol{b}$ 之间的夹角，记为 $(\widehat{\boldsymbol{a},\boldsymbol{b}})$，并规定 $0\leqslant(\widehat{\boldsymbol{a},\boldsymbol{b}})\leqslant\pi$. 进一步规定非零向量 $\boldsymbol{a}$ 与 3 个坐标轴正向之间的夹角 α,β,γ（$0\leqslant\alpha,\beta,\gamma\leqslant\pi$）为向量 $\boldsymbol{a}$ 的方向角，而 $\cos\alpha$，$\cos\beta$，$\cos\gamma$ 称为向量 $\boldsymbol{a}$ 的方向余弦.

6.2.2 向量的加法

由力学知识我们知道，作用于同一点的两个力的和可以用平行四边形法则求得，类似地可以定义两个向量的加法运算.

设有两个非零向量 $\boldsymbol{a}$ 与 $\boldsymbol{b}$，且 $\boldsymbol{a},\boldsymbol{b}$ 不平行，则以 $\boldsymbol{a}$ 和 $\boldsymbol{b}$ 为邻边的平行四边形的对角线所表示的向量(如图 6－7 所示)称为 $\boldsymbol{a}$ 与 $\boldsymbol{b}$ 的和向量，记作 $\boldsymbol{a}+\boldsymbol{b}$. 这就是向量加法的平行四边形法则.

如果向量 $\boldsymbol{a}$ 与 $\boldsymbol{b}$ 平行，则规定 $\boldsymbol{a}+\boldsymbol{b}$：当 $\boldsymbol{a}$ 与 $\boldsymbol{b}$ 方向相同时，$\boldsymbol{a}+\boldsymbol{b}$ 的方向与 $\boldsymbol{a}$ 和 $\boldsymbol{b}$ 的方向相同，$\boldsymbol{a}+\boldsymbol{b}$ 的长度等于两向量的长度之和；当 $\boldsymbol{a}$ 与 $\boldsymbol{b}$ 方向相反时，$\boldsymbol{a}+\boldsymbol{b}$ 的方向与 $\boldsymbol{a},\boldsymbol{b}$ 中较长的向量方向相同，$\boldsymbol{a}+\boldsymbol{b}$ 的长度等于两向量长度之差.

由平行四边形法则易得向量加法的三角形法则：作向量 $\boldsymbol{a}$，再从 $\boldsymbol{a}$ 的终点作向量 $\boldsymbol{b}$，连接 $\boldsymbol{a}$ 的起点和 $\boldsymbol{b}$ 的终点，所得向量即为 $\boldsymbol{a}+\boldsymbol{b}$(如图 6－7 所示).

向量的加法满足交换律和结合律，即

(1) $\boldsymbol{a}+\boldsymbol{b}=\boldsymbol{b}+\boldsymbol{a}$；

(2) $(\boldsymbol{a}+\boldsymbol{b})+\boldsymbol{c}=\boldsymbol{a}+(\boldsymbol{b}+\boldsymbol{c})$.

(2) 式的证明参看图 6－8.

向量的减法定义为向量加法的逆运算，即若向量 $\boldsymbol{b}$ 与 $\boldsymbol{c}$ 的和向量为 $\boldsymbol{a}$，则向量 $\boldsymbol{c}$ 定义为 $\boldsymbol{a}$ 与 $\boldsymbol{b}$ 的差向量，记为 $\boldsymbol{c}=\boldsymbol{a}-\boldsymbol{b}$，如图 6－7 所示.

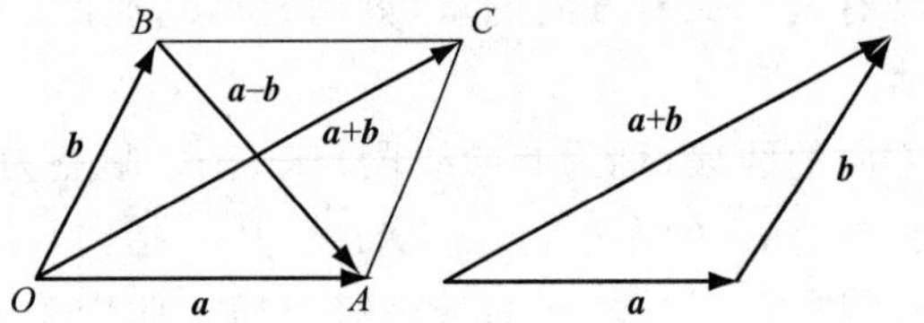

图 6－7

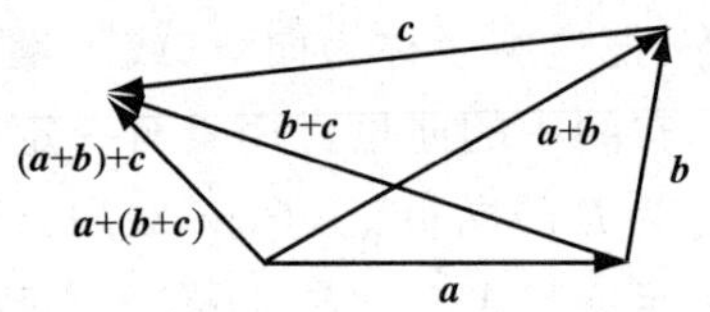

图 6－8

6.2.3 数与向量的乘积

下面我们给出数与向量的乘积(简称数乘)的定义.

设 λ 是一个实数，$\boldsymbol{a}$ 是一个向量，λ 与 $\boldsymbol{a}$ 的乘积 $\lambda\boldsymbol{a}$ 定义为一个向量，该向量的大小、方向按如下方法确定：

(1) $|\lambda\boldsymbol{a}|=|\lambda|\cdot|\boldsymbol{a}|$；

(2) 当 $\lambda>0$ 时，$\lambda\boldsymbol{a}$ 与 $\boldsymbol{a}$ 的方向相同；当 $\lambda<0$ 时，$\lambda\boldsymbol{a}$ 与 $\boldsymbol{a}$ 的方向相反.

数乘向量满足结合律与分配律.

(1) 结合律：$\lambda(\mu\boldsymbol{a})=\mu(\lambda\boldsymbol{a})=(\lambda\mu)\boldsymbol{a}$.

(2) 分配律：$(\lambda+\mu)\boldsymbol{a}=\lambda\boldsymbol{a}+\mu\boldsymbol{a}$.

(3) 分配律：$\lambda(\boldsymbol{a}+\boldsymbol{b})=\lambda\boldsymbol{a}+\lambda\boldsymbol{b}$.

由数乘向量的定义易得：两个非零向量 $\boldsymbol{a}$ 与 $\boldsymbol{b}$ 平行(共线)的充要条件是存在确定的实数 λ，使得 $\boldsymbol{b}=\lambda\boldsymbol{a}$.

与非零向量 $\boldsymbol{a}$ 同向的单位向量为 $\boldsymbol{e}_a=\dfrac{1}{|\boldsymbol{a}|}\cdot\boldsymbol{a}$.

特别地，当 $\lambda=-1$ 时，$\lambda\boldsymbol{a}=(-1)\boldsymbol{a}$ 是与 $\boldsymbol{a}$ 大小相等、方向相反的向量，称为 $\boldsymbol{a}$ 的负向量，记作 $-\boldsymbol{a}$. 有了负向量，向量的减法可用下式来定义：

$$\boldsymbol{a}-\boldsymbol{b}=\boldsymbol{a}+(-\boldsymbol{b}).$$

例 6.2.1 用向量的运算法证明：三角形两边中点的连线平行于第三边且长度等于第三边长度的一半.

证明:如图 6-9 所示,在 ΔABC 中,D,E 分别为 AB 与 AC 的中点,则$\overrightarrow{AD}=\frac{1}{2}\overrightarrow{AB},\overrightarrow{AE}=\frac{1}{2}\overrightarrow{AC}$,于是

$$\overrightarrow{DE}=\overrightarrow{AE}-\overrightarrow{AD}=\frac{1}{2}(\overrightarrow{AC}-\overrightarrow{AB})=\frac{1}{2}\overrightarrow{BC}.$$

这表明$\overrightarrow{DE}$平行于$\overrightarrow{BC}$,且$\overrightarrow{DE}$的长度等于$\overrightarrow{BC}$长度的一半.

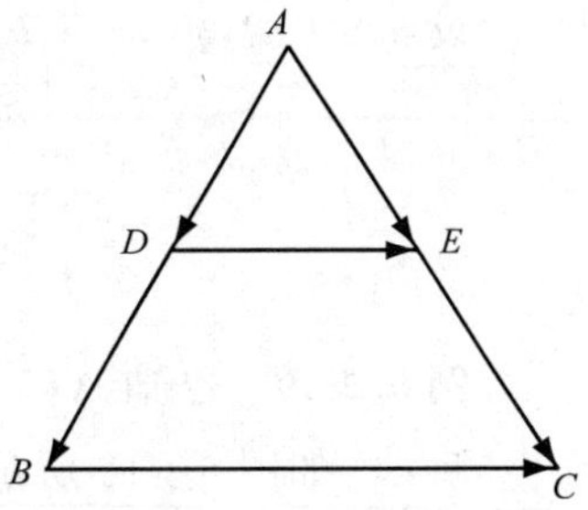

图 6-9

6.2.4　向量的分解和向量的坐标

为了实现向量运算的代数化,将向量按 3 个坐标轴方向进行分解,并且用坐标来表示向量.

设有向量 $\boldsymbol{a}$,起点为坐标原点 O,终点为 $P(x,y,z)$. 过 P 点作 3 条坐标轴的垂直平面,分别交 x 轴,y 轴及 z 轴于 P_x,P_y 及 P_z 点,x 轴及 y 轴的垂直平面与 xOy 坐标面交于 P_{xy} 点(如图 6-10 所示). 于是有

$$\overrightarrow{OP}=\overrightarrow{OP_{xy}}+\overrightarrow{OP_z}=\overrightarrow{OP_x}+\overrightarrow{OP_y}+\overrightarrow{OP_z}.$$

其中,$\overrightarrow{OP_x}$,$\overrightarrow{OP_y}$,$\overrightarrow{OP_z}$分别称为向量$\overrightarrow{OP}$在 x 轴,y 轴,z 轴上的分向量.

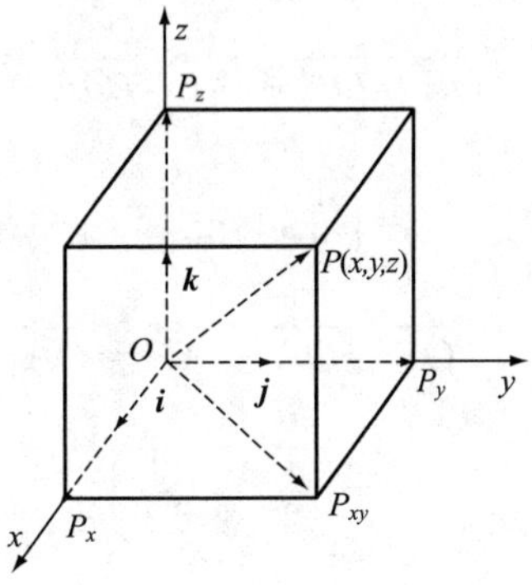

图 6-10

在 x 轴,y 轴,z 轴上分别取与坐标轴正向一致的单位向量,依次记为 $\boldsymbol{i},\boldsymbol{j},\boldsymbol{k}$,称为基本单位向量(或坐标向量).

易知

$$\overrightarrow{OP_x}=x\boldsymbol{i},\overrightarrow{OP_y}=y\boldsymbol{j},\overrightarrow{OP_z}=z\boldsymbol{k},$$

因此,

$$\overrightarrow{OP}=x\boldsymbol{i}+y\boldsymbol{j}+z\boldsymbol{k}$$

上式称为向量$\overrightarrow{OP}$的坐标分解式. x,y,z 称为向量$\overrightarrow{OP}$的坐标,记作$\overrightarrow{OP}=(x,y,z)$. 即当向量的起点在坐标原点时,向量的坐标就是该向量的终点的坐标. 任一向量与其坐标一一对应,从而使得向量可用坐标来表示.

3 个基本单位向量 $\boldsymbol{i},\boldsymbol{j},\boldsymbol{k}$ 的坐标分别为(1,0,0),(0,1,0),(0,0,1).

例 6.2.2　求起点为 $A(x_1,y_1,z_1)$,终点为 $B(x_2,y_2,z_2)$ 的向量$\overrightarrow{AB}$的坐标表示式.

解:如图 6-11 所示,由向量的运算性质知

$$\begin{aligned}\overrightarrow{AB}&=\overrightarrow{OB}-\overrightarrow{OA}\\&=(x_2\boldsymbol{i}+y_2\boldsymbol{j}+z_2\boldsymbol{k})-(x_1\boldsymbol{i}+y_1\boldsymbol{j}+z_1\boldsymbol{k})\\&=(x_2-x_1)\boldsymbol{i}+(y_2-y_1)\boldsymbol{j}+(z_2-z_1)\boldsymbol{k},\end{aligned}$$

故　$$\overrightarrow{AB}=(x_2-x_1,y_2-y_1,z_2-z_1).$$

该结果表示:向量$\overrightarrow{AB}$的坐标等于终点坐标与起点坐标之差.

有了向量的坐标表示,向量的运算就可转化为向量坐标的运算.

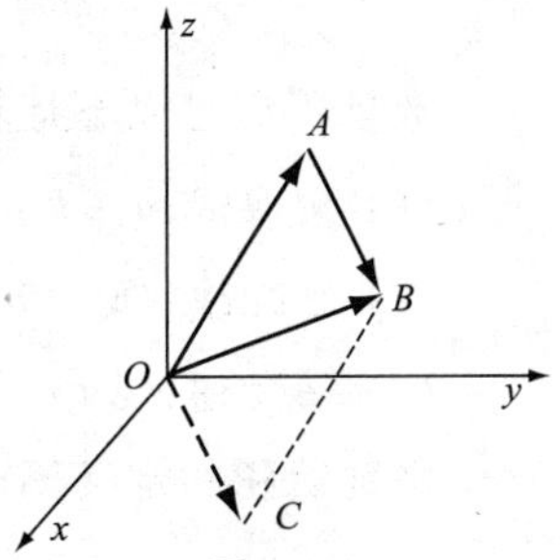

图 6-11

设 $\boldsymbol{a}=(x_1,y_1,z_1)$，$\boldsymbol{b}=(x_2,y_2,z_2)$，则有

$$(\boldsymbol{a}\pm\boldsymbol{b})=(x_1\pm x_2,y_1\pm y_2,z_1\pm z_2),$$

$$\lambda\boldsymbol{a}=(\lambda x_1,\lambda y_1,\lambda z_1),$$

$$|\boldsymbol{a}|=\sqrt{x_1^2+y_1^2+z_1^2}.$$

例 6.2.3 已知 $A(1,2,-1)$，$B(0,3,2)$ 及 $C(0,0,4)$，求 $\triangle ABC$ 各边中点的坐标.

解： 如图 6-12 所示，设 D,E,F 分别是 BC,AC,AB 的中点，依题意得

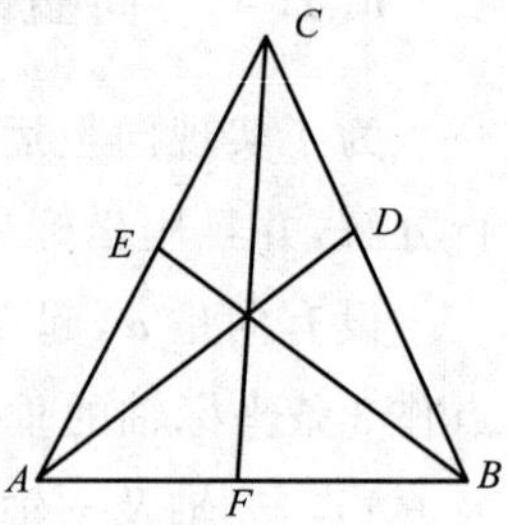

图 6-12

$$\overrightarrow{OD}=\overrightarrow{OB}+\overrightarrow{BD}=\overrightarrow{OB}+\frac{1}{2}\overrightarrow{BC}=(0,3,2)+\frac{1}{2}(0,-3,2)=\left(0,\frac{3}{2},3\right),$$

$$\overrightarrow{OE}=\overrightarrow{OA}+\overrightarrow{AE}=\overrightarrow{OA}+\frac{1}{2}\overrightarrow{AC}=(1,2,-1)+\frac{1}{2}(-1,-2,5)=\left(\frac{1}{2},1,\frac{3}{2}\right),$$

$$\overrightarrow{OF}=\overrightarrow{OA}+\overrightarrow{AF}=\overrightarrow{OA}+\frac{1}{2}\overrightarrow{AB}=(1,2,-1)+\frac{1}{2}(-1,1,3)=\left(\frac{1}{2},\frac{5}{2},\frac{1}{2}\right).$$

即 $\triangle ABC$ 各边中点 D,E,F 的坐标分别是 $\left(0,\frac{3}{2},3\right)$，$\left(\frac{1}{2},1,\frac{3}{2}\right)$，$\left(\frac{1}{2},\frac{5}{2},\frac{1}{2}\right)$.

6.2.5 向量的数量积

如图 6-13 所示，设有一质点在大小和方向都不变的力 $\boldsymbol{F}$ 的作用下，沿直线从点 A 移动到点 B，则位移为 $\overrightarrow{AB}$，力 $\boldsymbol{F}$ 做的功为

$$W=|\boldsymbol{F}|\cdot|\overrightarrow{AB}|\cos(\widehat{\boldsymbol{F},\overrightarrow{AB}}).$$

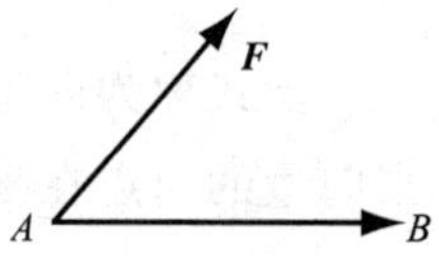

图 6-13

类似于上面关于两向量的模及其夹角的连乘积的运算，在其他问题中还会遇到，把它称为向量的数量积.

定义 6.1 设 $\boldsymbol{a},\boldsymbol{b}$ 为两个向量，它们的夹角为 $(\widehat{\boldsymbol{a},\boldsymbol{b}})$，则称数 $|\boldsymbol{a}|\cdot|\boldsymbol{b}|\cdot\cos(\widehat{\boldsymbol{a},\boldsymbol{b}})$ 为向量 $\boldsymbol{a}$ 与 $\boldsymbol{b}$ 的数量积(或内积)，记为 $\boldsymbol{a}\cdot\boldsymbol{b}$，即

$$\boldsymbol{a}\cdot\boldsymbol{b}=|\boldsymbol{a}|\cdot|\boldsymbol{b}|\cdot\cos(\widehat{\boldsymbol{a},\boldsymbol{b}}).$$

数量积满足以下运算性质.

(1) 交换律：$\boldsymbol{a}\cdot\boldsymbol{b}=\boldsymbol{b}\cdot\boldsymbol{a}$.

(2) 分配律：$(\boldsymbol{a}+\boldsymbol{b})\cdot\boldsymbol{c}=\boldsymbol{a}\cdot\boldsymbol{c}+\boldsymbol{b}\cdot\boldsymbol{c}$.

(3) 结合律：$(\lambda\boldsymbol{a})\cdot\boldsymbol{b}=\boldsymbol{a}\cdot(\lambda\boldsymbol{b})=\lambda(\boldsymbol{a}\cdot\boldsymbol{b})$.

由数量积的定义不难得到以下结论.

(1) $|\boldsymbol{a}|=\sqrt{\boldsymbol{a}\cdot\boldsymbol{a}}$.

(2) 由于可以认为零向量与任何向量垂直，因此两向量 $\boldsymbol{a}$ 与 $\boldsymbol{b}$ 垂直(正交)的充要条件是 $\boldsymbol{a}\cdot\boldsymbol{b}=0$.

特别的，$\boldsymbol{i}\cdot\boldsymbol{i}=\boldsymbol{j}\cdot\boldsymbol{j}=\boldsymbol{k}\cdot\boldsymbol{k}=1,\boldsymbol{i}\cdot\boldsymbol{j}=\boldsymbol{j}\cdot\boldsymbol{k}=\boldsymbol{k}\cdot\boldsymbol{i}=0$.

下面导出两向量的数量积的坐标计算公式.

设 $\boldsymbol{a}=x_1\boldsymbol{i}+y_1\boldsymbol{j}+z_1\boldsymbol{k},\boldsymbol{b}=x_2\boldsymbol{i}+y_2\boldsymbol{j}+z_2\boldsymbol{k}$，由数量积的运算性质，得

$$\begin{aligned}\boldsymbol{a}\cdot\boldsymbol{b}&=(x_1\boldsymbol{i}+y_1\boldsymbol{j}+z_1\boldsymbol{k})\cdot(x_2\boldsymbol{i}+y_2\boldsymbol{j}+z_2\boldsymbol{k})\\&=x_1x_2\boldsymbol{i}\cdot\boldsymbol{i}+x_1y_2\boldsymbol{i}\cdot\boldsymbol{j}+x_1z_2\boldsymbol{i}\cdot\boldsymbol{k}+y_1x_2\boldsymbol{j}\cdot\boldsymbol{i}+y_1y_2\boldsymbol{j}\cdot\boldsymbol{j}+y_1z_2\boldsymbol{j}\cdot\boldsymbol{k}\\&\quad+z_1x_2\boldsymbol{k}\cdot\boldsymbol{i}+z_1y_2\boldsymbol{k}\cdot\boldsymbol{j}+z_1z_2\boldsymbol{k}\cdot\boldsymbol{k}\\&=x_1x_2+y_1y_2+z_1z_2.\end{aligned}$$

这就是数量积的坐标表示式. 两向量的数量积等于它们对应坐标的乘积之和.

特别地，当 $\boldsymbol{a}=\boldsymbol{b}$ 时，可得 $|\boldsymbol{a}|=\sqrt{\boldsymbol{a}\cdot\boldsymbol{a}}=\sqrt{x_1^2+y_1^2+z_1^2}$.

两个非零向量 $\boldsymbol{a}$ 与 $\boldsymbol{b}$ 的夹角余弦公式的坐标表示式为

$$\cos(\widehat{\boldsymbol{a},\boldsymbol{b}})=\frac{\boldsymbol{a}\cdot\boldsymbol{b}}{|\boldsymbol{a}|\cdot|\boldsymbol{b}|}=\frac{x_1x_2+y_1y_2+z_1z_2}{\sqrt{x_1^2+y_1^2+z_1^2}\cdot\sqrt{x_2^2+y_2^2+z_2^2}}.$$

例 6.2.4　设力 $\boldsymbol{F}=2\boldsymbol{i}-3\boldsymbol{j}+4\boldsymbol{k}$ 作用在一质点上，质点由 $A(1,2,-1)$ 沿直线移动到 $B(3,1,2)$. 求：(1) 力 $\boldsymbol{F}$ 所做的功；(2) 力 $\boldsymbol{F}$ 与位移 $\overrightarrow{AB}$ 的夹角.(力的单位为 N，位移的单位为 m)

解：(1) 因为 $\boldsymbol{F}=(2,-3,4),\overrightarrow{AB}=(3-1,1-2,2+1)=(2,-1,3)$，所以力 $\boldsymbol{F}$ 所做的功为

$$W=\boldsymbol{F}\cdot\overrightarrow{AB}=2\times2+(-3)\times(-1)+4\times3=19(\mathrm{N}\cdot\mathrm{m});$$

(2) 因为

$$\begin{aligned}\cos(\widehat{\boldsymbol{F},\overrightarrow{AB}})&=\frac{\boldsymbol{F}\cdot\overrightarrow{AB}}{|\boldsymbol{F}|\cdot|\overrightarrow{AB}|}=\frac{19}{\sqrt{2^2+(-3)^2+4^2}\times\sqrt{2^2+(-1)^2+3^2}}\\&=\frac{19}{\sqrt{29}\times\sqrt{14}}\approx0.942\,9,\end{aligned}$$

所以，$(\widehat{\boldsymbol{F},\overrightarrow{AB}})\approx19°27'$，即力 $\boldsymbol{F}$ 与位移 $\overrightarrow{AB}$ 的夹角为 $19°27'$.

由两向量的夹角余弦公式易得非零向量 $\boldsymbol{a}=(x,y,z)$ 的方向余弦及方向角.

$$\cos\alpha=\cos(\widehat{\boldsymbol{a},\boldsymbol{i}})=\frac{\boldsymbol{a}\cdot\boldsymbol{i}}{|\boldsymbol{a}|\cdot|\boldsymbol{i}|}=\frac{x}{\sqrt{x^2+y^2+z^2}},$$

$$\cos\beta=\cos(\widehat{\boldsymbol{a},\boldsymbol{j}})=\frac{\boldsymbol{a}\cdot\boldsymbol{j}}{|\boldsymbol{a}|\cdot|\boldsymbol{j}|}=\frac{y}{\sqrt{x^2+y^2+z^2}},$$

$$\cos\gamma=\cos(\widehat{\boldsymbol{a},\boldsymbol{k}})=\frac{\boldsymbol{a}\cdot\boldsymbol{k}}{|\boldsymbol{a}|\cdot|\boldsymbol{k}|}=\frac{z}{\sqrt{x^2+y^2+z^2}}.$$

将上面 3 式分别平方后相加，有

$$\cos^2(\widehat{\boldsymbol{a},\boldsymbol{i}})+\cos^2(\widehat{\boldsymbol{a},\boldsymbol{j}})+\cos^2(\widehat{\boldsymbol{a},\boldsymbol{k}})=1.$$

若记 $\boldsymbol{e}_a$ 为与非零向量 $\boldsymbol{a}$ 同方向的单位向量，由数乘、单位向量及方向余弦的有关性质和计算公式，可得向量单位化公式

$$\boldsymbol{e}_a=\frac{\boldsymbol{a}}{|\boldsymbol{a}|}=\frac{1}{|\boldsymbol{a}|}(x,y,z)=\left(\frac{x}{|\boldsymbol{a}|},\frac{y}{|\boldsymbol{a}|},\frac{z}{|\boldsymbol{a}|}\right)$$
$$=(\cos(\widehat{\boldsymbol{a},\boldsymbol{i}}),\cos(\widehat{\boldsymbol{a},\boldsymbol{j}}),\cos(\widehat{\boldsymbol{a},\boldsymbol{k}})).$$

例 6.2.5 设有两点 $M_1(2,2,\sqrt{2})$ 和 $M_2(1,3,0)$，求向量 $\overrightarrow{M_1M_2}$ 的方向余弦、方向角以及与 $\overrightarrow{M_1M_2}$ 同方向的单位向量.

解：
$$\overrightarrow{M_1M_2}=(-1,1,-\sqrt{2}),$$
$$|\overrightarrow{M_1M_2}|=\sqrt{(-1)^2+1^2+(-\sqrt{2})^2}=2,$$

因此，$\cos(\widehat{\overrightarrow{M_1M_2},\boldsymbol{i}})=-\frac{1}{2}$，$\cos(\widehat{\overrightarrow{M_1M_2},\boldsymbol{j}})=\frac{1}{2}$，$\cos(\widehat{\overrightarrow{M_1M_2},\boldsymbol{k}})=-\frac{\sqrt{2}}{2}$. 从而方向角

$$(\widehat{\overrightarrow{M_1M_2},\boldsymbol{i}})=\frac{2\pi}{3},(\widehat{\overrightarrow{M_1M_2},\boldsymbol{j}})=\frac{\pi}{3},(\widehat{\overrightarrow{M_1M_2},\boldsymbol{k}})=\frac{3\pi}{4}.$$

与 $\overrightarrow{M_1M_2}$ 同方向的单位向量为

$$\boldsymbol{e}_{M_1M_2}=\left(-\frac{1}{2},\frac{1}{2},-\frac{\sqrt{2}}{2}\right).$$

6.2.6 向量的向量积

任给两个向量 $\boldsymbol{a}$，$\boldsymbol{b}$，通过这两个已知向量按下述方法确定另一向量 $\boldsymbol{c}$，称 $\boldsymbol{c}$ 为向量 $\boldsymbol{a}$ 与 $\boldsymbol{b}$ 的向量积.

定义 6.2 设有向量 $\boldsymbol{a}$，$\boldsymbol{b}$，且 $\boldsymbol{a}$ 与 $\boldsymbol{b}$ 不平行，若向量 $\boldsymbol{c}$ 由向量 $\boldsymbol{a}$，$\boldsymbol{b}$ 按下列方法确定：

(1) $|\boldsymbol{c}|=|\boldsymbol{a}|\cdot|\boldsymbol{b}|\cdot\sin(\widehat{\boldsymbol{a},\boldsymbol{b}})$；

(2) $\boldsymbol{c}$ 的方向垂直于由 $\boldsymbol{a}$ 与 $\boldsymbol{b}$ 所确定的平面(即 $\boldsymbol{c}$ 既垂直于 $\boldsymbol{a}$，又垂直于 $\boldsymbol{b}$)，$\boldsymbol{c}$ 的正方向按右手法则从 $\boldsymbol{a}$ 转向 $\boldsymbol{b}$ 来确定(如图 6-14 所示).

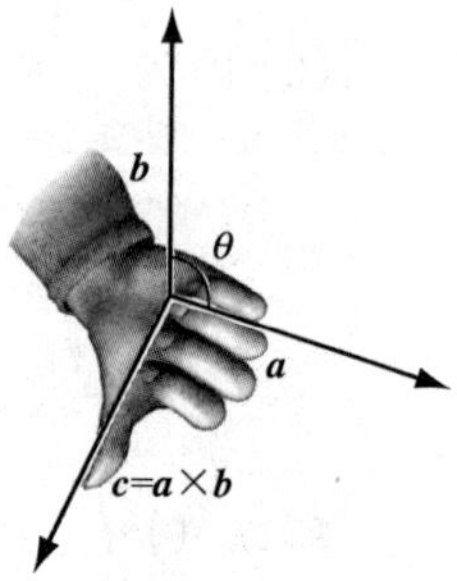

图 6-14

则称向量 $\boldsymbol{c}$ 为 $\boldsymbol{a}$ 与 $\boldsymbol{b}$ 的向量积，记作 $\boldsymbol{a}\times\boldsymbol{b}$，即

$$\boldsymbol{c}=\boldsymbol{a}\times\boldsymbol{b}.$$

特别地，当 $\boldsymbol{a}\parallel\boldsymbol{b}$ 时，规定 $\boldsymbol{c}=\boldsymbol{a}\times\boldsymbol{b}=\boldsymbol{0}$.

由向量积的定义可知，$|\boldsymbol{a}\times\boldsymbol{b}|$ 等于以 $\boldsymbol{a}$，$\boldsymbol{b}$ 为邻边的平行四边形的面积.

按定义，有 $\boldsymbol{i}\times\boldsymbol{j}=\boldsymbol{k}$，$\boldsymbol{j}\times\boldsymbol{k}=\boldsymbol{i}$，$\boldsymbol{k}\times\boldsymbol{i}=\boldsymbol{j}$.

另外，还易推得以下结论.

(1) $\boldsymbol{a}\times\boldsymbol{a}=\boldsymbol{0}$，特别地，$\boldsymbol{i}\times\boldsymbol{i}=\boldsymbol{j}\times\boldsymbol{j}=\boldsymbol{k}\times\boldsymbol{k}=\boldsymbol{0}$.

(2) 两个非零向量 $\boldsymbol{a}$，$\boldsymbol{b}$ 平行的充分必要条件是 $\boldsymbol{a}\times\boldsymbol{b}=\boldsymbol{0}$.

事实上，若 $\boldsymbol{a}\times\boldsymbol{b}=\boldsymbol{0}$，则 $|\boldsymbol{a}\times\boldsymbol{b}|=|\boldsymbol{a}|\cdot|\boldsymbol{b}|\sin(\widehat{\boldsymbol{a},\boldsymbol{b}})=0$，由于 $\boldsymbol{a}$，$\boldsymbol{b}$ 为非零向量，所以 $\sin(\widehat{\boldsymbol{a},\boldsymbol{b}})=0$，于是 $(\widehat{\boldsymbol{a},\boldsymbol{b}})=0$ 或 $(\widehat{\boldsymbol{a},\boldsymbol{b}})=\pi$，即 $\boldsymbol{a}$ 与 $\boldsymbol{b}$ 平行；反过来，若 $\boldsymbol{a}$ 与 $\boldsymbol{b}$ 平行，则 $(\widehat{\boldsymbol{a},\boldsymbol{b}})=0$

或$(\widehat{\boldsymbol{a},\boldsymbol{b}})=\pi$，因此$|\boldsymbol{a}\times\boldsymbol{b}|=0$，从而$\boldsymbol{a}\times\boldsymbol{b}=\boldsymbol{0}$.

当$\boldsymbol{a},\boldsymbol{b}$中至少有一个零向量时，由于可以认为零向量与任何向量平行，因此上述结论仍成立.

因此，可说成$\boldsymbol{a},\boldsymbol{b}$平行的充要条件是$\boldsymbol{a}\times\boldsymbol{b}=\boldsymbol{0}$.

设$\boldsymbol{a},\boldsymbol{b},\boldsymbol{c}$为向量，$\lambda$为实数. 向量积具有下列运算规律.

(1) 反交换律：$\boldsymbol{b}\times\boldsymbol{a}=(-\boldsymbol{a})\times\boldsymbol{b}=-(\boldsymbol{a}\times\boldsymbol{b})$. 特别地，$\boldsymbol{j}\times\boldsymbol{i}=-\boldsymbol{k},\boldsymbol{k}\times\boldsymbol{j}=-\boldsymbol{i},\boldsymbol{i}\times\boldsymbol{k}=-\boldsymbol{j}$.

这是因为首先有$|\boldsymbol{b}\times\boldsymbol{a}|=|-(\boldsymbol{a}\times\boldsymbol{b})|$，另外，由于按右手法则从$\boldsymbol{b}$转到$\boldsymbol{a}$定出的方向恰好与按右手法则从$\boldsymbol{a}$转到$\boldsymbol{b}$定出的方向相反，所以$\boldsymbol{b}\times\boldsymbol{a}=-(\boldsymbol{a}\times\boldsymbol{b})$. 用同样的方法可推得$(-\boldsymbol{a})\times\boldsymbol{b}=-(\boldsymbol{a}\times\boldsymbol{b})$. 这一公式表明向量积不满足交换律.

(2) 分配律：$(\boldsymbol{a}+\boldsymbol{b})\times\boldsymbol{c}=\boldsymbol{a}\times\boldsymbol{c}+\boldsymbol{b}\times\boldsymbol{c}$.

(3) 结合律：$(\lambda\boldsymbol{a})\times\boldsymbol{b}=\boldsymbol{a}\times(\lambda\boldsymbol{b})=\lambda(\boldsymbol{a}\times\boldsymbol{b})$.

(2)、(3) 的证明略.

下面导出向量积的坐标计算公式.

设$\boldsymbol{a}=x_1\boldsymbol{i}+y_1\boldsymbol{j}+z_1\boldsymbol{k},\boldsymbol{b}=x_2\boldsymbol{i}+y_2\boldsymbol{j}+z_2\boldsymbol{k}$，由向量积的运算规律有

$$\begin{aligned}\boldsymbol{a}\times\boldsymbol{b}&=(x_1\boldsymbol{i}+y_1\boldsymbol{j}+z_1\boldsymbol{k})\times(x_2\boldsymbol{i}+y_2\boldsymbol{j}+z_2\boldsymbol{k})\\&=x_1x_2\boldsymbol{i}\times\boldsymbol{i}+x_1y_2\boldsymbol{i}\times\boldsymbol{j}+x_1z_2\boldsymbol{i}\times\boldsymbol{k}+y_1x_2\boldsymbol{j}\times\boldsymbol{i}+y_1y_2\boldsymbol{j}\times\boldsymbol{j}+y_1z_2\boldsymbol{j}\times\boldsymbol{k}\\&\quad+z_1x_2\boldsymbol{k}\times\boldsymbol{i}+z_1y_2\boldsymbol{k}\times\boldsymbol{j}+z_1z_2\boldsymbol{k}\times\boldsymbol{k}\\&=x_1y_2\boldsymbol{k}-x_1z_2\boldsymbol{j}-y_1x_2\boldsymbol{k}+y_1z_2\boldsymbol{i}+z_1x_2\boldsymbol{j}-z_1y_2\boldsymbol{i}\\&=(y_1z_2-z_1y_2)\boldsymbol{i}+(z_1x_2-x_1z_2)\boldsymbol{j}+(x_1y_2-y_1x_2)\boldsymbol{k}.\end{aligned}$$

这就是向量积的坐标表示式. 为了便于记忆，借用二阶、三阶行列式的记号，上式可表示成

$$\boldsymbol{a}\times\boldsymbol{b}=\begin{vmatrix}\boldsymbol{i}&\boldsymbol{j}&\boldsymbol{k}\\x_1&y_1&z_1\\x_2&y_2&z_2\end{vmatrix}=\begin{vmatrix}y_1&z_1\\y_2&z_2\end{vmatrix}\boldsymbol{i}-\begin{vmatrix}x_1&z_1\\x_2&z_2\end{vmatrix}\boldsymbol{j}+\begin{vmatrix}x_1&y_1\\x_2&y_2\end{vmatrix}\boldsymbol{k}.$$

注意：三阶行列式 $D=\begin{vmatrix}a_{11}&a_{12}&a_{13}\\a_{21}&a_{22}&a_{23}\\a_{31}&a_{32}&a_{33}\end{vmatrix}=a_{11}\begin{vmatrix}a_{22}&a_{23}\\a_{32}&a_{33}\end{vmatrix}-a_{12}\begin{vmatrix}a_{21}&a_{23}\\a_{31}&a_{33}\end{vmatrix}+a_{13}\begin{vmatrix}a_{21}&a_{22}\\a_{31}&a_{32}\end{vmatrix}$

$$=a_{11}a_{22}a_{33}+a_{12}a_{23}a_{31}+a_{13}a_{21}a_{32}-a_{13}a_{22}a_{31}-a_{12}a_{21}a_{33}-a_{11}a_{23}a_{32}.$$

(1) 三阶行列式共有 3! =6 项，正负项各半.

(2) 每一项均为不同行、不同列的 3 个元素的乘积.

如图 6-15 所示，用实线相连的 3 个元素之积带正号，用虚线相连的 3 个元素之积带负号，这种运算称为三阶行列式的对角线法则。

两个向量$\boldsymbol{a}$、$\boldsymbol{b}$平行的充要条件是$\boldsymbol{a}\times\boldsymbol{b}=\boldsymbol{0}$，也就是

$$y_1z_2-z_1y_2=0,z_1x_2-x_1z_2=0,x_1y_2-y_1x_2=0,$$

或

$$\frac{x_1}{x_2}=\frac{y_1}{y_2}=\frac{z_1}{z_2}.$$

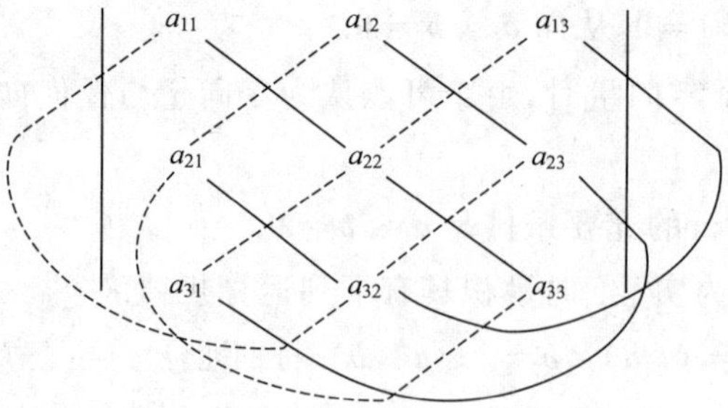

图 6 - 15

注:上式中,当 x_2, y_2, z_2 中出现零时,约定相应的分子也为零,如等式 $\frac{x_1}{0}=\frac{y_1}{y_2}=\frac{z_1}{z_2}$($y_2$,$z_2$ 非零),应理解为 $x_1=0$ 且 $\frac{y_1}{y_2}=\frac{z_1}{z_2}$.

例 6.2.6 求以 $A(1,-1,2)$,$B(3,3,1)$,$C(3,1,3)$ 为顶点的三角形的面积 S.

解:$S=\frac{1}{2}|\overrightarrow{AB}|\cdot|\overrightarrow{AC}|\cdot\sin(\widehat{\overrightarrow{AB},\overrightarrow{AC}})=\frac{1}{2}|\overrightarrow{AB}\times\overrightarrow{AC}|$.

因为 $\overrightarrow{AB}=(2,4,-1)$,$\overrightarrow{AC}=(2,2,1)$,所以

$$\overrightarrow{AB}\times\overrightarrow{AC}=\begin{vmatrix} \boldsymbol{i} & \boldsymbol{j} & \boldsymbol{k} \\ 2 & 4 & -1 \\ 2 & 2 & 1 \end{vmatrix}=6\boldsymbol{i}-4\boldsymbol{j}-4\boldsymbol{k}.$$

于是
$$S=\frac{1}{2}|\overrightarrow{AB}\times\overrightarrow{AC}|=\frac{1}{2}\sqrt{6^2+(-4)^2+(-4)^2}=\sqrt{17}.$$

习题 6.2

1. 在平行四边形 $ABCD$ 内,设 $\overrightarrow{AB}=\boldsymbol{a}$,$\overrightarrow{AD}=\boldsymbol{b}$,$M$ 为对角线的交点,试用向量 $\boldsymbol{a}$ 和 $\boldsymbol{b}$ 表示向量 $\overrightarrow{MA}$,$\overrightarrow{MB}$,$\overrightarrow{MC}$ 和 $\overrightarrow{MD}$.
2. 已知向量 $\boldsymbol{a}=\boldsymbol{i}-2\boldsymbol{j}+3\boldsymbol{k}$ 的起点为 $(2,3,-2)$,求向量 $\boldsymbol{a}$ 的终点坐标.
3. 已知向量 $\boldsymbol{a}=(3,5,-1)$,$\boldsymbol{b}=(2,1,2)$,$\boldsymbol{c}=(3,-1,-3)$,求 $2\boldsymbol{a}-3\boldsymbol{b}+4\boldsymbol{c}$.
4. 已知两点 $M_1(0,1,2)$ 和 $M_2(1,-1,0)$,求 $\overrightarrow{M_1M_2}$,$|\overrightarrow{M_1M_2}|$ 以及与 $\overrightarrow{M_1M_2}$ 平行的单位向量.
5. 已知 $|\boldsymbol{a}|=2$,$|\boldsymbol{b}|=1$,$(\widehat{\boldsymbol{a},\boldsymbol{b}})=\frac{\pi}{3}$,求:(1) $\boldsymbol{a}\cdot\boldsymbol{a}$;(2) $\boldsymbol{a}\cdot\boldsymbol{b}$;(3) $(2\boldsymbol{a}+3\boldsymbol{b})\cdot(3\boldsymbol{a}-\boldsymbol{b})$.
6. 设 $\boldsymbol{a}=3\boldsymbol{i}-\boldsymbol{j}-2\boldsymbol{k}$,$\boldsymbol{b}=\boldsymbol{i}+2\boldsymbol{j}-\boldsymbol{k}$,求:(1) $\boldsymbol{a}\cdot\boldsymbol{b}$ 及 $\boldsymbol{a}\times\boldsymbol{b}$;(2) $(-2\boldsymbol{a})\cdot 3\boldsymbol{b}$ 及 $\boldsymbol{a}\times 2\boldsymbol{b}$.

6.3 平面及其方程

这一节主要介绍平面的点法式方程、平面的一般式方程以及两平面的夹角.

6.3.1 平面的点法式方程

垂直于平面 Π 的非零向量 $\boldsymbol{n}$ 称为平面 Π 的法向量. 显然,若 $\boldsymbol{n}$ 是平面 Π 的法向量,则平面

Π 上任一向量均与 $\boldsymbol{n}$ 垂直.

因为过空间一点可以作且只可以作一个平面垂直于一已知直线，所以，若已知平面 Π 上一点 M_0 以及平面 Π 的法向量 $\boldsymbol{n}$，则平面 Π 的位置完全确定.

设 $M_0(x_0,y_0,z_0)$ 为平面 Π 上一已知点，$\boldsymbol{n}=(A,B,C)$ 为平面 Π 的一个法向量. 对平面 Π 上任一点 $M(x,y,z)$，知 $\overrightarrow{M_0M}$ 与 $\boldsymbol{n}$ 垂直，即 $\overrightarrow{M_0M}\cdot\boldsymbol{n}=\boldsymbol{0}$，或

$$A(x-x_0)+B(y-y_0)+C(z-z_0)=0 \qquad ①$$

也就是说，平面 Π 上任一点 M 的坐标 x,y,z 必须满足三元一次方程 ①.

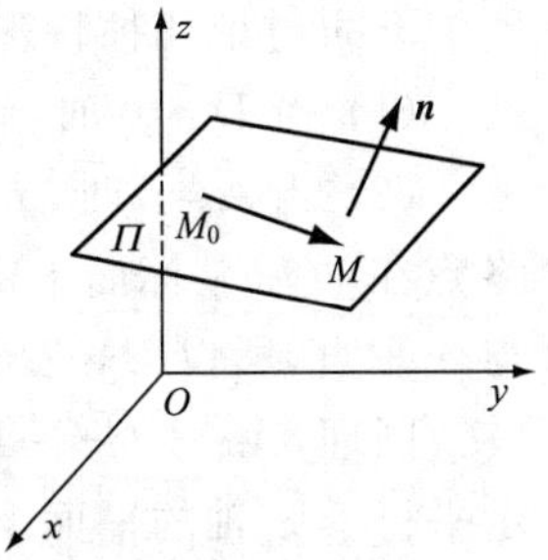

图 6 - 16

反过来，若点 $M(x,y,z)$ 的坐标满足方程 ①，则向量 $\overrightarrow{M_0M}=(x-x_0,y-y_0,z-z_0)$ 与 $\boldsymbol{n}=(A,B,C)$ 垂直，因此，点 M 必在平面 Π 上(如图 6 - 16 所示).

称方程 ① 为平面 Π 的点法式方程. 只要知道平面 Π 上一点以及平面 Π 的一个法向量，就可将平面 Π 的方程写出.

例 6.3.1　求过点 $M_0(2,-3,-1)$ 且垂直于向量 $\boldsymbol{a}=\boldsymbol{i}-\boldsymbol{j}+4\boldsymbol{k}$ 的平面的方程.

解：可以取向量 $\boldsymbol{a}$ 为所求平面的法向量，由平面的点法式方程 ①，得所求平面方程为

$$(x-2)-(y+3)+4(z+1)=0,$$

化简得　$x-y+4z-1=0$.

例 6.3.2　平面 Π 过点 $A(1,0,-1)$，$B(1,-1,0)$ 且与向量 $\boldsymbol{a}(2,1,2)$ 平行，求平面 Π 的方程.

解：现已知道平面 Π 上一点，关键是要求得平面 Π 的一个法向量 $\boldsymbol{n}$. 由于 $\boldsymbol{n}$ 既垂直于 $\overrightarrow{AB}=(0,-1,1)$，又垂直于 $\boldsymbol{a}=(2,1,2)$，故可取 $\boldsymbol{n}=\overrightarrow{AB}\times\boldsymbol{a}$.

$$\overrightarrow{AB}\times\boldsymbol{a}=\begin{vmatrix}\boldsymbol{i} & \boldsymbol{j} & \boldsymbol{k}\\ 0 & -1 & 1\\ 2 & 1 & 2\end{vmatrix}=-3\boldsymbol{i}+2\boldsymbol{j}+2\boldsymbol{k},$$

即

$$\boldsymbol{n}=(-3,2,2).$$

于是平面 Π 的方程为

$$-3(x-1)+2y+2(z+1)=0,$$

化简得　$-3x+2y+2z+5=0$.

6.3.2　平面的一般式方程

方程 ① 是关于 x,y,z 的三元一次方程，因此，任一平面都可用一个三元一次方程表示.

反过来，任何一个关于 x,y,z 的三元一次方程都表示一个平面. 事实上，设有三元一次方程

$$Ax+By+Cz+D=0. \qquad ②$$

任取满足方程 ② 的一组数 x_0,y_0,z_0，即

$$Ax_0+By_0+Cz_0+D=0. \qquad ③$$

② − ③，得

$$A(x-x_0)+B(y-y_0)+C(z-z_0)=0. \qquad ④$$

由平面的点法式方程知,④ 是过点 $M_0(x_0, y_0, z_0)$ 且以 $\boldsymbol{n}=(A, B, C)$ 为法向量的平面的方程. 由于②④同解,因此②表示过点 M_0 且以 $\boldsymbol{n}$ 为法向量的平面. 称方程②为平面的一般式方程,② 中 x, y, z 的系数就是法向量的坐标,即 $\boldsymbol{n}=(A, B, C)$.

下面讨论几种特殊的三元一次方程所表示的平面的特点.

(1) 当 $D=0$ 时,$Ax+By+Cz=0$ 表示过原点的平面.

(2) 当 $A=0$ 时,方程为 $By+Cz+D=0$(缺 x 项),$\boldsymbol{n}=(0, B, C)$. 由于 $\boldsymbol{n}$ 是起点为原点,终点在 yOz 坐标面上的向量,因此 $\boldsymbol{n}$ 与 x 轴(即 $\boldsymbol{i}$)垂直. 因 $By+Cz+D=0$ 所表示的平面也与 $\boldsymbol{n}$ 垂直,所以 $By+Cz+D=0$ 所表示的平面平行于 x 轴.

同理,$Ax+Cz+D=0$(缺 y 项)表示平行于 y 轴的平面,$Ax+By+D=0$(缺 z 项)表示平行于 z 轴的平面.

(3) 当 $A=B=0$ 时,方程为 $Cz+D=0$ 或 $z=-\dfrac{D}{C}(C \neq 0)$,$n=(0,0,C)$,表示平行于 xOy 坐标面的平面. 同理,$Ax+D=0$ 和 $By+D=0$ 分别表示平行于 yOz 坐标面和 zOx 坐标面的平面. 特别地,当 $D=0$ 时,$z=0$,$y=0$,$x=0$ 分别表示 xOy 坐标面,zOx 坐标面,yOz 坐标面.

例 6.3.3 求过 y 轴和点 $M(1,1,1)$ 的平面的方程.

解:由于所求平面过 y 轴,从而过原点. 可设所求平面的方程为

$$Ax+Cz=0.$$

因所求平面过点 $M(1,1,1)$,将坐标值代入,得

$$A+C=0 \text{ 或 } A=-C,$$

从而,所求平面的方程为 $Ax-Az=0$. 因为 $A \neq 0$,所以,所求平面的方程为

$$x-z=0.$$

例 6.3.4 设平面 Π 与 x, y, z 轴分别交于点 $P(p,0,0)$,$Q(0,q,0)$,$R(0,0,r)$,求平面 Π 的方程.(p, q, r 均非零)

解:设平面 Π 的方程为 $Ax+By+Cz+D=0$,将点 P, Q, R 的坐标值代入方程,得

$$\begin{cases} pA+D=0, \\ qB+D=0, \\ rC+D=0. \end{cases}$$

解得

$$A=-\frac{D}{p}, B=-\frac{D}{q}, C=-\frac{D}{r}.$$

将 $A=-\dfrac{D}{p}, B=-\dfrac{D}{q}, C=-\dfrac{D}{r}$ 代入所设的方程,并除以 $D(D \neq 0)$,得到平面 Π 的方程为

$$\frac{x}{p}+\frac{y}{q}+\frac{z}{r}=1.$$

这个方程称为平面的截距式方程,p, q, r 分别称为平面 Π 在 x, y, z 轴上的截距.

6.3.3 两平面的夹角

两平面 Π_1, Π_2 的法向量 $\boldsymbol{n}_1, \boldsymbol{n}_2$ 的夹角(通常指锐角)称为两平面 Π_1, Π_2 的夹角.

设平面 Π_1 的方程为 $A_1x+B_1y+C_1z+D_1=0$,平面 Π_2 的方程为 $A_2x+B_2y+C_2z+$

$D_2=0$，则 $\boldsymbol{n}_1=(A_1,B_1,C_1)$，$\boldsymbol{n}_2=(A_2,B_2,C_2)$. 由两向量的夹角余弦公式，可得平面 Π_1，Π_2 的夹角 θ 的余弦为

$$\cos\theta=\frac{|\boldsymbol{n}_1\cdot\boldsymbol{n}_2|}{|\boldsymbol{n}_1|\cdot|\boldsymbol{n}_2|}=\frac{|A_1A_2+B_1B_2+C_1C_2|}{\sqrt{A_1^2+B_1^2+C_1^2}\cdot\sqrt{A_2^2+B_2^2+C_2^2}},0\leqslant\theta\leqslant\frac{\pi}{2}.$$

易知：

(1) 平面 Π_1，Π_2 互相垂直的充要条件是 $\boldsymbol{n}_1\cdot\boldsymbol{n}_2=0$ 或 $A_1A_2+B_1B_2+C_1C_2=0$；

(2) 平面 Π_1，Π_2 互相平行的充要条件是 $\boldsymbol{n}_1\times\boldsymbol{n}_2=\boldsymbol{0}$ 或 $\dfrac{A_1}{A_2}=\dfrac{B_1}{B_2}=\dfrac{C_1}{C_2}$.

例 6.3.5　求平面 $2x-y+z=7$ 与平面 $x+y+2z=11$ 的夹角.

解：因为所求夹角的余弦为

$$\cos\theta=\frac{|2\times1+(-1)\times1+1\times2|}{\sqrt{2^2+(-1)^2+1^2}\times\sqrt{1^2+1^2+2^2}}=\frac{1}{2},$$

所以，所求夹角 $\theta=\dfrac{\pi}{3}$.

习题 6.3

1. 求过点 $(1,-2,3)$ 且与平面 $3x-2y+5z+4=0$ 平行的平面的方程.
2. 求过点 $M_0(2,9,-6)$ 且与连接坐标原点和点 M_0 的线段 OM_0 垂直的平面的方程.
3. 求过点 $(1,-1,0)$，$(2,3,-1)$，$(-1,0,2)$ 的平面的方程.
4. 设平面 Π 过点 $(5,-7,4)$ 且在 3 条坐标轴上截距相等，求此平面的方程.
5. 求过点 $(1,1,1)$ 且同时垂直于平面 $x-y+z-7=0$ 和 $3x+2y-12z+5=0$ 的平面的方程.
6. 判断下列各对平面的位置关系：

(1) $x-2y+7z+1=0,5x-y-z+5=0$；

(2) $x+y+z+5=0,4x+4y+4z-7=0$；

(3) $2x-3y+z+2=0,x+y-2z-3=0$.

6.4　直线及其方程

这一节主要介绍空间直线的一般方程、点向式方程和参数方程，以及两直线的夹角、直线与平面的夹角.

6.4.1　空间直线的一般方程

空间直线可以看作两平面的交线. 设平面 Π_1 的方程为 $A_1x+B_1y+C_1z+D_1=0$，平面 Π_2 的方程为 $A_2x+B_2y+C_2z+D_2=0$，且两平面 Π_1 与 Π_2 不平行，即两平面的法向量 $\boldsymbol{n}_1=(A_1,B_1,C_1)$ 和 $\boldsymbol{n}_2=(A_2,B_2,C_2)$ 的对应坐标不成比例，则平面 Π_1 与平面 Π_2 的交线是一条直线 L. L 上的点 $M(x,y,z)$ 的坐标满足方程组

$$\begin{cases}A_1x+B_1y+C_1z=0,\\A_2x+B_2y+C_2z=0.\end{cases}\qquad①$$

反过来,若点 $M(x,y,z)$ 的坐标满足方程组 ①,则点 M 既在平面 Π_1 上又在平面 Π_2 上,从而在交线 L 上. 因此,直线 L 可用方程组 ① 表示. 称方程组 ① 为空间直线的一般方程.

由于过直线 L 的平面有无穷多个,从这无穷多个平面中任取两个不平行的平面,将它们的方程联立,就得到了直线 L 的一般方程. 这说明直线 L 的一般方程在形式上并不唯一,但都表示同一条直线.

例如,方程组 $\begin{cases} x+y=0, \\ x-y=0 \end{cases}$ 和方程组 $\begin{cases} x=0, \\ y=0 \end{cases}$ 虽然形式不同,但都表示 z 轴.

6.4.2 空间直线的点向式方程和参数方程

与直线 L 平行的非零向量 $\boldsymbol{s}$ 称为该直线的方向向量. 显然直线的方向向量有无穷多个.

由于过空间一点可以而且只能作一条直线平行于已知直线,因此,当直线 L 上一点 $M_0(x_0,y_0,z_0)$ 和直线 L 的一个方向向量 $\boldsymbol{s}=(m,n,p)$ 已知时,直线 L 就确定了.

设 $M(x,y,z)$ 是直线 L 上的任意一点,则向量 $\overrightarrow{M_0M}$ 与 $\boldsymbol{s}$ 平行(如图 6-17 所示),从而两向量的对应坐标成比例,即

$$\frac{x-x_0}{m}=\frac{y-y_0}{n}=\frac{z-z_0}{p}. \qquad ②$$

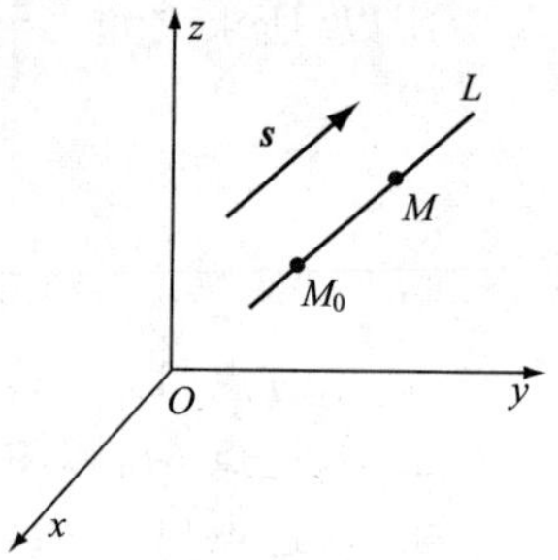

图 6-17

反过来,若点 $M(x,y,z)$ 的坐标满足方程 ②,则 $\overrightarrow{M_0M}$ 平行于 $\boldsymbol{s}$. 由于点 M_0 在直线 L 上,故点 M 也在直线 L 上. 因此方程 ② 就是直线 L 的方程. 称方程 ② 为直线的点向式方程(或对称式方程). 方向向量 $\boldsymbol{s}$ 的坐标 m,n,p 称为直线 L 的一组方向数.

在直线的点向式方程 ② 中,令

$$\frac{x-x_0}{m}=\frac{y-y_0}{n}=\frac{z-z_0}{p}=t,$$

得

$$\begin{cases} x=x_0+mt, \\ y=y_0+nt, \\ z=z_0+pt. \end{cases} \qquad ③$$

即直线 L 上动点的坐标 x,y,z 可表示为变量 t(称为参变量)的函数. 当 t 取遍全体实数时,由 ③ 所确定的点 $M(x,y,z)$ 的轨迹就形成了直线 L. 方程组 ③ 称为直线的参数方程.

由点向式方程 ② 按上述方法易得参数方程 ③. 反过来,从 ③ 中消去参变量 t 即得 ②.

注意:当方向向量 $\boldsymbol{s}$ 的坐标 m,n,p 中有一个或两个为零时,应理解为相应的分子也为零. 在点向式方程 ② 中,若 m,n,p 中有一个或两个等于 0,我们仍可把方程写成 ③ 的形式,但要注意,当 $m\neq 0,n\neq 0,p=0$ 时,方程

$$\frac{x-x_0}{m}=\frac{y-y_0}{n}=\frac{z-z_0}{0}$$

应理解为

$$\begin{cases} \dfrac{x-x_0}{m}=\dfrac{y-y_0}{n}, \\ z=z_0. \end{cases}$$

当 $m\neq 0, n=p=0$ 时,方程

$$\frac{x-x_0}{m}=\frac{y-y_0}{0}=\frac{z-z_0}{0}$$

应理解为

$$\begin{cases} y=y_0, \\ z=z_0. \end{cases}$$

例 6.4.1　求过点 $M_0(1,2,-3)$ 且与平面 $3x-y+z-5=0$ 垂直的直线的方程.

解:因为所求直线垂直于已知平面,所以可取平面的法向量为直线的方向向量 $\boldsymbol{s}$,即

$$\boldsymbol{s}=(m,n,p)=(3,-1,1),$$

故所求直线方程为

$$\frac{x-1}{3}=\frac{y-2}{-1}=\frac{z+3}{1}.$$

例 6.4.2　求过点 $M_1(x_1,y_1,z_1)$,$M_2(x_2,y_2,z_2)$ 的直线的方程.

解:取直线的方向向量 $\boldsymbol{s}=\overrightarrow{M_1M_2}=(x_2-x_1,y_2-y_1,z_2-z_1)$,得所求直线方程为

$$\frac{x-x_1}{x_2-x_1}=\frac{y-y_1}{y_2-y_1}=\frac{z-z_1}{z_2-z_1}.$$

6.4.3　两直线的夹角

两直线 L_1,L_2 的方向向量 $\boldsymbol{s}_1$,$\boldsymbol{s}_2$ 的夹角(通常指锐角)称为两直线的夹角.

设直线 L_1 的方向向量为 $\boldsymbol{s}_1=(m_1,n_1,p_1)$,直线 L_2 的方向向量 $\boldsymbol{s}_2=(m_2,n_2,p_2)$,根据两向量的夹角余弦公式,直线 L_1,L_2 的夹角 θ 的余弦为

$$\cos\theta=\frac{|\boldsymbol{s}_1\cdot\boldsymbol{s}_2|}{|\boldsymbol{s}_1|\cdot|\boldsymbol{s}_2|}=\frac{|m_1m_2+n_1n_2+p_1p_2|}{\sqrt{m_1^2+n_1^2+p_1^2}\cdot\sqrt{m_2^2+n_2^2+p_2^2}}. \quad ④$$

直线 L_1,L_2 垂直的充要条件为 $\boldsymbol{s}_1\cdot\boldsymbol{s}_2=0$ 或 $m_1m_2+n_1n_2+p_1p_2=0$.

直线 L_1,L_2 互相平行的充要条件为 $\boldsymbol{s}_1\times\boldsymbol{s}_2=\boldsymbol{0}$ 或 $\dfrac{m_1}{m_2}=\dfrac{n_1}{n_2}=\dfrac{p_1}{p_2}$.

例 6.4.3　求直线 L_1:$\dfrac{x-1}{1}=\dfrac{y}{-4}=\dfrac{z+3}{1}$ 与直线 L_2:$\dfrac{x}{2}=\dfrac{y+2}{-2}=\dfrac{z}{-1}$ 的夹角 α.

解:直线 L_1 的方向向量 $\boldsymbol{s}_1=(1,-4,1)$,直线 L_2 的方向向量 $\boldsymbol{s}_2=(2,-2,-1)$,由公式④得 $\cos\alpha=\dfrac{|1\times2+(-4)\times(-2)+1\times(-1)|}{\sqrt{1^2+(-4)^2+1^2}\times\sqrt{2^2+(-2)^2+(-1)^2}}=\dfrac{\sqrt{2}}{2}$.

因此,直线 L_1 与直线 L_2 的夹角 $\alpha=\dfrac{\pi}{4}$.

6.4.4　直线与平面的夹角

称直线 L 与它在平面 Π 上的投影直线 L' 的夹角 φ 为直线 L 与平面 Π 的夹角. 通常规定 $0\leqslant\varphi\leqslant\dfrac{\pi}{2}$(如图 6-18 所示).

设直线 L:$\dfrac{x-x_0}{m}=\dfrac{y-y_0}{n}=\dfrac{z-z_0}{p}$,$\boldsymbol{s}=(m,n,p)$,平面 Π:$Ax+By+Cz+D=0$,$\boldsymbol{n}=$

(A,B,C). 由于 $\boldsymbol{n}$ 与 $\boldsymbol{s}$ 的夹角为 $\frac{\pi}{2}-\varphi$ 或 $\frac{\pi}{2}+\varphi$,且

$$\sin\varphi=\cos\left(\frac{\pi}{2}-\varphi\right)=\left|\cos\left(\frac{\pi}{2}+\varphi\right)\right|,$$

所以

$$\sin\varphi=\frac{|\boldsymbol{n}\cdot\boldsymbol{s}|}{|\boldsymbol{n}|\cdot|\boldsymbol{s}|}=\frac{|Am+Bn+Cp|}{\sqrt{A^2+B^2+C^2}\cdot\sqrt{m^2+n^2+p^2}}.$$

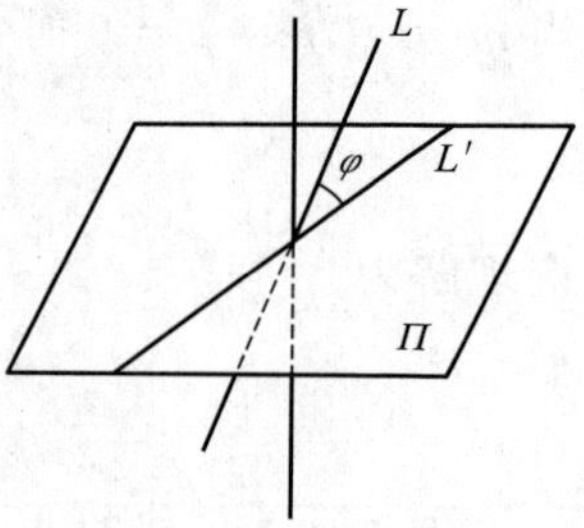

图 6-18

习题 6.4

1. 求满足下列条件的直线的方程:

(1) 过 $M_1(2,3,1)$ 和 $M_2(-1,2,0)$;

(2) 过点 $(2,2,-1)$ 且平行于 x 轴;

(3) 过点 $(0,3,-2)$ 且平行于直线 $\frac{x-1}{2}=y=\frac{z+1}{3}$.

2. 求直线 $\begin{cases}y=2x-7,\\ z=2x-5\end{cases}$ 与平面 $x+y=0$ 的夹角.

3. 求点 $P(0,-1,1)$ 到直线 $\begin{cases}y+1=0,\\ x+2z-7=0\end{cases}$ 的距离.

6.5 空间曲面及空间曲线

这一节主要介绍空间曲面的方程、空间曲线的方程以及几种常见的二次曲面的方程.

6.5.1 空间曲面及其方程

在日常生活中,我们经常遇到各种曲面,例如,反光镜的镜面、足球的外表面等. 和在平面解析几何中将平面曲线看作动点的轨迹一样,在空间解析几何中,任何曲面都可看作动点的轨迹. 因此,若曲面 S 上的点 $M(x,y,z)$ 的坐标满足某一个三元方程 $F(x,y,z)=0$,反过来,坐标满足这个方程的点 $M(x,y,z)$ 都在曲面 S 上,则称方程 $F(x,y,z)=0$ 为曲面 S 的方程,而曲面 S 称为该方程的图形(如图 6-19 所示).

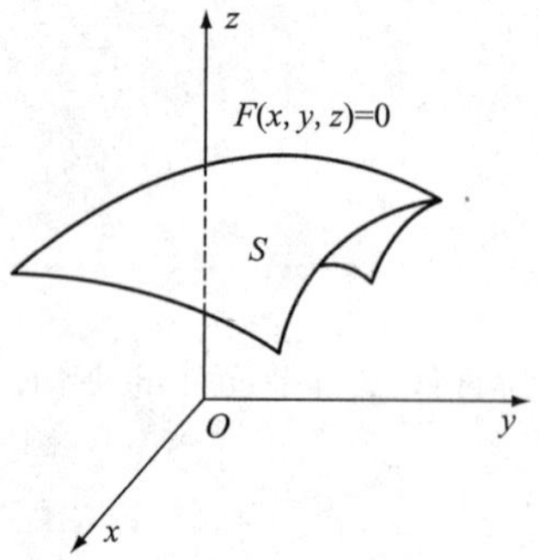

图 6-19

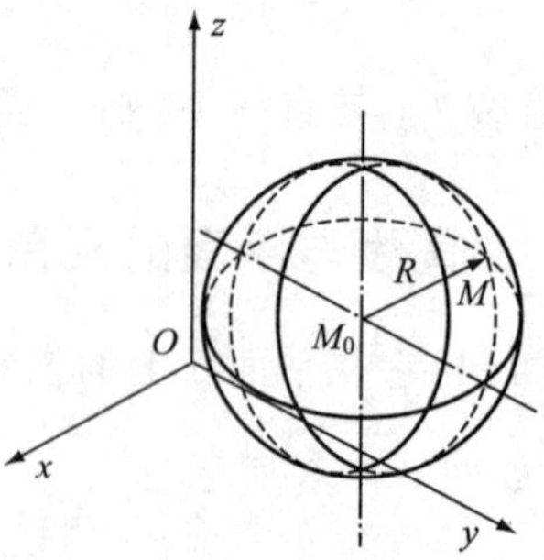

图 6-20

1. 球面方程

设球心在点 $M_0(x_0,y_0,z_0)$，半径为 R(如图 6-20 所示). $M(x,y,z)$ 是球面上的任一点，则 M 到球心的距离等于 R，即

$$\sqrt{(x-x_0)^2+(y-y_0)^2+(z-z_0)^2}=R$$

或

$$(x-x_0)^2+(y-y_0)^2+(z-z_0)^2=R^2. \qquad ①$$

可见，球面上点 $M(x,y,z)$ 的坐标必满足方程④. 反过来，若点 $M(x,y,z)$ 的坐标满足方程①，则 M 到 M_0 的距离为 R，因此，M 在球面上. 故方程①是球心在 $M_0(x_0,y_0,z_0)$，半径为 R 的球面方程.

特别地，当球心在坐标原点时，球面方程为 $x^2+y^2+z^2=R^2$.

2. 柱面方程

直线 L 沿定曲线 C 平行移动所形成的曲面称为柱面. 定曲线 C 称为柱面的准线，动直线 L 称为柱面的母线(如图 6-21 所示).

现在来建立以 xOy 坐标面上的曲线 C: $F(x,y)=0$ 为准线，以平行于 z 轴的直线 L 为母线的柱面方程(如图 6-22 所示).

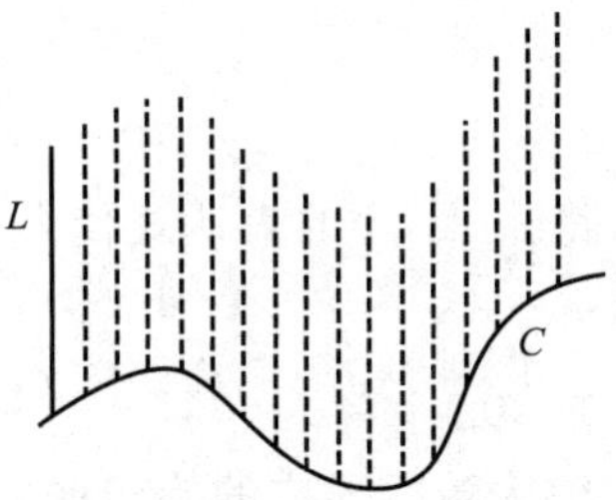

图 6-21

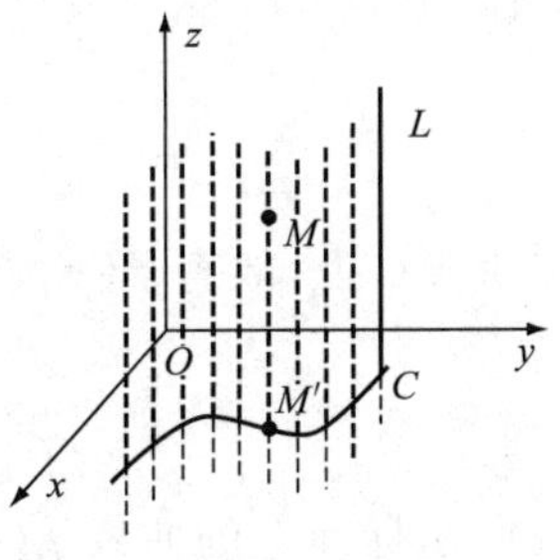

图 6-22

设 $M(x,y,z)$ 为柱面上任一点，过 M 作平行于 z 轴的直线交 xOy 坐标面于点 $M'(x,y,0)$. 由柱面定义可知，M' 必在准线 C 上，因此点 M' 的坐标满足曲线 C 的方程 $F(x,y)=0$. 由于方程 $F(x,y)=0$ 不含 z，所以点 $M(x,y,z)$ 也满足方程 $F(x,y)=0$. 而过不在柱面上的点作平行于 z 轴的直线与 xOy 坐标面的交点必不在曲线 C 上，也就是说，不在柱面上的点的坐标不满足方程 $F(x,y)=0$，因此，不含变量 z 的方程

$$F(x,y)=0 \qquad ②$$

在空间直角坐标系中表示以 xOy 坐标面上的曲线 $F(x,y)=0$ 为准线，母线平行于 z 轴的柱面.

同理，缺 x 的方程 $G(y,z)=0$ 表示母线平行于 x 轴的柱面，缺 y 的方程 $H(x,z)=0$ 表示母线平行于 y 轴的柱面.

例如，方程 $x^2+y^2=R^2$ 在 xOy 坐标面上表示一个圆，但在三维空间中表示一个柱面，称为圆柱面，如图 6-23(a) 所示.

又如，$z=x^2$，$x-y=0$ 都表示柱面，分别如图 6-23(b) 和图 6-23(c) 所示.

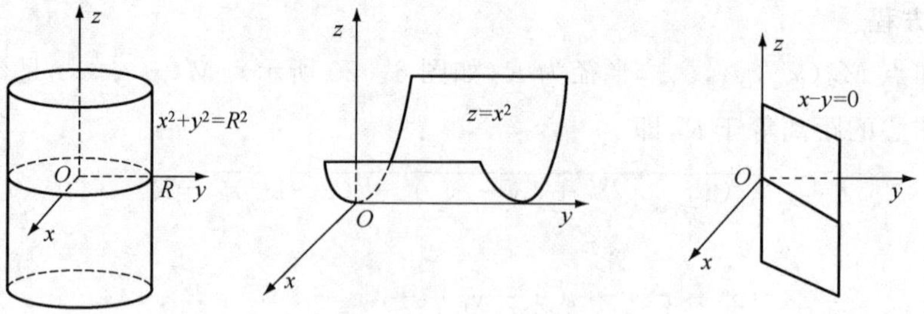

(a)　　　　(b)　　　　(c)

图 6 - 23

3. **旋转曲面的方程**

平面曲线 C 绕同一平面上的定直线 L 旋转所形成的图形称为旋转曲面，定直线 L 称为旋转轴.

现在来建立 yOz 坐标面上的曲线 $C: f(y,z)=0$ 绕 z 轴旋转所形成的旋转曲面(如图 6 - 24 所示)的方程.

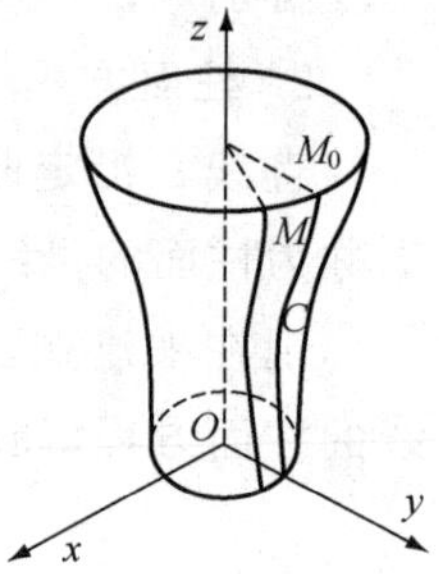

图 6 - 24

设 $M(x,y,z)$ 为旋转曲面上任一点，则该点是由 yOz 坐标面上曲线 C 上的一点 $M_0(0,y_0,z_0)$ 绕 z 轴旋转得到的，$M(x,y,z)$ 与 $M_0(0,y_0,z_0)$ 的坐标关系是

$$z=z_0,$$

$$\sqrt{x^2+y^2}=|y_0|,$$

而点 M_0 在曲线 C 上，故有 $f(y_0,z_0)=0$. 于是，将 z_0 及 y_0 的表达式代入，得旋转曲面的方程

$$f(\pm\sqrt{x^2+y^2},z)=0. \quad ③$$

因此，求 yOz 坐标面上的曲线 $f(y,z)=0$ 绕 z 轴旋转所形成的旋转曲面的方程只需将方程 $f(y,z)=0$ 中的 y 用 $\pm\sqrt{x^2+y^2}$ 代替即可。

同理，求曲线 C 绕 y 轴旋转所形成的旋转曲面的方程只需将方程 $f(y,z)=0$ 中的 z 用 $\pm\sqrt{x^2+z^2}$ 代替即可，即

$$f(y,\pm\sqrt{x^2+z^2})=0. \quad ④$$

例 6.5.1　求下列平面曲线绕指定坐标轴旋转所得的旋转曲面的方程.

(1) yOz 坐标面上的曲线 $z=y^2$ 绕 z 轴旋转.

(2) yOz 坐标面上的曲线 $z=ay(a>0)$ 绕 y 轴旋转.

解：(1) 因曲线 $z=y^2$ 绕 z 轴旋转，故将方程中的 y 用 $\pm\sqrt{x^2+y^2}$ 代替即得所求，旋转曲面的方程为

$$z=x^2+y^2.$$

该旋转曲面称为旋转抛物面[如图 6 - 25(a) 所示].

(2) 因曲线 $z=ay(a>0)$ 绕 y 轴旋转，故将方程中的 z 用 $\pm\sqrt{x^2+z^2}$ 代替即得所求，旋转曲面的方程为

$$\pm\sqrt{x^2+z^2}=ay$$

或
$$x^2+z^2=a^2y^2. \tag{⑤}$$

该旋转曲面称为圆锥面，如图 6－25(b) 所示.

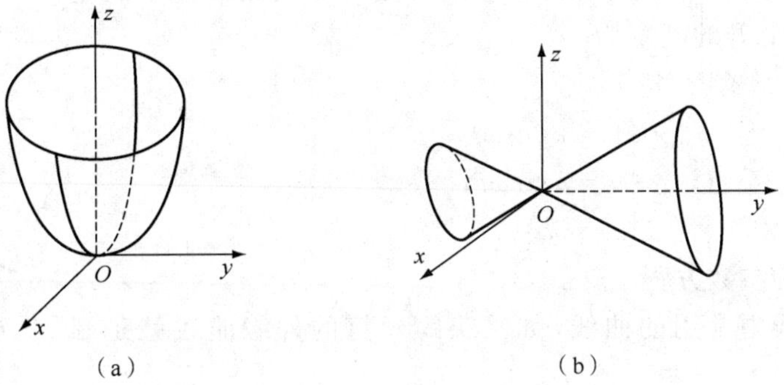

图 6－25

6.5.2　空间曲线及其方程

1. 空间曲线的一般方程

空间曲线可看作两曲面的交线. 设有两个曲面 $F(x,y,z)=0$ 和 $G(x,y,z)=0$，它们的交线为 C，则 C 上的点坐标满足方程组

$$\begin{cases}F(x,y,z)=0,\\G(x,y,z)=0.\end{cases} \tag{⑥}$$

反过来，若点 M 的坐标满足方程组 ⑥，则点 M 必在交线 C 上. 称方程组 ⑥ 为空间曲线 C 的一般方程. 比如，平面 $x+y+z+1=0$ 与 $2x-y+3z=0$ 的交线为直线 L，直线 L 的方程为

$$\begin{cases}x+y+z+1=0,\\2x-y+3z=0.\end{cases}$$

又比如，方程组

$$\begin{cases}x^2+y^2=1,\\x+y+z=2.\end{cases}$$

表示圆柱面与平面的交线.

2. 空间曲线的参数方程

正如空间直线可用参数方程表示一样，空间曲线也可用参数方程表示.

设空间曲线 C 上动点 M 的坐标 x,y,z 可表示为参数 $t(t\in I)$ 的函数

$$\begin{cases}x=x(t),\\y=y(t),\\z=z(t),\end{cases} \tag{⑦}$$

给定范围 I 内的一个 t 值，就得到曲线 C 上的一个点，当 t 在 I 内变化时，就得到 C 的全部点. 称 ⑦ 为曲线 C 的参数方程.

例 6.5.2　若空间中的点 M 在圆柱面 $x^2+y^2=a^2$ 上以角速度 ω 绕 z 轴旋转，同时又以线速度 v 沿平行于 z 轴的正方向上升(其中 ω, v 都是常数)，则点 M 构成的图形称为螺旋线. 试建立该螺旋线的参数方程.

解:取时间 t 为参数. 当 $t=0$ 时,动点在 $A(a,0,0)$ 处. 假设在时刻 t,动点位置为 $M(x,y,z)$(如图 6-26 所示). 点 M 在 xOy 坐标面上的投影点为 M',则 M' 的坐标为 $(x,y,0)$. 从点 A 到点 M 动点转过的角度为 $\theta=\omega t$,上升的高度为

$|MM'|=vt$,故有

$$\begin{cases}x=a\cos\omega t,\\ y=a\sin\omega t,\\ z=vt.\end{cases}$$

这就是该螺旋线的参数方程.

螺旋线是实践中常用的曲线,如平头螺丝钉的外缘曲线就是螺旋线.

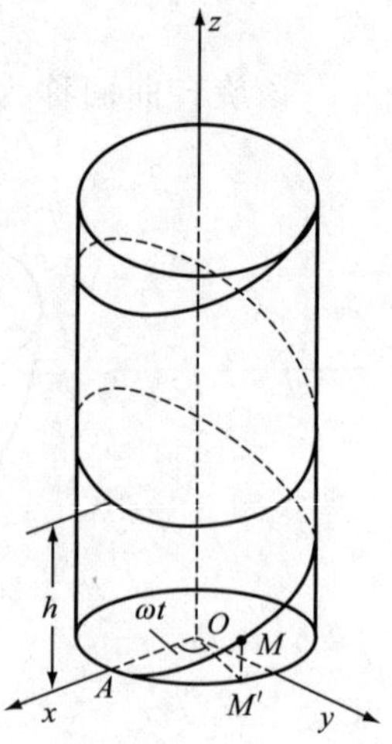

图 6-26

3. 空间曲线在坐标面上的投影

设有空间曲线 C 的一般式方程

$$\begin{cases}F_1(x,y,z)=0,\\ F_2(x,y,z)=0.\end{cases}$$

将 $F_1(x,y,z)=0$ 和 $F_2(x,y,z)=0$ 联立消去 z,得 $G(x,y)=0$. ⑧

⑧ 表示的是一柱面,这个柱面以曲线 C 为准线,以平行于 z 轴的直线为母线,我们称这一柱面为曲线 C 到 xOy 坐标面上的投影柱面,而 ⑧ 称为投影柱面方程. 平面曲线

$$\begin{cases}G(x,y)=0,\\ z=0\end{cases}$$

称为曲线 C 在 xOy 坐标面上的投影曲线. 同理可得到曲线 C 在 zOx 与 yOz 坐标面上的投影曲线

$$\begin{cases}H(x,z)=0,\\ y=0\end{cases} 与 \begin{cases}Q(y,z)=0,\\ x=0.\end{cases}$$

例 6.5.3 如图 6-27 所示,求球面 $x^2+y^2+z^2=64$ 与柱面 $x^2+y^2=8y$ 的交线 C 在 xOy 坐标面、yOz 坐标面上的投影曲线的方程.

解:求交线 C 在 xOy 坐标面上的投影曲线的方程,本来应从方程组中消去 z,得到关于 xOy 坐标面的投影柱面方程,但是因为这里的第二个方程就是母线平行于 z 轴的柱面,所以

$$x^2+y^2=8y$$

就是交线 C 关于 xOy 坐标面的投影柱面的方程,因而交线 C 在 xOy 坐标面上的投影曲线是圆

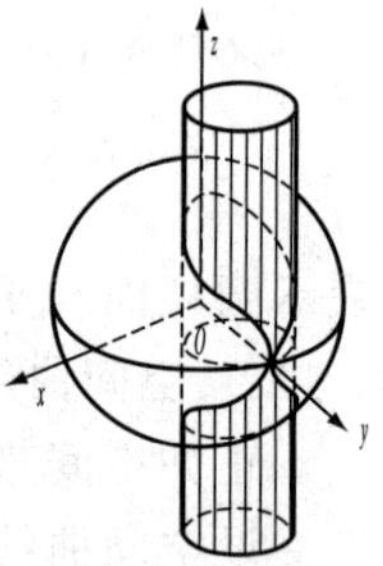

图 6-27

$$\begin{cases}x^2+y^2=8y,\\ z=0.\end{cases}$$

从交线 C 的方程中消去 x,得到交线 C 关于 yOz 坐标面的投影柱面的方程

$$z^2+8y=64.$$

因此,交线 C 在 yOz 坐标面上的投影曲线是一段抛物线,方程为

$$\begin{cases}z^2+8y=64,\\ x=0\end{cases} \quad (0\leqslant y\leqslant 8).$$

6.5.3　二次曲面

称三元二次方程所表示的曲面为二次曲面. 下面我们利用截痕法来介绍几种常见的二次曲面的方程和形状. 所谓截痕法,就是用一些平行于坐标面的平面与曲面相截,考察它们的交线的形状,然后加以综合,进而了解曲面的全貌的一种方法.

1. 椭球面方程

$$\frac{x^2}{a^2}+\frac{y^2}{b^2}+\frac{z^2}{c^2}=1,$$

它所表示的曲面称为椭球面,a,b,c 均大于 0.

易知,$|x|\leqslant a,|y|\leqslant b,|z|\leqslant c$,为了解曲面形状,先以平行于 xOy 坐标面的平面 $z=z_0(|z_0|\leqslant c)$ 截曲面,得到的截线方程为

$$\begin{cases}\dfrac{x^2}{a^2}+\dfrac{y^2}{b^2}=1-\dfrac{z^2}{c^2},\\ z=z_0.\end{cases}$$

由于 $1-\dfrac{z^2}{c^2}\geqslant 0$,因此,当 $|z_0|<c$ 时,截线是平面 $z=z_0$ 上一椭圆,而当 $|z_0|=c$ 时,截得一点 $(0,0,z_0)$.

同理,以平面 $x=x_0(|x_0|\leqslant a)$ 和平面 $y=y_0(|y_0|\leqslant b)$ 截椭球面所得截线与上述情况类似,从而可得椭球面的形状如图 6-28 所示.

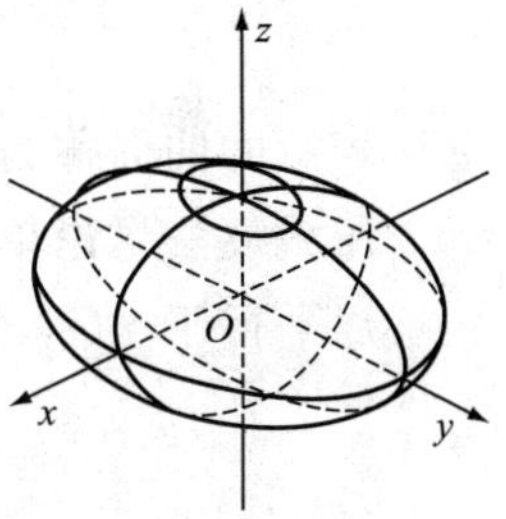

图 6-28

若 $a=b$,则椭球面方程变为 $\dfrac{x^2}{a^2}+\dfrac{y^2}{a^2}+\dfrac{z^2}{c^2}=1$,由旋转曲面的知识知,这个方程表示 xOz 坐标面上的椭圆 $\dfrac{x^2}{a^2}+\dfrac{z^2}{c^2}=1$ 绕 z 轴旋转形成的旋转椭球面.

若 $a=b=c$,则椭球面方程变为 $x^2+y^2+z^2=a^2$,这个方程表示一个球心在原点,半径为 a 的球面.

2. 椭圆抛物面方程

$$\frac{x^2}{2p}+\frac{y^2}{2q}=z\quad(p,q\text{ 同号}),$$

它所表示的曲面称为椭圆抛物面.

不妨设 p,q 均大于 0,用截痕法考察它的形状.

以平行于 xOy 坐标面的平面 $z=z_0(z_0>0)$ 截椭圆抛物面,所得截线的方程为

$$\begin{cases}\dfrac{x^2}{2p}+\dfrac{y^2}{2q}=z_0,\\ z=z_0.\end{cases}$$

该方程表示平面 $z=z_0$ 上一椭圆. 以平面 $z=0$ 截椭圆抛物面,截得一点为原点.

以平行于 xOz 坐标面的平面 $y=y_0$ 截椭圆抛物面,所得截线的方程为

$$\begin{cases}\dfrac{x^2}{2p}=z-\dfrac{y_0^2}{2q},\\ y=y_0.\end{cases}$$

这是平面 $y=y_0$ 上的一条抛物线.

同理,以平行于 yOz 坐标面的平面 $x=x_0$ 截椭圆抛物面,所得截线是平面 $x=x_0$ 上的一条抛物线.

综上所述,可得椭圆抛物面的形状如图 6-29 所示.

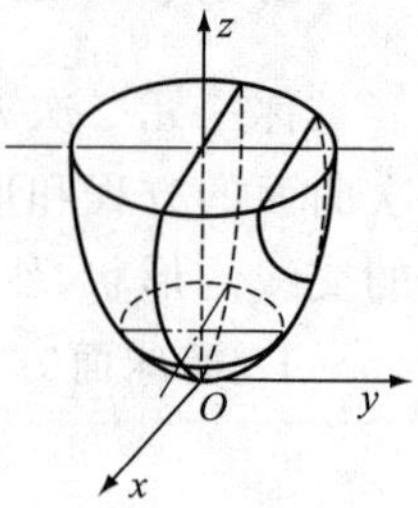

图 6-29

若 p,q 均小于 0,则椭圆抛物面的开口朝下.

若 $p=q$,则椭圆抛物面的方程变为 $\frac{x^2}{2p}+\frac{y^2}{2p}=z$,它是由 xOz 坐标面上的曲线 $z=\frac{x^2}{2p}$ 绕 z 轴旋转形成的旋转抛物面.

3. **双曲抛物面方程**

$$-\frac{x^2}{2p}+\frac{y^2}{2q}=z \quad (p,q \text{ 同号}),$$

它所表示的曲面称为双曲抛物面(鞍形曲面).

用截痕法进行讨论可知双曲抛物面的形状如图 6-30 所示.

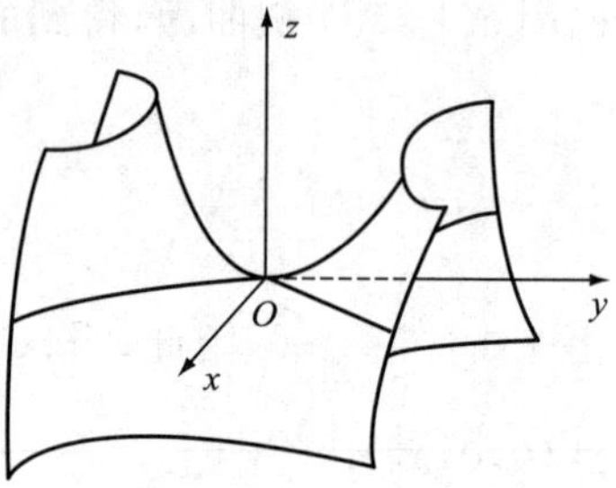

图 6-30

4. **单叶双曲面方程**

$$\frac{x^2}{a^2}+\frac{y^2}{b^2}-\frac{z^2}{c^2}=1,$$

它所表示的曲面称为单叶双曲面,其中 a,b,c 均大于 0.

用截痕法讨论单叶双曲面的形状.

以平行于 xOy 坐标面的平面 $z=z_0$ 截单叶双曲面,所得截线的方程为

$$\begin{cases}\frac{x^2}{a^2}+\frac{y^2}{b^2}=1+\frac{z_0^2}{c^2},\\ z=z_0.\end{cases}$$

该方程表示平面 $z=z_0$ 上一椭圆.

以平行于 xOz 坐标面的平面 $y=y_0$ 截单叶双曲面,所得截线的方程为

$$\begin{cases}\frac{x^2}{a^2}-\frac{z^2}{c^2}=1-\frac{y_0^2}{b^2},\\ y=y_0.\end{cases}$$

当 $y_0\neq\pm b$ 时,该方程表示平面 $y=y_0$ 上一双曲线. 且易见,当 $1-\frac{y_0^2}{b^2}>0$,即 $y_0^2<b^2$ 时,虚轴平行于 z 轴,而当 $1-\frac{y_0^2}{b^2}<0$,即 $y_0^2>b^2$ 时,虚轴平行于 x 轴. 当 $y_0=\pm b$ 时,截线为一对相交直线.

综上所述,可得单叶双曲面的形状如图 6-31 所示.

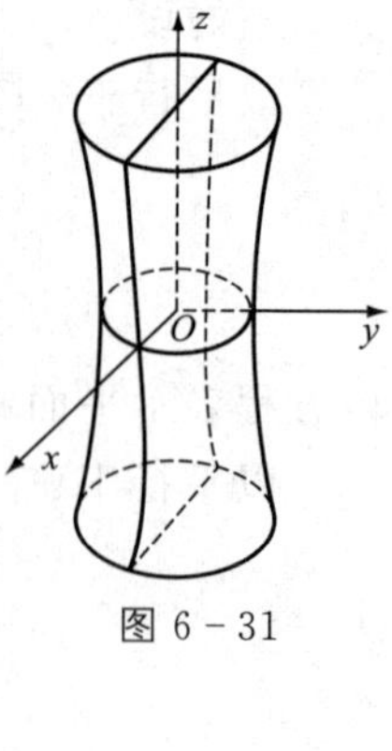

图 6-31

5. **双叶双曲面方程**

$$\frac{x^2}{a^2}-\frac{y^2}{b^2}+\frac{z^2}{c^2}=-1,$$

它所表示的曲面称为双叶双曲面,如图 6-32 所示.

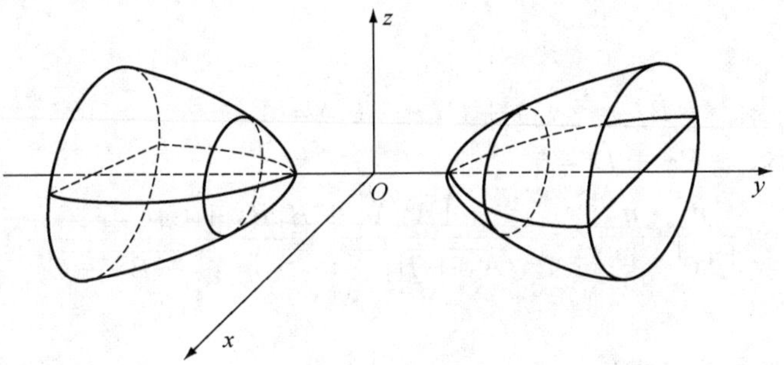

图 6-32

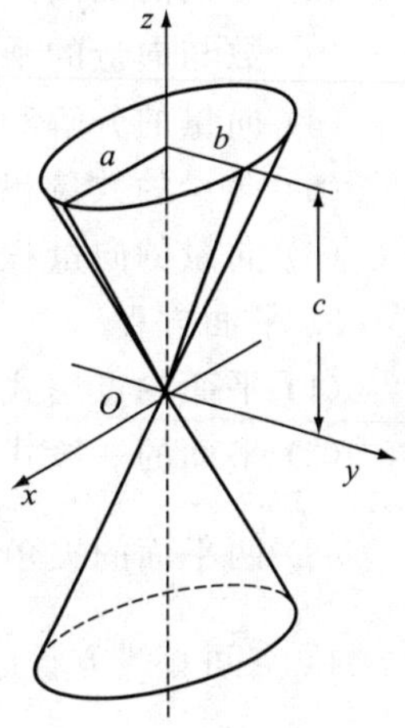

图 6-33

6. **椭圆锥面方程**

$$\frac{x^2}{a^2}+\frac{y^2}{b^2}-\frac{z^2}{c^2}=0,$$

它所表示的曲面称为椭圆锥面，如图 6-33 所示.

当 $a=b$ 时，$\frac{x^2}{a^2}+\frac{y^2}{b^2}-\frac{z^2}{c^2}=0$ 所表示的曲面称为圆锥面.

习题 6.5

1. 求球心在点 $(-1,-3,2)$ 处，且通过点 $(1,-1,1)$ 的球面的方程.
2. 方程 $x^2+y^2+z^2-2x+4y+2z=0$ 表示什么曲面?
3. 求下列旋转曲面的方程：

(1) $\begin{cases}\frac{x^2}{3}+\frac{y^2}{4}=1,\\ z=0\end{cases}$ 分别绕 x 轴，y 轴旋转；

(2) $\begin{cases}x^2-z^2=1,\\ y=0\end{cases}$ 分别绕 x 轴，z 轴旋转.

本章小结

1. 空间直角坐标系.

(1) 空间直角坐标系的建立.

(2) 空间中点的直角坐标.

(3) 空间两点间的距离公式.

2. 向量及其运算.

(1) 向量的概念.

(2) 向量的加法.

(3) 数与向量的乘积.

(4) 向量的分解和向量的坐标.

(5) 向量的数量积.

(6) 向量的向量积.

3. 平面方程.

(1) 平面的点法式方程:$A(x-x_0)+B(y-y_0)+C(z-z_0)=0$.

(2) 平面的一般式方程:$Ax+By+Cz+D=0$.

(3) 两平面的夹角的余弦:$\cos\theta=\dfrac{|\boldsymbol{n}_1\cdot\boldsymbol{n}_2|}{|\boldsymbol{n}_1|\cdot|\boldsymbol{n}_2|}=\dfrac{|A_1A_2+B_1B_2+C_1C_2|}{\sqrt{A_1^2+B_1^2+C_1^2}\cdot\sqrt{A_2^2+B_2^2+C_2^2}}$.

4. 空间直线方程.

(1) 空间直线的一般方程:$\begin{cases}A_1x+B_1y+C_1z=0,\\A_2x+B_2y+C_2z=0.\end{cases}$

(2) 空间直线的点向式方程:$\dfrac{x-x_0}{m}=\dfrac{y-y_0}{n}=\dfrac{z-z_0}{p}$.

(3) 空间直线的参数方程:$\begin{cases}x=x_0+mt,\\y=y_0+nt,\\z=z_0+pt.\end{cases}$

(4) 点$M_0(x_0,y_0,z_0)$到平面$\Pi(Ax+By+Cz+D=0)$的距离$d=\dfrac{|Ax_0+By_0+Cz_0+D|}{\sqrt{A^2+B^2+C^2}}$.

(5) 两直线的夹角的余弦:$\cos\theta=\dfrac{|\boldsymbol{s}_1\cdot\boldsymbol{s}_2|}{|\boldsymbol{s}_1|\cdot|\boldsymbol{s}_2|}=\dfrac{|m_1m_2+n_1n_2+p_1p_2|}{\sqrt{m_1^2+n_1^2+p_1^2}\cdot\sqrt{m_2^2+n_2^2+p_2^2}}$.

(6) 直线与平面的夹角的正弦:$\sin\varphi=\dfrac{|\boldsymbol{n}\cdot\boldsymbol{s}|}{|\boldsymbol{n}|\cdot|\boldsymbol{s}|}=\dfrac{|Am+Bn+Cp|}{\sqrt{A^2+B^2+C^2}\cdot\sqrt{m^2+n^2+p^2}}$.

5. 空间曲面的方程.

(1) 球面方程.

(2) 柱面方程.

(3) 旋转曲面的方程.

(4) 几种常见的二次曲面的方程.

复习题六

一、填空题

1. 点 $M(2,3,4)$ 到 xOz 坐标面的距离为____________.

2. 与向量$(2,1,-2)$平行的单位向量为____________.

3. 过点 $M(1,3,-1)$ 且与直线$\dfrac{x-2}{1}=\dfrac{y-3}{2}=\dfrac{z-4}{3}$垂直的平面的方程是____________.

4. 过点$(2,-2,0)$且与直线$\begin{cases}2x-y+1=0,\\3y-2z+1=0\end{cases}$平行的直线的方程是____________.

5. 球心在点 $M(2,3,4)$ 处，且过原点的球面的方程是 ________.

二、选择题

1. 在空间直角坐标系中，点 $M(0,3,4)$ 在（　　）.

A. x 轴上　　B. xOy 坐标面上　　C. xOz 坐标面上　　D. yOz 坐标面上

2. 点 $M(1,-1,2)$ 到平面 $2x+2y+z+7=0$ 的距离 d 等于（　　）.

A. 1　　B. 2　　C. 3　　D. 4

3. 直线 $\frac{x+2}{1}=\frac{y-3}{-2}=\frac{z-4}{3}$ 与直线 $\frac{x-2}{3}=\frac{y+3}{-6}=\frac{z-5}{9}$ 的位置关系是（　　）.

A. 重合　　B. 平行　　C. 垂直　　D. 相交

4. 直线 $L:\frac{x+2}{-1}=\frac{y-3}{-2}=\frac{z-4}{3}$ 和平面 $\Pi:2x+5y+4z+11=0$ 的位置关系是（　　）.

A. 直线 L 在平面 Π 内　　B. 平行

C. 垂直　　D. 斜交

5. 在空间直角坐标系中，方程 $x^2+y^2+z^2-2x-4y-6z+5=0$ 的图形是（　　）.

A. 球面　　B. 圆柱面　　C. 抛物面　　D. 双曲面

三、解答题

1. 分别按下列条件求平面方程：

(1) 平行于 yOz 坐标面，且过点 $A(2,3,4)$；

(2) 过点 $(3,1,2)$，且通过 z 轴.

2. 求平面 $2x+2y+z+20=0$ 与 xOy 坐标面的夹角的余弦.

3. 求过点 $(0,3,2)$ 且与直线 $L_1:\begin{cases}x=-1+2\lambda,\\ y=5-4\lambda,\\ z=2+3\lambda\end{cases}$ 和直线 $L_2:\frac{x-3}{3}=\frac{y-2}{2}=z-1$ 都垂直的直线的方程.

4. 求直线 $\begin{cases}3x-y+2z=0,\\ 6x-3y+2z=2\end{cases}$ 的方向余弦.

5. 确定下列各组中两直线的位置关系：

(1) $\frac{x}{-1}=\frac{y}{1}=\frac{z+2}{-1}$ 与 $\begin{cases}2x-y+2z-4=0,\\ x-y+2z-3=0;\end{cases}$

(2) $\frac{x+14}{3}=\frac{y}{1}=\frac{z+21}{5}$ 与 $\begin{cases}x=\frac{1}{3}-9t,\\ y=1-3t,\\ z=-\frac{1}{3}-15t;\end{cases}$

(3) $\begin{cases}3x+z-4=0,\\ y+2z-9=0\end{cases}$ 与 $\begin{cases}6x-y+1=0,\\ y+2z-9=0.\end{cases}$

6. 求过点 $M(1,1,1)$ 且垂直于平面 $x+2z=0$ 和 $x+y+z=0$ 的平面的方程.

第 7 章

多元函数微积分学

前面研究的函数都是只有一个自变量的函数，称为一元函数. 在科技领域中人们常会遇到多个自变量的函数，我们把自变量多于一个的函数称为多元函数. 多元函数及其微分法是一元函数及其微分法的推广和发展，它们有许多共同之处，但有些地方存在实质性的差异. 学习时应特别注意多元函数与一元函数相应内容之间的共同性与特殊性. 本章以二元函数为例介绍多元函数的概念、微分法及其应用.

7.1 多元函数

7.1.1 多元函数的定义

在许多实际问题中，一个结果往往涉及多方面的原因. 反映到数学上，就是一个因变量依赖多个自变量的情形，举例如下.

例 7.1.1 长方形的长为 a，宽为 b，则其面积 $S=ab$. 自变量 a 和 b 的每一对数值，对应 S 的一个确定的数值，S 是 a 和 b 的函数.

例 7.1.2 设 R 是电阻 R_1 与 R_2 串联后的总电阻，则 $R=R_1+R_2$. 自变量 R_1 与 R_2 的每一对数值，对应 R 的一个确定的数值，R 是 R_1 与 R_2 的函数.

上面两个例子，虽然来自不同的实际问题，但从数量关系来看，它们有共同的特性，于是得到二元函数的定义.

定义 7.1 如果当两个独立变量 x 与 y 在其特定的区域 D 中任取一组值时，第三个变量 z 按照确定的法则有唯一确定的值与这组值对应，则称变量 z 为变量 x 与 y 的二元函数，记作

$$z=f(x,y).$$

其中，x 与 y 称为自变量，函数 z 称为因变量，自变量 x 与 y 的变化范围称为函数的定义域.

当 $x=a,y=b$ 时，函数 z 的对应值记为 $z\Big|_{\substack{x=a\\y=b}}$ 或 $z(a,b)$ 或 $f(a,b)$.

根据定义，例 7.1.1 中长方形的面积 S 是 a 和 b 的二元函数；例 7.1.2 中总电阻 R 是 R_1

与 R_2 的二元函数.

类似地,可以定义三元函数 $u=f(x,y,z)$ 以及三元以上的函数,二元及二元以上的函数统称为多元函数.

有关二元函数的一些概念,与一元函数的内容相类似,下面做简单介绍.

二元函数的定义域一般是一条或几条光滑曲线所围成的平面区域. 围成区域的曲线称为区域的边界. 边界上的点称为边界点. 区域连同它的全部边界称为闭区域,不包括边界在内的区域称为开区域.

设 $P_0(x_0,y_0)$ 是 xOy 坐标面上一点,xOy 坐标面上所有与点 $P_0(x_0,y_0)$ 的距离小于正数 δ 的点 $P(x,y)$ 的集合,称为点 $P_0(x_0,y_0)$ 的邻域,记作 $U(P_0,\delta)$ 或 $U(P_0)$,即

$$U(P_0,\delta)=\left\{(x,y)\,\middle|\,\sqrt{(x-x_0)^2+(y-y_0)^2}<\delta\right\}.$$

点集 $\left\{(x,y)\,\middle|\,0<\sqrt{(x-x_0)^2+(y-y_0)^2}<\delta\right\}$ 称为点 $P_0(x_0,y_0)$ 的去心 δ 邻域,记为 $\mathring{U}(P_0,\delta)$. 如果不需要强调半径 δ,则 $U(P_0,\delta)$ 和 $\mathring{U}(P_0,\delta)$ 可分别简记为 $U(P_0)$ 和 $\mathring{U}(P_0)$.

例 7.1.3　求函数 $z=\sqrt{1-x^2-y^2}$ 的定义域.

解:要使 z 有意义,x,y 必须满足 $1-x^2-y^2\geqslant 0$,即函数的定义域为 $D=\{(x,y)\mid x^2+y^2\leqslant 1\}$.定义域 D 的图形如图 7-1 中阴影所示.

例 7.1.4　求函数 $f(x,y)=\dfrac{\arcsin(3-x^2-y^2)}{\sqrt{x-y^2}}$ 的定义域.

解:要使 z 有意义,x,y 必须满足不等式组

$$\begin{cases}|3-x^2-y^2|\leqslant 1,\\ x-y^2>0,\end{cases}$$

即函数的定义域为 $D=\{(x,y)\mid 2\leqslant x^2+y^2\leqslant 4,x>y^2\}$.定义域 D 的图形如图 7-2 中阴影所示.

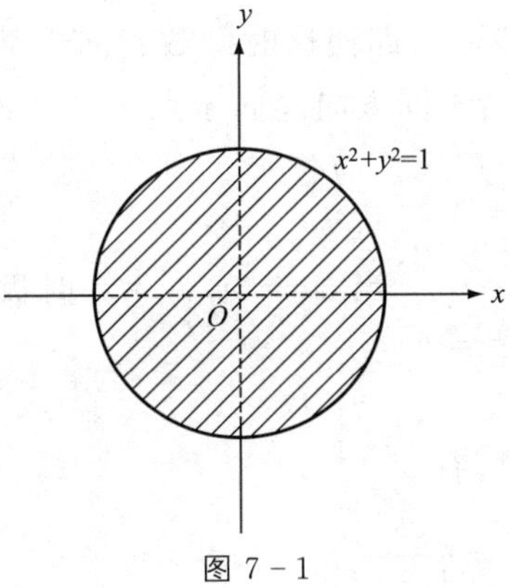

图 7-1

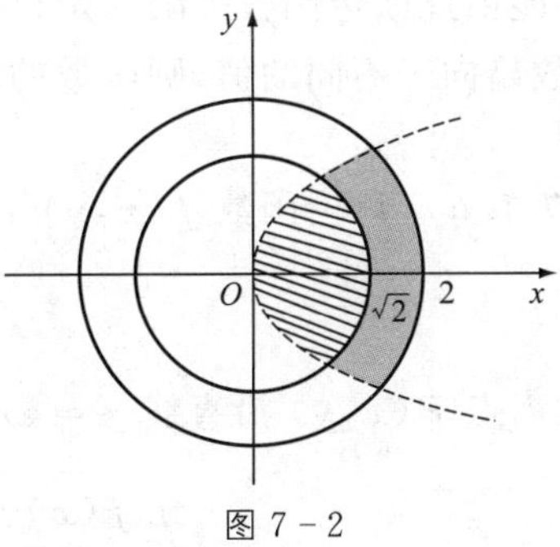

图 7-2

7.1.2　二元函数的极限

前面讨论过一元函数的极限问题,它是在自变量的某种趋向下,对应函数值的变化趋势,即

设函数 $y=f(x)$ 在点 x_0 的某个邻域内有定义(在点 x_0 处可以没有定义),当自变量 x

以任何方式趋于 x_0 时,函数 $f(x)$ 无限趋近于确定的常数 A,则称 A 为函数 $y=f(x)$ 在点 x_0 处的极限.

类似地,下面给出二元函数极限的定义.

定义 7.2 二元函数 $z=f(x,y)$ 在点 $P_0(x_0,y_0)$ 的某个邻域 $U(P_0)$ 内有定义[$P_0(x_0,y_0)$ 可以除外],点 $P(x,y)$ 是 $U(P_0)$ 内异于 $P_0(x_0,y_0)$ 的任意一点,如果当 $P(x,y)$ 以任意方式无限接近于 $P_0(x_0,y_0)$ 时,$f(x,y)$ 无限接近于一个确定的常数 A,则称 A 是二元函数 $f(x,y)$ 当 (x,y) 趋于 (x_0,y_0) 时的极限,记为

$$\lim_{\substack{x\to x_0\\y\to y_0}} f(x,y)=A \text{ 或 } f(x,y)\to A(x\to x_0,y\to y_0).$$

上述定义的二元函数的极限又叫作二重极限. 二重极限是一元函数极限的推广,有关一元函数极限的运算法则和定理,都可以直接类推到二重极限,这里不再详细叙述,仅举例说明.

例 7.1.5 求极限:(1) $\lim\limits_{\substack{x\to 0\\y\to 0}}\dfrac{2-\sqrt{xy+4}}{xy}$;(2) $\lim\limits_{\substack{x\to 0\\y\to 0}}\dfrac{\sin(x^2+y^2)}{x^2+y^2}$.

解:(1) $$\lim_{\substack{x\to 0\\y\to 0}}\frac{2-\sqrt{xy+4}}{xy}=\lim_{\substack{x\to 0\\y\to 0}}\frac{(2-\sqrt{xy+4})(2+\sqrt{xy+4})}{xy\cdot(2+\sqrt{xy+4})}$$
$$=\lim_{\substack{x\to 0\\y\to 0}}\frac{-1}{2+\sqrt{xy+4}}=-\frac{1}{4};$$

(2) 令 $u=x^2+y^2$,当 $x\to 0,y\to 0$ 时,$u\to 0$,因此

原式 $=\lim\limits_{u\to 0}\dfrac{\sin u}{u}=1$.

应当注意的是,在一元函数的极限定义中,点 x 只是沿 x 轴趋向于点 x_0,但在二元函数的极限定义中,要求点 $P(x,y)$ 以任意方向趋向于 $P_0(x_0,y_0)$,如果点 $P(x,y)$ 只以某些特殊方向,例如,沿一条定直线或定曲线趋向于点 $P_0(x_0,y_0)$,即使这时函数趋向于某一确定值,也不能由此断定函数极限一定存在. 当点 $P(x,y)$ 沿不同方向趋向于点 $P_0(x_0,y_0)$ 时,如果函数趋向于不同的值,则函数的极限一定不存在.

例 7.1.6 讨论函数 $f(x,y)=\begin{cases}\dfrac{xy}{x^2-y^2}, & x^2-y^2\neq 0,\\ 0, & x^2-y^2=0\end{cases}$ 当 $x\to 0,y\to 0$ 时极限是否存在.

解:当点 $P(x,y)$ 沿直线 $y=kx$ 趋向于点 $(0,0)$ 时,有

$$\lim_{\substack{x\to 0\\y\to 0}} f(x,y)=\lim_{x\to 0}\frac{kx^2}{x^2-k^2x^2}=\frac{k}{1-k^2}.$$

这说明 k 取不同值时,$\dfrac{k}{1-k^2}$ 的值也不同,所以 $\lim\limits_{\substack{x\to 0\\y\to 0}} f(x,y)$ 不存在.

7.1.3 二元函数的连续性

定义 7.3 设函数 $z=f(x,y)$ 在点 $P_0(x_0,y_0)$ 的某邻域内有定义,且

$$\lim_{\substack{x \to x_0 \\ y \to y_0}} f(x,y) = f(x_0,y_0),$$

则称函数 $f(x,y)$ 在点 $P_0(x_0,y_0)$ 处连续. 如果 $f(x,y)$ 在区域 D 内的每一点都连续,则称 $f(x,y)$ 在区域 D 内连续.

若令 $x = x_0 + \Delta x, y = y_0 + \Delta y$,则 $\lim\limits_{\substack{x \to x_0 \\ y \to y_0}} f(x,y) = f(x_0,y_0)$ 可写成

$$\lim_{\substack{\Delta x \to 0 \\ \Delta y \to 0}} [f(x_0 + \Delta x, y_0 + \Delta y) - f(x_0,y_0)] = 0,$$

即

$$\lim_{\substack{\Delta x \to 0 \\ \Delta y \to 0}} \Delta z = 0.$$

其中,$\Delta z = f(x_0 + \Delta x, y_0 + \Delta y) - f(x_0,y_0)$ 为函数 $z = f(x,y)$ 在点(x_0,y_0)处的全增量. 于是有二元函数在点 $P_0(x_0,y_0)$ 处连续的等价定义:

设函数 $z = f(x,y)$ 在点 $P_0(x_0,y_0)$ 的某一邻域内有定义,且

$$\lim_{\substack{\Delta x \to 0 \\ \Delta y \to 0}} \Delta z = 0,$$

则称二元函数 $z = f(x,y)$ 在点 $P_0(x_0,y_0)$ 处连续.

同一元函数类似,连续二元函数的和、差、积、商(分母不等于零)及复合函数仍是连续函数. 由此还可得出"多元初等函数在其定义域内连续".

例 7.1.7　求 $\lim\limits_{\substack{x \to 1 \\ y \to 1}} \dfrac{\sqrt{xy+1}-1}{xy}$.

解:函数 $f(x,y) = \dfrac{\sqrt{xy+1}-1}{xy}$ 是初等函数,它的定义域

$$D = \{(x,y) \mid x \neq 0, y \neq 0\}$$

是一个区域,而点$(1,1) \in D$,因此

$$\lim_{\substack{x \to 1 \\ y \to 1}} \frac{\sqrt{xy+1}-1}{xy} = \frac{\sqrt{1\times 1+1}-1}{1\times 1} = \sqrt{2}-1.$$

习题 7.1

1. 求下列函数的定义域:

(1) $z = \sqrt{1-x^2} + \sqrt{y^2-1}$;

(2) $z = \dfrac{1}{\sqrt{x^2+y^2-1}}$;

(3) $z = \sqrt{\ln(x^2+y^2-1)}$;

(4) $z = \arccos(x-y-1)$;

(5) $z = \dfrac{1}{\sqrt{x+y}} + \dfrac{1}{\sqrt{x-y}}$;

(6) $z = \arcsin(x^2+y^2)$.

2. 求下列函数的极限:

(1) $\lim\limits_{\substack{x \to 0 \\ y \to 0}} \dfrac{1-\sqrt{xy+1}}{xy}$;

(2) $\lim\limits_{\substack{x \to 0 \\ y \to 0}} \left[(x+y) \cdot \sin\dfrac{1}{x+y}\right]$;

(3) $\lim\limits_{\substack{x\to\infty\\ y\to\infty}}(x^2+y^2)\cdot\sin\dfrac{3}{x^2+y^2}$；　　　　(4) $\lim\limits_{\substack{x\to 1\\ y\to 2}}\dfrac{x^2-2xy+4}{xy-1}$.

3. 讨论极限$\lim\limits_{\substack{x\to 0\\ y\to 0}}\dfrac{xy}{x^2+y^2}$是否存在.

4. 讨论函数 $f(x,y)=\begin{cases}\dfrac{x^2y}{x^2+y^2}, x,y \text{ 不同时为 } 0, \\ 0, x=y=0\end{cases}$ 在点(0,0)处的连续性.

7.2 偏导数

7.2.1 偏导数的定义及其计算方法

在研究一元函数时，我们从研究函数的变化率引入导数概念. 对于多元函数，同样需要讨论它的变化率. 但多元函数的自变量不止一个，因变量与自变量的关系要比一元函数复杂得多. 在这一节里，我们首先考虑多元函数关于其中一个自变量的变化率. 以二元函数 $z=f(x,y)$ 为例，如果只有自变量 x 变化，而自变量 y 固定(即看作常量)，这时 $z<f(x,y)$ 就是自变量为 x 的一元函数，该函数对 x 的导数，就称为二元函数 $z=f(x,y)$ 对 x 的偏导数，即有如下定义.

定义 7.4　设二元函数 $z=f(x,y)$ 在点 $P_0(x_0,y_0)$ 的某一领域内有定义，固定 $y=y_0$，若极限

$$\lim_{\Delta x\to 0}\frac{f(x_0+\Delta x,y_0)-f(x_0,y_0)}{\Delta x}$$

存在，则称此极限为函数 $z=f(x,y)$ 在点 $P_0(x_0,y_0)$ 处对 x 的偏导数，记为

$$\left.\frac{\partial z}{\partial x}\right|_{(x_0,y_0)}\left[\text{或}\left.\frac{\partial f}{\partial x}\right|_{(x_0,y_0)}, \text{或} z'_x\,|_{(x_0,y_0)}, \text{或 } z'_x(x_0,y_0), \text{或} f'_x(x,y)\,|_{(x_0,y_0)}, \text{或 } f'_x(x_0,y_0)\right].$$

注：$f'_x(x_0,y_0)=\lim\limits_{\Delta x\to 0}\dfrac{f(x_0+\Delta x,y_0)-f(x_0,y_0)}{\Delta x}=\left.\dfrac{\mathrm{d}}{\mathrm{d}x}f(x,y_0)\right|_{x=x_0}$.

同理可定义对 y 的偏导数，固定 $x=x_0$，若极限

$$\lim_{\Delta y\to 0}\frac{f(x_0,y_0+\Delta y)-f(x_0,y_0)}{\Delta y}$$

存在，则称此极限为 $z=f(x,y)$ 在点 $P_0(x_0,y_0)$ 处对 y 的偏导数，记为

$$\left.\frac{\partial z}{\partial y}\right|_{(x_0,y_0)}\left[\text{或}\left.\frac{\partial f}{\partial y}\right|_{(x_0,y_0)}, \text{或} z'_y\,|_{(x_0,y_0)}, \text{或 } z'_y(x_0,y_0), \text{或} f'_y(x,y)\,|_{(x_0,y_0)}, \text{或 } f'_y(x_0,y_0)\right].$$

若函数 $z=f(x,y)$ 在区域 D 内每一点 (x,y) 处对 x 或 y 的偏导数存在，则称偏导函数存在，记为

$$\frac{\partial z}{\partial x},\frac{\partial z}{\partial y}\left[\text{或}\frac{\partial f}{\partial x},\frac{\partial f}{\partial y};\text{或 } z'_x, z'_y;\text{或 } f'_x(x,y), f'_y(x,y)\right].$$

就像一元函数的导函数一样，以后在不至于混淆的地方，把偏导函数简称为偏导数.

例 7.2.1　求 $z=x^2+3xy+y^2$ 在点(1,2)处的偏导数.

解法 1：$\frac{\partial z}{\partial x}=2x+3y,\frac{\partial z}{\partial y}=3x+2y,$

$$\left.\frac{\partial z}{\partial x}\right|_{(1,2)}=8,\left.\frac{\partial z}{\partial y}\right|_{(1,2)}=7.$$

解法 2：$z\mid_{y=2}=x^2+6x+4,z\mid_{x=1}=1+3y+y^2,$

$$\left.\frac{\partial z}{\partial x}\right|_{(1,2)}=(2x+6)\mid_{x=1}=8,\left.\frac{\partial z}{\partial y}\right|_{(1,2)}=(3+2y)\mid_{y=2}=7.$$

例 7.2.2　设 $z=x^y$，求$\frac{\partial z}{\partial x},\frac{\partial z}{\partial y}$.

解：$\frac{\partial z}{\partial x}=yx^{y-1},\frac{\partial z}{\partial y}=x^y\ln x.$

例 7.2.3　设 $z=x^2\sin y$，求$\frac{\partial z}{\partial x},\frac{\partial z}{\partial y}$.

解：$\frac{\partial z}{\partial x}=2x\sin y,\frac{\partial z}{\partial y}=x^2\cos y.$

例 7.2.4　在关系式 $PV=RT$(R 为常数)中，把 P,V,T 中的一个变量看作其他两个变量的函数，试证$\frac{\partial P}{\partial V}\cdot\frac{\partial V}{\partial T}\cdot\frac{\partial T}{\partial P}=-1$.

证明：$P=\frac{RT}{V},\frac{\partial P}{\partial V}=-\frac{RT}{V^2};V=\frac{RT}{P},\frac{\partial V}{\partial T}=\frac{R}{P};T=\frac{PV}{R},\frac{\partial T}{\partial P}=\frac{V}{R}.$

$\therefore\ \frac{\partial P}{\partial V}\cdot\frac{\partial V}{\partial T}\cdot\frac{\partial T}{\partial P}=-\frac{RT}{V^2}\cdot\frac{R}{P}\cdot\frac{V}{R}=-\frac{RT}{PV}=-1.$

我们知道，对一元函数来说，$\frac{\mathrm{d}y}{\mathrm{d}x}$ 可看作函数的微分 $\mathrm{d}y$ 与自变量的微分 $\mathrm{d}x$ 之商。而上式表明，偏导数$\frac{\partial z}{\partial x}$是一个整体记号，不能看作 ∂z 与 ∂x 之商.

如果函数 $z=f(x,y)$ 在点 $P_0(x_0,y_0)$ 处两个偏导数存在，则称函数 $z=f(x,y)$ 在点 $P_0(x_0,y_0)$ 处是可导的.

现在来看多元函数与一元函数的一个不同点：对于一元函数来说，可导必连续；对于多元函数来说，这个结论不再成立. 例如，函数 $f(x,y)=\begin{cases}\frac{xy}{x^2-y^2}, & x^2-y^2\neq 0,\\ 0, & x^2-y^2=0\end{cases}$ 在点(0,0)处有

$$\left.\frac{\partial f}{\partial x}\right|_{(0,0)}=\lim_{x\to 0}\frac{f(x,0)-f(0,0)}{x}=0,$$

同理有

$$\left.\frac{\partial f}{\partial y}\right|_{(0,0)}=\lim_{y\to 0}\frac{f(0,y)-f(0,0)}{y}=0$$

因此，函数 $f(x,y)$ 在点(0,0)处两个偏导数都存在，即函数 $f(x,y)$ 在点(0,0)处是可导的. 但是，由于 $\lim\limits_{\substack{x\to 0\\ y\to 0}}f(x,y)$ 不存在，故函数 $f(x,y)$ 在点(0,0)处不连续. 因此，可导未必连续.

另一方面,考虑函数 $f(x,y)=x+|y|$,容易证明$\lim\limits_{\substack{x\to 0\\ y\to 0}}f(x,y)=0=f(0,0)$,故函数 $f(x,y)$ 在点(0,0) 处连续. 但是,由于$\left.\dfrac{\partial f}{\partial x}\right|_{(0,0)}=1$,而$\left.\dfrac{\partial f}{\partial y}\right|_{(0,0)}$不存在,所以函数 $f(x,y)$ 在点(0,0) 处不可导. 因此,连续未必可导.

综合以上结果可知:对于多元函数,偏导数存在,函数未必连续;函数连续,偏导数未必存在.

7.2.2 高阶偏导数

设 $z=f(x,y)$ 在区域 D 内存在连续的偏导数$\dfrac{\partial z}{\partial x}=f'_x(x,y)$,$\dfrac{\partial z}{\partial y}=f'_y(x,y)$,若这两个偏导数也存在偏导数,则称这两个偏导数的偏导数是 $z=f(x,y)$ 的二阶偏导数. 按求导顺序不同,有下列 4 个二阶偏导数.

$$\frac{\partial}{\partial x}\left(\frac{\partial z}{\partial x}\right)=\frac{\partial^2 z}{\partial x^2}=f''_{xx}(x,y)=z''_{xx},$$

$$\frac{\partial}{\partial y}\left(\frac{\partial z}{\partial x}\right)=\frac{\partial^2 z}{\partial x\partial y}=f''_{xy}(x,y)=z''_{xy},$$

$$\frac{\partial}{\partial x}\left(\frac{\partial z}{\partial y}\right)=\frac{\partial^2 z}{\partial y\partial x}=f''_{yx}(x,y)=z''_{yx},$$

$$\frac{\partial}{\partial y}\left(\frac{\partial z}{\partial y}\right)=\frac{\partial^2 z}{\partial y^2}=f''_{yy}(x,y)=z''_{yy}.$$

注意:z''_{xy} 与 z''_{yx} 的区别在于,前者是先对 x 求偏导,然后将所得的偏导数再对 y 求偏导;后者是先对 y 求偏导,然后将所得的偏导数再对 x 求偏导. 当 z''_{xy} 与 z''_{yx} 都连续时,求导的结果与求导的先后次序无关,即 $z''_{xy}=z''_{yx}$.

用类似方法可定义二阶以上的偏导数.

例如,$z=f(x,y)$ 关于 x 的三阶偏导数为

$$\frac{\partial}{\partial x}\left(\frac{\partial^2 z}{\partial x^2}\right)=\frac{\partial^3 z}{\partial x^3}.$$

二阶及二阶以上的偏导数统称为高阶偏导数.

例 7.2.5 求函数 $z=x^3y-3x^2y^3$ 的二阶偏导数.

解:$z'_x=3x^2y-6xy^3$,$z'_y=x^3-9x^2y^2$,

$z''_{xx}=6xy-6y^3$,$z''_{xy}=3x^2-18xy^2$,

$z''_{yx}=3x^2-18xy^2$,$z''_{yy}=-18x^2y$.

例 7.2.6 求二元函数 $f(x,y)=ye^x$ 的二阶偏导数.

解:$f'_x=ye^x$,$f'_y=e^x$,

$f''_{xx}=ye^x$,$f''_{xy}=e^x$,

$f''_{yy}=0$,$f''_{yx}=e^x$.

习题 7.2

1. 求下列函数的偏导数：

(1) $z=\ln(x+\ln y)$；　(2) $z=y^x$；　(3) $z=\sqrt{xy}$；

(4) $z=\arctan(xy)$；　(5) $z=2xy-\sqrt{x^2+y^2}$；　(6) $z=\arcsin(yx)$.

2. 求下列函数在指定点处的偏导数：

(1) $f(x,y)=e^{xy}$，求 $f'_x(1,2)$，$f'_y(1,2)$；

(2) $f(x,y)=\ln(x+\ln y)$，求 $f'_x(1,e)$，$f'_y(1,e)$.

3. 求下列函数的二阶偏导数：

(1) $f(x,y)=x^4+y^4-4x^2y^2$；　(2) $f(x,y)=\sin^2(ax+by)$；

(3) $f(x,y)=x\ln y$；　(4) $f(x,y)=e^{xy}$.

4. 设函数 $z=f(x^2+y^2)$，$f(u)$ 二阶可导，求 $yz'_x-xz'_y$，z''_{xy}.

5. 设函数 $u=x+\dfrac{x-y}{y-z}$，证明 $\dfrac{\partial u}{\partial x}+\dfrac{\partial u}{\partial y}+\dfrac{\partial u}{\partial z}=1$.

7.3 全微分

7.3.1 全微分与全增量

前面我们已经讨论了一元函数的增量与微分的关系，即如果一元函数 $y=f(x)$ 在点 x 处可导，则当自变量有增量 Δx 时，函数的增量

$$\Delta y=f(x+\Delta x)-f(x)=f'(x)\Delta x+o(\Delta x)$$

我们称其中的 $f'(x)\Delta x$ 为函数的微分 dy，即 $dy=f'(x)\Delta x$. 当 $|\Delta x|$ 很小时，$\Delta y\approx dy$.

将这个定义推广到二元函数 $z=f(x,y)$ 在点 (x,y) 的微分.

定义 7.5　如果函数 $z=f(x,y)$ 在点 (x,y) 的全增量

$$\Delta z=f(x+\Delta x,y+\Delta y)-f(x,y)$$

可表示为

$$\Delta z=A\Delta x+B\Delta y+o(\rho)\quad\left[\rho=\sqrt{(\Delta x)^2+(\Delta y)^2}\right],$$

其中，A，B 不依赖于 Δx，Δy 而仅与 x，y 有关，$o(\rho)$ 是当 $\rho=\sqrt{(\Delta x)^2+(\Delta y)^2}$ 时比 ρ 高阶的无穷小，则称函数 $z=f(x,y)$ 在点 (x,y) 可微分，称 $A\Delta x+B\Delta y$ 为函数 $z=f(x,y)$ 在点 (x,y) 的全微分，记作 dz，即

$$dz=A\Delta x+B\Delta y.$$

与一元函数类似，全微分是 Δx，Δy 的线性函数，它与 Δz 只相差一个比 ρ 高阶的无穷小，因此也称 dz 为 Δz 的线性主部. 当 $|\Delta x|$，$|\Delta y|$ 很小时，可用全微分 dz 作为函数全增量的近似值.

7.3.2 全微分与偏导数的关系

下面讨论 $z=f(x,y)$ 在点 (x,y) 处可微分的条件.

定理 7.1(必要条件) 如果函数 $z=f(x,y)$ 在点 (x,y) 可微分,则 $z=f(x,y)$ 在点 (x,y) 处的两个偏导数存在,且函数 $z=f(x,y)$ 在点 (x,y) 处的全微分为

$$\mathrm{d}z=\frac{\partial z}{\partial x}\Delta x+\frac{\partial z}{\partial y}\Delta y.$$

对于一元函数来说,可微分与可导是等价的,但对二元函数来说,可微分一定可导,但偏导数存在,函数不一定可微分. 那么在什么条件下,由可导可推出可微分呢?

定理 7.2(充分条件) 如果函数 $z=f(x,y)$ 的两个偏导数 $\frac{\partial z}{\partial x}$ 和 $\frac{\partial z}{\partial y}$ 在点 (x,y) 处都存在且连续,则函数 $z=f(x,y)$ 在点 (x,y) 可微分.

习惯上,我们将自变量的增量 Δx 和 Δy 分别记作 $\mathrm{d}x$ 和 $\mathrm{d}y$,并分别称它们为自变量的微分,于是有 $\mathrm{d}z=\frac{\partial z}{\partial x}\mathrm{d}x+\frac{\partial z}{\partial y}\mathrm{d}y$.

二元函数全微分的概念与公式,均可以直接类推到三元及三元以上的函数. 例如,若三元函数 $u=f(x,y,z)$ 的 3 个偏导数都存在且连续,则其全微分表达式为

$$\mathrm{d}u=\frac{\partial u}{\partial x}\mathrm{d}x+\frac{\partial u}{\partial y}\mathrm{d}y+\frac{\partial u}{\partial z}\mathrm{d}z.$$

例 7.3.1 求函数 $z=xy$ 在点 $(1,1)$ 处,当 $\Delta x=0.1,\Delta y=0.2$ 时的全增量与全微分.

解:全增量
$$\begin{aligned}\Delta z&=f(x_0+\Delta x,y_0+\Delta y)-f(x_0,y_0)\\&=(x_0+\Delta x)(y_0+\Delta y)-x_0y_0=(1+0.1)(1+0.2)-1=0.32.\end{aligned}$$

因为
$$\left.\frac{\partial z}{\partial x}\right|_{\substack{x=1\\y=1}}=y\Big|_{\substack{x=1\\y=1}}=1,\left.\frac{\partial z}{\partial y}\right|_{\substack{x=1\\y=1}}=x\Big|_{\substack{x=1\\y=1}}=1,$$

所以全微分
$$\mathrm{d}z=\left.\frac{\partial z}{\partial x}\right|_{\substack{x=1\\y=1}}\Delta x+\left.\frac{\partial z}{\partial y}\right|_{\substack{x=1\\y=1}}\Delta y=\Delta x+\Delta y=0.3.$$

例 7.3.2 求函数 $z=y\mathrm{e}^x$ 在点 $(0,1)$ 处的全微分.

解:因为 $\left.\frac{\partial z}{\partial x}\right|_{\substack{x=0\\y=1}}=(y\mathrm{e}^x)\Big|_{\substack{x=0\\y=1}}=1,\left.\frac{\partial z}{\partial y}\right|_{\substack{x=0\\y=1}}=(\mathrm{e}^x)\Big|_{\substack{x=0\\y=1}}=1,$

所以
$$\mathrm{d}z\Big|_{\substack{x=0\\y=1}}=\mathrm{d}x+\mathrm{d}y.$$

例 7.3.3 求函数 $z=x^2y+x\cos y$ 的全微分.

解:因为 $\frac{\partial z}{\partial x}=2xy+\cos y,\frac{\partial z}{\partial y}=x^2-x\sin y,$

所以
$$\mathrm{d}z=(2xy+\cos y)\mathrm{d}x+(x^2-x\sin y)\mathrm{d}y.$$

*7.3.3 全微分在近似计算中的应用

由定理 7.2 可知,当二元函数 $z=f(x,y)$ 在点 (x,y) 处的两个偏导数 $\frac{\partial z}{\partial x}$ 和 $\frac{\partial z}{\partial x}$ 存在且连续时,有

$$\mathrm{d}z=\frac{\partial z}{\partial x}\Delta x+\frac{\partial z}{\partial y}\Delta y.$$

当 $|\Delta x|,|\Delta y|$ 很小时,有

$$\Delta z=f(x+\Delta x,y+\Delta y)-f(x,y)\approx\mathrm{d}z.$$

于是有两个近似公式

$$\Delta z \approx \frac{\partial z}{\partial x}\Delta x + \frac{\partial z}{\partial y}\Delta y.$$

与

$$f(x+\Delta x, y+\Delta y) \approx f(x,y) + \frac{\partial z}{\partial x}\Delta x + \frac{\partial z}{\partial y}\Delta y.$$

应用这两个近似公式,可分别计算二元函数 $z = f(x,y)$ 的全增量 Δz 与某点函数值的近似值.

例 7.3.4　求 $(0.98)^{2.03}$ 的近似值.

解:设 $z = f(x,y) = x^y$,则要求的数值便是函数 $z = f(x,y) = x^y$ 在 $x + \Delta x = 0.98$, $y + \Delta y = 2.03$ 时的函数值 $f(0.98, 2.03)$ 的近似值.

取 $x = 1, y = 2, \Delta x = -0.02, \Delta y = 0.03$,有

$$f(0.98,2.03) = f(1-0.02, 2+0.03) \approx f(1,2) + \left.\frac{\partial z}{\partial x}\right|_{\substack{x=1\\y=2}} \times (-0.02) + \left.\frac{\partial z}{\partial y}\right|_{\substack{x=1\\y=2}} \times 0.03$$

$$= 1 + \left.(yx^{y-1})\right|_{\substack{x=1\\y=2}} \times (-0.02) + \left.(x^y \ln x)\right|_{\substack{x=1\\y=2}} \times 0.03$$

$$= 1 + 2 \times (-0.02) + 0 \times 0.03 = 0.96.$$

例 7.3.5　一圆柱形的铁罐,内半径为 5 cm,内高为 12 cm,壁厚均为 0.2 cm,制作这个铁罐所用材料的体积大约是多少(包括上、下底)?

解:铁罐的容积 $V = \pi r^2 h$,制作这个铁罐所用材料的体积

$$\Delta V = \pi(r + \Delta r)^2 (h + \Delta h) - \pi r^2 h.$$

因为 $\Delta r = 0.2$ cm, $\Delta h = 0.4$ cm, Δr 和 Δh 都比较小,所以可用全微分近似代替全增量,即

$$\Delta V \approx dV = \frac{\partial V}{\partial r}dr + \frac{\partial V}{\partial h}dh = 2\pi rh\,dr + \pi r^2 dh = \pi r(2h\,dr + r\,dh).$$

因此　$$\Delta V \Big|_{\substack{r=5, h=12\\ \Delta r=0.2, \Delta h=0.4}} \approx 5\pi(24 \times 0.2 + 5 \times 0.4) = 34\pi \approx 106.8(\text{cm}^3).$$

故所用材料的体积大约是 $106.8\ \text{cm}^3$.

习题 7.3

1. 求下列函数的全微分:

(1) $z = xy + \dfrac{x}{y}$;　　(2) $z = \ln\sqrt{x^2 + y^2}$;

(3) $z = \sin(xy^2)$;　　(4) $z = \arctan\dfrac{y}{x}$.

2. 设函数 $f(x,y) = \sqrt{\dfrac{y}{x}}$,求函数 $f(x,y)$ 在点(1,4)的全微分.

3. 计算 $z = \dfrac{y}{x}$ 在点(2,1)处当 $\Delta x = 0.1, \Delta y = 0.2$ 时的全增量与全微分.

4. 求函数 $z = 2x^2 + 3y^2$ 当 $x = 10, y = 8, \Delta x = 0.2, \Delta y = 0.3$ 时的全增量与全微分.

5. 求 $(1.04)^{2.02}$ 的近似值.

7.4 多元复合函数与隐函数的偏导数

7.4.1 多元复合函数的求导法则

多元复合函数的求导法则是一元复合函数求导法则的推广. 由于多元复合函数的构成比较复杂,因此我们分两种情形分别讨论.

1. 中间变量是一元函数的情形

定理7.3 设函数 $u=\varphi(t)$ 及 $v=\psi(t)$ 都在点 t 可导,函数 $z=f(u,v)$ 在对应点 (u,v) 具有连续偏导数,则复合函数 $z=f[\varphi(t),\psi(t)]$ 在点 t 可导,且

$$\frac{\mathrm{d}z}{\mathrm{d}t}=\frac{\partial z}{\partial u}\cdot\frac{\mathrm{d}u}{\mathrm{d}t}+\frac{\partial z}{\partial v}\cdot\frac{\mathrm{d}v}{\mathrm{d}t}.$$

$\frac{\mathrm{d}z}{\mathrm{d}t}$ 称为 z 对 t 的全导数.

复合函数 z 有两个中间变量 u,v,而中间变量 u,v 又各有一个自变量 t,为了清楚地表示这些变量之间的关系,可借树形图(见图7-3)形象地表示变量之间的复杂关系.

从图7-3中可以清楚地看出,由 z 通过 u,v 到达 t 有两条途径,而定理7.3中公式右边的和式恰有两项,偏导数和导数相乘,即 $\frac{\partial z}{\partial u}\cdot\frac{\mathrm{d}u}{\mathrm{d}t}$ 和 $\frac{\partial z}{\partial v}\cdot\frac{\mathrm{d}v}{\mathrm{d}t}$,恰好是和式中的项,所以通过树形图也可直接写出公式.

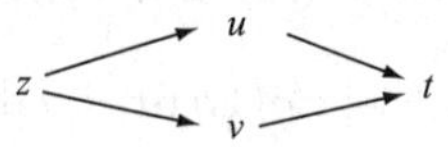

图7-3

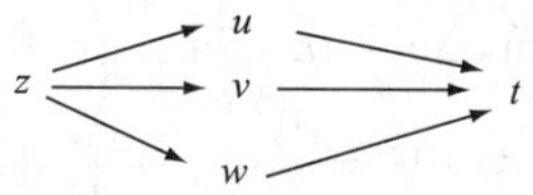

图7-4

对于含有多于两个中间变量的复合函数,上述结论仍成立. 例如:设 $z=f(u,v,w)$,由 $u=\varphi(t),v=\psi(t),w=\omega(t)$ 可复合成复合函数 $z=f[\varphi(t),\psi(t),\omega(t)]$,如图7-4所示,在与定理7.3相类似的条件下,这个复合函数在点 t 可导,且

$$\frac{\mathrm{d}z}{\mathrm{d}t}=\frac{\partial z}{\partial u}\cdot\frac{\mathrm{d}u}{\mathrm{d}t}+\frac{\partial z}{\partial v}\cdot\frac{\mathrm{d}v}{\mathrm{d}t}+\frac{\partial z}{\partial \omega}\cdot\frac{\mathrm{d}\omega}{\mathrm{d}t}.$$

例7.4.1 设 $z=u^2v,u=\mathrm{e}^t,v=\sin t$,求 $\frac{\mathrm{d}z}{\mathrm{d}t}$.

解:$\frac{\mathrm{d}z}{\mathrm{d}t}=\frac{\partial z}{\partial u}\cdot\frac{\mathrm{d}u}{\mathrm{d}t}+\frac{\partial z}{\partial v}\cdot\frac{\mathrm{d}v}{\mathrm{d}t}=2uv\cdot\mathrm{e}^t+u^2\cdot\cos t=\mathrm{e}^{2t}(2\sin t+\cos t)$.

例7.4.2 设 $z=uv+w,u=\mathrm{e}^t,v=\cos t,w=\sin t$,求 $\frac{\mathrm{d}z}{\mathrm{d}t}$.

解:
$$\begin{aligned}\frac{\mathrm{d}z}{\mathrm{d}t}=\frac{\partial z}{\partial u}\cdot\frac{\mathrm{d}u}{\mathrm{d}t}+\frac{\partial z}{\partial v}\cdot\frac{\mathrm{d}v}{\mathrm{d}t}+\frac{\partial z}{\partial w}\cdot\frac{\mathrm{d}w}{\mathrm{d}t}&=v\cdot\mathrm{e}^t+u\cdot(-\sin t)+\cos t\\&=\mathrm{e}^t(\cos t-\sin t)+\cos t.\end{aligned}$$

2. 中间变量是多元函数的情形

定理7.4 设函数 $u=\varphi(x,y),v=\psi(x,y)$ 在点 (x,y) 处都具有偏导数 $\frac{\partial u}{\partial x},\frac{\partial u}{\partial y}$ 与 $\frac{\partial v}{\partial x}$,

$\frac{\partial v}{\partial y}$，函数 $z=f(u,v)$ 在对应点 (u,v) 处具有连续的偏导数 $\frac{\partial z}{\partial u}$ 和 $\frac{\partial z}{\partial v}$，则复合函数 $z=f[\varphi(x,y),\psi(x,y)]$（如图 7-5 所示）在点 (x,y) 处的两个偏导数存在，并有求导公式

$$\frac{\partial z}{\partial x}=\frac{\partial z}{\partial u}\cdot\frac{\partial u}{\partial x}+\frac{\partial z}{\partial v}\cdot\frac{\partial v}{\partial x},$$

$$\frac{\partial z}{\partial y}=\frac{\partial z}{\partial u}\cdot\frac{\partial u}{\partial y}+\frac{\partial z}{\partial v}\cdot\frac{\partial v}{\partial y}.$$

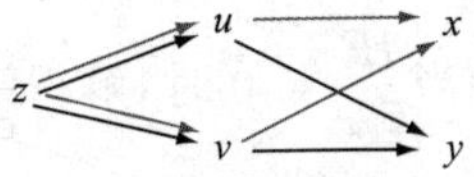

图 7-5

例 7.4.3　设 $z=e^u\cos v$，$u=xy$，$v=2x-y$，求 $\frac{\partial z}{\partial x}$，$\frac{\partial z}{\partial y}$.

解：$\frac{\partial z}{\partial x}=\frac{\partial z}{\partial u}\cdot\frac{\partial u}{\partial x}+\frac{\partial z}{\partial v}\cdot\frac{\partial v}{\partial x}$

$=e^u\cos v\cdot y+(-e^u\sin v)\cdot 2$

$=e^{xy}[y\cos(2x-y)-2\sin(2x-y)]$；

$\frac{\partial z}{\partial y}=\frac{\partial z}{\partial u}\cdot\frac{\partial u}{\partial y}+\frac{\partial z}{\partial v}\cdot\frac{\partial v}{\partial y}=e^u\cos v\cdot x+(-e^u\sin v)\cdot(-1)$

$=e^{xy}[x\cos(2x-y)+\sin(2x-y)]$.

例 7.4.4　求函数 $z=\ln[e^{2(x+y^2)}+(x^2+y)]$ 的一阶偏导数.

解：令 $u=e^{x+y^2}$，$v=x^2+y$，则 $z=\ln(u^2+v)$.

$$\frac{\partial z}{\partial x}=\frac{\partial z}{\partial u}\cdot\frac{\partial u}{\partial x}+\frac{\partial z}{\partial v}\cdot\frac{\partial v}{\partial x}=\frac{2u}{u^2+v}\cdot e^{x+y^2}\cdot 1+\frac{1}{u^2+v}\cdot 2x$$

$$=\frac{2}{u^2+v}(ue^{x+y^2}+x)=\frac{2}{e^{2(x+y^2)}+x^2+y}[e^{2(x+y^2)}+x];$$

$$\frac{\partial z}{\partial y}=\frac{\partial z}{\partial u}\cdot\frac{\partial u}{\partial y}+\frac{\partial z}{\partial v}\cdot\frac{\partial v}{\partial y}=\frac{2u}{u^2+v}\cdot 2ye^{x+y^2}+\frac{1}{u^2+v}=\frac{4u^2y+1}{u^2+v}$$

$$=\frac{4ye^{2(x+y^2)}+1}{e^{2(x+y^2)}+x^2+y}.$$

多元函数的复合关系可以说是无穷无尽的，不可能列出所有的公式. 多元复合函数的求导问题，关键在于分析清楚函数变量之间的关系，记住求复合函数偏导数原有的法则，即链式法则——通过一切有关的中间变量微分到自变量. 在具体解题时，先画出变量之间的关系图，即树形图，再根据树形图写出求导公式，然后根据公式进行具体的演算. 这样，不论问题如何复杂，也不论是否是对抽象函数求导，都不易产生困惑或发生错误.

7.4.2　隐函数的偏导数

在讨论一元函数的微分法时，我们给出了隐函数的定义及其求导方法. 下面我们通过多元函数求偏导的方法给出隐函数的求导公式或求偏导公式.

1. 一元隐函数求导公式

下面总假定隐函数是存在且可导的.

把 $y=f(x)$ 代入 $F(x,y)=0$ 中，得恒等式

$$F[x,f(x)]\equiv 0,$$

其左端可以看作 x 的复合函数，函数变量之间的关系如图 7-6 所示.

将方程 $F(x,y)=0$ 的两端对 x 求全导数,得

$$\frac{\partial F}{\partial x}+\frac{\partial F}{\partial y}\cdot\frac{\mathrm{d}y}{\mathrm{d}x}=0.$$

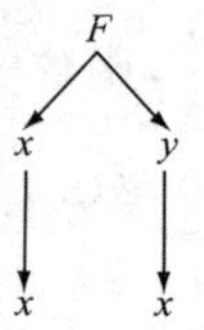

图 7-6

当 $\frac{\partial F}{\partial y}\neq 0$ 时,解得 $\frac{\mathrm{d}y}{\mathrm{d}x}=-\frac{\frac{\partial F}{\partial x}}{\frac{\partial F}{\partial y}}$,即 $\frac{\mathrm{d}y}{\mathrm{d}x}=-\frac{F'_x}{F'_y}$.

例 7.4.5 设 $x^2+y^2=2xy$,求 $\frac{\mathrm{d}y}{\mathrm{d}x}$.

解:设 $F(x,y)=x^2+y^2-2xy$,则 $F'_x=2x-2y$,$F'_y=2y-2x$.

$$\frac{\mathrm{d}y}{\mathrm{d}x}=-\frac{F'_x}{F'_y}=-\frac{2x-2y}{2y-2x}=1.$$

2. 二元隐函数求偏导公式

把 $z=f(x,y)$ 代入方程 $F(x,y,z)=0$ 中,得恒等式

$$F[x,y,f(x,y)]\equiv 0,$$

其左端可以看作是 x 和 y 的二元复合函数,函数变量之间的关系如图 7-7 所示.

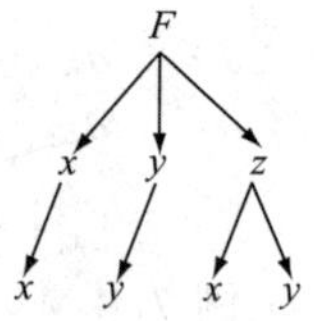

图 7-7

将 $F(x,y,z)=0$ 的两端对 x 和 y 求偏导数,得

$$F'_x+F'_z\cdot\frac{\partial z}{\partial x}=0, F'_y+F'_z\cdot\frac{\partial z}{\partial y}=0,$$

当 $F'_z\neq 0$ 时,解得 $\frac{\partial z}{\partial x}=-\frac{F'_x}{F'_z}$,$\frac{\partial z}{\partial y}=-\frac{F'_y}{F'_z}$,这就是由 $F(x,y,z)=0$ 所确定的隐函数 $z=f(x,y)$ 的求偏导公式.

例 7.4.6 设 $z\cos x-x^2z^2=\sin y$,求 $\frac{\partial z}{\partial x}$,$\frac{\partial z}{\partial y}$.

解:令 $F(x,y,z)=z\cos x-x^2z^2-\sin y$,则

$$F'_x=-z\sin x-2xz^2, F'_y=-\cos y, F'_z=\cos x-2x^2z.$$

$$\frac{\partial z}{\partial x}=-\frac{F'_x}{F'_z}=-\frac{-z\sin x-2xz^2}{\cos x-2x^2z}=\frac{z\sin x+2xz^2}{\cos x-2x^2z},$$

$$\frac{\partial z}{\partial y}=-\frac{F'_y}{F'_z}=-\frac{-\cos y}{\cos x-2x^2z}=\frac{\cos y}{\cos x-2x^2z}.$$

例 7.4.7 已知 $z=f(x,y)$ 是由方程 $2\sin(x+2y-3z)=x+2y-3z$ 所确定的隐函数,试证明:$\frac{\partial z}{\partial x}+\frac{\partial z}{\partial y}=1$.

证明:令 $F(x,y,z)=2\sin(x+2y-3z)-(x+2y-3z)$,则

$$F'_x=2\cos(x+2y-3z)-1, F'_y=4\cos(x+2y-3z)-2=2F'_x,$$

$$F'_z=-6\cos(x+2y-3z)+3=-3F'_x.$$

因为
$$\frac{\partial z}{\partial x}=-\frac{F'_x}{F'_z}=\frac{1}{3}, \frac{\partial z}{\partial y}=-\frac{F'_y}{F'_z}=\frac{2}{3},$$

所以
$$\frac{\partial z}{\partial x}+\frac{\partial z}{\partial y}=1.$$

习题 7.4

1. 设函数 $z=u^v$，$u=e^{xy^2}$，$v=x^2y$，求 z'_x，z'_y.

2. 设函数 $z=u^2\ln v$，$u=\frac{x}{y}$，$v=3x-2y$，求 $\frac{\partial z}{\partial x}$，$\frac{\partial z}{\partial y}$.

3. 设函数 $z=e^{u-2v}$，$u=\sin x$，$v=x^3$，求 $\frac{dz}{dx}$.

4. 设函数 $z=uv$，$u=\ln x$，$v=e^x$，求 $\frac{dz}{dx}$.

5. 设函数 $z=f(x,y)$ 由方程 $z-xyz=1$ 确定，求 $\frac{\partial z}{\partial x}$，$\frac{\partial z}{\partial y}$.

6. 已知函数 $z=u(x,y)$ 可微分，$x=r\cos\theta$，$y=r\sin\theta$，求证：

$$\left(\frac{\partial u}{\partial r}\right)^2+\frac{1}{r^2}\left(\frac{\partial u}{\partial \theta}\right)^2=\left(\frac{\partial u}{\partial x}\right)^2+\left(\frac{\partial u}{\partial y}\right)^2.$$

7. 求由方程 $x^2+y^2+z^2=a^2$ 所确定的隐函数 $z=f(x,y)$ 的偏导数 $\frac{\partial z}{\partial x}$ 和 $\frac{\partial z}{\partial y}$.

8. 求由方程 $\sin y+e^x-xy^2=0$ 所确定的隐函数 $y=f(x)$ 的导数 $\frac{dy}{dx}$.

9. 求由方程 $xy+z=e^{x+z}$ 所确定的隐函数 $z=f(x,y)$ 的偏导数 $\frac{\partial z}{\partial x}$ 和 $\frac{\partial z}{\partial y}$.

7.5　多元函数的极值

1. 二元函数的极值

许多实际问题需要求多元函数的极值. 类似于一元函数极值的求法，应用多元函数的微分法便可以求多元函数的极值. 下面先对二元函数的极值进行讨论.

定义 7.6　设函数 $z=f(x,y)$ 在点 $P_0(x_0,y_0)$ 的某个领域内有定义，对于该邻域内异于 $P_0(x_0,y_0)$ 的点 $P(x,y)$，如果都有

$$f(x,y)<f(x_0,y_0)\quad [\text{或 } f(x,y)>f(x_0,y_0)]$$

则称函数 $z=f(x,y)$ 在点 $P_0(x_0,y_0)$ 处有极大值(或极小值)$f(x_0,y_0)$. 极大值与极小值统称为极值，使函数取得极值的点称为极值点.

下面给出二元函数取得极值的必要条件.

定理 7.5(必要条件)　设函数 $z=f(x,y)$ 在点 $P_0(x_0,y_0)$ 处有极值，且在点 $P_0(x_0,y_0)$ 处的两个偏导数存在，则

$$f'_x(x_0,y_0)=0, f'_y(x_0,y_0)=0.$$

使 $f'_x(x_0,y_0)=0$，$f'_y(x_0,y_0)=0$ 同时成立的点 $P_0(x_0,y_0)$ 称为函数 $f(x,y)$ 的驻点.

定理 7.5 表明，偏导数存在的二元函数的极值点必定是驻点，而二元函数的驻点不一定是极值点. 例如，函数 $z=f(x,y)=x^3-y^3$，它的驻点是(0,0)，但由于函数 $z=x^3-y^3$ 在点(0,0) 处的函数值为 0，而点(0,0) 的任意邻域内，函数值既可以取到正值，也可以取到负值，

所以点(0,0)不是极值点.

因此,驻点是极值点的必要条件而非充分条件.

下面给出二元函数取得极值的充分条件.

定理7.6(充分条件) 设函数 $z=f(x,y)$ 在点 $P_0(x_0,y_0)$ 的某一领域内连续,且具有连续的二阶偏导数,又 $f'_x(x_0,y_0)=0,f'_y(x_0,y_0)=0$,令 $A=f''_{xx}(x_0,y_0)$,$B=f''_{xy}(x_0,y_0)$,$C=f''_{yy}(x_0,y_0)$,$\Delta=B^2-AC$.

(1) 当 $\Delta<0$ 时,函数 $z=f(x,y)$ 在点 $P_0(x_0,y_0)$ 处有极值,且当 $A<0$ 时有极大值,当 $A>0$ 时有极小值;

(2) 当 $\Delta>0$ 时,函数 $z=f(x,y)$ 在点 $P_0(x_0,y_0)$ 处无极值;

(3) 当 $\Delta=0$ 时,函数 $z=f(x,y)$ 在点 $P_0(x_0,y_0)$ 处可能有极值,也可能没有极值.

利用以上二元函数取得极值的必要条件和充分条件,可以得到求具有二阶连续偏导数的函数 $z=f(x,y)$ 的极值的步骤:

(1) 解方程组 $\begin{cases}f'_x(x,y)=0\\f'_y(x,y)=0,\end{cases}$ 求出驻点;

(2) 对于每个驻点,求出二阶偏导数 A,B,C 的值;

(3) 定出 Δ 的符号,据此判定极值点,并求出极值.

例7.5.1 求函数 $z=x^3+y^3-3xy$ 的极值.

解:$z'_x=3x^2-3y,z'_y=3y^2-3x$,令 $z'_x=0,z'_y=0$,即

$\begin{cases}3x^2-3y=0,\\3y^2-3x=0,\end{cases}$ 解得 $\begin{cases}x=0,\\y=0\end{cases}$ 或 $\begin{cases}x=1,\\y=1.\end{cases}$

又 $z''_{xx}=6x,z''_{xy}=-3,z''_{yy}=6y$,

对于驻点(0,0),$A=z''_{xx}\Big|_{\substack{x=0\\y=0}}=0,B=z''_{xy}\Big|_{\substack{x=0\\y=0}}=-3,C=z''_{yy}\Big|_{\substack{x=0\\y=0}}=0$.

$\Delta=B^2-AC>0$,根据定理7.6可知,点(0,0)不是极值点.

对于驻点(1,1),$A=z''_{xx}\Big|_{\substack{x=1\\y=1}}=6,B=z''_{xy}\Big|_{\substack{x=1\\y=1}}=-3,C=z''_{yy}\Big|_{\substack{x=1\\y=1}}=6$.

$\Delta=B^2-AC<0$,根据定理7.6可知,点(1,1)是极小值点,极小值为 -1.

2. 二元函数的最大值和最小值

与一元函数最大值和最小值的求法相类似,可以用二元函数的极值来求二元函数的最小值(或最大值).特别地,在实际问题中,如果根据具体问题的性质,知道函数 $z=f(x,y)$ 的最小值(或最大值)只能在区域 D 内部取得,而函数 $z=f(x,y)$ 在区域 D 内部只有唯一的一个驻点,则可以肯定该驻点所对应的函数值就是 $z=f(x,y)$ 在区域 D 上的最小值(或最大值).

例7.5.2 某工厂要用铁板做一个体积为2 m^3 的有盖长方体水箱,问:水箱的长、宽、高各为多少时,能使用料最少?

解:设水箱的长为 x m,宽为 y m,则其高为 $\frac{2}{xy}$ m.水箱的用料面积

$$A=2\left(xy+y\cdot\frac{2}{xy}+x\cdot\frac{2}{xy}\right)=2\left(xy+\frac{2}{x}+\frac{2}{y}\right)\quad(x>0,y>0).$$

令 $\quad A'_x=2\left(y-\frac{2}{x^2}\right)=0,A'_y=2\left(x-\frac{2}{y^2}\right)=0$,解得 $x=\sqrt[3]{2},y=\sqrt[3]{2}$.

根据题意可知，水箱所用材料的面积的最小值一定存在，并在开区域 $D=\{(x,y)\mid x>0,y>0\}$ 内取得. 又由于函数 $A=2\left(xy+\dfrac{2}{x}+\dfrac{2}{y}\right)$ 在开区域 D 内只有唯一的驻点，因此可断定当 $x=\sqrt[3]{2}$，$y=\sqrt[3]{2}$ 时，A 取到最小值. 也就是说，当水箱的长、宽、高分别为 $\sqrt[3]{2}$ m、$\sqrt[3]{2}$ m、$\sqrt[3]{2}$ m 时，用料最少.

例 7.5.3　某工厂生产两种产品甲与乙，出售单价分别为 10 元与 9 元，生产 x 单位产品甲与生产 y 单位产品乙的总费用是

$$[400+2x+3y+0.01(3x^2+xy+3y^2)]\text{ 元}.$$

问：取得最大利润时，两种产品的产量各是多少？

解：设 $L(x,y)$ 为产品甲与产品乙分别生产 x 单位与 y 单位时所得的总利润. 因为总利润等于总收入减去总费用，所以

$$\begin{aligned}L(x,y)&=(10x+9y)-[400+2x+3y+0.01(3x^2+xy+3y^2)]\\&=8x+6y-0.01(3x^2+xy+3y^2)-400.\end{aligned}$$

$L(x,y)$ 的定义域为 $D=\{(x,y)\mid x>0,y>0\}$.

令 $\begin{cases}L'_x(x,y)=8-0.01(6x+y)=0,\\L'_y(x,y)=6-0.01(x+6y)=0,\end{cases}$ 解得 $\begin{cases}x=120,\\y=80,\end{cases}$ 即得驻点(120,80).

由于 $A=L''_{xx}(120,80)=-0.06<0$，$B=L''_{xy}(120,80)=-0.01$，$C=L''_{yy}(120,80)=-0.06$，

$$\Delta=B^2-AC=(-0.01)^2-(-0.06)\times(-0.06)=-3.5\times10^{-3}<0,$$

所以，当 $x=120$，$y=80$ 时，$L(120,80)=320$ 是极大值. 又由于 D 为开区域，且 $L(x,y)$ 在 D 上必有最大值存在，因此 $L(120,80)=320$ 也是最大值. 故生产 120 单位产品甲与 80 单位产品乙所得利润最大.

习题 7.5

1. 求二元函数 $z=x^3+y^3-3x-3y+10$ 的极值.
2. 求二元函数 $f(x,y)=x^3-y^3+3x^2+3y^2-9x$ 的极值.
3. 求函数 $f(x,y)=xy\sqrt{1-x^2-y^2}$ 在区域 $D=\{(x,y)\mid x^2+y^2\leqslant1,x>0,y>0\}$ 内的最小值与最大值.
4. 求函数 $z=x^2y(5-x-y)$ 在闭区域 $D=\{(x,y)\mid x\geqslant0,y\geqslant0,x+y\leqslant4\}$ 上的最大值与最小值.
5. 用铁板做一个容积为 4 m^3 的有盖长方体水箱，问：水箱的长、宽、高分别为多少时，能使用料最少？
6. 把正数 a 分成 3 个正数之和，使 3 个正数的乘积最大，求这 3 个数.

7.6　二重积分

在一元函数积分学中，我们由曲边梯形面积的计算引出了定积分的概念，并利用微元法解决了许多实际问题. 本节将一元函数积分学中的相关知识推广到多元函数的积分上，重点

介绍二重积分及其应用.

7.6.1 二重积分的概念与性质

例 7.6.1 求曲顶柱体的体积.

若有一个柱体,它的底是 xOy 坐标面上的有界闭区域 D,它的侧面是以 D 的边界线为准线,母线平行于 z 轴的柱面,它的顶是由二元函数 $z=f(x,y)$ 所表示的曲面,我们称这个柱体为曲顶柱体. 现在来求这个曲顶柱体的体积.

我们知道,平顶柱体的体积= 底面积×高,由于动点 $P(x,y)$ 在 D 上变动时,$z=f(x,y)$ 是个变量,同时 z 在 D 上又是连续的,因而在一个很小的区域内 z 变化不大. 这使我们回想起与求曲边梯形的面积. 我们可以采用求曲边梯形面积的方法来求曲顶柱体的体积,求解过程分为 4 步:分割 → 取近似 → 求和 → 取极限.

解:(1) 分割:将区域 D 分割成 n 个小区域 $\Delta\sigma_1,\Delta\sigma_2,\cdots,\Delta\sigma_n$,并以 $\Delta\sigma_i(i=1,2,3,\cdots,n)$ 表示第 i 个小区域的面积,这样原曲顶柱体被分成 n 个以 $\Delta\sigma_i$ 为底的小曲顶柱体,如图 7-8 所示.

(2) 取近似:在每个小曲顶柱体的底 $\Delta\sigma_i$ 上任取一点 $(\xi_i,\eta_i)(i=1,2,3,\cdots,n)$,用以 $f(\xi_i,\eta_i)$ 为高,以 $\Delta\sigma_i$ 为底的平顶柱体体积 $f(\xi_i,\eta_i)\Delta\sigma_i$ 近似代替第 i 个小曲顶柱体的体积,即

$$\Delta V_i \approx f(\xi_i,\eta_i)\Delta\sigma_i.$$

(3) 求和:对 n 个小平顶柱体的体积求和,得到原曲顶柱体体积的近似值,即

$$V=\sum_{i=1}^{n}\Delta V_i \approx \sum_{i=1}^{n} f(\xi_i,\eta_i)\Delta\sigma_i.$$

(4) 取极限:将区域 D 分割得越细,$\sum\limits_{i=1}^{n} f(\xi_i,\eta_i)\Delta\sigma_i$ 就越接近原曲顶柱体的体积 V,即

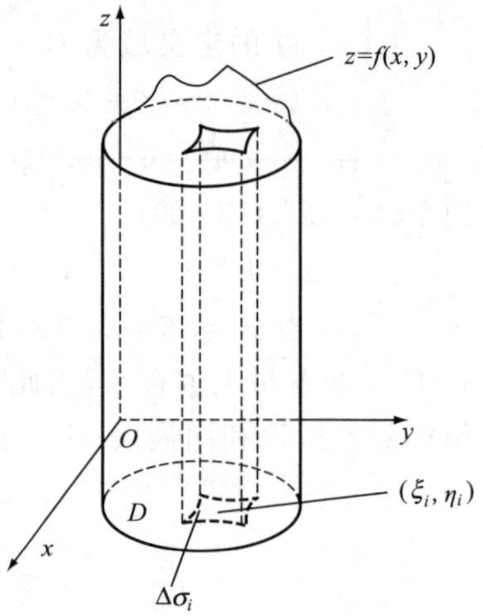

图 7-8

$$V=\lim_{\lambda\to 0}\sum_{i=1}^{n} f(\xi_i,\eta_i)\Delta\sigma_i.$$

其中,$\lambda=\max\{d_i \mid d_i$ 为 $\Delta\sigma_i$ 中任意两点距离最大者$\}(1\leqslant i\leqslant n)$.

例 7.6.2 求非均匀平面薄片的质量.

设有一平面薄片在 xOy 坐标面上占有区域 D,薄片的质量分布不均匀,它在点 (x,y) 处的面密度是 $\rho=\rho(x,y)$,求薄片的质量 M.

我们知道,对均匀薄片,即 $\rho=\rho(x,y)$ 为常数,有 $M=$ 面密度 × 面积. 现在薄片质量分布不均匀,即 $\rho=\rho(x,y)$ 可变,这种情况下可用例 7.6.1 的方法求 M.

先把薄片分成 n 小块 $\Delta\sigma_1,\Delta\sigma_2,\cdots,\Delta\sigma_n$,并用 $\Delta\sigma_i(i=1,2,\cdots n)$ 来表示第 i 小块的面积,在第 i 小块上任取一点 (ξ_i,η_i),如图 7-9 所示,该点的面密度为 $\rho(\xi_i,\eta_i)$,则第 i 小块质量的近似值为 $\rho(\xi_i,\eta_i)\Delta\sigma_i(i=1,2,\cdots,n)$,整块薄

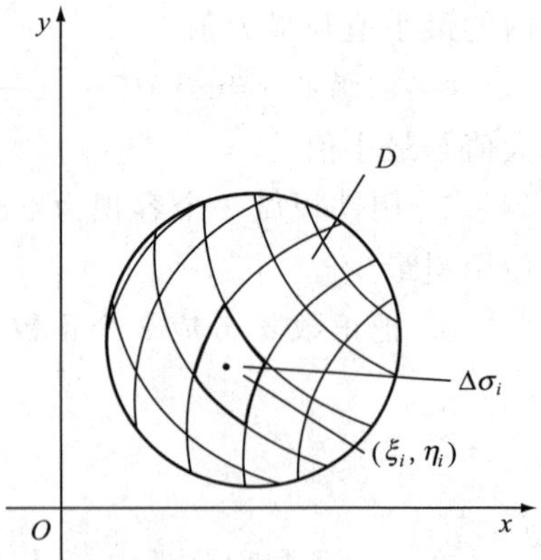

图 7-9

片的质量可以用和式 $\sum_{i=1}^{n}\rho(\xi_i,\eta_i)\Delta\sigma_i$ 来近似表示. 显然，当 $\Delta\sigma_i$ 中任意两点距离的最大值 λ 趋于零时，此和式的极限存在，该极限值即为所求薄片的质量 M，即 $M=\lim\limits_{\lambda\to 0}\sum_{i=1}^{n}\rho(\xi_i,\eta_i)\Delta\sigma_i$.

上述两个问题的实际意义虽然不同，但是所求量都可归结为同一形式的和式极限，在物理、力学、电学等学科的一些量的计算中，也可归结为求这种和式的极限。为此，我们暂时抛开问题的实际意义，抽象出二重积分的概念.

定义 7.7　设二元函数 $z=f(x,y)$ 定义在有界闭区域 D 上，将 D 任意分割成 n 个小区域 $\Delta\sigma_1,\Delta\sigma_2,\cdots,\Delta\sigma_n$，并以 $\Delta\sigma_i\,(i=1,2,3,\cdots,n)$ 表示小区域 $\Delta\sigma_i$ 的面积，在每个小区域 $\Delta\sigma_i$ 上任取一点 (ξ_i,η_i)，做和式

$$\sum_{i=1}^{n}f(\xi_i,\eta_i)\Delta\sigma_i,$$

取 $\lambda=\max\{d_i\,|\,d_i$ 为 $\Delta\sigma_i$ 中任意两点距离最大者$\}(1\leqslant i\leqslant n)$，如果当 $\lambda\to 0$ 时，此和式的极限存在，则称此极限值为函数 $f(x,y)$ 在区域 D 上的二重积分，记作 $\iint\limits_D f(x,y)\mathrm{d}\sigma$，即

$$\iint\limits_D f(x,y)\mathrm{d}\sigma=\lim_{\lambda\to 0}\sum_{i=1}^{n}f(\xi_i,\eta_i)\Delta\sigma_i.$$

其中，$f(x,y)$ 称为被积函数，$f(x,y)\mathrm{d}\sigma$ 称为被积表达式，$\mathrm{d}\sigma$ 称为面积元素，D 称为积分区域，x,y 称为积分变量，$\iint$ 称为二重积分号.

注：(1) 对 D 的划分是任意的，若在直角坐标系中，用平行于坐标轴的直线网来划分 D，则除了包含边界点的一些闭区域外，其余的小闭区域都是矩形闭区域，设其边长为 $\Delta x,\Delta y$，则 $\Delta\sigma=\Delta x\Delta y$，因此，在直角坐标系中，可以将面积元素 $\mathrm{d}\sigma$ 记作 $\mathrm{d}x\mathrm{d}y$，而二重积分可表示为 $\iint\limits_D f(x,y)\mathrm{d}\sigma=\iint\limits_D f(x,y)\mathrm{d}x\mathrm{d}y$.

(2) 在定义中，若 $f(x,y)$ 连续，则和式极限必存在，即二重积分存在. 由二重积分的定义知，曲顶柱体的体积 V 和质量分布不均匀的平面薄片的质量 M 分别是曲顶函数 $f(x,y)$ 和密度函数 $\rho(x,y)$ 在闭区域 D 上的二重积分，即

$$V=\iint\limits_D f(x,y)\mathrm{d}\sigma,M=\iint\limits_D \rho(x,y)\mathrm{d}\sigma.$$

这也可看成是二重积分的几何意义.

二重积分具有与定积分类似的性质，下面给出这些性质，并假设所给函数都是可积的.

性质 1：被积函数的常数因子可以提到积分号前面，即

$$\iint\limits_D kf(x,y)\mathrm{d}\sigma=k\iint\limits_D f(x,y)\mathrm{d}\sigma\quad(k\text{ 为常数}).$$

性质 2：有限个可积函数的代数和必定可积，且函数代数和的积分等于各函数积分的代数和，即

$$\iint\limits_D [f(x,y)\pm g(x,y)]\mathrm{d}\sigma=\iint\limits_D f(x,y)\mathrm{d}\sigma\pm\iint\limits_D g(x,y)\mathrm{d}\sigma.$$

性质 3(区域可加性)：如果将区域 D 分割成 D_1 和 D_2 两部分，D_1 和 D_2 除边界外无公共

点,则

$$\iint_D f(x,y)\mathrm{d}\sigma=\iint_{D_1} f(x,y)\mathrm{d}\sigma+\iint_{D_2} f(x,y)\mathrm{d}\sigma.$$

性质 4:如果在区域 D 上 $f(x,y)=1$,σ 为区域 D 的面积,则

$$\iint_D 1\mathrm{d}\sigma=\iint_D \mathrm{d}\sigma=\sigma.$$

性质 5:如果在区域 D 上 $f(x,y)\leqslant g(x,y)$,则

$$\iint_D f(x,y)\mathrm{d}\sigma\leqslant\iint_D g(x,y)\mathrm{d}\sigma.$$

性质 6:如果 m、M 分别是函数 $f(x,y)$ 在区域 D 上的最小值与最大值,σ 为区域 D 的面积,则

$$m\sigma\leqslant\iint_D f(x,y)\mathrm{d}\sigma\leqslant M\sigma.$$

性质 7(二重积分中值定理):设函数 $f(x,y)$ 在有界闭区域 D 上连续,σ 为区域 D 的面积,则在 D 上至少存在一点 (ξ,η),使得

$$\iint_D f(x,y)\mathrm{d}\sigma=f(\xi,\eta)\sigma.$$

二重积分性质的证明方法与定积分中相应性质的证明方法相同,因此不再给出证明.

7.6.2 直角坐标系中二重积分的计算

与一元函数的定积分类似,根据定义计算二重积分一般来说是非常困难的. 下面借助二重积分的几何意义将二重积分转化成二次积分来计算.

假定被积函数 $f(x,y)$ 在区域 D 上连续,由于 $z=f(x,y)$ 是一个连续曲面,因此可以把二重积分 $\iint\limits_D f(x,y)\mathrm{d}\sigma$ 看作以连续曲面 $z=f(x,y)[f(x,y)\geqslant 0]$ 为顶,以区域 D 为底的曲顶柱体的体积.

1. X 型区域与 Y 型区域

设平面区域 D 由曲线 $y=\varphi_1(x)$,$y=\varphi_2(x)[\varphi_1(x)\leqslant\varphi_2(x)]$ 以及直线 $x=a$,$x=b$ 所围成,并设积分区域 D 可用不等式组 $\begin{cases}a\leqslant x\leqslant b,\\ \varphi_1(x)\leqslant y\leqslant\varphi_2(x)\end{cases}$ (如图 7-10 所示)来表示,这样的区域 D 称为 X 型区域. X 型区域的特点:穿过 D 内部且平行于 y 轴的直线与 D 的边界相交不多于两点.

设平面区域 D 由曲线 $x=\psi_1(y)$,$x=\psi_2(y)[\psi_1(y)\leqslant\psi_2(y)]$ 以及直线 $y=c$,$y=d$ 所围成,并设积分区域可以用不等式组 $\begin{cases}c\leqslant y\leqslant d,\\ \psi_1(y)\leqslant x\leqslant\psi_2(y)\end{cases}$ (如图 7-11 所示)来表示,这样的区域 D 称为 Y 型区域. Y 型区域的特点:穿过 D 内部且垂直于 y 轴的直线与 D 的边界相交不多于两点.

许多常见的区域都可分割为有限个无公共内点的 X 型区域或 Y 型区域. 如图 7-12 所示的区域 D,它既不是 X 型区域,也不是 Y 型区域,但可分为 D_1,D_2,D_3 3 个区域,其中,D_1 和 D_3 为 X 型区域,D_2 为 Y 型区域. 因此,解决了 X 型区域和 Y 型区域上二重积分的计算问题,

一般区域上的二重积分计算问题也就得到了解决.

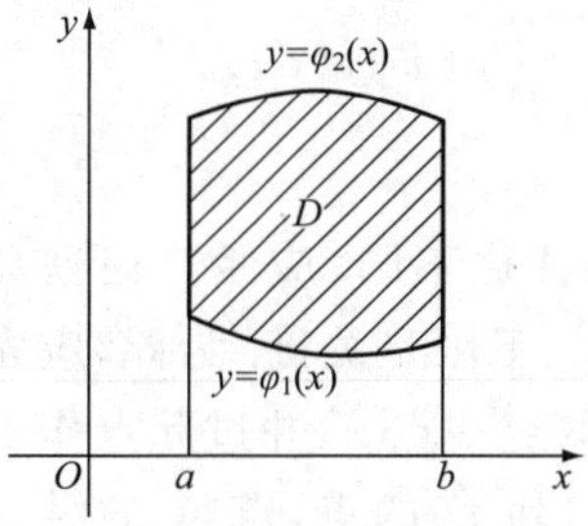

图 7-10

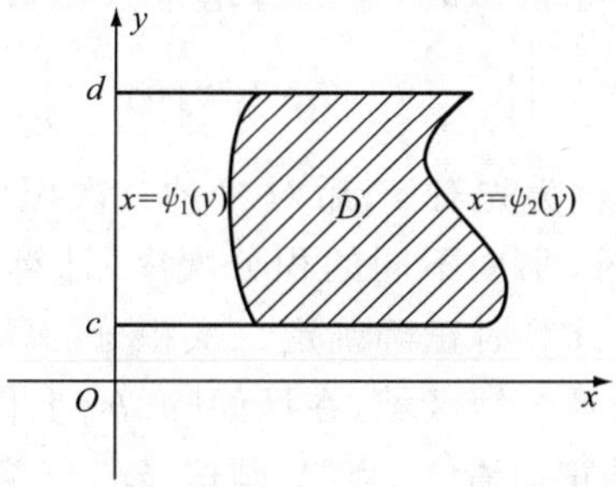

图 7-11

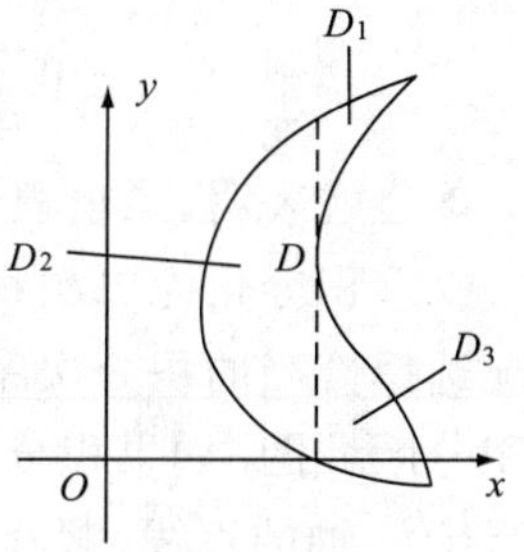

图 7-12

2. 二重积分在直角坐标系中的计算

设有二重积分$\iint\limits_D f(x,y)\mathrm{d}\sigma$,其积分区域为 X 型区域,

$$D=\{(x,y)\mid\varphi_1(x)\leqslant y\leqslant\varphi_2(x),a\leqslant x\leqslant b\},$$

不妨设 $f(x,y)\geqslant 0$,由二重积分的几何意义可知,$\iint\limits_D f(x,y)\mathrm{d}\sigma$ 的值等于以 D 为底,以曲面 $z=f(x,y)$ 为顶的曲顶柱体的体积.

另一方面,这个曲顶柱体的体积也可按"平行截面面积为已知的立体的体积"的计算方法来求得. 具体求法如下.

先求截面面积 $S(x)$. 为此,在区间$[a,b]$上任意选定一点 x_0,过这个点作垂直于 x 轴的平面 $x=x_0$. 此平面截曲顶柱体所得截面是一个以区间$[\varphi_1(x_0),\varphi_2(x_0)]$为底,以 $z=f(x_0,y)$ 为曲边的曲边梯形. 由定积分的几何意义知该曲边梯形的面积为

$$A(x_0)=\int_{\varphi_1(x_0)}^{\varphi_2(x_0)}f(x_0,y)\mathrm{d}y.$$

对于区间$[a,b]$上任一点 x,过点 x 且平行于 yOz 坐标面的平面截曲顶柱体所得截面的面积为

$$A(x)=\int_{\varphi_1(x)}^{\varphi_2(x)}f(x,y)\mathrm{d}y.$$

于是,该曲顶柱体的体积为

$$V=\int_a^b A(x)\mathrm{d}x=\int_a^b\left[\int_{\varphi_1(x)}^{\varphi_2(x)}f(x,y)\mathrm{d}y\right]\mathrm{d}x.$$

从而有

$$\iint\limits_D f(x,y)\mathrm{d}\sigma=\int_a^b\left[\int_{\varphi_1(x)}^{\varphi_2(x)}f(x,y)\mathrm{d}y\right]\mathrm{d}x,$$

或写成

$$\iint\limits_D f(x,y)\mathrm{d}\sigma=\int_a^b\mathrm{d}x\int_{\varphi_1(x)}^{\varphi_2(x)}f(x,y)\mathrm{d}y.$$

这个公式表明,二重积分可以化为先对 y、后对 x 的二次积分. 先对 y 积分时,应把 $f(x,y)$ 中的 x 看作常数,把 $f(x,y)$ 只看作 y 的函数,计算从 $\varphi_1(x)$ 到 $\varphi_2(x)$ 的定积分,然后把算得的结果(不含 y,是 x 的函数)再对 x 计算从 a 到 b 的定积分.

当去掉 $f(x,y)\geqslant 0$ 这个条件时,仍然可以证明公式成立,只不过过程复杂,这里从略.

类似地,当积分区域为Y型区域时,公式可化为

$$\iint_D f(x,y)\mathrm{d}x\mathrm{d}y=\int_c^d\left[\int_{\psi_1(y)}^{\psi_2(y)}f(x,y)\mathrm{d}x\right]\mathrm{d}y=\int_c^d\mathrm{d}y\int_{\psi_1(y)}^{\psi_2(y)}f(x,y)\mathrm{d}x.$$

该公式表明,二重积分可化为先对 x、后对 y 的二次积分.

二重积分化为二次积分时,采用不同的积分次序,计算过程往往不同,应注意根据具体情况选择恰当的积分次序.在计算时正确确定二次积分的积分上、下限是关键.为此,应先画出积分区域图.如果积分区域是X型区域,在区间 $[a,b]$ 上任意取定一点 x,并过此点作一条平行于 y 轴的直线,顺着 y 轴正向看去,点 A 是这条直线穿入区域 D 的点,点 A 的纵坐标 $\varphi_1(x)$ 就是积分的下限;点 B 是这条直线穿出区域 D 的点,点 B 的纵坐标 $\varphi_2(x)$ 就是积分的上限,把计算的结果(是 x 的函数)再对 x 在其变化区间 $[a,b]$ 上做定积分.同理可确定积分区域是Y型区域时二重积分的积分上、下限.

注意:(1) 若积分区域 D 既是X型区域,又是Y型区域,则二次积分可以变换积分次序,有 $\int_a^b\mathrm{d}x\int_{\varphi_1(x)}^{\varphi_2(x)}f(x,y)\mathrm{d}y=\int_c^d\mathrm{d}y\int_{\psi_1(y)}^{\psi_2(y)}f(x,y)\mathrm{d}x$.

(2) 特别地,$D=\{(x,y)\mid a\leqslant x\leqslant b,c\leqslant y\leqslant d\}$ 既是X型区域,又是Y型区域,有

$$\iint\limits_{\substack{a\leqslant x\leqslant b\\ c\leqslant y\leqslant d}} f(x,y)\mathrm{d}x\mathrm{d}y=\int_a^b\mathrm{d}x\int_c^d f(x,y)\mathrm{d}y=\int_c^d\mathrm{d}y\int_a^b f(x,y)\mathrm{d}x.$$

(3) 若 $f(x,y)=u(x)g(y)$ 且 $D=\{(x,y)\mid a\leqslant x\leqslant b,c\leqslant y\leqslant d\}$,则

$$\iint\limits_{\substack{a\leqslant x\leqslant b\\ c\leqslant y\leqslant d}} f(x,y)\mathrm{d}x\mathrm{d}y=\int_a^b\mathrm{d}x\int_c^d u(x)g(y)\mathrm{d}y=\int_a^b\left[\int_c^d u(x)g(y)\mathrm{d}y\right]\mathrm{d}x.$$

由于 $u(x)$ 对 y 的积分来说是常数且 $\int_c^d g(y)\mathrm{d}y$ 是常数,因此

$$\iint\limits_{\substack{a\leqslant x\leqslant b\\ c\leqslant y\leqslant d}} f(x,y)\mathrm{d}x\mathrm{d}y=\int_a^b\mathrm{d}x\int_c^d u(x)g(y)\mathrm{d}y=\int_a^b u(x)\left[\int_c^d g(y)\mathrm{d}y\right]\mathrm{d}x$$

$$=\int_c^d g(y)\mathrm{d}y\int_a^b u(x)\mathrm{d}x=\int_a^b u(x)\mathrm{d}x\cdot\int_c^d g(y)\mathrm{d}y.$$

(4) 如果平行于坐标轴的直线与 D 的边界线相交多于两点(不包括边界线垂直于坐标轴的情形),则可以将 D 适当分成几个部分区域,使这些部分区域是X型区域或Y型区域.

例如,图7-12中的区域 $D=D_1+D_2+D_3$,D_1 和 D_3 是X型区域,D_2 是Y型区域,利用二重积分的性质,有

$$\iint_D f(x,y)\mathrm{d}\sigma=\iint_{D_1}f(x,y)\mathrm{d}\sigma+\iint_{D_2}f(x,y)\mathrm{d}\sigma+\iint_{D_3}f(x,y)\mathrm{d}\sigma.$$

例7.6.3 计算 $\iint_D xy\mathrm{d}x\mathrm{d}y$,其中 D 是由 $y=x$ 与 $y=x^2$ 所围成的闭区域.

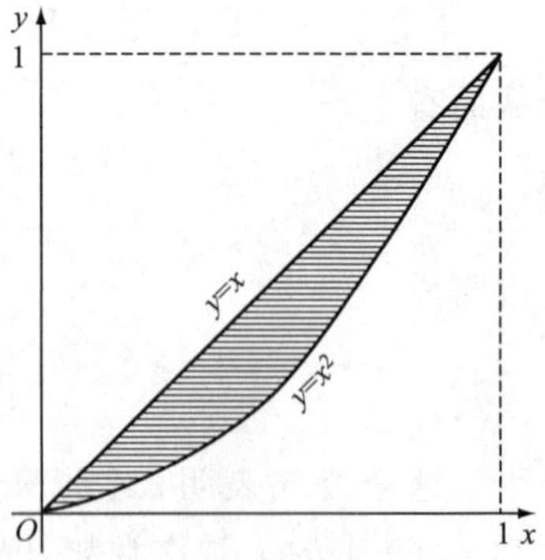

图7-13

解:画出积分区域 D,如图7-13中阴影所示,由二重积分的计算方法,得

$$\iint_D xy\,dx\,dy=\int_0^1 x\,dx\int_{x^2}^x y\,dy=\frac{1}{2}\int_0^1(x^3-x^5)\,dx=\frac{1}{24}.$$

例 7.6.4 计算 $I=\iint_D(1-x^2)\,d\sigma$,其中 $D=\{(x,y)\mid 0\leqslant x\leqslant 1,0\leqslant y\leqslant x\}$.

解:由二重积分的计算方法,得

$$\begin{aligned}I&=\iint_D(1-x^2)\,d\sigma=\int_0^1 dx\int_0^x(1-x^2)\,dy\\&=\int_0^1[(1-x^2)y]_0^x\,dx=\int_0^1(1-x^2)x\,dx\\&=\left[\frac{x^2}{2}-\frac{x^4}{4}\right]_0^1=\frac{1}{4}.\end{aligned}$$

例 7.6.5 $I=\iint_D y\sqrt{1+x^2-y^2}\,d\sigma$,其中 D 是由直线 $y=x$,$x=-1$ 和 $y=1$ 所围成的闭区域.

解:积分区域 $D=\{(x,y)\mid -1\leqslant x\leqslant 1,x\leqslant y\leqslant 1\}$,由二重积分的计算方法,得

$$I=\iint_D y\sqrt{1+x^2-y^2}\,d\sigma=\int_{-1}^1 dx\int_x^1 y\sqrt{1+x^2-y^2}\,dy=-\frac{1}{3}\int_{-1}^1\left[(1+x^2-y^2)^{\frac{3}{2}}\right]_x^1 dx$$

$$=-\frac{1}{3}\int_{-1}^1(|x|^3-1)\,dx=-\frac{2}{3}\int_0^1(x^3-1)\,dx=\frac{1}{2}.$$

例 7.6.6 计算 $\iint_D\frac{x^2}{y^2}\,d\sigma$,其中 D 是由 $y=\frac{1}{x}$,$x=2$,$y=x$ 所围成的区域.

解:$D=\left\{(x,y)\,\middle|\,\frac{1}{x}\leqslant y\leqslant x,1\leqslant x\leqslant 2\right\}$ 为 X 型区域,如图 7-14 所示.

$$\iint_D\frac{x^2}{y^2}\,d\sigma=\int_1^2 dx\int_{\frac{1}{x}}^x\frac{x^2}{y^2}\,dy=\int_1^2 x^2\,dx\int_{\frac{1}{x}}^x\frac{1}{y^2}\,dy=\int_1^2 x^2\left[-\frac{1}{y}\right]_{\frac{1}{x}}^x dx$$

$$=\int_1^2 x^2\left(-\frac{1}{x}+x\right)dx=\int_1^2(-x+x^3)\,dx=\left[-\frac{1}{2}x^2+\frac{x^4}{4}\right]_1^2=\frac{9}{4}.$$

D 也是 Y 型区域,由于 D 的左边界曲线是一个分段函数,$x=\begin{cases}\frac{1}{y},\frac{1}{2}\leqslant y\leqslant 1,\\ y,1\leqslant y\leqslant 2,\end{cases}$

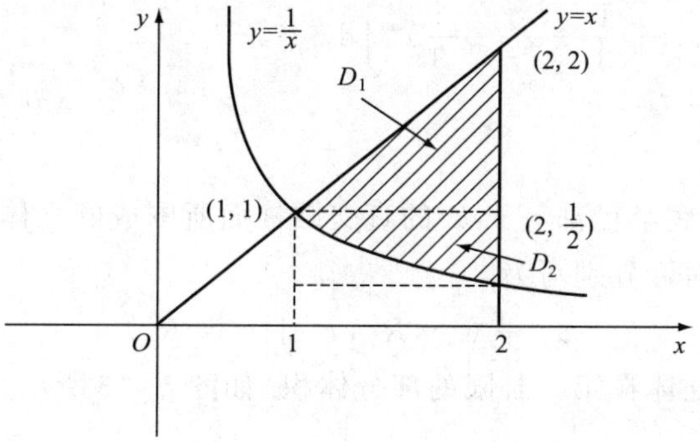

图 7-14

因此需要把区域 D 分成两个 Y 型区域 D_1 和 D_2.

$D_1=\left\{(x,y)\,\middle|\,\frac{1}{y}\leqslant x\leqslant 2,\frac{1}{2}\leqslant y\leqslant 1\right\}$,$D_2=\{(x,y)\,|\,y\leqslant x\leqslant 2,1\leqslant y\leqslant 2\}$,有

$$\begin{aligned}\iint_D \frac{x^2}{y^2}\mathrm{d}\sigma &= \iint_{D_1}\frac{x^2}{y^2}\mathrm{d}\sigma+\iint_{D_2}\frac{x^2}{y^2}\mathrm{d}\sigma \\ &=\int_{\frac{1}{2}}^{1}\mathrm{d}y\int_{\frac{1}{y}}^{2}\frac{x^2}{y^2}\mathrm{d}x+\int_{1}^{2}\mathrm{d}y\int_{y}^{2}\frac{x^2}{y^2}\mathrm{d}x \\ &=\int_{\frac{1}{2}}^{1}\left[\frac{x^3}{3y^2}\right]_{\frac{1}{y}}^{2}\mathrm{d}y+\int_{1}^{2}\left[\frac{x^3}{3y^2}\right]_{y}^{2}\mathrm{d}y \\ &=\int_{\frac{1}{2}}^{1}\left(\frac{8}{3y^2}-\frac{1}{3y^5}\right)\mathrm{d}y+\int_{1}^{2}\left(\frac{8}{3y^2}-\frac{y}{3}\right)\mathrm{d}y \\ &=\frac{9}{4}.\end{aligned}$$

这个例子说明,二重积分计算的繁简与积分的次序有关,还有的二重积分,如果不更换成恰当的积分次序,二重积分便无法计算,因此在计算二重积分时,必须选取恰当的积分次序.

*7.6.3 二重积分在几何上的应用

我们已经知道:若 $z=f(x,y)$ 在有界闭区域 D 上连续,且 $f(x,y)\geqslant 0$,则二重积分 $\iint\limits_D f(x,y)\mathrm{d}\sigma$ 的几何意义为以 D 为底,以曲面 $z=f(x,y)$ 为顶的曲顶柱体的体积.

下面举例说明利用二重积分计算立体的体积.

例 7.6.7 求由曲面 $z=x^2+y^2$,$y=x^2$ 以及平面 $y=1$,$z=0$ 所围成的立体的体积.

解:如图 7-15 所示,由于立体的底部为区域 $D=\{(x,y)\,|\,-1\leqslant x\leqslant 1,x^2\leqslant y\leqslant 1\}$,顶是曲面 $z=x^2+y^2$,于是

$$\begin{aligned}V&=\int_{-1}^{1}\mathrm{d}x\int_{x^2}^{1}(x^2+y^2)\mathrm{d}y \\ &=\int_{-1}^{1}\left[x^2y+\frac{1}{3}y^3\right]_{x^2}^{1}\mathrm{d}x \\ &=\int_{-1}^{1}\left(x^2+\frac{1}{3}-x^4-\frac{1}{3}x^6\right)\mathrm{d}x \\ &=\frac{88}{105}.\end{aligned}$$

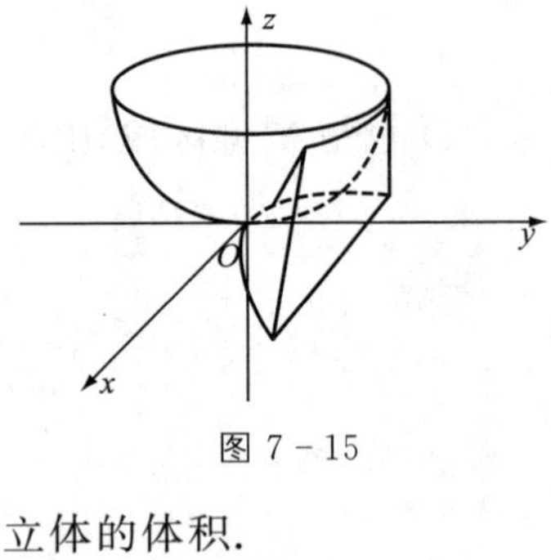

图 7-15

例 7.6.8 求两个底半径都等于 R 的直交圆柱面所围成的立体的体积.

解:两个直交圆柱面可分别写为

$$x^2+y^2=R^2,x^2+z^2=R^2.$$

由对称性,先求出立体在第一卦限的部分体积.如图 7-16 所示,立体在第一卦限的部分可看成以区域

$$D=\{(x,y)\,|\,0\leqslant x\leqslant R,0\leqslant y\leqslant \sqrt{R^2-x^2}\}$$

为底，以曲面 $z=\sqrt{R^2-x^2}$ 为顶的曲顶柱体，其体积为

$$V_1=\iint\limits_D\sqrt{R^2-x^2}\,\mathrm{d}\sigma=\int_0^R\left[\int_0^{\sqrt{R^2-x^2}}\sqrt{R^2-x^2}\,\mathrm{d}y\right]\mathrm{d}x=\int_0^R\left[\sqrt{R^2-x^2}\,y\right]_0^{\sqrt{R^2-x^2}}\mathrm{d}x$$

$$=\int_0^R(R^2-x^2)\,\mathrm{d}x=\frac{2}{3}R^3.$$

所求立体的体积 $V=8V_1=\dfrac{16}{3}R^3$.

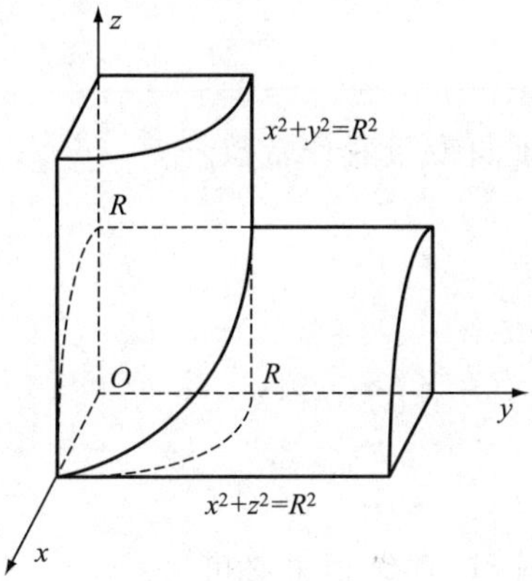

图 7-16

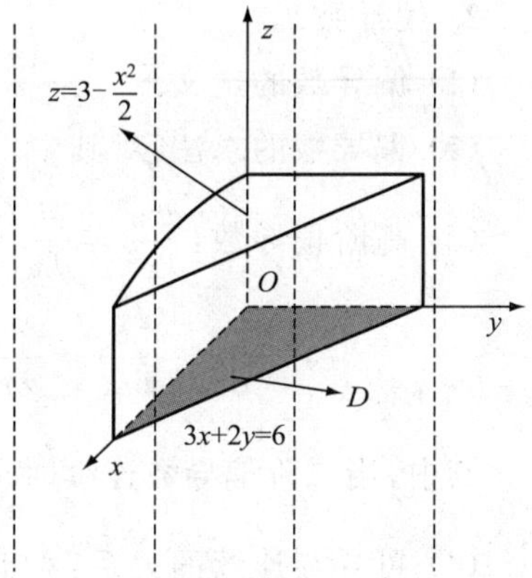

图 7-17

例 7.6.9　求由平面 $x=0,y=0,z=0,3x+2y=6$ 及曲面 $z=3-\dfrac{x^2}{2}$ 所围成的立体的体积.

解：如图 7-17 所示，该立体的顶为曲面 $z=3-\dfrac{x^2}{2}$，底为区域

$$D=\left\{(x,y)\mid 0\leqslant x\leqslant 2,0\leqslant y\leqslant 3-\frac{3}{2}x\right\}.$$

$$V=\iint\limits_D\left(3-\frac{x^2}{2}\right)\mathrm{d}x\,\mathrm{d}y=\int_0^2\mathrm{d}x\int_0^{3-\frac{x}{2}}\left(3-\frac{x^2}{2}\right)\mathrm{d}y=12.$$

习题 7.6

1. 计算二重积分 $\iint\limits_D(x+2y)\,\mathrm{d}\sigma$，其中区域 D 由直线 $y=1-x$，$y=x-1$ 及 y 轴所围成.

2. 计算 $\iint\limits_D xy\,\mathrm{d}\sigma$，其中区域 D 由抛物线 $y^2=x$ 及直线 $x-y=2$ 所围成.

3. 计算 $\iint\limits_D\sin\dfrac{\pi x}{2y}\,\mathrm{d}x\,\mathrm{d}y$，其中区域 D 由抛物线 $y=\sqrt{x}$ 及直线 $y=x$，$y=2$ 所围成.

4. 计算 $\iint\limits_D\dfrac{\sin y}{y}\,\mathrm{d}x\,\mathrm{d}y$，其中区域 D 由直线 $y=x$ 及曲线 $x=y^2$ 所围成.

5. 计算 $\iint\limits_D xy\,\mathrm{d}x\,\mathrm{d}y$，其中区域 D 由 $y=x^2+1$，$y=2x$ 及 $x=0$ 所围成.

本章小结

1. 二元函数.

(1) 二元函数的定义及定义域.

(2) 二元函数的极限.

(3) 二元函数的连续性.

2. 偏导数.

(1) 偏导数的定义.

(2) 偏导数的求法:对其中一个自变量求导,将其他自变量看作常数.

(3) 高阶偏导数:$\frac{\partial^2 z}{\partial x^2}=\frac{\partial}{\partial x}\left(\frac{\partial z}{\partial x}\right)$,$\frac{\partial^2 z}{\partial x\partial y}=\frac{\partial}{\partial y}\left(\frac{\partial z}{\partial x}\right)$,

$$\frac{\partial^2 z}{\partial y\partial x}=\frac{\partial}{\partial x}\left(\frac{\partial z}{\partial y}\right),\frac{\partial^2 z}{\partial y^2}=\frac{\partial}{\partial y}\left(\frac{\partial z}{\partial y}\right),$$

其中,当二阶偏导数连续时,有$\frac{\partial^2 z}{\partial x\partial y}=\frac{\partial^2 z}{\partial y\partial x}$.

(4) 可导与连续的关系:对于二元函数,可导未必连续,连续也未必可导.

3. 全微分.

(1) 全微分的定义:$\mathrm{d}z=\frac{\partial z}{\partial x}\mathrm{d}x+\frac{\partial z}{\partial y}\mathrm{d}y$.

(2) 全微分与偏导数的关系:可微分一定可导,但偏导数存在,函数不一定可微分. 如果函数 $z=f(x,y)$ 的两个偏导数$\frac{\partial z}{\partial x}$和$\frac{\partial z}{\partial y}$在点$(x,y)$处都存在且连续,则函数 $z=f(x,y)$ 在点(x,y)可微分.

(3) 全微分在近似计算中的应用:$f(x+\Delta x,y+\Delta y)\approx f(x,y)+f'_x(x,y)\Delta x+f'_y(x,y)\Delta y$.

4. 多元复合函数的求导法则(链式法则,如图 7-18 所示).

(1) $\frac{\mathrm{d}z}{\mathrm{d}t}=\frac{\partial z}{\partial u}\cdot\frac{\mathrm{d}u}{\mathrm{d}t}+\frac{\partial z}{\partial v}\cdot\frac{\mathrm{d}v}{\mathrm{d}t}$.

(2) $\frac{\partial z}{\partial x}=\frac{\partial z}{\partial u}\cdot\frac{\partial u}{\partial x}+\frac{\partial z}{\partial v}\cdot\frac{\partial v}{\partial x}$,$\frac{\partial z}{\partial y}=\frac{\partial z}{\partial u}\cdot\frac{\partial u}{\partial y}+\frac{\partial z}{\partial v}\cdot\frac{\partial v}{\partial y}$.

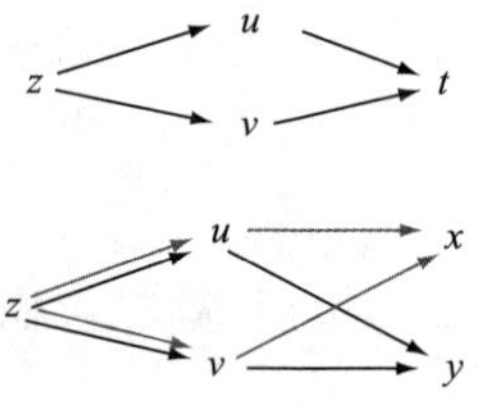

图 7-18

5. 隐函数的求导法.

(1) 一元隐函数求导公式:$\frac{\mathrm{d}y}{\mathrm{d}x}=-\frac{F'_x}{F'_y}$.

(2) 二元隐函数求偏导公式:$\frac{\partial z}{\partial x}=-\frac{F'_x}{F'_z}$,$\frac{\partial z}{\partial y}=-\frac{F'_y}{F'_z}$.

6. 多元函数的极值.

(1) 求二元函数的极值的步骤:

① 解方程组$\begin{cases} f'_x(x,y)=0, \\ f'_y(x,y)=0, \end{cases}$求出驻点；

② 对于每个驻点，求出二阶偏导数 A,B,C 的值；

③ 定出 $\Delta=B^2-AC$ 的符号，据此判定极值点，并求出极值.

（2）二元函数的最大值与最小值.

7. 二重积分.

（1）二重积分的概念.

（2）二重积分的性质.

① $\iint\limits_D kf(x,y)\mathrm{d}\sigma=k\iint\limits_D f(x,y)\mathrm{d}\sigma$　（k 为常数）.

② $\iint\limits_D [f(x,y)\pm g(x,y)]\mathrm{d}\sigma=\iint\limits_D f(x,y)\mathrm{d}\sigma\pm\iint\limits_D g(x,y)\mathrm{d}\sigma$.

③ $\iint\limits_D f(x,y)\mathrm{d}\sigma=\iint\limits_{D_1} f(x,y)\mathrm{d}\sigma+\iint\limits_{D_2} f(x,y)\mathrm{d}\sigma, D=D_1+D_2$.

④ $\iint\limits_D 1\mathrm{d}\sigma=\iint\limits_D \mathrm{d}\sigma=\sigma$.

⑤ 在区域 D 上，$f(x,y)\leqslant g(x,y)$，则$\iint\limits_D f(x,y)\mathrm{d}\sigma\leqslant\iint\limits_D g(x,y)\mathrm{d}\sigma$.

⑥ 如果在 D 上 $m\leqslant f(x,y)\leqslant M$，则 $m\sigma\leqslant\iint\limits_D f(x,y)\mathrm{d}\sigma\leqslant M\sigma$.

⑦ $\iint\limits_D f(x,y)\mathrm{d}\sigma=f(\xi,\eta)\sigma,(\xi,\eta)\in D$.

（3）直角坐标系中二重积分的计算.

① X 型区域（如图 7－19 所示）：$\iint\limits_D f(x,y)\mathrm{d}\sigma=\int_a^b\left[\int_{\varphi_1(x)}^{\varphi_2(x)} f(x,y)\mathrm{d}y\right]\mathrm{d}x$.

② Y 型区域（如图 7－20 所示）：$\iint\limits_D f(x,y)\mathrm{d}x\mathrm{d}y=\int_c^d\left[\int_{\psi_1(y)}^{\psi_2(y)} f(x,y)\mathrm{d}x\right]\mathrm{d}y$

$$=\int_c^d\mathrm{d}y\int_{\psi_1(y)}^{\psi_2(y)} f(x,y)\mathrm{d}x.$$

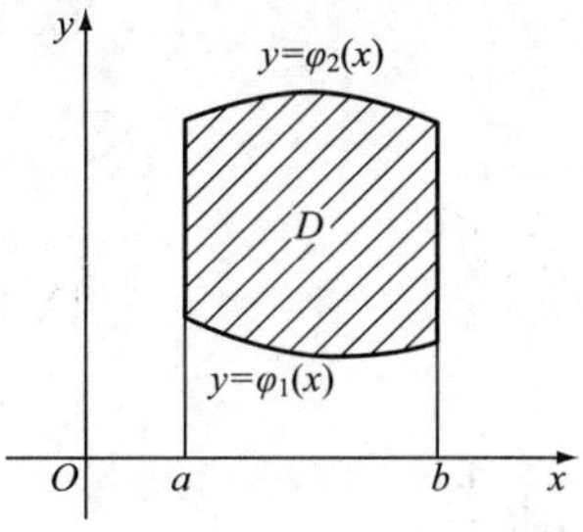

图 7－19

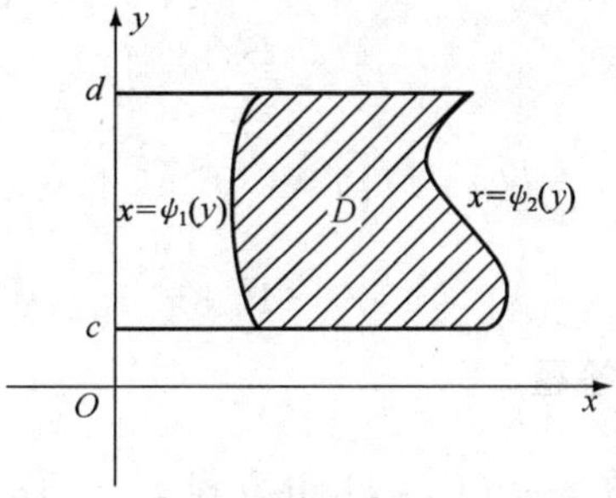

图 7－20

（4）二重积分在几何上的应用.

复习题七

一、填空题

1. 函数 $z=\ln(x^2+y^2-1)$ 的定义域为 ____________.

2. 设函数 $f(x,y)=\dfrac{2xy}{x^2+y^2}$,则 $f(1,2)=$ ____________.

3. 设函数 $z=x^y$,则 $\left.\dfrac{\partial z}{\partial x}\right|_{(1,\mathrm{e})}=$ ________,$\left.\dfrac{\partial z}{\partial y}\right|_{(1,\mathrm{e})}=$ __________.

4. 设函数 $z=xy+\dfrac{x}{y}$,则 $\mathrm{d}z=$ ________________.

5. 设函数 $f(x,y)=x^4+y^4-4x^2y^2$,则$\dfrac{\partial^2 f}{\partial x^2}=$ __________,$\dfrac{\partial^2 f}{\partial x\partial y}=$ __________.

6. 偏导数存在的函数极值点是驻点的 __________ 条件.

二、选择题

1. $\lim\limits_{\substack{x\to\infty\\ y\to\infty}}\left[(x^2+y^2)\cdot\sin\dfrac{3}{x^2+y^2}\right]=$(　　).

A. 0　　B. 3　　C. $\dfrac{1}{3}$　　D. ∞

2. 二元函数 $f(x,y)$ 在点(x_0,y_0) 处的两个偏导数 $f_x(x_0,y_0)$,$f_y(x_0,y_0)$ 都存在是 $f(x,y)$ 在点(x_0,y_0) 处连续的(　　)条件.

A. 充分　　B. 必要　　C. 充要　　D. 无关

3. 二元函数 $f(x,y)$ 在点(x_0,y_0) 处的两个偏导数 $f_x(x_0,y_0)$,$f_y(x_0,y_0)$ 都存在与 $f(x,y)$ 在点(x_0,y_0) 处可微分的关系是(　　).

A. 偏导数存在必可微分　　B. 偏导数存在不一定可微分

C. 可微分时偏导数不一定存在　　D. 不可微分时偏导数一定不存在

4. 设函数 $z=\sqrt{xy}$,则$\left.\dfrac{\partial z}{\partial x}\right|_{(1,1)}=$(　　).

A. 1　　B. $\dfrac{1}{2}$　　C. -1　　D. 2

5. 设 $D=\{(x,y)\mid x^2+y^2\leqslant 4,y\geqslant 0\}$,则$\iint\limits_D \mathrm{d}x\mathrm{d}y=$(　　).

A. 16π　　B. 8π　　C. 4π　　D. 2π

三、解答题

1. 函数 $z=f(x,y)$ 由方程 $z^3-3xyz=3$ 所确定,求$\dfrac{\partial z}{\partial x}$.

2. 设函数 $z=u^2+v^2$,而 $u=x+y$,$v=x-y$,求$\dfrac{\partial z}{\partial x}$,$\dfrac{\partial z}{\partial y}$.

3. 设函数 $z=uv$，而 $u=\ln x$，$v=e^x$，求 $\dfrac{dz}{dx}$.

4. 设函数 $z=x^3+y^4-3x^2y^3$，求 z''_{xx}，z''_{xy}，z''_{yy}.

5. 考察函数 $z=f(x,y)=\begin{cases}\dfrac{xy}{x^2+y^2}, x^2+y^2\neq 0,\\ 0, x^2+y^2=0\end{cases}$ 在点 $(0,0)$ 处的极限.

6. 求函数 $f(x,y)=4(x-y)-x^2-y^2$ 的极值.

7. 计算 $I=\iint\limits_D(1-x^2)d\sigma$，其中 $D=\{(x,y)\mid 0\leqslant x\leqslant 1, 0\leqslant y\leqslant x\}$.

8. 计算 $I=\iint\limits_D xy\,d\sigma$，其中 D 是由直线 $y=1$、$x=2$ 及 $y=x$ 所围成的闭区域.

第 8 章

常微分方程

在研究许多实际问题时，常常需要寻求与问题有关的变量之间的函数关系。这种函数关系有时可以直接建立，有时却只能建立含有所求函数及其导数的关系式，然后从中解出所求函数。这样的关系式就是所谓的微分方程. 本章将介绍微分方程的基本概念和几种常见的较简单的微分方程及其解法，并初步介绍它们在一些实际问题中的应用。

8.1 常微分方程的基本概念

引例 1 一曲线通过点(1,2)，在该曲线上任意点处的切线斜率为 $2x$，求该曲线的方程 $y=f(x)$.

解：根据导数的几何意义可知，$y=f(x)$ 满足方程

$$y'=2x, \qquad ①$$

故可得

$$y=x^2+C(C\text{ 为任意常数}).$$

该曲线经过点(1,2)，即当 $x=1$ 时，$y=2$，把这个条件记为 $y|_{x=1}=2$，代入上式得 $C=1$，故该曲线的方程为

$$y=x^2+1.$$

引例 2 火车在直线轨道上以 20 m/s 的速度行驶，制动后列车的加速度为 $-0.4\ \mathrm{m/s^2}$. 求开始制动后列车向前行驶的路程 s（单位为 m）与时间 t（单位为 s）的函数关系.

解：根据导数的物理意义可知

$$s''=-0.4, \qquad ②$$

故可得

$$s'=-0.4t+C_1,$$

再积分一次得到

$$s=-0.2t^2+C_1t+C_2.$$

另外，所求函数还应满足 $s|_{t=0}=0, s'|_{t=0}=20$，分别代入上面两式可得 $C_1=20, C_2=0$，从而得到所求函数

$$s=-0.2t^2+20t.$$

一般地，含有未知函数的导数（或微分）的方程，称为微分方程.

未知函数是一元函数的微分方程称为常微分方程，未知函数是多元函数的微分方程称为偏微分方程. 本章中仅讨论常微分方程，为方便起见，在后面的叙述中我们把常微分方程简称为微分方程.

微分方程中出现的未知函数的最高阶导数的阶数，称为微分方程的阶，如方程 ① 是一阶微分方程，方程 ② 是二阶微分方程. 本章主要讨论几种特殊类型的一阶微分方程和二阶微分方程。

若将一个函数代入微分方程中，使微分方程成为恒等式，则称这个函数为该微分方程的解.

若微分方程的解中含有任意常数，且相互独立（即不能合并）的任意常数的个数和微分方程的阶数相同，则称此解为该微分方程的通解. 不难发现，$y=x^2+C$ 是方程 ① 的通解，$s=-0.2t^2+C_1t+C_2$ 是方程 ② 的通解.

当通解中的各任意常数都取特定值时所得到的解，称为微分方程的特解. 用来确定通解中的任意常数值的附加条件称为初始条件. 一般地，一阶微分方程的初始条件中只含一个条件，二阶微分方程的初始条件中含两个条件，以此类推，n 阶微分方程的初始条件中应含 n 个条件.

求微分方程的特解问题也称为求微分方程的初值问题.

一阶微分方程的初值问题为$\begin{cases} y'=f(x,y), \\ y\big|_{x=x_0}=y_0. \end{cases}$

二阶微分方程的初值问题为$\begin{cases} y''=f(x,y,y'), \\ y\big|_{x=x_0}=y_0, \\ y'\big|_{x=x_0}=y'_0. \end{cases}$

微分方程的通解表示无数条曲线，称为积分曲线族，而特解的图形是一条曲线，称为微分方程的积分曲线.

例 8.1.1　验证 $y=5x^2$ 是一阶微分方程 $xy'=2y$ 的特解.

解：因为 $y=5x^2$，所以 $y'=10x$.

把 y 及 y' 代入一阶微分方程 $xy'=2y$，得

$$xy'=x\cdot 10x=10x^2\equiv 2y,$$

则 $y=5x^2$ 是一阶微分方程 $xy'=2y$ 的特解.

例 8.1.2　验证函数 $y=C_1\cos kx+C_2\sin kx$ 是微分方程$\frac{\mathrm{d}^2y}{\mathrm{d}x^2}+k^2y=0(k\neq 0)$ 的通解，并求满足初始条件 $y\big|_{x=0}=1,\frac{\mathrm{d}y}{\mathrm{d}x}\Big|_{x=0}=0$ 的特解.

解：先求出所给函数的一阶和二阶导数：

$$\frac{\mathrm{d}y}{\mathrm{d}x}=-C_1k\sin kx+C_2k\cos kx,$$

$$\frac{\mathrm{d}^2y}{\mathrm{d}x^2}=-C_1k^2\cos kx-C_2k^2\sin kx.$$

将所求得的二阶导数及 $y=C_1\cos kx+C_2\sin kx$ 代入微分方程，得

$$-C_1k^2\cos kx-C_2k^2\sin kx+k^2(C_1\cos kx+C_2\sin kx)\equiv 0,$$

从而知函数 $y=C_1\cos kx+C_2\sin kx$ 是微分方程 $\frac{d^2y}{dx^2}+k^2y=0(k\neq 0)$ 的解,又因其含有两个不能合并的任意常数,故知它是该微分方程的通解.

利用初始条件易得 $C_1=1,C_2=0$,故所求特解为 $y=\cos kx$.

习题 8.1

1. 指出下列微分方程的阶数:

(1) $x(y')^2=y'+y$;　(2) $y''+y'''=x^2y$;

(3) $x\mathrm{d}x+y\mathrm{d}y=0$;　(4) $L\frac{\mathrm{d}^2Q}{\mathrm{d}t^2}+R\frac{\mathrm{d}Q}{\mathrm{d}t}+CQ=0$.

2. 验证下列各组中的函数是否为所给微分方程的解,若是,请指出是通解还是特解. 其中 C_1,C_2 均为任意常数.

(1) $xy'=3y,y=x^3$;　(2) $y''-2y'-y=0,y=\mathrm{e}^x+\mathrm{e}^{-x}$;

(3) $y''+y=0,y=3\sin x-4\cos x$;　(4) $y''+y=\mathrm{e}^x,y=C_1\sin x+C_2\cos x+\frac{1}{2}\mathrm{e}^x$.

3. 验证 $y=Cx^3$ 是微分方程 $3y-xy'=0$ 的通解,并求满足初始条件 $y|_{x=1}=\frac{1}{3}$ 的特解.

4. 验证 $y=(C_1+C_2x)\mathrm{e}^{-x}$ 是微分方程 $y''+2y'+y=0$ 的通解,并求满足初始条件 $y|_{x=0}=4,y'|_{x=0}=-2$ 的特解.

8.2 可分离变量的微分方程

形如 $\frac{\mathrm{d}y}{\mathrm{d}x}=f(x)g(y)$ 的微分方程,叫作可分离变量的微分方程.

这类微分方程的解法一般可分为如下两步.

(1) 分离变量

将微分方程化为 $\frac{\mathrm{d}y}{g(y)}=f(x)\mathrm{d}x$ 的形式,使微分方程两边都只含一个变量.

(2) 两边积分

两边同时积分,得

$$\int\frac{\mathrm{d}y}{g(y)}=\int f(x)\mathrm{d}x.$$

设 $\frac{1}{g(y)}$ 与 $f(x)$ 的原函数分别为 $G(y)$ 和 $F(x)$,则得到微分方程的通解

$$G(y)=F(x)+C.$$

例 8.2.1 求微分方程 $y'=-\frac{y}{x}$ 的通解.

解:分离变量得

$$\frac{\mathrm{d}y}{y}=-\frac{\mathrm{d}x}{x},$$

两边同时积分，得
$$\int \frac{\mathrm{d}y}{y} = -\int \frac{\mathrm{d}x}{x},$$
$$\ln|y| = -\ln|x| + C_1.$$

化简得
$$y = \mathrm{e}^{C_1}\left|\frac{1}{x}\right|,$$

即
$$y = \pm \mathrm{e}^{C_1} \cdot \frac{1}{x}.$$

令
$$C = \pm \mathrm{e}^{C_1},$$

则
$$y = C \cdot \frac{1}{x}(C \neq 0).$$

注意 $y=0$ 也是微分方程 $y' = -\frac{y}{x}$ 的解，因此 C 实际上可取任何常数，这样，微分方程 $y' = -\frac{y}{x}$ 的通解为 $y = \frac{C}{x}$（C 为任意常数）.

今后对于求解这种类型的微分方程，求解过程可做如下简化处理：

(1) 分离变量并积分，得 $\ln y = -\ln x + \ln C$；

(2) 两边同时积分得通解为 $y = \frac{C}{x}$（C 为任意常数）.

例 8.2.2　求微分方程 $x + \frac{\mathrm{d}y}{\mathrm{d}x} = 1 + y^2 - xy^2$ 的通解.

解：原微分方程可化为
$$\frac{\mathrm{d}y}{\mathrm{d}x} = 1 - x + y^2 - xy^2 = (1-x) + y^2(1-x) = (1-x)(1+y^2),$$

分离变量得
$$\frac{\mathrm{d}y}{1+y^2} = (1-x)\mathrm{d}x,$$

两边同时积分得通解
$$\arctan y = x - \frac{1}{2}x^2 + C.$$

例 8.2.3　已知电路如图 8-1 所示，闭合开关 S 前电容器 C 的电压 $U_C = 0$，电源电压为 E，求闭合开关 S 后电压 U_C 的变化规律.

解：根据回路电压定律有 $U_R + U_C = E$.

因为
$$U_R = IR,$$

电容器 C 所带的电荷量 Q 与 U_C 的关系为 $Q = CU_C$.

于是
$$I(t) = \frac{\mathrm{d}Q}{\mathrm{d}t} = \frac{\mathrm{d}}{\mathrm{d}t}(CU_C) = C\frac{\mathrm{d}U_C}{\mathrm{d}t},$$

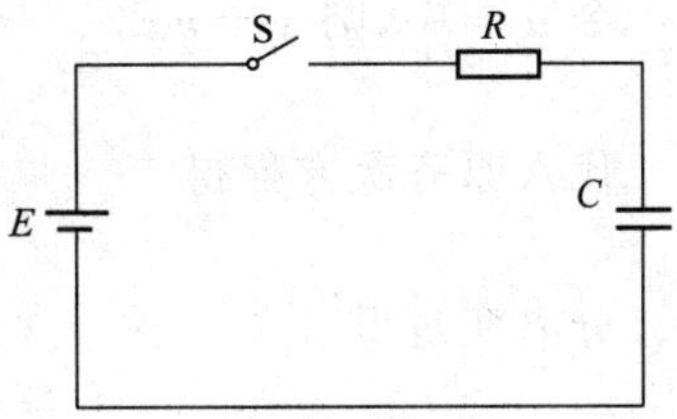

图 8-1

得微分方程
$$RC\frac{\mathrm{d}U_C}{\mathrm{d}t} + U_C = E,$$

其初始条件为
$$U_C|_{t=0} = 0,$$

该微分方程是一个可分离变量的微分方程，分离变量得
$$\frac{\mathrm{d}U_C}{E - U_C} = \frac{\mathrm{d}t}{RC}.$$

两边同时积分得 $-\ln(E-U_C)=\dfrac{t}{RC}-\ln\lambda$（$\lambda$ 为大于零的任意常数），

化简后，得通解

$$U_C=E-\lambda e^{-\frac{t}{RC}}.$$

把初始条件代入上式得 $\lambda=E$，于是所求的电压 U_C 的变化规律为

$$U_C=E(1-e^{-\frac{t}{RC}}).$$

由此可知，闭合开关 S 后 U_C 随时间 t 的增加越来越接近电源电压 E.

习题 8.2

1. 求下列微分方程的通解：

(1) $\dfrac{dy}{dx}=3x^2y$；　(2) $(2+y)y'-x=0$；

(3) $1+y^2=\sqrt{1-x^2}\,y'$；　(4) $\dfrac{dy}{dx}=1+x+y^2+xy^2$；

(5) $(1+x)y'=\dfrac{y}{\ln y}$；　(6) $y\ln x\,dx+x\ln y\,dy=0$.

2. 求下列微分方程满足所给初始条件的特解：

(1) $(1+x)dy-(1-y)dx=0, y|_{x=0}=2$；(2) $\dfrac{y'}{1+y^2}+x^2=0, y|_{x=0}=0$；

(3) $x\,dy+xy\,dy=y^2dx+y\,dx, y|_{x=1}=1$；(4) $\sin x\cos y\,dx=\cos x\sin y\,dy, y|_{x=0}=\dfrac{\pi}{4}$.

8.3　齐次方程

形如$\dfrac{dy}{dx}=f\left(\dfrac{y}{x}\right)$的微分方程叫作齐次方程，求解齐次方程时，我们要使用变量代换的方式将齐次方程转化为可分离变量的微分方程，具体步骤如下.

令 $u=\dfrac{y}{x}$，则 $y=ux$，$\dfrac{dy}{dx}=u+x\dfrac{du}{dx}$，

代入原齐次方程得　$u+x\dfrac{du}{dx}=f(u)$，

分离变量得　$\dfrac{du}{f(u)-u}=\dfrac{dx}{x}$，

两边同时积分得　$\displaystyle\int\frac{du}{f(u)-u}=\int\frac{dx}{x}$，

积分后再用$\dfrac{y}{x}$代替 u，便得原齐次方程的通解.

齐次方程的解法包括以下 4 个步骤.

(1) 转化：把方程化为$\dfrac{dy}{dx}=f\left(\dfrac{y}{x}\right)$的形式.

(2) 换元:做变量替换 $u=\frac{y}{x}$ 或 $y=ux$.

(3) 求解:用分离变量法求出解.

(4) 回代:解中的 u 用$\frac{y}{x}$ 替换.

例 8.3.1　解微分方程 $y'=\frac{y}{x}+\tan\frac{y}{x}$.

解:令 $u=\frac{y}{x}$,则 $y'=u+xu'$,代入原微分方程得

$$u+xu'=u+\tan u.$$

分离变量得
$$\frac{\cos u}{\sin u}\mathrm{d}u=\frac{\mathrm{d}x}{x},$$

两边同时积分
$$\int\frac{\cos u}{\sin u}\mathrm{d}u=\int\frac{\mathrm{d}x}{x},$$

得
$$\ln\sin u=\ln x+\ln C,$$

即
$$\sin u=Cx.$$

故原微分方程的通解为 $\sin\frac{y}{x}=Cx$(C 为任意常数).

例 8.3.2　解微分方程$(y^2-2xy)\mathrm{d}x+x^2\mathrm{d}y=0$.

解:原微分方程可化为

$$\frac{\mathrm{d}y}{\mathrm{d}x}=2\frac{y}{x}-\left(\frac{y}{x}\right)^2$$

令 $u=\frac{y}{x}$,则 $y'=u+xu'$,代入上面的齐次方程得

$$u+xu'=2u-u^2,$$

分离变量得
$$\frac{\mathrm{d}u}{u^2-u}=-\frac{\mathrm{d}x}{x},$$

即
$$\left(\frac{1}{u-1}-\frac{1}{u}\right)\mathrm{d}u=-\frac{\mathrm{d}x}{x}.$$

两边同时积分得
$$\ln\frac{u-1}{u}=-\ln x+\ln C,$$

即
$$\frac{x(u-1)}{u}=C.$$

代回原变量得通解　$x(y-x)=Cy$(C 为任意常数).

还有许多其他类型的微分方程,也可以经过适当的换元化为可分离变量的微分方程来求解. 变量代换的方法在解微分方程中有很重要的地位. 下面仅举一例加以说明.

例 8.3.3　解微分方程$\frac{\mathrm{d}y}{\mathrm{d}x}=\frac{1}{x+y}$.

解:令 $x+y=u$,则 $y=u-x$,从而有$\frac{\mathrm{d}y}{\mathrm{d}x}=\frac{\mathrm{d}u}{\mathrm{d}x}-1$,

于是有
$$\frac{\mathrm{d}u}{\mathrm{d}x}-1=\frac{1}{u}.$$

化简得
$$\frac{du}{dx}=\frac{u+1}{u},$$
分离变量得
$$\frac{u}{u+1}du=dx,$$
两边同时积分得
$$u-\ln(u+1)=x+\ln C$$
即
$$C(u+1)=e^{u-x}.$$
用 $u=x+y$ 回代并化简得原微分方程的通解为
$$C(x+y+1)=e^{y}\ (C\text{ 为任意常数}).$$

习题 8.3

1. 验证下列各方程是齐次方程,并求解:

(1) $x\,dy=(y-x)dx$;

(2) $xy'-x\sec\frac{y}{x}-y=0$;

(3) $(x^2-2y^2)dx+xy\,dy=0$;

(4) $x^2y'-3xy-2y^2=0$.

2. 求下列微分方程满足所给初始条件的特解:

(1) $y'=\frac{x^2+y^2}{xy}, y|_{x=1}=1$;

(2) $y'=\frac{x}{2y}+\frac{y}{x}, y|_{x=1}=2$;

(3) $(xy-x^2)dy=y^2dx, y|_{x=1}=1$;

(4) $x\,dy+(2\sqrt{xy}-y)dx=0, y|_{x=1}=4$.

3. 解下列微分方程:

(1) $y'=\sec(y-x)+1$;

(2) $xy'=y(1-\ln x)+y\ln y$.

8.4 一阶线性微分方程

形如 $y'+P(x)y=Q(x)$ 的微分方程称为一阶线性微分方程,“线性”是指未知函数及其各阶导数都是一次幂. 其中,$Q(x)$ 称为自由项,且 $P(x)$,$Q(x)$ 都是关于 x 的连续函数. 若$Q(x)=0$,方程
$$y'+P(x)y=0$$
称为一阶齐次线性微分方程.

若 $Q(x)\neq 0$,则方程
$$y'+P(x)y=Q(x)$$
称为一阶非齐次线性微分方程.

1. 一阶齐次线性微分方程的解法

将方程
$$y'+P(x)y=0$$
分离变量后得
$$\frac{dy}{y}=-P(x)dx,$$
两边同时积分得

$$\ln y=-\int P(x)\mathrm{d}x+\ln C,$$

所以，方程的通解公式为

$$y=C\mathrm{e}^{-\int P(x)\mathrm{d}x}.$$

例 8.4.1　求方程 $y'+xy=0$ 的通解.

解：所给方程是一阶齐次线性微分方程，其中 $P(x)=x$，由通解公式可得方程的通解为

$$y=C\mathrm{e}^{-\int x\mathrm{d}x}=C\mathrm{e}^{-\frac{1}{2}x^2}.$$

2. 一阶非齐次线性微分方程的解法

解一阶非齐次线性微分方程

$$y'+P(x)y=Q(x),$$

先将相应的一阶线性齐次微分方程的通解 $y=C\mathrm{e}^{-\int P(x)\mathrm{d}x}$ 中的常数 C 变为 x 的函数 $C(x)$，令 $y=C(x)\mathrm{e}^{-\int P(x)\mathrm{d}x}$ 为一阶线性非齐次微分方程的解，代入方程 $y'+P(x)y=Q(x)$ 解出函数 $C(x)$，得到一阶线性非齐次微分方程的通解

$$y=\mathrm{e}^{-\int P(x)\mathrm{d}x}\left[\int Q(x)\mathrm{e}^{\int P(x)\mathrm{d}x}\mathrm{d}x+C\right].$$

例 8.4.2　求微分方程 $y'-\frac{1}{x}y=x^3$ 的通解.

解：这是一个一阶非齐次线性微分方程，其中，$P(x)=-\frac{1}{x}$，$Q(x)=x^3$，由通解公式即可得到该方程的通解

$$y=\mathrm{e}^{\int\frac{1}{x}\mathrm{d}x}\left[\int x^3\mathrm{e}^{-\int\frac{1}{x}\mathrm{d}x}\mathrm{d}x+C\right]=x\left(\int\frac{x^3}{x}\mathrm{d}x+C\right)=x\left(\frac{1}{3}x^3+C\right).$$

例 8.4.3　求微分方程 $y'=\frac{y+x\ln x}{x}$ 的通解.

解：原方程可化为

$$y'-\frac{1}{x}y=\ln x.$$

该方程为一阶非齐次线性微分方程，其中，$P(x)=-\frac{1}{x}$，$Q(x)=\ln x$. 通解为

$$y=\mathrm{e}^{\int\frac{1}{x}\mathrm{d}x}\left[\int\ln x\,\mathrm{e}^{-\int\frac{1}{x}\mathrm{d}x}\mathrm{d}x+C\right]=x\left(\int\frac{\ln x}{x}\mathrm{d}x+C\right)=x\left[\frac{1}{2}(\ln x)^2+C\right].$$

例 8.4.4　如图 8-2 所示的电路，其中电源电动势 $E=E_{\mathrm{m}}\sin\omega t$（$E_{\mathrm{m}}$，$\omega$ 都是常数），电阻 R 和电感 L 是常数. 设 $t=0$ 时合上开关，求电流 $i(t)$.

解：由电学知识知道，当电流变化时，电感 L 上有感应电动势 $U_L=-L\frac{\mathrm{d}i}{\mathrm{d}t}$，由回路电压定律得

$$E-L\frac{\mathrm{d}i}{\mathrm{d}t}-Ri=0,$$

即

$$\frac{\mathrm{d}i}{\mathrm{d}t}+\frac{R}{L}i=\frac{E}{L}.$$

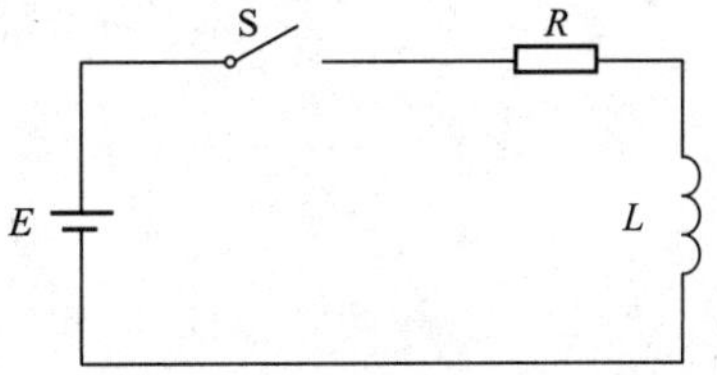

图 8-2

把 $E=E_m\sin\omega t$ 代入上式,得

$\frac{di}{dt}+\frac{R}{L}i=\frac{E_m}{L}\sin\omega t$,其初始条件为 $i|_{t=0}=0$,

该方程是一个一阶非齐次线性微分方程,其中,$P(t)=\frac{R}{L}$,$Q(t)=\frac{E_m}{L}\sin\omega t$,代入通解公式得

$$i(t)=e^{-\int\frac{R}{L}dt}\left[\int\frac{E_m}{L}e^{\int\frac{R}{L}dt}\sin\omega t\,dt+C\right]$$

$$=e^{-\frac{R}{L}t}\left[\frac{E_m}{L}\cdot\frac{L}{R^2+\omega^2L^2}e^{\frac{R}{L}t}(R\sin\omega t-\omega L\cos\omega t)+C\right]$$

$$=Ce^{-\frac{R}{L}t}+\frac{E_m}{R^2+\omega^2L^2}(R\sin\omega t-\omega L\cos\omega t).$$

将初始条件 $i|_{t=0}=0$ 代入上式得

$$C=\frac{\omega LE_m}{R^2+\omega^2L^2}.$$

于是所求电流

$$i(t)=\frac{\omega LE_m}{R^2+\omega^2L^2}e^{-\frac{R}{L}t}+\frac{E_m}{R^2+\omega^2L^2}(R\sin\omega t-\omega L\cos\omega t).$$

习题 8.4

1. 求下列一阶线性微分方程的通解:

(1) $y'+y=e^{-x}$;　　(2) $y'+\frac{y}{x}-x=0$;

(3) $y'-\frac{2y}{x}=x^2\sin 3x$;　　(4) $y'+y\tan x=\sin 2x$.

2. 求下列微分方程满足初始条件的特解:

(1) $y'-\frac{y}{x}=x^2, y|_{x=2}=2$;　　(2) $y'+3y=8, y|_{x=0}=2$;

(3) $y'-y=e^x, y|_{x=0}=1$;　　(4) $\frac{dy}{dx}+5y=-4e^{-3x}, y|_{x=0}=-4$.

3. 如图 8-3 所示电路,已知 $R=10\ \Omega$,$L=2$ H,$E=20\sin 5t$,在 $t=0$ 时合上开关 S,求电流 $i(t)$。

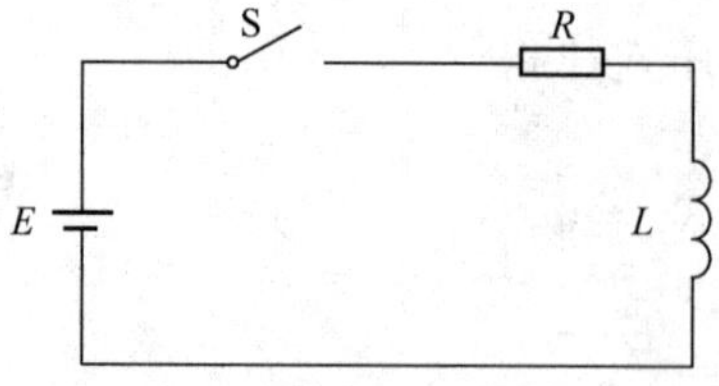

图 8-3

8.5　可降阶的高阶微分方程

二阶及二阶以上的微分方程统称为高阶微分方程，本节讨论 3 类特殊的高阶微分方程.

1. 形如 $y^{(n)}=f(x)$ 的微分方程

微分方程 $y^{(n)}=f(x)$ 是一类简单的高阶微分方程，它的解法是逐次求积分，最终得通解.

例 8.5.1　求微分方程 $y''=\sin x$ 的通解.

解：方程两边同时求一次积分，得

$$y'=\int \sin x\,\mathrm{d}x=-\cos x+C_1.$$

上式再求积分，得

$$y=-\sin x+C_1x+C_2.$$

2. 形如 $y''=f(x,y')$ 的微分方程

这类二阶微分方程的特点是方程中不明显含 y. 求解的基本步骤如下：

(1) 令 $y'=P$，把原方程化为以 P 为未知函数的一阶微分方程 $P'=f(x,P)$；

(2) 求解以上微分方程得 P 的表示式；

(3) 将 P 的表示式代入式子 $y'=P$，求得原方程的通解 $y=\int P\mathrm{d}x$.

例 8.5.2　求方程 $(1-x^2)y''-xy'=2$ 的通解.

解：原方程中不明显含 y，令 $y'=P$，则 $y''=P'$. 原方程化为

$$P'-\frac{x}{1-x^2}P=\frac{2}{1-x^2}.$$

这是一阶非齐次线性微分方程，求得它的通解为

$$P=\frac{1}{\sqrt{1-x^2}}(2\arcsin x+C_1),$$

即

$$y'=\frac{1}{\sqrt{1-x^2}}(2\arcsin x+C_1).$$

两边同时积分，得原方程的通解为

$$y=(\arcsin x)^2+C_1\arcsin x+C_2.$$

3. 形如 $y''=f(y,y')$ 的微分方程

这类微分方程的特点是方程中不明显含 x. 求解的基本步骤如下：

(1) 令 $y'=P$，则 $y''=\frac{\mathrm{d}P}{\mathrm{d}y}\cdot\frac{\mathrm{d}y}{\mathrm{d}x}=P\frac{\mathrm{d}P}{\mathrm{d}y}$，把原方程化为以 P 为未知函数的一阶微分方程 $P\frac{\mathrm{d}P}{\mathrm{d}y}=f(y,P)$；

(2) 求解以上微分方程得 P 的表示式；

(3) 将 P 的表示式代入 $y'=P$，这是一个可分离变量的微分方程，求得原方程的通解.

例 8.5.3 求微分方程 $yy''-y'^2=0$ 的通解.

解:原方程中不明显含 x,令 $y'=P$,则 $y''=\frac{dP}{dy}\cdot\frac{dy}{dx}=P\frac{dP}{dy}$,代入原方程得

$$yP\frac{dP}{dy}-P^2=0.$$

分离变量,得

$$\frac{dP}{P}=\frac{dy}{y}.$$

两边同时积分,得

$$\ln P=\ln y+\ln C_1,$$

即

$$P=C_1y.$$

代入

$$y'=P,$$

得

$$\frac{dy}{dx}=C_1y.$$

再分离变量并积分,得

$$\ln y=C_1x+\ln C_2,$$

故原方程的通解为

$$y=C_2e^{C_1x}.$$

习题 8.5

1. 求下列微分方程的通解:

(1) $y''=\cos x$;

(2) $(1-x)y''-y'=0$;

(3) $y''=\frac{1}{x}y'+xe^x$;

(4) $y''+y'=e^{-x}$;

(5) $y''(1+e^x)+y'=0$;

(6) $1+(y')^2=2yy''$.

2. 求下列微分方程满足初始条件的特解:

(1) $y''=2x,\ y|_{x=0}=1,\ y'|_{x=1}=2$;

(2) $(1+x^2)y''=2xy',\ y|_{x=0}=1,\ y'|_{x=0}=3$;

(3) $yy''=2(y'^2-y'),\ y|_{x=0}=1,\ y'|_{x=0}=2$;

(4) $xy''=y'\ln\frac{y'}{x},\ y|_{x=1}=-2,\ y'|_{x=1}=1$.

8.6 二阶常系数齐次线性微分方程

形如

$$y''+p(x)y'+q(x)y=f(x) \quad ①$$

的微分方程称为二阶线性微分方程，其中 $f(x)$ 称为自由项，且 $p(x)$，$q(x)$，$f(x)$ 均为 x 的连续函数，当 $f(x)\neq 0$ 时，称为非齐次线性微分方程；当 $f(x)\equiv 0$ 时，称为齐次线性微分方程.

本节只讨论方程 ① 中，当 $p(x)$，$q(x)$ 均为常数且 $f(x)=0$ 时的情形，此时方程为

$$y''+py'+qy=0, \quad ②$$

称为二阶常系数齐次线性微分方程.

8.6.1 二阶常系数齐次线性微分方程解的结构

定理 8.1 设 $y=y_1(x)$ 及 $y=y_2(x)$ 是方程 ② 的两个解，那么对任意常数 C_1 和 C_2，$y=C_1y_1(x)+C_2y_2(x)$ 仍是方程 ② 的解.

证明：因 $y_1(x)$ 和 $y_2(x)$ 是方程 ② 的两个解，故有

$$y_1''+py_1'+qy_1=0,$$
$$y_2''+py_2'+qy_2=0.$$

从而，$(C_1y_1+C_2y_2)''+p(C_1y_1+C_2y_2)'+q(C_1y_1+C_2y_2)$

$$=C_1(y_1''+py_1'+qy_1)+C_2(y_2''+py_2'+qy_2)=0,$$

即 $y=C_1y_1(x)+C_2y_2(x)$ 是方程 ② 的解.

当 $\dfrac{y_1(x)}{y_2(x)}\neq C$（$C$ 为常数）时，解 $y=C_1y_1(x)+C_2y_2(x)$ 中的两个任意常数 C_1 和 C_2 是不能合并的（即相互独立的）. 按通解的定义知，$y=C_1y_1(x)+C_2y_2(x)$ 就是方程 ② 的通解.

8.6.2 二阶常系数齐次线性微分方程的解法

从上面的讨论可知，只要求得方程 ② 的两个解 $y_1(x)$ 和 $y_2(x)$，且满足 $\dfrac{y_1(x)}{y_2(x)}\neq C$，那么解 $y=C_1y_1(x)+C_2y_2(x)$ 即为方程 ② 的通解，下面来解决求 $y_1(x)$ 和 $y_2(x)$ 的问题.

由于方程 ② 左边的 p，q 均为常数，指数函数 $y=\mathrm{e}^{rx}$ 与其各阶导数只相差一个常数因子，因此可猜想方程 ② 有如 $y=\mathrm{e}^{rx}$ 形式的解（其中 r 为待定常数）.

将 $y'=r\mathrm{e}^{rx}$，$y''=r^2\mathrm{e}^{rx}$ 及 $y=\mathrm{e}^{rx}$ 代入方程 ② 得

$$\mathrm{e}^{rx}(r^2+pr+q)=0.$$

由于 $\mathrm{e}^{rx}\neq 0$，所以，只要 r 满足方程

$$r^2+pr+q=0,$$

$y=\mathrm{e}^{rx}$ 就是方程 ② 的解，此方程称为方程 ② 的特征方程，特征方程的根称为待征根.

由于特征方程的特征根有 3 种情况，因此方程 ② 的通解有以下 3 种情况：

(1) 特征方程有两个不相等的实根 r_1 和 r_2，即 $r_1\neq r_2$，那么方程 ② 的通解为

$$y=C_1\mathrm{e}^{r_1x}+C_2\mathrm{e}^{r_2x}.$$

(2) 特征方程有两个相等的实根，即 $r_1=r_2$，这时，方程 ② 的通解为

$$y=(C_1+C_2x)\mathrm{e}^{r_2x}.$$

(3) 特征方程具有一对共轭复根 $r_1=\alpha+i\beta$ 与 $r_2=\alpha-i\beta$，这时方程 ② 的通解为

$$y=\mathrm{e}^{\alpha x}(C_1\cos\beta x+C_2\sin\beta x).$$

例 8.6.1 求微分方程 $y''-y'-6y=0$ 的通解.

解:该微分方程的特征方程为 $r^2-r-6=0$,解得特征根 $r_1=-2,r_2=3$,

因此该微分方程的通解为 $y=C_1e^{-2x}+C_2e^{3x}$.

例 8.6.2 求微分方程 $y''-4y'+4y=0$ 满足初始条件 $y|_{x=0}=1,y'|_{x=0}=4$ 的特解.

解:该微分方程的特征方程为 $r^2-4r+4=0$,解得特征根 $r_1=r_2=2$,

因此该微分方程的通解为 $y=(C_1+C_2x)e^{2x}$.

求得
$$y'=C_2e^{2x}+2(C_1+C_2x)e^{2x},$$

将 $y|_{x=0}=1,y'|_{x=0}=4$ 代入上两式,得 $C_1=1,C_2=2$,因此所求特解为
$$y=(1+2x)e^{2x}.$$

例 8.6.3 求微分方程 $y''-2y'+5y=0$ 的通解.

解:该微分方程的特征方程为 $r^2-2r+5=0$,解得特征根 $r_1=1+2i,r_2=1-2i$,

因此所求通解为 $y=e^x(C_1\cos2x+C_2\sin2x)$.

例 8.6.4 在如图 8-4 所示的电路中,电容为 C,电感为 L,电阻为 R,如果电容器充电后撤去外电源,求电容器电压 U_C 的变化规律.

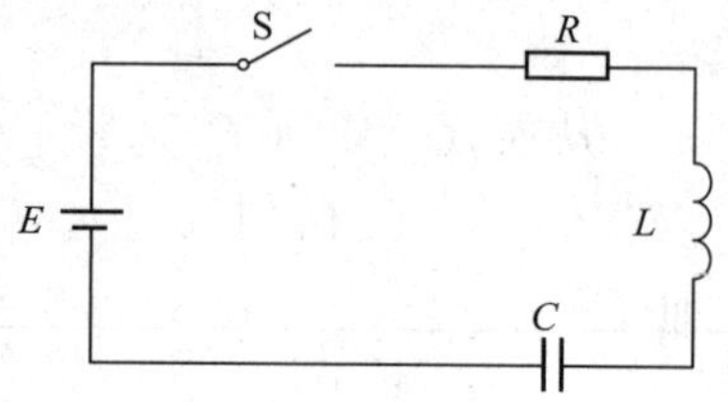

图 8-4

解:设电容器上的电量为 $Q(t)$,自感电动势为 E_L,由电学知识知
$$i=\frac{dQ}{dt},U_C=\frac{Q}{C},E_L=-L\frac{di}{dt},$$

根据回路电压定律,有
$$E-L\frac{di}{dt}-U_C-Ri=0. \qquad ③$$

若电容器充电后撤去外电源($E=0$),则方程 ③ 变为
$$L\frac{di}{dt}+U_C+Ri=0,$$

即
$$LC\frac{d^2U_C}{dt^2}+RC\frac{dU_C}{dt}+U_C=0. \qquad ④$$

这是一个二阶常系数齐次线性微分方程,其特征方程为
$$LCr^2+RCr+1=0.$$

特征根
$$r_{1,2}=-\frac{R}{2L}\pm\sqrt{\left(\frac{R}{2L}\right)^2-\frac{1}{LC}}=-\alpha\pm\sqrt{\alpha^2-\omega_0^2} \qquad ⑤$$

其中,$\alpha=\frac{R}{2L}$ 称为衰减系数,$\omega_0=\sqrt{\frac{1}{LC}}$ 称为电路的固有频率.

由式 ⑤ 可见,特征根的值仅取决于电路自身的参数 R、L、C,因此,它体现了电路本身的特性.

下面分 4 种情况来讨论.

(1) 当 $\alpha>\omega_0$ 时,称为大阻尼情形.

此时,特征根 $r_1=-\alpha+\sqrt{\alpha^2-\omega_0^2},r_2=-\alpha-\sqrt{\alpha^2-\omega_0^2}$,是两个不相等的实根,因此方

程 ④ 的通解为

$$U_C(t)=C_1e^{r_1t}+C_2e^{r_2t}.$$

(2) 当 $\alpha=\omega_0$ 时,称为临界阻尼情形.

此时,特征根 $r_1=r_2=-\alpha$,因此方程 ④ 的通解为

$$U_C(t)=(C_1+C_2t)e^{-\alpha t}.$$

(3) 当 $\alpha<\omega_0$ 时,称为小阻尼情形.

此时,特征根为一对共轭复数 $-\alpha\pm i\sqrt{\alpha^2-\omega_0^2}$,因此方程 ④ 的通解为

$$U_C(t)=e^{-\alpha t}(C_1\cos\sqrt{\alpha^2-\omega_0^2}\,t+C_2\sin\sqrt{\alpha^2-\omega_0^2}\,t).$$

上式也可以写成

$$U_C(t)=Ce^{-\alpha t}\sin(\omega t+\varphi),\tag{⑥}$$

其中,$\omega=\sqrt{\alpha^2-\omega_0^2}$,$C=\sqrt{C_1^2+C_2^2}$,$\varphi=\arctan\dfrac{C_1}{C_2}$.

(4) 当 $\alpha=0(R=0)$ 时,称为无阻尼情形.

此时,特征根为 $\pm\omega_0 i$,方程 ④ 的解可由方程 ③ 得到,即

$$U_C(t)=C\sin(\omega t+\varphi).$$

以上 4 种情况下通解中的 C_1,C_2,C 均为任意常数,可由初始条件来确定.

习题 8.6

1. 验证函数 $y=C_1\sin x+C_2\cos x$ 是方程 $y''+y=0$ 的通解.

2. 求下列微分方程的通解:

(1) $y''+3y'+2y=0$;　　(2) $y''-4y'=0$;

(3) $y''+10y'+25y=0$;　　(4) $y''+2y'+5y=0$;

(5) $2y''-4y'+10y=0$;　　(6) $y''+4y=0$.

3. 求下列微分方程满足所给初始条件的特解:

(1) $y''-4y'+3y=0,y|_{x=0}=6,y'|_{x=0}=10$;

(2) $4y''+4y'+y=0,y|_{x=0}=2,y'|_{x=0}=0$;

(3) $y''+25y=0,y|_{x=0}=2,y'|_{x=0}=-5$.

8.7　二阶常系数非齐次线性微分方程

形如

$$y''+py'+qy=f(x)\tag{①}$$

[其中 p、q 为常数,$f(x)\neq0$] 的微分方程称为二阶常系数非齐次线性微分方程,而微分方程

$$y''+py'+qy=0\tag{②}$$

称为非齐次方程 ① 所对应的齐次方程.

8.7.1　二阶常系数非齐次线性微分方程解的结构

定理 8.2　如果 y^* 是非齐次方程 ① 的一个特解,Y 是该方程所对应的齐次方程 ② 的通

解,则 $y=Y+y^*$ 是非齐次方程 ① 的通解.

证明:因为 Y 和 y^* 分别是方程 ② 和方程 ① 的解,所以

$$Y''+pY'+qY=0,$$
$$y^{*\prime\prime}+py^{*\prime}+qy^*=f(x).$$

以上两式相加得

$$(Y''+y^{*\prime\prime})+p(Y'+y^{*\prime})+q(Y+y^*)=f(x),$$

从而
$$(Y+y^*)''+p(Y+y^*)'+q(Y+y^*)=f(x).$$

这表明 $y=Y+y^*$ 是非齐次方程 ① 的解,由于 Y 中含有两个相互独立的任意常数,所以 $y=Y+y^*$ 是非齐次方程 ① 的通解.

定理 8.3 设 y_1^* 与 y_2^* 分别是方程

$$y''+py'+qy=f_1(x),$$
$$y''+py'+qy=f_2(x)$$

的特解,则 $y_1^*+y_2^*$ 是方程

$$y''+py'+qy=f_1(x)+f_2(x)$$

的特解.

证明:略.

8.7.2 二阶常系数非齐次线性微分方程的解法

根据定理 8.2,要求方程 ① 的通解,可先求出方程 ② 的通解 Y,然后求出方程 ① 的一个特解 y^*,即得方程 ① 的通解

$$y=Y+y^*.$$

关于方程 ② 的通解 Y 的求法,前面已介绍,下面仅给出当自由项 $f(x)$ 为几种特殊类型函数时,非齐次方程 ① 的特解 y^* 的求法.

1. 自由项 $f(x)=P_n(x)$[其中 $P_n(x)$ 是 x 的 n 次多项式]

此时,方程 ① 为

$$y''+py'+qy=P_n(x). \qquad ③$$

从求导数运算的规律看,当 $q\neq0$ 时,方程 ③ 的特解 y^* 必定是一个 n 次多项式;当 $q=0$ 而 $p\neq0$ 时,方程 ③ 的特解 y^* 应是一个 $n+1$ 次多项式;当 $p=q=0$ 时,方程 ③ 的特解 y^* 应是一个 $n+2$ 次多项式,如下.

$$\begin{cases} q\neq0, & y^*=Q_n(x), \\ q=0,p\neq0, & y^*=Q_{n+1}(x), \\ p=q=0, & y^*=Q_{n+2}(x). \end{cases}$$

例 8.7.1 求 $y''-2y'-3y=3x+1$ 的一个特解.

解:方程中 $q\neq0$,且 $f(x)=3x+1$ 是一次多项式,故可设

$$y^*=Ax+B,$$

则
$$y^{*\prime}=A,y^{*\prime\prime}=0,$$

代入原方程并整理得

$$-3Ax-(3B+2A)=3x+1.$$

比较两边系数得

$$-3A=3,-3B-2A=1,$$

因此
$$A=-1,B=\frac{1}{3}.$$

于是,所求的特解为

$$y^*=-x+\frac{1}{3}.$$

例 8.7.2　求 $y''-2y'=-4x+2$ 的一个特解.

解:方程中 $q=0$,且 $f(x)=-4x+2$ 是一次多项式,故可设

$$y^*=Ax^2+Bx+C,$$

则
$$y^{*\prime}=2Ax+B,y^{*\prime\prime}=2A.$$

代入原方程并整理得

$$-4Ax+(2A-2B)=-4x+2.$$

比较两边系数得

$$-4A=-4,2A-2B=2,$$

因此 $A=1,B=0,C$ 可为任意常数.

不妨取 $C=0$,则得原方程的一个特解为

$$y^*=x^2.$$

2. 自由项 $f(x)=e^{\lambda x}P_n(x)$[其中 $P_n(x)$ 是一个 n 次多项式,λ 为常数]

此时方程 ① 的特解形式为

$$y^*=x^kQ_n(x)e^{\lambda x},$$

其中,$Q_n(x)$ 是一个与 $P_n(x)$ 有相同次数的多项式,k 的值根据λ 是否为方程 ① 所对应的齐次方程的特征根而定:

(1) 当 λ 不是特征根时,$k=0$;

(2) 当 λ 是特征根,且是单根时,$k=1$;

(3) 当 λ 是特征根,且是重根时,$k=2$.

例 8.7.3　求方程 $2y''+y'-y=2e^x$ 的一个特解.

解:方程中 $\lambda=1,P_n(x)=2$,可看作零次多项式,容易验证 $\lambda=1$ 不是特征方程 $2r^2+r-1=0$ 的特征根,取 $k=0$,可设

$$y^*=Ae^x,$$

则
$$y^{*\prime}=Ae^x,y^{*\prime\prime}=Ae^x.$$

将 y^*、$y^{*\prime}$、$y^{*\prime\prime}$ 代入原方程,得

$$2Ae^x+Ae^x-Ae^x=2e^x,A=1.$$

故原方程的一个特解为

$$y^*=e^x.$$

例 8.7.4　求方程 $y''+6y'+9y=5xe^{-3x}$ 的通解.

解:分两个步骤求解.

(1) 求对应齐次方程的通解.

对应齐次方程的特征方程为　$r^2+6r+9=0.$

解得　$r_1=r_2=-3,$

于是得到对应齐次方程的通解

$$Y=(C_1+C_2x)e^{-3x}.$$

(2) 求原方程的一个特解.

因为 $\lambda=-3$ 是特征方程的重根，$P_n(x)=5x$ 是一次单项式，所以可设

$$y^*=x^2(Ax+B)e^{-3x}.$$

求导得
$$y^{*\prime}=e^{-3x}[-3Ax^3+(3A-3B)x^2+2Bx],$$
$$y^{*\prime\prime}=e^{-3x}[9Ax^3+(-18A+9B)x^2+(6A-12B)x+2B],$$

代入原方程并约去 e^{-3x} 得

$$6Ax+2B=5x,$$

比较等式两边的系数得

$$\begin{cases}6A=5,\\2B=0,\end{cases}$$

解得

$$\begin{cases}A=\dfrac{5}{6},\\B=0.\end{cases}$$

从而得原方程的一个特解为

$$y^*=\frac{5}{6}x^3e^{-3x}.$$

于是原方程的通解为

$$y=Y+y^*=\left(\frac{5}{6}x^3+C_2x+C_1\right)e^{-3x}.$$

习题 8.7

1. 求下列微分方程的一个特解：

(1) $y''+y'+2y=x^2+x+1$；

(2) $y''+3y'=6x+2$；

(3) $y''-5y'+6y=6$；

(4) $y''+3y'+2y=xe^{-x}$；

(5) $y''+4y'+4y=(9x^2+12x)e^x$；

(6) $y''+3y'+2y=2e^{-2x}$；

(7) $y''+3y'+y=(x+1)e^x$；

(8) $y''+y'+2y=x+e^{-x}$.

2. 求下列微分方程满足所给初始条件的特解：

(1) $y''-3y'+2y=5,y|_{x=0}=1,y'|_{x=0}=2$；

(2) $y''-y=4xe^x,y|_{x=0}=0,y'|_{x=0}=2$.

3. 求微分方程 $y''+6y'+5y=3e^{-x}$ 的通解.

本章小结

1. 微分方程的阶、解、通解、特解以及线性方程、齐次方程、初始条件等概念.

2. 可分离变量的微分方程$\frac{dy}{dx}=f(x)g(y)$的解法.

(1) 分离变量：$\frac{dy}{g(y)}=f(x)dx$.

(2) 两边积分：$\int\frac{dy}{g(y)}=\int f(x)dx$.

3. 齐次方程$\frac{dy}{dx}=f\left(\frac{y}{x}\right)$的解法.

(1) 转化：把方程化为$\frac{dy}{dx}=f\left(\frac{y}{x}\right)$的形式.

(2) 换元：做变量替换 $u=\frac{y}{x}$ 或 $y=ux$.

(3) 求解：用分离变量法求出解.

(4) 回代：解中的 u 用$\frac{y}{x}$替换.

4. 一阶线性微分方程的通解公式.

(1) 一阶线性齐次微分方程 $y'+P(x)y=0$ 的通解公式：$y=Ce^{-\int P(x)dx}$.

(2) 一阶线性非齐次微分方程 $y'+P(x)y=Q(x)$ 的通解公式：

$$y=e^{-\int P(x)dx}\left[\int Q(x)e^{\int P(x)dx}dx+C\right].$$

5. 可降阶的高阶微分方程.

(1) 形如 $y^{(n)}=f(x)$ 的微分方程的解法.

(2) 形如 $y''=f(x,y')$ 的微分方程的解法.

(3) 形如 $y''=f(y,y')$ 的微分方程的解法.

6. 二阶常系数齐次线性微分方程 $y''+py'+qy=0$ 的通解形式(见表 8-1).

表 8-1

特征方程 $r^2+pr+q=0$ 的两根 r_1,r_2	微分方程 $y''+py'+qy=0$ 的通解
两个不相等的实根：$r_1\neq r_2$	$y=C_1e^{r_1x}+C_2e^{r_2x}$
两个相等的实根：$r_1=r_2$	$y=(C_1+C_2x)e^{r_2x}$
一对共轭复根：$r_{1,2}=\alpha\pm i\beta$	$y=e^{\alpha x}(C_1\cos\beta x+C_2\sin\beta x)$

7. 二阶常系数非齐次线性微分方程 $y''+py'+qy=f(x)$ 的特解的求法.

(1) $f(x)=P_n(x)$ 型：$\begin{cases}q\neq0, & y^*=Q_n(x),\\ q=0,p\neq0, & y^*=Q_{n+1}(x),\\ p=q=0, & y^*=Q_{n+2}(x).\end{cases}$

(2) $f(x)=e^{\lambda x}P_n(x)$ 型：$y^*=x^kQ_n(x)e^{\lambda x}$，其中 $k=\begin{cases}0,\lambda\text{ 不是特征根},\\ 1,\lambda\text{ 是特征根且是单根},\\ 2,\lambda\text{ 是特征根且是重根}.\end{cases}$

复习题八

一、填空题

1. 微分方程中________________叫作微分方程的阶数;微分方程 $y'+y^2=xy$ 的阶数是________.

2. ________________叫作微分方程的解;________________叫作微分方程的通解;________________叫作微分方程的特解.

3. 齐次方程的一般形式是__________,它的解法包括______个步骤,分别是________________.

4. 一阶线性齐次微分方程 $y'+P(x)y=0$ 的通解公式为__________;一阶线性非齐次微分方程 $y'+P(x)y=Q(x)$ 的通解公式为__________.

5. 在解形如 $y''=f(x,y')$ 的微分方程时,变量代换方式为__________;在解形如 $y''=f(y,y')$ 的微分方程时,变量代换方式为__________.

6. 设微分方程 $y''+py'+qy=0$ 的特征方程有两个相等的实根 r_1,r_2,则该微分方程的通解为________________.

7. 求微分方程 $y''+2y'=x^2+1$ 的特解时,应设特解 $y^*=$__________.

8. 求微分方程 $y''-3y'+2y=(x^2+1)e^x$ 的特解时,应设特解 $y^*=$__________.

二、选择题

1. 微分方程 $(y')^3+(y'')^4=xy^5$ 的阶数是(　　).

A. 2　　B. 3　　C. 4　　D. 5

2. 下列微分方程中是一阶线性微分方程的是(　　).

A. $xy'+y^2=x$　　B. $y'+xy=\sin x$　　C. $yy'=x$　　D. $(y')^2+xy=1$

3. 微分方程 $y\mathrm{d}x+(x-y)\mathrm{d}y=0$ 是(　　)微分方程.

A. 可分离变量　　B. 齐次　　C. 一阶齐次线性　　D. 一阶非齐次线性

4. 微分方程 $y'+xy=0$ 的通解是(　　).

A. $y=Ce^{\frac{1}{2}x^2}$　　B. $y=Ce^{-\frac{1}{2}x^2}$　　C. $y=Cxe^{\frac{1}{2}x^2}$　　D. $y=Cxe^{-\frac{1}{2}x^2}$

5. 微分方程 $y''=e^{-x}$ 的通解是(　　).

A. $y=Ce^{-x}$　　B. $y=Ce^x$

C. $y=e^{-x}+C_1x+C_2$　　D. $y=-e^{-x}+C_1x+C_2$

6. 若 y_1^* 和 y_2^* 都是微分方程 $y''+py'+qy=f(x)$(其中 p、q 为常数)的特解,则 $y=C_1y_1^*+C_2y_2^*$(　　).

A. 是该微分方程的通解　　B. 不是该微分方程的通解

C. 是该微分方程的解,但不是通解　　D. 是该微分方程的解,但不一定是通解

7. 微分方程 $y''-5y'+6y=0$ 的通解是(　　).

A. $y=C_1e^{-2x}+C_2e^{-3x}$　　B. $y=C_1e^{2x}+C_2e^{3x}$

C. $y=C_1e^{2x}+C_2e^{-3x}$　　D. $y=C_1e^{-2x}+C_2e^{3x}$

8. 微分方程 $y''-5y'+6y=xe^{3x}$ 的特解形式是(　　).

A. $y^*=Axe^{3x}$　　B. $y^*=Ax^2e^{3x}$

C. $y^*=(Ax+B)e^{3x}$　　D. $y^*=x(Ax+B)e^{3x}$

三、解答题

1. 求微分方程$(xy^2+x)+(y-x^2y)y'=0$ 的通解.

2. 求微分方程$(e^{x+y}-e^x)dy+(e^{y-x}-e^y)dx=0$ 的通解.

3. 求微分方程 $y'+\dfrac{2\sqrt{xy}-y}{x}=0$ 的通解.

4. 求微分方程$\dfrac{dy}{dx}=\dfrac{y^2}{xy-x^2}$ 的通解.

5. 求微分方程 $y''+6y'+13y=0$ 的通解.

6. 求微分方程 $y''+3y'+2y=3xe^{-x}$ 的特解.

7. 求微分方程 $y''+5y'+4y=4x^2+6+3xe^{-x}$ 的通解.

第 9 章

线性代数初步

本章主要介绍行列式、矩阵、线性方程组及线性规划 4 个方面的内容，重点讲解利用矩阵的运算规律与性质求解线性方程组.

9.1 行列式

9.1.1 行列式的概念

1. 二阶行列式

二元线性方程组的一般式为

$$\begin{cases} a_{11}x_1 + a_{12}x_2 = b_1, \\ a_{21}x_1 + a_{22}x_2 = b_2. \end{cases} \qquad ①$$

初中时，我们就能够通过加减消元法推导出其解的公式为

$$\begin{cases} x_1 = \dfrac{b_1 a_{22} - b_2 a_{12}}{a_{11}a_{22} - a_{12}a_{21}}, \\ x_2 = \dfrac{a_{11}b_2 - a_{21}b_1}{a_{11}a_{22} - a_{12}a_{21}}. \end{cases} \quad (a_{11}a_{22} - a_{12}a_{21} \neq 0)$$

我们发现分母都是"$a_{11}a_{22} - a_{12}a_{21}$"，而 a_{11}，a_{12}，a_{21}，a_{22} 都是方程组未知数的系数，为了便于记忆和讨论，我们把它们按照它们在原方程组中的相对位置排列成一个"正方形" $\begin{vmatrix} a_{11} & a_{12} \\ a_{21} & a_{22} \end{vmatrix}$，则"$a_{11}a_{22} - a_{12}a_{21}$"就是对角线上元素相乘""，其中实线上元素乘积为正，虚线上元素乘积为负. 称 $\begin{vmatrix} a_{11} & a_{12} \\ a_{21} & a_{22} \end{vmatrix}$ 为二阶行列式.

即 $\begin{vmatrix} a_{11} & a_{12} \\ a_{21} & a_{22} \end{vmatrix} = a_{11}a_{22} - a_{12}a_{21}$，等号右边的式子称为 $\begin{vmatrix} a_{11} & a_{12} \\ a_{21} & a_{22} \end{vmatrix}$ 的展开式.

如 $\begin{vmatrix} \sin\alpha & -\cos\alpha \\ \cos\alpha & \sin\alpha \end{vmatrix} = \sin^2\alpha + \cos^2\alpha = 1.$

可见，二阶行列式代表一种特定运算所得的结果. 其中横排称为行，纵排称为列，行列式交叉处的 a_{ij} 称为行列式的元素，a_{ij} 的下标 i 表示它位于第 i 行，j 表示它位于第 j 列，下标就表示了它的位置. 从左上角至右下角的对角线称为主对角线，从左下角至右上角的对角线称为次对角线.

记 $D=\begin{vmatrix} a_{11} & a_{12} \\ a_{21} & a_{22} \end{vmatrix}=a_{11}a_{22}-a_{12}a_{21}$，称之为原方程组的系数行列式，因为它是由原方程组未知数的系数按照原来的顺序排列而成的.

同理，原方程组的解中 x_1，x_2 的分子也可以用行列式来表示：

$$D_1=\begin{vmatrix} b_1 & a_{12} \\ b_2 & a_{22} \end{vmatrix}=b_1a_{22}-b_2a_{12},D_2=\begin{vmatrix} a_{11} & b_1 \\ a_{21} & b_2 \end{vmatrix}=a_{11}b_2-a_{21}b_1.$$

可见，D_1 是由原方程组等号右边的常数列替换系数行列式 D 中的第一列而得到的；D_2 是由原方程组等号右边的常数列替换系数行列式 D 中的第二列而得到的.

当 $D\neq 0$ 时，二元线性方程组 ① 有唯一解，其解可表示为

$$\begin{cases} x_1=\dfrac{D_1}{D}, \\ x_2=\dfrac{D_2}{D}. \end{cases}$$

例 9.1.1　用行列式求方程组的解：$\begin{cases} 3x-2y-3=0, \\ x+3y+1=0. \end{cases}$

解：原方程组可化为一般式 $\begin{cases} 3x-2y=3, \\ x+3y=-1, \end{cases}$ 则

$$D=\begin{vmatrix} 3 & -2 \\ 1 & 3 \end{vmatrix}=9+2=11,D_1=\begin{vmatrix} 3 & -2 \\ -1 & 3 \end{vmatrix}=9-2=7,D_2=\begin{vmatrix} 3 & 3 \\ 1 & -1 \end{vmatrix}=-3-3=-6.$$

故 $\begin{cases} x=\dfrac{D_1}{D}=\dfrac{7}{11}, \\ y=\dfrac{D_2}{D}=-\dfrac{6}{11}. \end{cases}$

2. 三阶行列式

三元线性方程组的一般式为

$$\begin{cases} a_{11}x_1+a_{12}x_2+a_{13}x_3=b_1, \\ a_{21}x_1+a_{22}x_2+a_{23}x_3=b_2, \\ a_{31}x_1+a_{32}x_2+a_{33}x_3=b_3. \end{cases} \qquad ②$$

类似二元线性方程组，我们可以通过加减消元法推导出其解的公式为

$$\begin{cases} x_1=\dfrac{b_1a_{22}a_{33}+b_2a_{32}a_{13}+b_3a_{12}a_{23}-b_3a_{22}a_{13}-b_2a_{12}a_{33}-b_1a_{32}a_{23}}{a_{11}a_{22}a_{33}+a_{21}a_{32}a_{13}+a_{31}a_{12}a_{23}-a_{31}a_{22}a_{13}-a_{21}a_{12}a_{33}-a_{11}a_{32}a_{23}}, \\ x_2=\dfrac{a_{11}b_2a_{33}+a_{21}b_3a_{13}+a_{31}b_1a_{23}-a_{31}b_2a_{13}-a_{21}b_1a_{33}-a_{11}b_3a_{23}}{a_{11}a_{22}a_{33}+a_{21}a_{32}a_{13}+a_{31}a_{12}a_{23}-a_{31}a_{22}a_{13}-a_{21}a_{12}a_{33}-a_{11}a_{32}a_{23}}, \\ x_3=\dfrac{a_{11}a_{22}b_3+a_{21}a_{32}b_1+a_{31}a_{12}b_2-a_{31}a_{22}b_1-a_{21}a_{12}b_3-a_{11}a_{32}b_2}{a_{11}a_{22}a_{33}+a_{21}a_{32}a_{13}+a_{31}a_{12}a_{23}-a_{31}a_{22}a_{13}-a_{21}a_{12}a_{33}-a_{11}a_{32}a_{23}}. \end{cases}$$

其中分母 $a_{11}a_{22}a_{33}+a_{21}a_{32}a_{13}+a_{31}a_{12}a_{23}-a_{31}a_{22}a_{13}-a_{21}a_{12}a_{33}-a_{11}a_{32}a_{23}\neq 0$，

我们用记号 $\begin{vmatrix} a_{11} & a_{12} & a_{13} \\ a_{21} & a_{22} & a_{23} \\ a_{31} & a_{32} & a_{33} \end{vmatrix}$ 来表示分母，

$\begin{vmatrix} a_{11} & a_{12} & a_{13} \\ a_{21} & a_{22} & a_{23} \\ a_{31} & a_{32} & a_{33} \end{vmatrix}$ 称为三阶行列式，即

$$D=\begin{vmatrix} a_{11} & a_{12} & a_{13} \\ a_{21} & a_{22} & a_{23} \\ a_{31} & a_{32} & a_{33} \end{vmatrix}=a_{11}a_{22}a_{33}+a_{21}a_{32}a_{13}+a_{31}a_{12}a_{23}-a_{31}a_{22}a_{13}-a_{21}a_{12}a_{33}-a_{11}a_{32}a_{23},$$

该式右边的式子称为三阶行列式的展开式，其展开规律如图 9－1 所示.

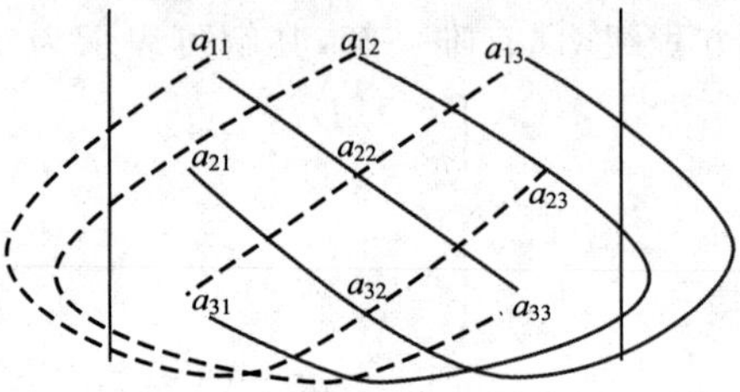

图 9－1

容易发现，三阶行列式的展开式有如下规律.

(1) 首项为主对角线所有元素的积，且带正号.

(2) 共有 3! 项，带正负号的项各占一半.

(3) 每项均是取自不同行不同列的元素之积.

当 $D\neq 0$ 时，三元线性方程组 ② 的解可表示为

$$\begin{cases} x_1=\dfrac{D_1}{D}, \\ x_2=\dfrac{D_2}{D}, \\ x_3=\dfrac{D_3}{D}. \end{cases} \quad ③$$

其中，$D=\begin{vmatrix} a_{11} & a_{12} & a_{13} \\ a_{21} & a_{22} & a_{23} \\ a_{31} & a_{32} & a_{33} \end{vmatrix}$，$D_1=\begin{vmatrix} b_1 & a_{12} & a_{13} \\ b_2 & a_{22} & a_{23} \\ b_3 & a_{32} & a_{33} \end{vmatrix}$，$D_2=\begin{vmatrix} a_{11} & b_1 & a_{13} \\ a_{21} & b_2 & a_{23} \\ a_{31} & b_3 & a_{33} \end{vmatrix}$，

$$D_3=\begin{vmatrix} a_{11} & a_{12} & b_1 \\ a_{21} & a_{22} & b_2 \\ a_{31} & a_{32} & b_3 \end{vmatrix}.$$

行列式 D 称为方程组 ③ 的系数行列式；D_1, D_2, D_3 分别由三元线性方程组的常数列替换系数行列式中的第一列、第二列、第三列而得到。

例 9.1.2　计算三阶行列式 $\begin{vmatrix} 0 & 1 & 3 \\ 2 & 3 & 5 \\ 3 & 0 & 4 \end{vmatrix}$.

解：$\begin{vmatrix} 0 & 1 & 3 \\ 2 & 3 & 5 \\ 3 & 0 & 4 \end{vmatrix} = 0\times3\times4+2\times0\times3+1\times5\times3-3\times3\times3-2\times1\times4-0\times0\times5=-20.$

例 9.1.3　解线性方程组 $\begin{cases} 2x-5x+3z=3, \\ -3x+2y-8z=17, \\ x+7y-5z=2. \end{cases}$

解:先计算系数行列式

$$D=\begin{vmatrix} 2 & -5 & 3 \\ -3 & 2 & -8 \\ 1 & 7 & -5 \end{vmatrix}=-20-63+40-6+112+75=138\neq0,$$

再计算　$D_1=\begin{vmatrix} 3 & -5 & 3 \\ 17 & 2 & -8 \\ 2 & 7 & -5 \end{vmatrix}=138, D_2=\begin{vmatrix} 2 & 3 & 3 \\ -3 & 17 & -8 \\ 1 & 2 & -5 \end{vmatrix}=-276,$

$$D_3=\begin{vmatrix} 2 & -5 & 3 \\ -3 & 2 & 17 \\ 1 & 7 & 2 \end{vmatrix}=-414,$$

代入公式 ③,得方程组的解为 $\begin{cases} x=1, \\ y=-2, \\ z=-3. \end{cases}$

3. ***n* 阶行列式**

一般地，由 n^2 个元素排列成 n 行、n 列，且在两旁分别加上符号"|"，形如 $D=\begin{vmatrix} a_{11} & a_{12} & \cdots & a_{1n} \\ a_{21} & a_{22} & \cdots & a_{2n} \\ \vdots & \vdots & & \vdots \\ a_{n1} & a_{n2} & \cdots & a_{nn} \end{vmatrix}$ 的式子,称为 n 阶行列式.

任何一个行列式都代表一个通过其元素进行特定运算所得的结果 —— 称为行列式的值. n 阶行列式的定义:按第一行展开,即

$$\begin{vmatrix} a_{11} & a_{12} & \cdots & a_{1n} \\ a_{21} & a_{22} & \cdots & a_{2n} \\ \vdots & \vdots & & \vdots \\ a_{n1} & a_{n2} & \cdots & a_{nn} \end{vmatrix}=\sum_{k=1}^{n} a_{1k}A_{1k}.$$

其中,$A_{1k}=(-1)^{1+k}M_{1k}$,M_{1k} 称为元素 a_{1k} 的余子式,是从原行列式中去掉 a_{1k} 所在行与列以后由剩下的元素所构成的低一阶行列式,A_{1k} 称为元素 a_{1k} 的代数余子式.

例如：$\begin{vmatrix} 1 & 2 & 3 \\ 4 & 5 & 6 \\ 7 & 8 & 0 \end{vmatrix}$ 中,元素 $a_{13}(=3)$ 的代数余子式为 $A_{13}=(-1)^{1+3}\begin{vmatrix} 4 & 5 \\ 7 & 8 \end{vmatrix}=-3.$

例 9.1.4 计算四阶行列式 $\begin{vmatrix} 1 & 0 & 0 & -2 \\ 3 & 0 & 4 & 2 \\ 5 & 3 & 0 & 8 \\ 2 & 1 & 3 & 0 \end{vmatrix}$.

解:按第一行展开,

$$\begin{vmatrix} 1 & 0 & 0 & -2 \\ 3 & 0 & 4 & 2 \\ 5 & 3 & 0 & 8 \\ 2 & 1 & 3 & 0 \end{vmatrix} = 1\times(-1)^{1+1}\begin{vmatrix} 0 & 4 & 2 \\ 3 & 0 & 8 \\ 1 & 3 & 0 \end{vmatrix} + (-2)\times(-1)^{1+4}\begin{vmatrix} 3 & 0 & 4 \\ 5 & 3 & 0 \\ 2 & 1 & 3 \end{vmatrix}$$

$$= 18 + 32 + 2\times(27+20-24) = 96.$$

9.1.2 行列式的性质

利用定义就可以计算任何一个具体行列式的值,但这样的计算工作量很大,因此我们必须掌握行列式的性质.

以下行列式的性质,我们仅以具体行列式加以说明,不做严谨的证明. 对于 n 阶行列式的严格证明,有兴趣的读者可参阅其他教材的相应部分.

性质 1(转置性质):行列式转置后其值不变.

n 阶行列式 D 中各行与相应的列互换后所得到的行列式,称为行列式 D 的转置行列式,记为 D^{T}.

如 $D=\begin{vmatrix} a_{11} & a_{12} & \cdots & a_{1n} \\ a_{21} & a_{22} & \cdots & a_{2n} \\ \vdots & \vdots & & \vdots \\ a_{n1} & a_{n2} & \cdots & a_{nn} \end{vmatrix}$,则 $D^{\mathrm{T}}=\begin{vmatrix} a_{11} & a_{21} & \cdots & a_{n1} \\ a_{12} & a_{22} & \cdots & a_{n2} \\ \vdots & \vdots & & \vdots \\ a_{1n} & a_{2n} & \cdots & a_{nn} \end{vmatrix}$,$D=D^{\mathrm{T}}$ 成立.

这个性质表明,行列式中行与列的地位是相当的. 由这个性质马上可以把 n 阶行列式的按第一行展开定义改为按第一列展开. 所有关于行列式对行成立的性质,对列同样成立.

性质 2(变号性质):行列式的任意两行(或列) 交换位置,其值变号.

我们把交换 i 行与 j 行记为 $r_i \leftrightarrow r_j$,

如 $\begin{vmatrix} a_{11} & a_{12} & a_{13} \\ a_{21} & a_{22} & a_{23} \\ a_{31} & a_{32} & a_{33} \end{vmatrix} \xlongequal{r_1 \leftrightarrow r_3} -\begin{vmatrix} a_{31} & a_{32} & a_{33} \\ a_{21} & a_{22} & a_{23} \\ a_{11} & a_{12} & a_{13} \end{vmatrix}$.

性质 3(数乘性质):行列式的某行(或列) 若有公因子,则可把公因子提出.

这条性质用数学语言叙述即为

$$\begin{vmatrix} a_{11} & a_{12} & a_{13} \\ \lambda a_{21} & \lambda a_{22} & \lambda a_{23} \\ a_{31} & a_{32} & a_{33} \end{vmatrix} = \lambda \begin{vmatrix} a_{11} & a_{12} & a_{13} \\ a_{21} & a_{22} & a_{23} \\ a_{31} & a_{32} & a_{33} \end{vmatrix}.$$

上述性质若由右向左看,即一个行列式和数 λ 的乘积,仅需把行列式的某行(或列) 中各元素乘以 λ.

性质 4(降阶性质):行列式可按任一行(或列) 展开.

即 $\begin{vmatrix} a_{11} & a_{12} & \cdots & a_{1n} \\ a_{21} & a_{22} & \cdots & a_{2n} \\ \vdots & \vdots & & \vdots \\ a_{n1} & a_{n2} & \cdots & a_{nn} \end{vmatrix} = \sum_{k=1}^{n} a_{ik} A_{ik}, 1 \leqslant i \leqslant n.$

性质 5(零值性质):

(1) 若行列式中某行(或列) 元素全为零,则行列式的值为零;

(2) 若行列式中两行(或列) 的对应元素相同,则行列式的值为零;

(3) 若行列式中两行(或列) 的对应元素成比例,则行列式的值为零;

(4) 行列式中任一行(或列) 的所有元素与另一行(或列) 相应元素的代数余子式的乘积之和等于零.

性质 6(分项性质):若行列式中某行(或列) 元素均为两项之和,则原行列式可表示成两个行列式的和.

以四阶行列式为例:

$$\begin{vmatrix} a_1 & a_2 & a_3 & a_4 \\ b_1 & b_2 & b_3 & b_4 \\ c_1 + d_1 & c_2 + d_2 & c_3 + d_3 & c_4 + d_4 \\ e_1 & e_2 & e_3 & e_4 \end{vmatrix} = \begin{vmatrix} a_1 & a_2 & a_3 & a_4 \\ b_1 & b_2 & b_3 & b_4 \\ c_1 & c_2 & c_3 & c_4 \\ e_1 & e_2 & e_3 & e_4 \end{vmatrix} + \begin{vmatrix} a_1 & a_2 & a_3 & a_4 \\ b_1 & b_2 & b_3 & b_4 \\ d_1 & d_2 & d_3 & d_4 \\ e_1 & e_2 & e_3 & e_4 \end{vmatrix}.$$

例 9.1.5　计算三阶行列式 $D = \begin{vmatrix} 1 & 2 & 3 \\ 102 & 198 & 301 \\ -2 & 2 & -1 \end{vmatrix}$.

解:$\begin{vmatrix} 1 & 2 & 3 \\ 102 & 198 & 301 \\ -2 & 2 & -1 \end{vmatrix} = \begin{vmatrix} 1 & 2 & 3 \\ 100 & 200 & 300 \\ -2 & 2 & -1 \end{vmatrix} + \begin{vmatrix} 1 & 2 & 3 \\ 2 & -2 & 1 \\ -2 & 2 & -1 \end{vmatrix}.$

根据零值性质,上式右边两个行列式的值都为零,因此 $D = 0$.

性质 7(倍加性质):把行列式中某一行(或列) 的若干倍加至另一行(或列) 上,行列式的值不变.

我们把第 i 行的 k 倍加至第 j 行的变换记为 $r_j + kr_i$(写在等号的上方),把第 i 列的 k 倍加至第 j 列的变换记为 $c_j + kc_i$(写在等号的下方). 以四阶行列式为例:

$$\begin{vmatrix} a_1 & a_2 & a_3 & a_4 \\ b_1 & b_2 & b_3 & b_4 \\ c_1 & c_2 & c_3 & c_4 \\ d_1 & d_2 & d_3 & d_4 \end{vmatrix} \xlongequal{r_2 + kr_4} \begin{vmatrix} a_1 & a_2 & a_3 & a_4 \\ b_1 + kd_1 & b_2 + kd_2 & b_3 + kd_3 & b_4 + kd_4 \\ c_1 & c_2 & c_3 & c_4 \\ d_1 & d_2 & d_3 & d_4 \end{vmatrix}.$$

可以利用性质 6 证明上述等式.

证明:根据性质 6,有

$$\begin{vmatrix} a_1 & a_2 & a_3 & a_4 \\ b_1 + kd_1 & b_2 + kd_2 & b_3 + kd_3 & b_4 + kd_4 \\ c_1 & c_2 & c_3 & c_4 \\ d_1 & d_2 & d_3 & d_4 \end{vmatrix} = \begin{vmatrix} a_1 & a_2 & a_3 & a_4 \\ b_1 & b_2 & b_3 & b_4 \\ c_1 & c_2 & c_3 & c_4 \\ d_1 & d_2 & d_3 & d_4 \end{vmatrix} + \begin{vmatrix} a_1 & a_2 & a_3 & a_4 \\ kd_1 & kd_2 & kd_3 & kd_4 \\ c_1 & c_2 & c_3 & c_4 \\ d_1 & d_2 & d_3 & d_4 \end{vmatrix}.$$

根据零值性质,上式右边第二个行列式的值等于零,于是

$$\begin{vmatrix} a_1 & a_2 & a_3 & a_4 \\ b_1 & b_2 & b_3 & b_4 \\ c_1 & c_2 & c_3 & c_4 \\ d_1 & d_2 & d_3 & d_4 \end{vmatrix} \xlongequal{r_2 + kr_4} \begin{vmatrix} a_1 & a_2 & a_3 & a_4 \\ b_1 + kd_1 & b_2 + kd_2 & b_3 + kd_3 & b_4 + kd_4 \\ c_1 & c_2 & c_3 & c_4 \\ d_1 & d_2 & d_3 & d_4 \end{vmatrix}.$$

9.1.3 行列式的计算

直接运用行列式的定义或按降阶的方法可以把任意行列式转化为低阶行列式计算,但是往往计算比较麻烦,在行列式的计算中,要求我们根据具体行列式的特点,灵活运用行列式性质简化计算.

1. 特殊行列式的计算

(1) 三角形行列式

主对角线下面的元素全为零的行列式称为上三角行列式,主对角线上面的元素全为零的行列式称为下三角行列式,上、下三角行列式统称为三角形行列式. 三角形行列式的值等于主对角线上元素的乘积.

例如,$\begin{vmatrix} a_{11} & a_{12} & a_{13} \\ 0 & a_{22} & a_{23} \\ 0 & 0 & a_{33} \end{vmatrix} = a_{11}a_{22}a_{33}$.

(2) 范德蒙行列式

形如下面的行列式即为四阶范德蒙行列式.

$$\begin{vmatrix} 1 & 1 & 1 & 1 \\ a & b & c & d \\ a^2 & b^2 & c^2 & d^2 \\ a^3 & b^3 & c^3 & d^3 \end{vmatrix} = (b-a)(c-a)(d-a)(c-b)(d-b)(d-c).$$

下面我们证明上述等式.

证明:

$$\begin{vmatrix} 1 & 1 & 1 & 1 \\ a & b & c & d \\ a^2 & b^2 & c^2 & d^2 \\ a^3 & b^3 & c^3 & d^3 \end{vmatrix} \xlongequal[\substack{c_2 - c_1 \\ c_3 - c_1 \\ c_4 - c_1}]{} \begin{vmatrix} 1 & 0 & 0 & 0 \\ a & b-a & c-a & d-a \\ a^2 & b^2-a^2 & c^2-a^2 & d^2-a^2 \\ a^3 & b^3-a^3 & c^3-a^3 & d^3-a^3 \end{vmatrix}$$

$$= \begin{vmatrix} b-a & c-a & d-a \\ b^2-a^2 & c^2-a^2 & d^2-a^2 \\ b^3-a^3 & c^3-a^3 & d^3-a^3 \end{vmatrix} =$$

$$(b-a)(c-a)(d-a)\begin{vmatrix} 1 & 1 & 1 \\ b+a & c+a & d+a \\ a^2+ab+b^2 & a^2+ac+c^2 & a^2+ad+d^2 \end{vmatrix} \xlongequal[\substack{c_2 - c_1 \\ c_3 - c_1}]{}$$

$$(b-a)(c-a)(d-a)\begin{vmatrix} 1 & 0 & 0 \\ b+a & c-b & d-b \\ a^2+ab+b^2 & (c-b)(a+b+c) & (d-b)(a+b+d) \end{vmatrix}$$

$$=(b-a)(c-a)(d-a)(c-b)(d-b)\begin{vmatrix}1 & 1\\ a+b+c & a+b+d\end{vmatrix}$$

$$=(b-a)(c-a)(d-a)(c-b)(d-b)(d-c).$$

2. **一般行列式的计算**

例 9.1.6　计算五阶行列式 $D=\begin{vmatrix}1 & 2 & 0 & 3 & 0\\ 0 & 1 & 0 & 4 & 0\\ 0 & 0 & 0 & 5 & 0\\ 7 & 11 & 6 & 5 & 7\\ -1 & 8 & 1 & 8 & 1\end{vmatrix}$.

解:可按“0”最多的第三行展开，

$$D=5\times(-1)^{3+4}\begin{vmatrix}1 & 2 & 0 & 0\\ 0 & 1 & 0 & 0\\ 7 & 11 & 6 & 7\\ -1 & 8 & 1 & 1\end{vmatrix}=-5\times1\times(-1)^{2+2}\begin{vmatrix}1 & 0 & 0\\ 7 & 6 & 7\\ -1 & 1 & 1\end{vmatrix}$$

$$=-5\times\begin{vmatrix}6 & 7\\ 1 & 1\end{vmatrix}=5.$$

例 9.1.7　计算四阶行列式 $\begin{vmatrix}1 & -5 & 1 & 2\\ 3 & 7 & -1 & 4\\ 5 & -9 & 2 & 7\\ 4 & 6 & 1 & 2\end{vmatrix}$.

解:
$$\begin{vmatrix}1 & -5 & 1 & 2\\ 3 & 7 & -1 & 4\\ 5 & -9 & 2 & 7\\ 4 & 6 & 1 & 2\end{vmatrix}\xlongequal[r_4-r_1]{\substack{r_2+r_1\\ r_3-2r_1}}\begin{vmatrix}1 & -5 & 1 & 2\\ 4 & 2 & 0 & 6\\ 3 & 1 & 0 & 3\\ 3 & 11 & 0 & 0\end{vmatrix}=1\times(-1)^{1+3}\begin{vmatrix}4 & 2 & 6\\ 3 & 1 & 3\\ 3 & 11 & 0\end{vmatrix}$$

$$\xlongequal{r_1-2r_2}\begin{vmatrix}-2 & 0 & 0\\ 3 & 1 & 3\\ 3 & 11 & 0\end{vmatrix}=-2\times(-1)^{1+1}\begin{vmatrix}1 & 3\\ 11 & 0\end{vmatrix}=66.$$

例 9.1.8　计算行列式 $\begin{vmatrix}x & y & x+y\\ y & x+y & x\\ x+y & x & y\end{vmatrix}$.

解:
$$\begin{vmatrix}x & y & x+y\\ y & x+y & x\\ x+y & x & y\end{vmatrix}\xlongequal{c_1+c_2+c_3}\begin{vmatrix}2(x+y) & y & x+y\\ 2(x+y) & x+y & x\\ 2(x+y) & x & y\end{vmatrix}$$

$$=2(x+y)\begin{vmatrix}1 & y & x+y\\ 1 & x+y & x\\ 1 & x & y\end{vmatrix}\xlongequal[r_3-r_1]{r_2-r_1}2(x+y)\begin{vmatrix}1 & y & x+y\\ 0 & x & -y\\ 0 & x-y & -x\end{vmatrix}$$

$$=2(x+y)\begin{vmatrix}x & -y\\ x-y & -x\end{vmatrix}=2(x+y)(-x^2+xy-y^2)=-2(x^3+y^3).$$

例 9.1.9 计算四阶行列式 $D=\begin{vmatrix} 1 & \frac{1}{2} & \frac{1}{2} & \frac{1}{2} \\ \frac{1}{2} & 1 & \frac{1}{2} & \frac{1}{2} \\ \frac{1}{2} & \frac{1}{2} & 1 & \frac{1}{2} \\ \frac{1}{2} & \frac{1}{2} & \frac{1}{2} & 1 \end{vmatrix}$.

解:$D=\left(\frac{1}{2}\right)^4\begin{vmatrix} 2 & 1 & 1 & 1 \\ 1 & 2 & 1 & 1 \\ 1 & 1 & 2 & 1 \\ 1 & 1 & 1 & 2 \end{vmatrix} \xlongequal{r_1+r_2+r_3+r_4} \left(\frac{1}{2}\right)^4\begin{vmatrix} 5 & 5 & 5 & 5 \\ 1 & 2 & 1 & 1 \\ 1 & 1 & 2 & 1 \\ 1 & 1 & 1 & 2 \end{vmatrix}=\frac{5}{16}\begin{vmatrix} 1 & 1 & 1 & 1 \\ 1 & 2 & 1 & 1 \\ 1 & 1 & 2 & 1 \\ 1 & 1 & 1 & 2 \end{vmatrix}$

$$\xlongequal[\substack{r_3-r_1\\ r_4-r_1}]{r_2-r_1}\frac{5}{16}\begin{vmatrix} 1 & 1 & 1 & 1 \\ 0 & 1 & 0 & 0 \\ 0 & 0 & 1 & 0 \\ 0 & 0 & 0 & 1 \end{vmatrix}=\frac{5}{16}.$$

计算行列式时,一般应先观察行列式的结构,看其具有什么特点,然后考虑如何利用这些特点和行列式的性质来简化运算. 计算元素为具体数字的行列式均可采用倍加性质造“零”,然后利用降阶性质计算行列式的值.

9.1.4 克莱姆法则

我们在引入二阶行列式、三阶行列式的时候,已经讨论过当系数行列式不等于零时,二元线性方程组、三元线性方程组的解的行列式表示法,现在我们把它推广到 n 元线性方程组的情形.

克莱姆法则:

对于 n 元线性方程组 $\begin{cases} a_{11}x_1+a_{12}x_2+\cdots+a_{1n}x_n=b_1, \\ a_{21}x_1+a_{22}x_2+\cdots+a_{2n}x_n=b_2, \\ \qquad\vdots \\ a_{n1}x_1+a_{n2}x_2+\cdots+a_{nn}x_n=b_n, \end{cases}$

当系数行列式 $D\neq 0$ 时,它的解可表示为 $x_1=\frac{D_1}{D},x_2=\frac{D_2}{D},\cdots,x_n=\frac{D_n}{D}$.

其中,$D=\begin{vmatrix} a_{11} & a_{12} & \cdots & a_{1n} \\ a_{21} & a_{22} & \cdots & a_{2n} \\ \vdots & \vdots & & \vdots \\ a_{n1} & a_{n2} & \cdots & a_{nn} \end{vmatrix}$,$D_1=\begin{vmatrix} b_1 & a_{12} & \cdots & a_{1n} \\ b_2 & a_{22} & \cdots & a_{2n} \\ \vdots & \vdots & & \vdots \\ b_n & a_{n2} & \cdots & a_{nn} \end{vmatrix}$,$D_2=\begin{vmatrix} a_{11} & b_1 & \cdots & a_{1n} \\ a_{21} & b_2 & \cdots & a_{2n} \\ \vdots & \vdots & & \vdots \\ a_{n1} & b_n & \cdots & a_{nn} \end{vmatrix}$,$\cdots$,

$D_n=\begin{vmatrix} a_{11} & a_{12} & \cdots & b_1 \\ a_{21} & a_{22} & \cdots & b_2 \\ \vdots & \vdots & & \vdots \\ a_{n1} & a_{n2} & \cdots & b_n \end{vmatrix}$.

注：$D_i(i=1,2,\cdots,n)$ 是用常数项列替换系数行列式中的第 i 列而得到的.

例 9.1.10　解线性方程组 $\begin{cases}2x_1-x_2+3x_3+2x_4=6,\\3x_1-3x_2+3x_3+2x_4=5,\\3x_1-x_2-x_3+2x_4=3,\\3x_1-x_2+3x_3-x_4=4.\end{cases}$

解：$D=\begin{vmatrix}2&-1&3&2\\3&-3&3&2\\3&-1&-1&2\\3&-1&3&-1\end{vmatrix}\xlongequal[r_4-r_1]{r_2-3r_1,\ r_3-r_1}\begin{vmatrix}2&-1&3&2\\-3&0&-6&-4\\1&0&-4&0\\1&0&0&-3\end{vmatrix}$

$$=-1\times(-1)^{1+2}\begin{vmatrix}-3&-6&-4\\1&-4&0\\1&0&-3\end{vmatrix}=-36-16-18=-70,$$

$D_1=\begin{vmatrix}6&-1&3&2\\5&-3&3&2\\3&-1&-1&2\\4&-1&3&-1\end{vmatrix}=-70,\qquad D_2=\begin{vmatrix}2&6&3&2\\3&5&3&2\\3&3&-1&2\\3&4&3&-1\end{vmatrix}=-70,$

$D_3=\begin{vmatrix}2&-1&6&2\\3&-3&5&2\\3&-1&3&2\\3&-1&4&-1\end{vmatrix}=-70,\qquad D_4=\begin{vmatrix}2&-1&3&6\\3&-3&3&5\\3&-1&-1&3\\3&-1&3&4\end{vmatrix}=-70$

根据克莱姆法则，由 $D=-70\neq0$ 得 $\begin{cases}x_1=\dfrac{D_1}{D}=1,\\x_2=\dfrac{D_2}{D}=1,\\x_3=\dfrac{D_3}{D}=1,\\x_4=\dfrac{D_4}{D}=1.\end{cases}$

注意：利用克莱姆法则求解 n 元线性方程组时，必须满足以下两个条件：

(1) 系数行列式 $D\neq0$；

(2) 方程组中方程个数与未知数个数必须相等.

习题 9.1

1. 求下列二阶行列式、三阶行列式的值：

(1) $\begin{vmatrix}2&-3\\1&5\end{vmatrix}$；　(2) $\begin{vmatrix}1&0&0\\2&\sin\alpha&\cos\alpha\\3&\cos\alpha&\sin\alpha\end{vmatrix}$；　(3) $\begin{vmatrix}b&ab\\a&a^2\end{vmatrix}$；

(4) $\begin{vmatrix} 1 & 4 & 3 \\ 0 & -1 & 5 \\ 0 & 0 & 8 \end{vmatrix}$；　(5) $\begin{vmatrix} 1 & 1 & 1 \\ a & b & c \\ a^2 & b^2 & c^2 \end{vmatrix}$；　(6) $\begin{vmatrix} 0 & 3 & 4 \\ 5 & 7 & 9 \\ 1 & 0 & 2 \end{vmatrix}$.

2. 写出行列式 $D=\begin{vmatrix} 0 & 3 & 8 \\ 6 & 7 & -3 \\ 2 & 1 & 9 \end{vmatrix}$ 中元素 $a_{23}(=-3)$ 的余子式和代数余子式.

3. 用行列式解下列方程组：

(1) $\begin{cases} 3x-y+z=0, \\ 2x+y+2z=2, \\ x-4y+z=1; \end{cases}$

(2) $\begin{cases} x+y+z=1, \\ x-2y+2z=4, \\ 2x-y-z=0. \end{cases}$

4. 计算下列行列式的值：

(1) $\begin{vmatrix} 5 & -1 & 7 & 3 \\ 2 & 0 & 0 & 0 \\ 7 & 1 & 1 & 4 \\ 8 & 0 & 0 & 4 \end{vmatrix}$；　(2) $\begin{vmatrix} 1 & 2 & 3 & 4 \\ 2 & 3 & 4 & 1 \\ 3 & 4 & 1 & 2 \\ 4 & 1 & 2 & 3 \end{vmatrix}$；　(3) $\begin{vmatrix} 2 & 4 & -5 \\ -199 & -401 & 502 \\ 5 & -5 & 10 \end{vmatrix}$；

(4) $\begin{vmatrix} 2 & 3 & 3 & 3 \\ 3 & 2 & 3 & 3 \\ 3 & 3 & 2 & 3 \\ 3 & 3 & 3 & 2 \end{vmatrix}$；　(5) $\begin{vmatrix} -5 & -1 & 2 & 2 \\ 7 & 1 & 4 & -3 \\ -9 & -2 & 7 & 5 \\ -6 & -1 & 2 & 4 \end{vmatrix}$；　(6) $\begin{vmatrix} a & a & a & a \\ 1 & 1+a & 1 & 1 \\ 1 & 1 & 1+b & 1 \\ 1 & 1 & 1 & 1+c \end{vmatrix}$；

(7) $\begin{vmatrix} 1 & 0 & 2 & 1 \\ 2 & 3 & 4 & 3 \\ 3 & 1 & 0 & 2 \\ 2 & 3 & 1 & 5 \end{vmatrix}$；　(8) $\begin{vmatrix} 1 & 2 & 0 & 0 \\ 2 & 3 & 0 & 0 \\ 3 & 1 & -4 & 2 \\ 2 & 2 & 1 & 5 \end{vmatrix}$；

(9) $\begin{vmatrix} a_1+1 & a_2 & a_3 & a_4 \\ a_1 & a_2+1 & a_3 & a_4 \\ a_1 & a_2 & a_3+1 & a_4 \\ a_1 & a_2 & a_3 & a_4+1 \end{vmatrix}$.

5. 利用行列式性质证明下列等式：

(1) $\begin{vmatrix} a^2 & (a+1)^2 & (a+2)^2 \\ b^2 & (b+1)^2 & (b+2)^2 \\ c^2 & (c+1)^2 & (c+2)^2 \end{vmatrix}=0$；　(2) $\begin{vmatrix} 1 & a & 0 & 0 \\ -1 & 1-a & b & 0 \\ 0 & -1 & 1-b & c \\ 0 & 0 & -1 & 1-c \end{vmatrix}=1$；

(3) $\begin{vmatrix} a+b-c & a & c \\ a-b+c & c & b \\ -a+b+c & b & a \end{vmatrix}=\begin{vmatrix} b & a & c \\ a & c & b \\ c & b & a \end{vmatrix}$；

(4) $\begin{vmatrix} 1-a & 1 & 1 & \cdots & 1 \\ 1 & 1-a & 1 & \cdots & 1 \\ 1 & 1 & 1-a & \cdots & 1 \\ \vdots & \vdots & \vdots & & \vdots \\ 1 & 1 & 1 & \cdots & 1-a \end{vmatrix} = (n-a)\cdot(-a)^{n-1}$.

6. 用克莱姆法则解下列线性方程组：

(1) $\begin{cases} x_1+x_2+x_3+x_4=5, \\ x_1+2x_2-x_3+4x_4=-2, \\ 2x_1-3x_2-x_3-5x_4=-2, \\ 3x_1+x_2+2x_3+11x_4=0; \end{cases}$　(2) $\begin{cases} x_1-x_2+x_3-2x_4=2, \\ 2x_1-x_3+4x_4=4, \\ 3x_1+2x_2+x_3=-1, \\ x_1-2x_2+x_3-2x_4=4. \end{cases}$

9.2 矩阵

矩阵是线性代数课程中研究的主要对象之一. 学习线性代数的目标之一就是要学会用矩阵这一工具去刻画自己所面对的问题，并能运用矩阵的运算规律和性质去解决问题.

本节我们主要讨论矩阵的概念及基本运算、逆矩阵、矩阵的初等行变换和矩阵的秩.

9.2.1 矩阵的概念及基本运算

1. 矩阵的概念

在日常生活中经常用表格，如成绩登记表、产量统计表等.

例如，某班 5 名同学语、数、英 3 科的成绩登记表如下.

$$\begin{matrix} \text{同学} \\ \begin{pmatrix} A \\ B \\ C \\ D \\ E \end{pmatrix} \end{matrix} \quad \begin{matrix} (\text{语}\quad\text{数}\quad\text{英}) \\ \begin{pmatrix} 85 & 93 & 95 \\ 78 & 91 & 84 \\ 80 & 79 & 91 \\ 79 & 80 & 82 \\ 78 & 89 & 76 \end{pmatrix} \end{matrix}$$

又如我们前面提到的 n 元线性方程组：

$$\begin{cases} a_{11}x_1+a_{12}x_2+\cdots+a_{1n}x_n=b_1, \\ a_{21}x_1+a_{22}x_2+\cdots+a_{2n}x_n=b_2, \\ \qquad\vdots \\ a_{m1}x_1+a_{m2}x_2+\cdots+a_{mn}x_n=b_{mn}. \end{cases}$$

我们知道该线性方程组的解实际只与它的系数、常数列有关，因此，我们可以用下列数表表示该线性方程组：

$$\begin{pmatrix} a_{11} & a_{12} & \cdots & a_{1n} & b_1 \\ a_{21} & a_{22} & \cdots & a_{2n} & b_2 \\ \vdots & \vdots & & \vdots & \vdots \\ a_{m1} & a_{m2} & \cdots & a_{mn} & b_m \end{pmatrix}.$$

定义 9.1 $m\times n$ 个数 $a_{ij}(i=1,2,\cdots,m;j=1,2,\cdots,n)$ 排成一个 m 行 n 列并用圆括号(或方括号)括起的数表 $\begin{pmatrix} a_{11} & a_{12} & \cdots & a_{1n} \\ a_{21} & a_{22} & \cdots & a_{2n} \\ \vdots & \vdots & & \vdots \\ a_{m1} & a_{m2} & \cdots & a_{mn} \end{pmatrix}$,称为一个 $m\times n$ 矩阵,简记为 $(a_{ij})_{m\times n}$,其中每一横排和竖排分别称为矩阵的行和列,a_{ij} 称为矩阵的元素.

通常用大写字母 $\boldsymbol{A},\boldsymbol{B},\boldsymbol{C}\cdots$ 表示矩阵,如记 $\boldsymbol{A}=\begin{pmatrix} a_{11} & a_{12} & \cdots & a_{1n} \\ a_{21} & a_{22} & \cdots & a_{2n} \\ \vdots & \vdots & & \vdots \\ a_{m1} & a_{m2} & \cdots & a_{mn} \end{pmatrix}$.

当 $m\neq n$ 时,称 $m\times n$ 矩阵为长方阵;

当 $m=n$ 时,称矩阵为 n 阶方阵,简称方阵;

当 $m=1$ 时,矩阵只有一行 $(a_{11}\quad a_{12}\quad\cdots\quad a_{1n})$,称为行矩阵(或行向量);

当 $n=1$ 时,矩阵只有一列 $\begin{pmatrix} a_{11} \\ a_{21} \\ \vdots \\ a_{m1} \end{pmatrix}$,称为列矩阵(或列向量).

从矩阵定义可以看出,矩阵与行列式是完全不同的概念,矩阵是行数与列数不一定相同的数表,是一张表格;而 n 阶行列式是行数与列数相同,按一定运算规律所确定的数值.

当矩阵 $\boldsymbol{A}$ 是方阵时,由 $\boldsymbol{A}$ 中元素按原顺序构成的行列式记为 $|\boldsymbol{A}|$ 或 $\det\boldsymbol{A}$.

定义 9.2 若矩阵 $\boldsymbol{A},\boldsymbol{B}$ 的行数和列数分别相等且对应元素相等,则称矩阵 $\boldsymbol{A},\boldsymbol{B}$ 相等,记为 $\boldsymbol{A}=\boldsymbol{B}$.

例 9.2.1 设矩阵 $\boldsymbol{A}=\begin{pmatrix} 1 & -4 & 3 \\ x+y & 2 & 7 \end{pmatrix}$,$\boldsymbol{B}=\begin{pmatrix} 1 & x-y & 3 \\ 6 & 2 & 7 \end{pmatrix}$,已知 $\boldsymbol{A}=\boldsymbol{B}$,求 x,y.

解:由矩阵相等的定义得 $\begin{cases} x-y=-4, \\ x+y=6, \end{cases}$ 解得 $\begin{cases} x=1, \\ y=5. \end{cases}$

下面我们介绍几种特殊类型的矩阵.

零矩阵:是所有元素都为零的矩阵,记为 $\boldsymbol{O}_{m\times n}$.

如 $\boldsymbol{O}_{2\times 3}=\begin{pmatrix} 0 & 0 & 0 \\ 0 & 0 & 0 \end{pmatrix}$.

上(下)三角矩阵:主对角线下(上)方元素全为零的 n 阶方阵.

形如 $\boldsymbol{A}=\begin{pmatrix} a_{11} & a_{12} & \cdots & a_{1n} \\ & a_{22} & \cdots & a_{2n} \\ & & \ddots & \vdots \\ & & & a_{nn} \end{pmatrix}$,$\boldsymbol{B}=\begin{pmatrix} b_{11} & & & \\ b_{21} & b_{22} & & \\ \vdots & \vdots & \ddots & \\ b_{n1} & b_{n2} & \cdots & b_{nn} \end{pmatrix}$.

对角矩阵:主对角线上、下方元素全为零的 n 阶方阵,形如 $\boldsymbol{\Lambda}=\begin{pmatrix} \lambda_1 & & & \\ & \lambda_2 & & \\ & & \ddots & \\ & & & \lambda_n \end{pmatrix}$,记为

$\mathrm{diag}(\lambda_1,\lambda_2,\cdots,\lambda_n)$.

单位矩阵：主对角线上元素全为 1，其余元素都为零的 n 阶方阵，记为 $\boldsymbol{I}=\begin{pmatrix}1 & & & \\ & 1 & & \\ & & \ddots & \\ & & & 1\end{pmatrix}$ 或 $\boldsymbol{E}=\begin{pmatrix}1 & & & \\ & 1 & & \\ & & \ddots & \\ & & & 1\end{pmatrix}$.

以后我们会发现，单位矩阵和零矩阵与实数中的“1”和“0”很相似.

2. **矩阵的基本运算**

(1) 矩阵的加法

例 9.2.2　设某单位甲、乙分厂一季度的产量(单位：t) 与产值(单位：万元) 分别为 $\boldsymbol{A}=\begin{pmatrix}12 & 18\\ 14 & 21\\ 10 & 14\end{pmatrix}$，$\boldsymbol{B}=\begin{pmatrix}6 & 9\\ 8 & 12\\ 12 & 17\end{pmatrix}$. 求该单位一季度各月产量、产值分别为多少.

解：显然，该单位一季度各月产量、产值即为甲、乙分厂各月产量、产值之和，也即矩阵 $\boldsymbol{A},\boldsymbol{B}$ 中对应元素之和，即 $\boldsymbol{C}=\begin{pmatrix}12 & 18\\ 14 & 21\\ 10 & 14\end{pmatrix}+\begin{pmatrix}6 & 9\\ 8 & 12\\ 12 & 17\end{pmatrix}=\begin{pmatrix}18 & 27\\ 22 & 33\\ 22 & 31\end{pmatrix}$.

我们称矩阵 $\boldsymbol{C}$ 为矩阵 $\boldsymbol{A}$ 与 $\boldsymbol{B}$ 的和，记为 $\boldsymbol{C}=\boldsymbol{A}+\boldsymbol{B}$.

一般地，设 $\boldsymbol{A}=(a_{ij})$，$\boldsymbol{B}=(b_{ij})$ 为 $m\times n$ 矩阵，$\boldsymbol{A}$ 与 $\boldsymbol{B}$ 的和记作 $\boldsymbol{A}+\boldsymbol{B}$，规定

$$\boldsymbol{A}+\boldsymbol{B}=\begin{pmatrix}a_{11} & a_{12} & \cdots & a_{1n}\\ a_{21} & a_{22} & \cdots & a_{2n}\\ \vdots & \vdots & & \vdots\\ a_{m1} & a_{m2} & \cdots & a_{mn}\end{pmatrix}+\begin{pmatrix}b_{11} & b_{12} & \cdots & b_{1n}\\ b_{21} & b_{22} & \cdots & b_{2n}\\ \vdots & \vdots & & \vdots\\ b_{m1} & b_{m2} & \cdots & b_{mn}\end{pmatrix}$$

$$=\begin{pmatrix}a_{11}+b_{11} & a_{12}+b_{12} & \cdots & a_{1n}+b_{1n}\\ a_{21}+b_{21} & a_{22}+b_{22} & \cdots & a_{2n}+b_{2n}\\ \vdots & \vdots & & \vdots\\ a_{m1}+b_{m1} & a_{m2}+b_{m2} & \cdots & a_{mn}+b_{mn}\end{pmatrix}.$$

矩阵的减法运算规定如下.

$$\boldsymbol{A}-\boldsymbol{B}=\begin{pmatrix}a_{11}-b_{11} & a_{12}-b_{12} & \cdots & a_{1n}-b_{1n}\\ a_{21}-b_{21} & a_{22}-b_{22} & \cdots & a_{2n}-b_{2n}\\ \vdots & \vdots & & \vdots\\ a_{m1}-b_{m1} & a_{m2}-b_{m2} & \cdots & a_{mn}-b_{mn}\end{pmatrix}.$$

注意：只有行数与列数相同的矩阵(同型矩阵) 才能进行矩阵的加减法运算.

设 $\boldsymbol{A},\boldsymbol{B},\boldsymbol{C},\boldsymbol{0}$ 都是 $m\times n$ 矩阵，矩阵的加法满足下列运算规律.

① 交换律：$\boldsymbol{A}+\boldsymbol{B}=\boldsymbol{B}+\boldsymbol{A}$.

② 结合律：$(\boldsymbol{A}+\boldsymbol{B})+\boldsymbol{C}=\boldsymbol{A}+(\boldsymbol{B}+\boldsymbol{C})$.

③ 有零元：$\boldsymbol{A}+\boldsymbol{0}=\boldsymbol{0}+\boldsymbol{A}=\boldsymbol{A}$.

(2) 矩阵的数乘

设 λ 是任意实数,矩阵 $\boldsymbol{A}=(a_{ij})_{m\times n}$,数 λ 与矩阵 $\boldsymbol{A}$ 的乘积记为 $\lambda\boldsymbol{A}$,规定

$$\lambda\boldsymbol{A}=(\lambda a_{ij})_{m\times n}=\begin{pmatrix}\lambda a_{11} & \lambda a_{12} & \cdots & \lambda a_{1n}\\ \lambda a_{21} & \lambda a_{22} & \cdots & \lambda a_{2n}\\ \vdots & \vdots & & \vdots\\ \lambda a_{m1} & \lambda a_{m2} & \cdots & \lambda a_{mn}\end{pmatrix}.$$

数与矩阵的乘积运算简称为矩阵的数乘运算.

由此可知,若矩阵的每个元素都有公因子 λ,则可把 λ 提到矩阵的记号外. 因此,矩阵的数乘完全不同于行列式的数乘.

例 9.2.3 设矩阵 $\boldsymbol{A}=\begin{pmatrix}1 & 1 & 3\\ 3 & 0 & 5\end{pmatrix}$,$\boldsymbol{B}=\begin{pmatrix}4 & 0 & 1\\ 2 & 5 & 4\end{pmatrix}$,且 $2\boldsymbol{X}-3\boldsymbol{B}=\boldsymbol{A}$,求 $\boldsymbol{X}$.

解:由 $2\boldsymbol{X}-3\boldsymbol{B}=\boldsymbol{A}$ 得

$$\begin{aligned}\boldsymbol{X}&=\frac{1}{2}(\boldsymbol{A}+3\boldsymbol{B})=\frac{1}{2}\left(\begin{pmatrix}1 & 1 & 3\\ 3 & 0 & 5\end{pmatrix}+3\begin{pmatrix}4 & 0 & 1\\ 2 & 5 & 4\end{pmatrix}\right)\\ &=\frac{1}{2}\left(\begin{pmatrix}1 & 1 & 3\\ 3 & 0 & 5\end{pmatrix}+\begin{pmatrix}12 & 0 & 3\\ 6 & 15 & 12\end{pmatrix}\right)=\frac{1}{2}\begin{pmatrix}13 & 1 & 6\\ 9 & 15 & 17\end{pmatrix}\\ &=\begin{pmatrix}\frac{13}{2} & \frac{1}{2} & 3\\ \frac{9}{2} & \frac{15}{2} & \frac{17}{2}\end{pmatrix}.\end{aligned}$$

例 9.2.4 设矩阵 $\boldsymbol{A}$ 为 3 阶方阵,且 $|\boldsymbol{A}|=3$,求 $|2\boldsymbol{A}|$.

解:根据数乘矩阵的规定,$2\boldsymbol{A}$ 表示矩阵 $\boldsymbol{A}$ 中 3 行元素都乘以 2,

$$\text{故行列式}\ |2\boldsymbol{A}|=2^3\times|\boldsymbol{A}|=8\times 3=24.$$

设 $\boldsymbol{A}$,$\boldsymbol{B}$ 是 $m\times n$ 阶矩阵,k,l 是常数,矩阵的数乘满足下列运算规律.

① 结合律:$(kl)\boldsymbol{A}=k(l\boldsymbol{A})$.

② 分配律:$(k+l)\boldsymbol{A}=k\boldsymbol{A}+l\boldsymbol{A}$,$k(\boldsymbol{A}+\boldsymbol{B})=k\boldsymbol{A}+k\boldsymbol{B}$.

(3) 矩阵的乘法运算

设矩阵 $\boldsymbol{A}$ 为 $m\times s$ 矩阵,矩阵 $\boldsymbol{B}$ 为 $s\times n$ 矩阵,即

$$\boldsymbol{A}=\begin{pmatrix}a_{11} & a_{12} & \cdots & a_{1s}\\ a_{21} & a_{22} & \cdots & a_{2s}\\ \vdots & \vdots & & \vdots\\ a_{m1} & a_{m2} & \cdots & a_{ms}\end{pmatrix},\boldsymbol{B}=\begin{pmatrix}b_{11} & b_{12} & \cdots & b_{1n}\\ b_{21} & b_{22} & \cdots & b_{2n}\\ \vdots & \vdots & & \vdots\\ b_{s1} & b_{s2} & \cdots & b_{sn}\end{pmatrix},$$

矩阵 $\boldsymbol{A}$ 与 $\boldsymbol{B}$ 的乘积记作 $\boldsymbol{AB}$,规定

$$\boldsymbol{AB}=\boldsymbol{C}=(c_{ij})_{m\times n}=\begin{pmatrix}c_{11} & c_{12} & \cdots & c_{1n}\\ c_{21} & c_{22} & \cdots & c_{2n}\\ \vdots & \vdots & & \vdots\\ c_{m1} & c_{m2} & \cdots & c_{mn}\end{pmatrix}.$$

其中,$c_{ij}=a_{i1}b_{1j}+a_{i2}b_{2j}+\cdots+a_{is}b_{sj}=\sum\limits_{k=1}^{s}a_{ik}b_{kj}\,(i=1,2,\cdots,m;j=1,2,\cdots,n)$,即矩阵 $\boldsymbol{A}$ 与 $\boldsymbol{B}$ 的乘积 $\boldsymbol{C}=\boldsymbol{AB}$ 的第 i 行第 j 列的元素 c_{ij} 是矩阵 $\boldsymbol{A}$ 的第 i 行与矩阵 $\boldsymbol{B}$ 的第 j 列对应元素的乘

积之和.

从矩阵的乘法运算的规定可知:矩阵$\boldsymbol{A}$的列数与矩阵$\boldsymbol{B}$的行数相等时,矩阵$\boldsymbol{A}$与$\boldsymbol{B}$才可以进行乘法运算$\boldsymbol{AB}$,而所得积$\boldsymbol{AB}$是一个行数与$\boldsymbol{A}$的行数相同,列数与$\boldsymbol{B}$的列数相同的矩阵.

例 9.2.5　试利用矩阵乘法表示线性方程组:

$$\begin{cases} a_{11}x_1+a_{12}x_2+\cdots+a_{1n}x_n=b_1, \\ a_{21}x_1+a_{22}x_2+\cdots+a_{2n}x_n=b_2, \\ \vdots \\ a_{m1}x_1+a_{m2}x_2+\cdots+a_{mn}x_n=b_{mn}. \end{cases}$$

解:设$\boldsymbol{A}=\begin{pmatrix} a_{11} & a_{12} & \cdots & a_{1n} \\ a_{21} & a_{22} & \cdots & a_{2n} \\ \vdots & \vdots & & \vdots \\ a_{m1} & a_{m2} & \cdots & a_{mn} \end{pmatrix}$,$\boldsymbol{X}=\begin{pmatrix} x_1 \\ x_2 \\ \vdots \\ x_n \end{pmatrix}$,$\boldsymbol{B}=\begin{pmatrix} b_1 \\ b_2 \\ \vdots \\ b_n \end{pmatrix}$. 根据矩阵乘法及矩阵相等的定义可知,该线性方程组可表示为$\begin{pmatrix} a_{11} & a_{12} & \cdots & a_{1n} \\ a_{21} & a_{22} & \cdots & a_{2n} \\ \vdots & \vdots & & \vdots \\ a_{m1} & a_{m2} & \cdots & a_{mn} \end{pmatrix}\times\begin{pmatrix} x_1 \\ x_2 \\ \vdots \\ x_n \end{pmatrix}=\begin{pmatrix} b_1 \\ b_2 \\ \vdots \\ b_n \end{pmatrix}$,即$\boldsymbol{AX}=\boldsymbol{B}$.

例 9.2.6　设矩阵$\boldsymbol{A}=\begin{pmatrix} -2 & 1 \\ 6 & -3 \end{pmatrix}$,$\boldsymbol{B}=\begin{pmatrix} 1 & 2 \\ 2 & 4 \end{pmatrix}$,求$\boldsymbol{AB}$与$\boldsymbol{BA}$.

解:$\boldsymbol{AB}=\begin{pmatrix} -2 & 1 \\ 6 & -3 \end{pmatrix}\begin{pmatrix} 1 & 2 \\ 2 & 4 \end{pmatrix}=\begin{pmatrix} 0 & 0 \\ 0 & 0 \end{pmatrix}$,

$$\boldsymbol{BA}=\begin{pmatrix} 1 & 2 \\ 2 & 4 \end{pmatrix}\begin{pmatrix} -2 & 1 \\ 6 & -3 \end{pmatrix}=\begin{pmatrix} 10 & -5 \\ 20 & -10 \end{pmatrix}.$$

由例 9.2.6 可知,矩阵乘法不满足交换律,即$\boldsymbol{AB}$不一定等于$\boldsymbol{BA}$,$\boldsymbol{A}$与$\boldsymbol{B}$都是非零矩阵,但$\boldsymbol{AB}$可能是零矩阵.

例 9.2.7　已知矩阵$\boldsymbol{A}=\begin{pmatrix} 1 & 1 \\ -1 & -1 \end{pmatrix}$,$\boldsymbol{B}=\begin{pmatrix} 5 & 2 \\ 3 & 1 \end{pmatrix}$,$\boldsymbol{C}=\begin{pmatrix} 2 & 5 \\ 6 & -2 \end{pmatrix}$,求矩阵$\boldsymbol{AB}$,$\boldsymbol{AC}$,$\boldsymbol{A}(\boldsymbol{B}-\boldsymbol{C})$.

解:$\boldsymbol{AB}=\begin{pmatrix} 1 & 1 \\ -1 & -1 \end{pmatrix}\begin{pmatrix} 5 & 2 \\ 3 & 1 \end{pmatrix}=\begin{pmatrix} 8 & 3 \\ -8 & -3 \end{pmatrix}$,

$$\boldsymbol{AC}=\begin{pmatrix} 1 & 1 \\ -1 & -1 \end{pmatrix}\begin{pmatrix} 2 & 5 \\ 6 & -2 \end{pmatrix}=\begin{pmatrix} 8 & 3 \\ -8 & -3 \end{pmatrix},$$

$$\begin{aligned}\boldsymbol{A}(\boldsymbol{B}-\boldsymbol{C})&=\begin{pmatrix} 1 & 1 \\ -1 & -1 \end{pmatrix}\left(\begin{pmatrix} 5 & 2 \\ 3 & 1 \end{pmatrix}-\begin{pmatrix} 2 & 5 \\ 6 & -2 \end{pmatrix}\right)=\begin{pmatrix} 1 & 1 \\ -1 & -1 \end{pmatrix}\begin{pmatrix} 3 & -3 \\ -3 & 3 \end{pmatrix}\\&=\begin{pmatrix} 0 & 0 \\ 0 & 0 \end{pmatrix}.\end{aligned}$$

这里$\boldsymbol{AB}=\boldsymbol{AC}$,但$\boldsymbol{B}\neq\boldsymbol{C}$,说明矩阵乘法不满足消去律. 因此,矩阵乘法法则与数的乘法法则有一定的区别. 我们把矩阵乘法法则归纳如下.

① 乘法结合律：$(\boldsymbol{AB})\boldsymbol{C}=\boldsymbol{A}(\boldsymbol{BC})$.

② 左乘分配律：$\boldsymbol{A}(\boldsymbol{B}+\boldsymbol{C})=\boldsymbol{AB}+\boldsymbol{AC}$.

③ 右乘分配律：$(\boldsymbol{B}+\boldsymbol{C})\boldsymbol{A}=\boldsymbol{BA}+\boldsymbol{CA}$.

④ 数乘结合律：$k(\boldsymbol{AB})=(k\boldsymbol{A})\boldsymbol{B}=\boldsymbol{A}(k\boldsymbol{B})$，其中 k 是一个常数.

特别地，当 $\boldsymbol{A}$ 是 n 阶方阵时，我们记

$$\underbrace{\boldsymbol{AA}\cdots\boldsymbol{A}}_{m个}=\boldsymbol{A}^m.$$

$\boldsymbol{A}^m$ 称为矩阵 $\boldsymbol{A}$ 的 m 次幂，其中 m 是正整数. 当 $m=0$ 时，规定 $\boldsymbol{A}^0=\boldsymbol{E}$. 显然有

$$\boldsymbol{A}^k\boldsymbol{A}^l=\boldsymbol{A}^{k+l},(\boldsymbol{A}^k)^l=\boldsymbol{A}^{kl},$$

其中 k,l 是任意正整数. 由于矩阵乘法不满足交换律，因此，一般地

$$(\boldsymbol{AB})^k\neq\boldsymbol{A}^k\boldsymbol{B}^k.$$

例 9.2.8 已知 $\boldsymbol{A}=\begin{pmatrix}1&2&0\\2&-1&1\\0&1&3\end{pmatrix}$，$\boldsymbol{B}=\begin{pmatrix}1&0&4\\2&3&3\\0&1&2\end{pmatrix}$，求 $|\boldsymbol{AB}|$，$|\boldsymbol{A}||\boldsymbol{B}|$.

解：$|\boldsymbol{AB}|=\left|\begin{pmatrix}1&2&0\\2&-1&1\\0&1&3\end{pmatrix}\begin{pmatrix}1&0&4\\2&3&3\\0&1&2\end{pmatrix}\right|=\begin{vmatrix}5&6&10\\0&-2&7\\2&6&9\end{vmatrix}=-176$，

$$|\boldsymbol{A}||\boldsymbol{B}|=\begin{vmatrix}1&2&0\\2&-1&1\\0&1&3\end{vmatrix}\begin{vmatrix}1&0&4\\2&3&3\\0&1&2\end{vmatrix}=-16\times11=-176.$$

事实上，对 n 阶方阵 $\boldsymbol{A},\boldsymbol{B}$，$|\boldsymbol{AB}|=|\boldsymbol{A}||\boldsymbol{B}|$ 恒成立.

例 9.2.9 已知矩阵 $\boldsymbol{A}=\begin{pmatrix}\lambda&0&0\\1&\lambda&0\\0&1&\lambda\end{pmatrix}$，求矩阵 $\boldsymbol{A}^2$，$\boldsymbol{A}^3$.

解：$\boldsymbol{A}^2=\begin{pmatrix}\lambda&0&0\\1&\lambda&0\\0&1&\lambda\end{pmatrix}\begin{pmatrix}\lambda&0&0\\1&\lambda&0\\0&1&\lambda\end{pmatrix}=\begin{pmatrix}\lambda^2&0&0\\2\lambda&\lambda^2&0\\1&2\lambda&\lambda^2\end{pmatrix}$，

$$\boldsymbol{A}^3=\begin{pmatrix}\lambda&0&0\\1&\lambda&0\\0&1&\lambda\end{pmatrix}\begin{pmatrix}\lambda^2&0&0\\2\lambda&\lambda^2&0\\1&2\lambda&\lambda^2\end{pmatrix}=\begin{pmatrix}\lambda^3&0&0\\3\lambda^2&\lambda^3&0\\3\lambda&3\lambda^2&\lambda^3\end{pmatrix}.$$

(4) 矩阵的转置运算

将 $m\times n$ 阶矩阵 $\boldsymbol{A}=\begin{pmatrix}a_{11}&a_{12}&\cdots&a_{1n}\\a_{21}&a_{22}&\cdots&a_{2n}\\\vdots&\vdots&&\vdots\\a_{m1}&a_{m2}&\cdots&a_{mn}\end{pmatrix}$ 的行与列互换后得到的 $n\times m$ 阶矩阵，称为 $\boldsymbol{A}$ 的转置矩阵，记为 $\boldsymbol{A}^{\mathrm{T}}$，即

$$\boldsymbol{A}^{\mathrm{T}}=\begin{pmatrix}a_{11}&a_{21}&\cdots&a_{m1}\\a_{12}&a_{22}&\cdots&a_{m2}\\\vdots&\vdots&&\vdots\\a_{1n}&a_{2n}&\cdots&a_{mn}\end{pmatrix}.$$

容易验证矩阵转置有下列性质：

① $(\boldsymbol{A}^{\mathrm{T}})^{\mathrm{T}}=\boldsymbol{A}$；

② $(\boldsymbol{A}+\boldsymbol{B})^{\mathrm{T}}=\boldsymbol{A}^{\mathrm{T}}+\boldsymbol{B}^{\mathrm{T}}$；

③ $(k\boldsymbol{A})^{\mathrm{T}}=k\boldsymbol{A}^{\mathrm{T}}$；

④ $(\boldsymbol{A}\boldsymbol{B})^{\mathrm{T}}=\boldsymbol{B}^{\mathrm{T}}\boldsymbol{A}^{\mathrm{T}}$.

例 9.2.10　已知 $\boldsymbol{A}=\begin{pmatrix}1&0\\2&2\\5&1\end{pmatrix}$，$\boldsymbol{B}=\begin{pmatrix}0&1&2&3\\2&1&1&0\end{pmatrix}$，求$(\boldsymbol{A}\boldsymbol{B})^{\mathrm{T}}$.

解法 1：$\boldsymbol{A}\boldsymbol{B}=\begin{pmatrix}1&0\\2&2\\5&1\end{pmatrix}\begin{pmatrix}0&1&2&3\\2&1&1&0\end{pmatrix}=\begin{pmatrix}0&1&2&3\\4&4&6&6\\2&6&11&15\end{pmatrix}$，

$$(\boldsymbol{A}\boldsymbol{B})^{\mathrm{T}}=\begin{pmatrix}0&4&2\\1&4&6\\2&6&11\\3&6&15\end{pmatrix}.$$

解法 2：$(\boldsymbol{A}\boldsymbol{B})^{\mathrm{T}}=\boldsymbol{B}^{\mathrm{T}}\boldsymbol{A}^{\mathrm{T}}=\begin{pmatrix}0&2\\1&1\\2&1\\3&0\end{pmatrix}\begin{pmatrix}1&2&5\\0&2&1\end{pmatrix}=\begin{pmatrix}0&4&2\\1&4&6\\2&6&11\\3&6&15\end{pmatrix}$.

设 $\boldsymbol{A}$ 为 n 阶方阵，若 $\boldsymbol{A}^{\mathrm{T}}=\boldsymbol{A}$，即 $a_{ij}=a_{ji}(i,j=1,2,\cdots,n)$，则称 $\boldsymbol{A}$ 为对称矩阵，对称矩阵的元素以主对角线为对称轴对应相等.

如 $\boldsymbol{A}=\begin{pmatrix}0&1&3&4\\1&2&8&5\\3&8&5&9\\4&5&9&7\end{pmatrix}$为四阶对称矩阵.

9.2.2　逆矩阵

上节中，我们介绍了矩阵的加法、减法和乘法运算，那么是否有矩阵的除法运算呢？在实数中当 $a\neq 0$ 时，a 的倒数可以用$aa^{-1}=a^{-1}a=1$来定义。单位矩阵 $\boldsymbol{E}$ 在矩阵的乘法运算中有类似实数“1”的作用，那么是否有相当于实数 a^{-1} 作用的矩阵呢？跟倒数类似，我们可以引入逆矩阵的概念.

1. 逆矩阵的概念和性质

定义 9.3　设 $\boldsymbol{A}$ 为 n 阶方阵，若存在 n 阶方阵 $\boldsymbol{B}$，使得 $\boldsymbol{A}\boldsymbol{B}=\boldsymbol{B}\boldsymbol{A}=\boldsymbol{E}$，则称矩阵 $\boldsymbol{A}$ 是可逆矩阵，称矩阵 $\boldsymbol{B}$ 为矩阵 $\boldsymbol{A}$ 的逆矩阵，记作 $\boldsymbol{B}=\boldsymbol{A}^{-1}$.

例如，$\begin{pmatrix}1&2\\2&5\end{pmatrix}\begin{pmatrix}5&-2\\-2&1\end{pmatrix}=\begin{pmatrix}5&-2\\-2&1\end{pmatrix}\begin{pmatrix}1&2\\2&5\end{pmatrix}=\begin{pmatrix}1&0\\0&1\end{pmatrix}$，

故$\begin{pmatrix}1&2\\2&5\end{pmatrix}^{-1}=\begin{pmatrix}5&-2\\-2&1\end{pmatrix}$. 当然，$\begin{pmatrix}5&-2\\-2&1\end{pmatrix}^{-1}=\begin{pmatrix}1&2\\2&5\end{pmatrix}$.

逆矩阵具有如下性质.

性质1:若方阵 $\boldsymbol{A}$ 可逆,则 $\boldsymbol{A}$ 的逆矩阵唯一.

证明:不妨设 $\boldsymbol{B},\boldsymbol{C}$ 均为 $\boldsymbol{A}$ 的逆矩阵,则有 $\boldsymbol{AB}=\boldsymbol{BA}=\boldsymbol{E}$,$\boldsymbol{AC}=\boldsymbol{CA}=\boldsymbol{E}$,于是

$$\boldsymbol{B}=\boldsymbol{EB}=(\boldsymbol{CA})\boldsymbol{B}=\boldsymbol{C}(\boldsymbol{AB})=\boldsymbol{CE}=\boldsymbol{C},$$

故 $\boldsymbol{A}$ 的逆矩阵是唯一的.

性质2:若方阵 $\boldsymbol{A}$ 可逆,则 $\boldsymbol{A}^{-1}$ 可逆,且 $(\boldsymbol{A}^{-1})^{-1}=\boldsymbol{A}$.

证明:如果方阵 $\boldsymbol{A}$ 可逆,那么 $\boldsymbol{AA}^{-1}=\boldsymbol{A}^{-1}\boldsymbol{A}=\boldsymbol{E}$,从而 $\boldsymbol{A}^{-1}$ 可逆,且 $(\boldsymbol{A}^{-1})^{-1}=\boldsymbol{A}$.

性质3:若方阵 $\boldsymbol{A}$ 可逆,则 $\boldsymbol{A}^{\mathrm{T}}$ 可逆,且 $(\boldsymbol{A}^{\mathrm{T}})^{-1}=(\boldsymbol{A}^{-1})^{\mathrm{T}}$.

证明:如果方阵 $\boldsymbol{A}$ 可逆,那么 $\boldsymbol{AA}^{-1}=\boldsymbol{A}^{-1}\boldsymbol{A}=\boldsymbol{E}$.

因为

$$\boldsymbol{A}^{\mathrm{T}}(\boldsymbol{A}^{-1})^{\mathrm{T}}=(\boldsymbol{A}^{-1}\boldsymbol{A})^{\mathrm{T}}=\boldsymbol{E}^{\mathrm{T}}=\boldsymbol{E},$$

$$(\boldsymbol{A}^{-1})^{\mathrm{T}}\boldsymbol{A}^{\mathrm{T}}=(\boldsymbol{AA}^{-1})^{\mathrm{T}}=\boldsymbol{E}^{\mathrm{T}}=\boldsymbol{E},$$

所以 $\boldsymbol{A}^{\mathrm{T}}$ 可逆,且 $(\boldsymbol{A}^{\mathrm{T}})^{-1}=(\boldsymbol{A}^{-1})^{\mathrm{T}}$.

性质4:若方阵 $\boldsymbol{A}$ 可逆,k 是非零数,则 $k\boldsymbol{A}$ 可逆,且 $(k\boldsymbol{A})^{-1}=\frac{1}{k}\boldsymbol{A}^{-1}$.

证明:如果方阵 $\boldsymbol{A}$ 可逆,那么 $\boldsymbol{AA}^{-1}=\boldsymbol{A}^{-1}\boldsymbol{A}=\boldsymbol{E}$,从而

$$(k\boldsymbol{A})\left(\frac{1}{k}\boldsymbol{A}^{-1}\right)=\boldsymbol{AA}^{-1}=\boldsymbol{E},\left(\frac{1}{k}\boldsymbol{A}^{-1}\right)(k\boldsymbol{A})=\boldsymbol{A}^{-1}\boldsymbol{A}=\boldsymbol{E},$$

所以 $k\boldsymbol{A}$ 可逆,且 $(k\boldsymbol{A})^{-1}=\frac{1}{k}\boldsymbol{A}^{-1}$.

性质5:若同阶方阵 $\boldsymbol{A},\boldsymbol{B}$ 可逆,则 $\boldsymbol{AB}$ 可逆,且 $(\boldsymbol{AB})^{-1}=\boldsymbol{B}^{-1}\boldsymbol{A}^{-1}$.

证明:若 $\boldsymbol{A},\boldsymbol{B}$ 是同阶可逆方阵,则 $(\boldsymbol{AB})(\boldsymbol{B}^{-1}\boldsymbol{A}^{-1})=\boldsymbol{A}(\boldsymbol{BB}^{-1})\boldsymbol{A}^{-1}=\boldsymbol{AA}^{-1}=\boldsymbol{E}$,$(\boldsymbol{B}^{-1}\boldsymbol{A}^{-1})(\boldsymbol{AB})=\boldsymbol{B}^{-1}(\boldsymbol{A}^{-1}\boldsymbol{A})\boldsymbol{B}=\boldsymbol{B}^{-1}\boldsymbol{B}=\boldsymbol{E}$,可得 $\boldsymbol{AB}$ 可逆,且 $(\boldsymbol{AB})^{-1}=\boldsymbol{B}^{-1}\boldsymbol{A}^{-1}$.

性质5可以推广到有限多个 n 阶矩阵相乘的情形,即当 n 阶矩阵 $\boldsymbol{A}_1,\boldsymbol{A}_2,\cdots,\boldsymbol{A}_m$ 可逆时,$\boldsymbol{A}_1\boldsymbol{A}_2\cdots\boldsymbol{A}_m$ 也可逆,且 $(\boldsymbol{A}_1\boldsymbol{A}_2\cdots\boldsymbol{A}_m)^{-1}=\boldsymbol{A}_m^{-1}\cdots\boldsymbol{A}_2^{-1}\boldsymbol{A}_1^{-1}$.

2. 用公式法求逆矩阵

在介绍用公式法求逆矩阵前,我们先介绍伴随矩阵的概念.

设 n 阶方阵

$$\boldsymbol{A}=\begin{pmatrix} a_{11} & a_{12} & \cdots & a_{1n} \\ a_{21} & a_{22} & \cdots & a_{2n} \\ \vdots & \vdots & & \vdots \\ a_{n1} & a_{n2} & \cdots & a_{nn} \end{pmatrix},$$

以矩阵 $\boldsymbol{A}$ 的行列式 $|\boldsymbol{A}|$ 的元素 a_{ij} 的代数余子式 A_{ij} 为元素构成的 n 阶方阵的转置矩阵称为矩阵 $\boldsymbol{A}$ 的伴随矩阵,记为 $\boldsymbol{A}^*$. 即

$$\boldsymbol{A}^*=\begin{pmatrix} A_{11} & A_{21} & \cdots & A_{n1} \\ A_{12} & A_{22} & \cdots & A_{n2} \\ \vdots & \vdots & & \vdots \\ A_{1n} & A_{2n} & \cdots & A_{nn} \end{pmatrix}.$$

定理 9.1 n 阶方阵 $\boldsymbol{A}$ 可逆的充分必要条件是 $|\boldsymbol{A}|\neq 0$，且有 $\boldsymbol{A}^{-1}=\frac{1}{|\boldsymbol{A}|}\boldsymbol{A}^*$.

证明：若 n 阶方阵 $\boldsymbol{A}$ 可逆，则存在矩阵 $\boldsymbol{B}$ 使得 $\boldsymbol{AB}=\boldsymbol{BA}=\boldsymbol{E}$，于是 $|\boldsymbol{A}||\boldsymbol{B}|=|\boldsymbol{E}|=1$，因此 $|\boldsymbol{A}|\neq 0$.

反之，若 $|\boldsymbol{A}|\neq 0$，则
$$\boldsymbol{AA}^*=\begin{pmatrix} a_{11} & a_{12} & \cdots & a_{1n}\\ a_{21} & a_{22} & \cdots & a_{2n}\\ \vdots & \vdots & & \vdots\\ a_{n1} & a_{n2} & \cdots & a_{nn}\end{pmatrix}\begin{pmatrix} A_{11} & A_{21} & \cdots & A_{n1}\\ A_{12} & A_{22} & \cdots & A_{n2}\\ \vdots & \vdots & & \vdots\\ A_{1n} & A_{2n} & \cdots & A_{nn}\end{pmatrix}$$
$$=\begin{pmatrix} |\boldsymbol{A}| & & & \\ & |\boldsymbol{A}| & & \\ & & \ddots & \\ & & & |\boldsymbol{A}|\end{pmatrix}=|\boldsymbol{A}|\boldsymbol{E},$$

即
$$\boldsymbol{A}\frac{\boldsymbol{A}^*}{|\boldsymbol{A}|}=\boldsymbol{E}.$$

同理可得
$$\frac{\boldsymbol{A}^*}{|\boldsymbol{A}|}\boldsymbol{A}=\boldsymbol{E}，故\ \boldsymbol{A}^{-1}=\frac{1}{|\boldsymbol{A}|}\boldsymbol{A}^*.$$

例 9.2.11 求方阵 $\boldsymbol{A}$ 的逆矩阵，$\boldsymbol{A}=\begin{pmatrix} 2 & 2 & 3\\ 1 & -1 & 0\\ -1 & 2 & 1\end{pmatrix}$.

解：因为 $|\boldsymbol{A}|=\begin{vmatrix} 2 & 2 & 3\\ 1 & -1 & 0\\ -1 & 2 & 1\end{vmatrix}=-1\neq 0$，所以矩阵 $\boldsymbol{A}$ 可逆.

再求伴随矩阵 $\boldsymbol{A}^*$：

$$A_{11}=(-1)^{1+1}\times\begin{vmatrix} -1 & 0\\ 2 & 1\end{vmatrix}=-1,\quad A_{21}=(-1)^{2+1}\times\begin{vmatrix} 2 & 3\\ 2 & 1\end{vmatrix}=4,$$

$$A_{31}=(-1)^{3+1}\times\begin{vmatrix} 2 & 3\\ -1 & 0\end{vmatrix}=3,\quad A_{12}=(-1)^{1+2}\times\begin{vmatrix} 1 & 0\\ -1 & 1\end{vmatrix}=-1,$$

$$A_{22}=(-1)^{2+2}\times\begin{vmatrix} 2 & 3\\ -1 & 1\end{vmatrix}=5,\quad A_{32}=(-1)^{3+2}\times\begin{vmatrix} 2 & 3\\ 1 & 0\end{vmatrix}=3,$$

$$A_{13}=(-1)^{1+3}\times\begin{vmatrix} 1 & -1\\ -1 & 2\end{vmatrix}=1,\quad A_{23}=(-1)^{2+3}\times\begin{vmatrix} 2 & 2\\ -1 & 2\end{vmatrix}=-6,$$

$$A_{33}=(-1)^{3+3}\times\begin{vmatrix} 2 & 2\\ 1 & -1\end{vmatrix}=-4,$$

$$\boldsymbol{A}^*=\begin{pmatrix} A_{11} & A_{21} & A_{31}\\ A_{12} & A_{22} & A_{32}\\ A_{13} & A_{23} & A_{33}\end{pmatrix}=\begin{pmatrix} -1 & 4 & 3\\ -1 & 5 & 3\\ 1 & -6 & -4\end{pmatrix}.$$

$$\boldsymbol{A}^{-1}=\frac{\boldsymbol{A}^*}{\det\boldsymbol{A}}=-\begin{pmatrix} -1 & 4 & 3\\ -1 & 5 & 3\\ 1 & -6 & -4\end{pmatrix}=\begin{pmatrix} 1 & -4 & -3\\ 1 & -5 & -3\\ -1 & 6 & 4\end{pmatrix}.$$

容易验证

$$\begin{pmatrix}2&2&3\\1&-1&0\\-1&2&1\end{pmatrix}\begin{pmatrix}1&-4&-3\\1&-5&-3\\-1&6&4\end{pmatrix}=\begin{pmatrix}1&-4&-3\\1&-5&-3\\-1&6&4\end{pmatrix}\begin{pmatrix}2&2&3\\1&-1&0\\-1&2&1\end{pmatrix}=\begin{pmatrix}1&0&0\\0&1&0\\0&0&1\end{pmatrix}.$$

例 9.2.12 设矩阵 $\boldsymbol{A}=\begin{pmatrix}1&1&2\\2&-1&0\\1&0&1\end{pmatrix}$,求 $\boldsymbol{A}^{-1}$.

解:由 $A_{11}=\begin{vmatrix}-1&0\\0&1\end{vmatrix}=-1, A_{12}=-\begin{vmatrix}2&0\\1&1\end{vmatrix}=-2, A_{13}=\begin{vmatrix}2&-1\\1&0\end{vmatrix}=1$,

可得 $|\boldsymbol{A}|=a_{11}A_{11}+a_{12}A_{12}+a_{13}A_{13}=-1-2+2=-1\neq 0$,

因此 $\boldsymbol{A}$ 可逆.

再求伴随矩阵 $\boldsymbol{A}^*$:

$$A_{11}=\begin{vmatrix}-1&0\\0&1\end{vmatrix}=-1,\quad A_{21}=-\begin{vmatrix}1&2\\0&1\end{vmatrix}=-1,\quad A_{31}=\begin{vmatrix}1&2\\-1&0\end{vmatrix}=2,$$

$$A_{12}=-\begin{vmatrix}2&0\\1&1\end{vmatrix}=-2,\quad A_{22}=\begin{vmatrix}1&2\\1&1\end{vmatrix}=-1,\quad A_{32}=-\begin{vmatrix}1&2\\2&0\end{vmatrix}=4,$$

$$A_{13}=\begin{vmatrix}2&-1\\1&0\end{vmatrix}=1,\quad A_{23}=-\begin{vmatrix}1&1\\1&0\end{vmatrix}=1,\quad A_{33}=\begin{vmatrix}1&1\\2&-1\end{vmatrix}=-3,$$

$$\boldsymbol{A}^*=\begin{pmatrix}A_{11}&A_{21}&A_{31}\\A_{12}&A_{22}&A_{32}\\A_{13}&A_{23}&A_{33}\end{pmatrix}=\begin{pmatrix}-1&-1&2\\-2&-1&4\\1&1&-3\end{pmatrix}.$$

$$\boldsymbol{A}^{-1}=\frac{\boldsymbol{A}^*}{\det\boldsymbol{A}}=-\begin{pmatrix}-1&-1&2\\-2&-1&4\\1&1&-3\end{pmatrix}=\begin{pmatrix}1&1&-2\\2&1&-4\\-1&-1&3\end{pmatrix}.$$

9.2.3 矩阵的初等行变换

矩阵的初等变换是研究矩阵的一种重要手段. 初等变换可以对行实施(称初等行变换),也可以对列实施(称初等列变换),二者是完全类似的,下面我们只对初等行变换做介绍.

在中学时我们用“加减消元法”解线性方程组,常用以下 3 种变换做同解变形:

(1) 两方程位置互换;

(2) 某个方程乘以非零数 k;

(3) 某个方程的 k 倍加到另一个方程上.

矩阵也有如下 3 种变换.

(1) 对换变换:互换矩阵第 i 行与第 j 行的位置,记为 $r_i \leftrightarrow r_j$.

(2) 倍乘变换:用一个非零的常数 k 乘以第 i 行,记为 kr_i.

(3) 倍加变换:将矩阵第 j 行的 k 倍加到第 i 行上,记为 r_i+kr_j.

矩阵的上述 3 种变换称为矩阵的初等行变换.

1. 利用初等行变换求逆矩阵

对于三阶以上的方阵而言,利用伴随矩阵求逆矩阵计算量太大,下面我们介绍一种新的求逆矩阵的方法.

一个由 n 个方程 n 个未知数组成的线性方程组，我们可以用矩阵的形式表示为 $\boldsymbol{AX}=\boldsymbol{B}$，当 $|\boldsymbol{A}|\neq 0$ 时，可以通过同解变形求出线性方程组 $\boldsymbol{AX}=\boldsymbol{B}$ 的唯一解 $\boldsymbol{X}=\boldsymbol{A}^{-1}\boldsymbol{B}$，而方程组同解变形的 3 种变换相当于对矩阵施行初等行变换，可表示为

$$\boldsymbol{AX}=\boldsymbol{EB}\xrightarrow{\text{初等行变换}}\boldsymbol{EX}=\boldsymbol{A}^{-1}\boldsymbol{B}.$$

比较变换前后的式子可以发现，对方程两边进行相同的初等行变换，在方程左边的 $\boldsymbol{A}$ 变为 $\boldsymbol{E}$ 的同时，方程右边的 $\boldsymbol{E}$ 变成了 $\boldsymbol{A}^{-1}$，这就启发我们找到了一种新的求逆矩阵的方法——初等行变换求逆矩阵：求 n 阶方阵 $\boldsymbol{A}$ 的逆矩阵时，在 $\boldsymbol{A}$ 的右侧写上一个同阶的单位矩阵 $\boldsymbol{E}$，构成一个 $n\times 2n$ 的矩阵 $(\boldsymbol{A}\quad\boldsymbol{E})$，然后对该矩阵施行初等行变换，当左侧的 $\boldsymbol{A}$ 转化成单位矩阵 $\boldsymbol{E}$ 时，右侧的 $\boldsymbol{E}$ 转化为我们所要求的 $\boldsymbol{A}^{-1}$，即

$$(\boldsymbol{A}\quad\boldsymbol{E})\xrightarrow{\text{初等行变换}}(\boldsymbol{E}\quad\boldsymbol{A}^{-1})$$

例 9.2.13　设矩阵 $\boldsymbol{A}=\begin{pmatrix}1&-1&1\\1&1&3\\2&-3&2\end{pmatrix}$，求逆矩阵 $\boldsymbol{A}^{-1}$.

解：因为

$$(\boldsymbol{A}\quad\boldsymbol{E})=\begin{pmatrix}1&-1&1&1&0&0\\1&1&3&0&1&0\\2&-3&2&0&0&1\end{pmatrix}\to\begin{pmatrix}1&-1&1&1&0&0\\0&2&2&-1&1&0\\0&-1&0&-2&0&1\end{pmatrix}$$

$$\to\begin{pmatrix}1&-1&1&1&0&0\\0&1&1&-\frac{1}{2}&\frac{1}{2}&0\\0&0&1&-\frac{5}{2}&\frac{1}{2}&1\end{pmatrix}\to\begin{pmatrix}1&-1&0&\frac{7}{2}&-\frac{1}{2}&-1\\0&1&0&2&0&-1\\0&0&1&-\frac{5}{2}&\frac{1}{2}&1\end{pmatrix}$$

$$\to\begin{pmatrix}1&0&0&\frac{11}{2}&-\frac{1}{2}&-2\\0&1&0&2&0&-1\\0&0&1&-\frac{5}{2}&\frac{1}{2}&1\end{pmatrix},$$

所以

$$\boldsymbol{A}^{-1}=\begin{pmatrix}\frac{11}{2}&-\frac{1}{2}&-2\\2&0&-1\\-\frac{5}{2}&\frac{1}{2}&1\end{pmatrix}.$$

显然，矩阵的初等行变换所包含的 3 种变换不受行列式是否为零的影响，因此，我们可以用上述方法判定矩阵 $\boldsymbol{A}$ 是否可逆. 在对矩阵 $(\boldsymbol{A}\quad\boldsymbol{E})$ 进行初等行变换的过程中，如果 $(\boldsymbol{A}\quad\boldsymbol{E})$ 中左侧的 $\boldsymbol{A}$ 出现零行，说明矩阵 $\boldsymbol{A}$ 的行列式 $|\boldsymbol{A}|=0$，则可判定 $\boldsymbol{A}$ 不可逆；如果 $(\boldsymbol{A}\quad\boldsymbol{E})$ 中左侧的 $\boldsymbol{A}$ 被化成了单位矩阵 $\boldsymbol{E}$，说明行列式 $|\boldsymbol{A}|\neq 0$，则可判定矩阵 $\boldsymbol{A}$ 可逆，并且这个单位矩阵 $\boldsymbol{E}$ 右边的矩阵就是 $\boldsymbol{A}$ 的逆矩阵 $\boldsymbol{A}^{-1}$.

例 9.2.14 解矩阵方程 $\boldsymbol{AX}=\boldsymbol{B}$,其中

$$\boldsymbol{A}=\begin{pmatrix}1&-1&2\\2&-3&5\\3&-2&4\end{pmatrix},\boldsymbol{B}=\begin{pmatrix}1&1\\-2&3\\5&4\end{pmatrix}.$$

解:由矩阵方程 $\boldsymbol{AX}=\boldsymbol{B}$ 可知,如果矩阵 $\boldsymbol{A}$ 可逆,则在方程等号的两边同时左乘 $\boldsymbol{A}^{-1}$,可得 $\boldsymbol{A}^{-1}\boldsymbol{AX}=\boldsymbol{A}^{-1}\boldsymbol{B}$,即 $\boldsymbol{X}=\boldsymbol{A}^{-1}\boldsymbol{B}$.

因此,先用初等行变换法判定 $\boldsymbol{A}$ 是否可逆,若可逆,则求出 $\boldsymbol{A}^{-1}$,然后计算 $\boldsymbol{A}^{-1}\boldsymbol{B}$,求出 $\boldsymbol{X}$.

因为

$$(\boldsymbol{A}\quad \boldsymbol{E})=\begin{pmatrix}1&-1&2&1&0&0\\2&-3&5&0&1&0\\3&-2&4&0&0&1\end{pmatrix}\to\begin{pmatrix}1&-1&2&1&0&0\\0&-1&1&-2&1&0\\0&1&-2&-3&0&1\end{pmatrix}$$

$$\to\begin{pmatrix}1&-1&2&1&0&0\\0&-1&1&-2&1&0\\0&0&-1&-5&1&1\end{pmatrix}\to\begin{pmatrix}1&-1&0&-9&2&2\\0&-1&0&-7&2&1\\0&0&-1&-5&1&1\end{pmatrix}$$

$$\to\begin{pmatrix}1&0&0&-2&0&1\\0&-1&0&-7&2&1\\0&0&-1&-5&1&1\end{pmatrix}\to\begin{pmatrix}1&0&0&-2&0&1\\0&1&0&7&-2&-1\\0&0&1&5&-1&-1\end{pmatrix}$$

所以 $\boldsymbol{A}$ 可逆,且 $\boldsymbol{A}^{-1}=\begin{pmatrix}-2&0&1\\7&-2&-1\\5&-1&-1\end{pmatrix}$.

从而得 $$\boldsymbol{X}=\boldsymbol{A}^{-1}\boldsymbol{B}=\begin{pmatrix}-2&0&1\\7&-2&-1\\5&-1&-1\end{pmatrix}\begin{pmatrix}1&1\\-2&3\\5&4\end{pmatrix}=\begin{pmatrix}3&2\\6&-3\\2&-2\end{pmatrix}.$$

2. 利用初等行变换求矩阵的秩

秩是一个非常重要的概念,它是矩阵的重要特征之一. 下面我们介绍矩阵的秩的概念.

我们称矩阵$\boldsymbol{A}$ 中非零子式的最高阶数为矩阵$\boldsymbol{A}$ 的秩,记为 $R(\boldsymbol{A})$. 所谓子式,即从$\boldsymbol{A}$ 中任取 k 行和 k 列,由这 k 行和 k 列交叉点上的元素构成的 k 阶行列式称为$\boldsymbol{A}$ 的 k 阶子式.既然子式是行列式,则其值可能为零,也可能不为零.

例如,$\boldsymbol{A}=\begin{pmatrix}1&2&3&4\\2&4&6&8\\3&0&1&0\end{pmatrix}$中共有 4 个三阶子式,即

$$\begin{vmatrix}1&2&3\\2&4&6\\3&0&1\end{vmatrix},\begin{vmatrix}1&2&4\\2&4&8\\3&0&0\end{vmatrix},\begin{vmatrix}1&3&4\\2&6&8\\3&1&0\end{vmatrix},\begin{vmatrix}2&3&4\\4&6&8\\0&1&0\end{vmatrix},$$

它们都等于零.

由于 $\boldsymbol{A}$ 中存在二阶子式

$$\begin{vmatrix}2&4\\3&0\end{vmatrix}=-12\neq 0,$$

所以矩阵 $\boldsymbol{A}$ 中非零子式的最高阶数为 2,即矩阵 $\boldsymbol{A}$ 的秩为 $R(\boldsymbol{A})=2$.

显然，零矩阵 $\mathbf{0}$ 的秩 $R(\mathbf{0})=0$；n 阶可逆方阵 $\boldsymbol{A}$ 的秩 $R(\boldsymbol{A})=n$（此时称方阵 $\boldsymbol{A}$ 为满秩矩阵）.

用子式的方法求矩阵的秩运算量通常比较大，下面我们介绍用矩阵的初等行变换求矩阵秩的方法.

由于矩阵的初等行变换所包含的 3 种变换不受行列式是否为零的影响，所以初等行变换是不改变矩阵秩的变换. 这正是初等行变换的重要性所在，即初等行变换能改变矩阵的形式而不改变其内涵 —— 秩.

因此，求矩阵的秩时，可先对矩阵施行初等行变换，把它变换成容易计算秩的矩阵 —— 阶梯形矩阵（其特点是它的任一行第一个非零元素所在的列中，这个非零元素下方的元素全为零）. 显然，阶梯形矩阵非零行的行数即为矩阵的秩.

例 9.2.15　求矩阵 $\boldsymbol{A}=\begin{pmatrix}-1 & 1 & 2 & 3 & 5\\ 2 & 3 & 0 & -1 & 2\\ 0 & 2 & 4 & 5 & 1\\ 1 & 6 & 6 & 7 & 8\end{pmatrix}$ 的秩.

解：因为 $\boldsymbol{A}=\begin{pmatrix}-1 & 1 & 2 & 3 & 5\\ 2 & 3 & 0 & -1 & 2\\ 0 & 2 & 4 & 5 & 1\\ 1 & 6 & 6 & 7 & 8\end{pmatrix}\xrightarrow[r_4+r_1]{r_2+2r_1}\begin{pmatrix}-1 & 1 & 2 & 3 & 5\\ 0 & 5 & 4 & 5 & 12\\ 0 & 2 & 4 & 5 & 1\\ 0 & 7 & 8 & 10 & 13\end{pmatrix}$

$$\xrightarrow[5r_4-7r_2]{5r_3-2r_2}\begin{pmatrix}-1 & 1 & 2 & 3 & 5\\ 0 & 5 & 4 & 5 & 12\\ 0 & 0 & 12 & 15 & -19\\ 0 & 0 & 12 & 15 & -19\end{pmatrix}\xrightarrow{r_4-r_3}\begin{pmatrix}-1 & 1 & 2 & 3 & 5\\ 0 & 5 & 4 & 5 & 12\\ 0 & 0 & 12 & 15 & -19\\ 0 & 0 & 0 & 0 & 0\end{pmatrix}=\boldsymbol{B}.$$

所以
$$R(\boldsymbol{A})=R(\boldsymbol{B})=3.$$

实际上，求矩阵的秩时，不仅可以用初等行变换，也可以用初等列变换，还可以既用初等行变换又用初等列变换求矩阵秩.

习题 9.2

1. 已知矩阵 $\boldsymbol{X}$ 满足 $2\boldsymbol{X}-\begin{pmatrix}1 & 0 & 5\\ 2 & 4 & -6\\ 3 & -6 & 1\end{pmatrix}=\begin{pmatrix}2 & 1 & 7\\ 0 & -2 & 6\\ 1 & 2 & 5\end{pmatrix}$，求矩阵 $\boldsymbol{X}$.

2. 计算下列各式：

（1）$\begin{pmatrix}1 & 2 & 4\\ -2 & 0 & 3\end{pmatrix}-2\begin{pmatrix}0 & 1 & 3\\ 0 & -3 & 2\end{pmatrix}$；　　（2）$(0\ \ 1\ \ 2\ \ 7)\begin{pmatrix}-1\\ 3\\ -4\\ 1\end{pmatrix}$；

（3）$\begin{pmatrix}5\\ 4\\ -1\end{pmatrix}(0\ \ 9\ \ 1\ \ 3)$；　　（4）$\begin{pmatrix}0 & 1\\ 2 & 3\\ 1 & 1\end{pmatrix}\begin{pmatrix}1 & 2 & -3 & 2\\ 0 & 2 & 0 & 4\end{pmatrix}$；

(5) $(1\quad -1\quad 4)\begin{pmatrix}0 & 6 & 2 & 1\\ 3 & -5 & 3 & 7\\ 1 & 1 & -1 & 0\end{pmatrix}$；　　(6) $\left|\begin{pmatrix}1 & 2 & 0\\ 0 & 3 & 0\\ 2 & 2 & 5\end{pmatrix}\begin{pmatrix}1 & 0 & 0\\ 7 & 2 & 0\\ 9 & 8 & 6\end{pmatrix}\right|$.

3. 已知 $\boldsymbol{A}=\begin{pmatrix}1 & 3 & 4\\ 2 & 0 & -2\end{pmatrix}$，$\boldsymbol{B}=\begin{pmatrix}2 & 3 & -1\\ -1 & 2 & 0\\ 0 & 1 & 2\end{pmatrix}$，求 $(\boldsymbol{AB})^{\mathrm{T}}$，$\boldsymbol{B}^{\mathrm{T}}\boldsymbol{A}^{\mathrm{T}}$.

4. 已知 $\boldsymbol{A}=\begin{pmatrix}1 & 0\\ -2 & 1\end{pmatrix}$，$\boldsymbol{B}=\begin{pmatrix}2 & 1\\ -1 & 0\end{pmatrix}$，求 $\boldsymbol{A}^2-2\boldsymbol{AB}+\boldsymbol{B}^2$，$(\boldsymbol{A}-\boldsymbol{B})^2$.

5. 求下列矩阵的伴随矩阵：

(1) $\begin{pmatrix}-1 & 2\\ 7 & 9\end{pmatrix}$；　　(2) $\begin{pmatrix}1 & -1 & 2\\ 3 & 6 & 0\\ 2 & 1 & 1\end{pmatrix}$.

6. 判别下列矩阵是否可逆，若可逆求出逆矩阵：

(1) $\begin{pmatrix}2 & 5\\ -1 & 3\end{pmatrix}$；　　(2) $\begin{pmatrix}1 & 0 & 2\\ 3 & 5 & 1\\ 4 & 0 & 3\end{pmatrix}$；

(3) $\begin{pmatrix}1 & 2 & 2\\ 2 & 5 & 7\\ -1 & -3 & -5\end{pmatrix}$；　　(4) $\begin{pmatrix}0 & 1 & 2\\ 4 & 6 & 1\\ 2 & 3 & 3\end{pmatrix}$.

7. 求解下列矩阵方程：

(1) $\begin{pmatrix}2 & 0\\ -1 & 1\end{pmatrix}\boldsymbol{X}\begin{pmatrix}3 & 4\\ 2 & 3\end{pmatrix}=\begin{pmatrix}0 & 1\\ 2 & 3\end{pmatrix}$；　　(2) $\begin{pmatrix}1 & 0 & 2\\ 2 & 3 & 5\\ -2 & 2 & 0\end{pmatrix}\boldsymbol{X}=\begin{pmatrix}1 & -2\\ 0 & 1\\ 1 & 0\end{pmatrix}$.

8. 用初等行变换求下列矩阵的逆矩阵：

(1) $\begin{pmatrix}1 & 2 & 0\\ 2 & 5 & 1\\ 3 & 5 & 0\end{pmatrix}$；　　(2) $\begin{pmatrix}1 & 0 & 2 & 1\\ 2 & 1 & 3 & 1\\ -1 & 2 & 1 & 2\\ 1 & 1 & 3 & 4\end{pmatrix}$；　　(3) $\begin{pmatrix}1 & 0 & 0 & 0\\ -2 & 2 & 0 & 0\\ 3 & 4 & 3 & 0\\ 2 & 2 & 6 & 4\end{pmatrix}$.

9. 设 $\boldsymbol{A}=\begin{pmatrix}1 & 2 & 2 & 0\\ -1 & -2 & 4 & t\\ 0 & t & 3 & 0\end{pmatrix}$，$R(\boldsymbol{A})=2$，求 t.

9.3 线性方程组

9.1 节中的克莱姆法则与 9.2 节中的利用逆矩阵求解线性方程组只适用于系数矩阵是方阵且可逆的情形，本节讨论一般线性方程组的求解问题.

1. **非齐次线性方程组**

n 元线性方程组的一般形式为

$$\begin{cases} a_{11}x_1+a_{12}x_2+\cdots+a_{1n}x_n=b_1, \\ a_{21}x_1+a_{22}x_2+\cdots+a_{2n}x_n=b_2, \\ \qquad\vdots \\ a_{m1}x_1+a_{m2}x_2+\cdots+a_{mn}x_n=b_m. \end{cases} \qquad ①$$

若右端常数项 $b_1,b_2,\cdots,b_m$ 不全为零,则称方程组 ① 为非齐次线性方程组;任意一组满足方程组的数 $x_1=k_1,x_2=k_2,\cdots,x_n=k_n$ 称为方程组的一组解.

线性方程组 ① 的矩阵形式为

$$\boldsymbol{AX}=\boldsymbol{B},$$

这里 $\boldsymbol{A}=(a_{ij})_{m\times n}$ 称为方程组 ① 的系数矩阵,由矩阵 $\boldsymbol{A}$ 加上系数列 $\boldsymbol{B}$ 构成的矩阵 $(\boldsymbol{A}\quad\boldsymbol{B})$ 称为方程组 ① 的增广矩阵,记为 $\overline{\boldsymbol{A}}=(\boldsymbol{A}\quad\boldsymbol{B})$.

求解线性方程组,实质上就是解决以下 3 个问题.

(1) 方程组是否有解?

(2) 若方程组有解,则解是否唯一?

(3) 若方程组有解且解不唯一,则如何求出其全部解?

显然,增广矩阵与线性方程组是一一对应的,对增广矩阵 $(\boldsymbol{A}\quad\boldsymbol{B})$ 实施初等行变换等价于对线性方程组 ① 做同解变形. 因此,求解线性方程组可由线性方程组的增广矩阵出发,利用初等行变换把线性方程组变为易求解的形式,下面通过实例来讨论.

例 9.3.1　解线性方程组

$$\begin{cases} 2x-y+3z=1, \\ 4x+2y+5z=4, \\ x+z=3. \end{cases}$$

解:对线性方程组的增广矩阵 $\overline{\boldsymbol{A}}=(\boldsymbol{A}\quad\boldsymbol{B})$ 实施初等行变换:

$$(\boldsymbol{A}\quad\boldsymbol{B})=\begin{pmatrix} 2 & -1 & 3 & 1 \\ 4 & 2 & 5 & 4 \\ 1 & 0 & 1 & 3 \end{pmatrix} \xrightarrow[2r_3-r_1]{r_2-2r_1} \begin{pmatrix} 2 & -1 & 3 & 1 \\ 0 & 4 & -1 & 2 \\ 0 & 1 & -1 & 5 \end{pmatrix} \xrightarrow{r_2\leftrightarrow r_3} \begin{pmatrix} 2 & -1 & 3 & 1 \\ 0 & 1 & -1 & 5 \\ 0 & 4 & -1 & 2 \end{pmatrix}$$

$$\xrightarrow[r_3-4r_2]{r_1+r_2} \begin{pmatrix} 2 & 0 & 2 & 6 \\ 0 & 1 & -1 & 5 \\ 0 & 0 & 3 & -18 \end{pmatrix} \xrightarrow[\frac{1}{3}r_3]{\frac{1}{2}r_1} \begin{pmatrix} 1 & 0 & 1 & 3 \\ 0 & 1 & -1 & 5 \\ 0 & 0 & 1 & -6 \end{pmatrix}$$

$$\xrightarrow[r_2+r_3]{r_1-r_3} \begin{pmatrix} 1 & 0 & 0 & 9 \\ 0 & 1 & 0 & -1 \\ 0 & 0 & 1 & -6 \end{pmatrix}=(\boldsymbol{E}\quad\boldsymbol{F}).$$

与最后的矩阵(行最简阶梯形矩阵)相对应的线性方程组的解为

$$x=9,y=-1,z=-6.$$

故原线性方程组的解为 $x=9,y=-1,z=-6$.

由此例可以看出,当 $R(\boldsymbol{A})=R(\overline{\boldsymbol{A}})=n$ 时,线性方程组 ① 有唯一解.

例 9.3.2 解线性方程组

$$\begin{cases}x_1+x_2-x_3+3x_4=2,\\2x_1-3x_3+x_4=1,\\3x_1+x_2-4x_3+4x_4=3.\end{cases}$$

解:对线性方程组的增广矩阵 $\overline{\boldsymbol{A}}=(\boldsymbol{A}\quad\boldsymbol{B})$ 实施初等行变换：

$$(\boldsymbol{A}\quad\boldsymbol{B})=\begin{pmatrix}1&1&-1&3&2\\2&0&-3&1&1\\3&1&-4&4&3\end{pmatrix}\xrightarrow[r_3-3r_1]{r_2-2r_1}\begin{pmatrix}1&1&-1&3&2\\0&-2&-1&-5&-3\\0&-2&-1&-5&-3\end{pmatrix}$$

$$\xrightarrow{-\frac{1}{2}r_2}\begin{pmatrix}1&1&-1&3&2\\0&1&\frac{1}{2}&\frac{5}{2}&\frac{3}{2}\\0&-2&-1&-5&-3\end{pmatrix}\xrightarrow[r_3+2r_2]{r_1-r_2}\begin{pmatrix}1&0&-\frac{3}{2}&\frac{1}{2}&\frac{1}{2}\\0&1&\frac{1}{2}&\frac{5}{2}&\frac{3}{2}\\0&0&0&0&0\end{pmatrix}$$

$$=(\boldsymbol{E}\quad\boldsymbol{F}).$$

与矩阵$(\boldsymbol{E}\quad\boldsymbol{F})$相对应的原线性方程组的同解线性方程组为

$$\begin{cases}x_1-\frac{3}{2}x_3+\frac{1}{2}x_4=\frac{1}{2},\\x_2+\frac{1}{2}x_3+\frac{5}{2}x_4=\frac{3}{2}.\end{cases}$$

得方程组的解为

$$\begin{cases}x_1=\frac{3}{2}x_3-\frac{1}{2}x_4+\frac{1}{2},\\x_2=-\frac{1}{2}x_3-\frac{5}{2}x_4+\frac{3}{2}.\end{cases}\quad(x_3,x_4\text{ 为自由未知量})$$

由此例可以看出,当 $R(\boldsymbol{A})=R(\overline{\boldsymbol{A}})<n$ 时,线性方程组 ① 有无穷多解.

例 9.3.3 解线性方程组

$$\begin{cases}x_1+2x_2-x_3+2x_4=2,\\3x_1+4x_2-x_3+x_4=3,\\2x_1+2x_2-x_4=3.\end{cases}$$

解:对线性方程组的增广矩阵 $\overline{\boldsymbol{A}}=(\boldsymbol{A}\quad\boldsymbol{B})$ 实施初等行变换：

$$(\boldsymbol{A}\quad\boldsymbol{B})=\begin{pmatrix}1&2&-1&2&2\\3&4&-1&1&3\\2&2&0&-1&3\end{pmatrix}\xrightarrow[r_3-2r_1]{r_2-3r_1}\begin{pmatrix}1&2&-1&2&2\\0&-2&2&-5&-3\\0&-2&2&-5&-1\end{pmatrix}$$

$$\xrightarrow{-\frac{1}{2}r_2}\begin{pmatrix}1&2&-1&2&2\\0&1&-1&\frac{5}{2}&\frac{3}{2}\\0&-2&2&-5&-1\end{pmatrix}\xrightarrow[r_3+2r_2]{r_1-2r_2}\begin{pmatrix}1&0&1&-3&-1\\0&1&-1&\frac{5}{2}&\frac{3}{2}\\0&0&0&0&2\end{pmatrix}=(\boldsymbol{E}\quad\boldsymbol{F}).$$

与矩阵$(\boldsymbol{E}\quad\boldsymbol{F})$相对应的原线性方程组的同解线性方程组为

$$\begin{cases} x_1 + x_3 - 3x_4 = -1 \\ x_2 - x_3 + \dfrac{5}{2}x_4 = \dfrac{3}{2}. \\ 0 = 2 \end{cases}$$

该方程组的第 3 个方程 $0=2$ 是矛盾方程，故原方程组无解.

由此例可以看出，当 $R(\mathbf{A}) \neq R(\overline{\mathbf{A}})$ 时，线性方程组 ① 经同解变换，一定会得到一个矛盾方程，所以线性方程组 ① 无解.

n 元非齐次线性方程组的解的情况有以下 3 种：

(1) 当 $R(\mathbf{A})=R(\overline{\mathbf{A}})=n$ 时，线性方程组有唯一解；

(2) 当 $R(\mathbf{A})=R(\overline{\mathbf{A}})<n$ 时，线性方程组有无穷多解；

(3) 当 $R(\mathbf{A}) \neq R(\overline{\mathbf{A}})$ 时，线性方程组无解.

求解 n 元非齐次线性方程组按如下步骤进行：

(1) 对线性方程组对应的增广矩阵 $\overline{\mathbf{A}}=(\mathbf{A}\quad \mathbf{B})$ 施行初等行变换化成阶梯形矩阵，根据 $R(\mathbf{A})$ 与 $R(\overline{\mathbf{A}})$ 是否相等，判断线性方程组是否有解；

(2) 如果线性方程组有解，用初等行变换进一步把阶梯形矩阵化成行最简形矩阵(行首非零元为 1，行首非零元所在列的上下元素全为零的阶梯形矩阵)，求出线性方程组的解.

例 9.3.4　讨论：a 取何值时，线性方程组

$$\begin{cases} 2x_1 - ax_2 + x_3 = 1, \\ ax_1 + (2a+1)x_2 - x_3 = 1, \\ (a^2-4)x_1 - x_2 - x_3 = 2a-1 \end{cases}$$

无解？有唯一解？有无穷多解？并求解.

解：考虑到 x_3 的系数列都是常数，为了便于化阶梯形矩阵，可调整 x_1, x_2, x_3 的位置：

$$\begin{cases} x_3 - ax_2 + 2x_1 = 1, \\ -x_3 + (2a+1)x_2 + ax_1 = 1, \\ -x_3 - x_2 + (a^2-4)x_1 = 2a-1. \end{cases}$$

对应的增广矩阵

$$(\mathbf{A}\quad \mathbf{B}) = \begin{pmatrix} 1 & -a & 2 & 1 \\ -1 & 2a+1 & a & 1 \\ -1 & -1 & a^2-4 & 2a-1 \end{pmatrix} \xrightarrow[r_3+r_1]{r_2+r_1} \begin{pmatrix} 1 & -a & 2 & 1 \\ 0 & a+1 & a+2 & 2 \\ 0 & -a-1 & a^2-2 & 2a \end{pmatrix}$$

$$\xrightarrow{r_3+r_2} \begin{pmatrix} 1 & -a & 2 & 1 \\ 0 & a+1 & a+2 & 2 \\ 0 & 0 & a^2+a & 2a+2 \end{pmatrix} = (\mathbf{E}\quad \mathbf{F})\text{(阶梯形矩阵)}.$$

ⅰ. 当 $a=0$ 时，$R(\mathbf{A})=2$，$R(\overline{\mathbf{A}})=3$，原线性方程组无解.

ⅱ. 当 $a=-1$ 时，$R(\mathbf{A})=R(\overline{\mathbf{A}})=2$，原线性方程组有无穷多解；进一步化阶梯形矩阵 $(\mathbf{E}\quad \mathbf{F})$ 为行最简形矩阵：

$$(\mathbf{E}\quad \mathbf{F}) = \begin{pmatrix} 1 & 1 & 2 & 1 \\ 0 & 0 & 1 & 2 \\ 0 & 0 & 0 & 0 \end{pmatrix} \xrightarrow{r_1-2r_2} \begin{pmatrix} 1 & 1 & 0 & -3 \\ 0 & 0 & 1 & 2 \\ 0 & 0 & 0 & 0 \end{pmatrix}.$$

对应的线性方程组为$\begin{cases} x_3+x_2=-3, \\ x_1=2. \end{cases}$

得原线性方程组的解为

$$\begin{cases} x_3=-x_2-3, \\ x_1=2. \end{cases} \quad (x_2 \text{ 为自由未知量})$$

ⅲ. 当 $a \neq -1$ 且 $a \neq 0$ 时,$R(\mathbf{A})=R(\overline{\mathbf{A}})=3$,原线性方程组有唯一解.

$$(\mathbf{E} \quad \mathbf{F}) \to \begin{pmatrix} 1 & -a & 2 & 1 \\ 0 & 1 & \dfrac{a+2}{a+1} & \dfrac{2}{a+1} \\ 0 & 0 & 1 & \dfrac{2}{a} \end{pmatrix} \to \begin{pmatrix} 1 & 0 & 2+\dfrac{a^2+2a}{a+1} & 1+\dfrac{2a}{a+1} \\ 0 & 1 & \dfrac{a+2}{a+1} & \dfrac{2}{a+1} \\ 0 & 0 & 1 & \dfrac{2}{a} \end{pmatrix}$$

$$\to \begin{pmatrix} 1 & 0 & 0 & 1-\dfrac{4}{a}-\dfrac{4}{a+1} \\ 0 & 1 & 0 & \dfrac{-4}{a(a+1)} \\ 0 & 0 & 1 & \dfrac{2}{a} \end{pmatrix} \text{(行最简形矩阵)}.$$

即得原线性方程组的解为

$$\begin{cases} x_3=1-\dfrac{8a+4}{a(a+1)}, \\ x_2=\dfrac{-4}{a(a+1)}, \\ x_1=\dfrac{2}{a}. \end{cases}$$

2. 齐次线性方程组

若方程组 ① 右端的常数项 $b_1,b_2,\cdots,b_m$ 全为零,即

$$\begin{cases} a_{11}x_1+a_{12}x_2+\cdots+a_{1n}x_n=0, \\ a_{21}x_1+a_{22}x_2+\cdots+a_{2n}x_n=0, \\ \qquad \vdots \\ a_{m1}x_1+a_{m2}x_2+\cdots+a_{mn}x_n=0, \end{cases} \qquad ②$$

则称线性方程组 ② 为齐次线性方程组. 其矩阵形式为

$$\mathbf{AX}=\mathbf{0}.$$

对于齐次线性方程组,恒有 $R(\mathbf{A})=R(\overline{\mathbf{A}})$,因此方程组 ② 一定有解(至少有一组零解 $x_1=0,x_2=0,\cdots,x_n=0$). 我们主要考察齐次线性方程组 ② 是否存在非零解.

根据非齐次线性方程组的解的情况,n 元齐次线性方程组的解的情况有以下两种:

(1) 当 $R(\mathbf{A})=n$ 时,线性方程组仅有零解(即唯一解情形);

(2) 当 $R(\mathbf{A})<n$ 时,线性方程组存在非零解(即无穷多解情形).

例 9.3.5　解齐次线性方程组

$$\begin{cases}x_1+2x_2+2x_3+x_4=0,\\2x_1+x_2-2x_3-2x_4=0,\\x_1-x_2-4x_3-3x_4=0.\end{cases}$$

解:对系数矩阵 $\boldsymbol{A}$ 进行初等行变换

$$\boldsymbol{A}=\begin{pmatrix}1&2&2&1\\2&1&-2&-2\\1&-1&-4&-3\end{pmatrix}\xrightarrow[r_3-r_1]{r_2-2r_1}\begin{pmatrix}1&2&2&1\\0&-3&-6&-4\\0&-3&-6&-4\end{pmatrix}$$

$$\xrightarrow[-\frac{1}{3}r_2]{r_3-r_2}\begin{pmatrix}1&2&2&1\\0&1&2&\frac{4}{3}\\0&0&0&0\end{pmatrix}\xrightarrow{r_1-2r_2}\begin{pmatrix}1&0&-2&-\frac{5}{3}\\0&1&2&\frac{4}{3}\\0&0&0&0\end{pmatrix}\text{(行最简形矩阵)}.$$

与最后一个行最简形矩阵对应的线性方程组为

$$\begin{cases}x_1-2x_3-\frac{5}{3}x_4=0,\\x_2+2x_3+\frac{4}{3}x_4=0.\end{cases}$$

得原齐次线性方程组的解为

$$\begin{cases}x_1=2x_3+\frac{5}{3}x_4,\\x_2=-2x_3-\frac{4}{3}x_4.\end{cases}\quad(x_3,x_4\text{ 为自由未知量})$$

习题 9.3

1. 求解下列线性方程组：

(1) $\begin{cases}2x_1-x_2+4x_3-3x_4=-4,\\x_1+x_3-x_4=-3,\\3x_1+x_2+x_3=1,\\7x_1+7x_3-3x_4=3;\end{cases}$

(2) $\begin{cases}x_1+x_2=5,\\2x_1+x_2+x_3+2x_4=1,\\5x_1+3x_2+2x_3+2x_4=3;\end{cases}$

(3) $\begin{cases}x_1-5x_2+2x_3-3x_4=11,\\5x_1+3x_2+6x_3-x_4=-1,\\2x_1+4x_2+2x_3+x_4=-6;\end{cases}$

(4) $\begin{cases}x_1+5x_2-x_3-x_4=-1,\\3x_1+8x_2-x_3+x_4=1,\\x_1-2x_2+x_3+3x_4=3,\\x_1-9x_2+3x_3+7x_4=7.\end{cases}$

2. 讨论:当 a,b 取何值时,线性方程组

$$\begin{cases}x_1+x_2-x_3=1,\\2x_1+(a+2)x_2-(b+2)x_3=3,\\-3ax_2+(a+2b)x_3=-3\end{cases}$$

有唯一解？无解？有无穷多解？

3. 求解下列齐次线性方程组：

(1) $\begin{cases} x_1+x_2+x_3+4x_4=0, \\ x_1-x_2+3x_3-2x_4=0, \\ 2x_1+x_2+3x_3+5x_4=0; \end{cases}$　　(2) $\begin{cases} x_1-2x_2+3x_3-x_4=0, \\ 3x_1-x_2+5x_3-3x_4=0, \\ 2x_1+x_2+2x_3-2x_4=0. \end{cases}$

4. λ 为何值时，齐次线性方程组

$$\begin{cases} \lambda x_1+x_2+x_3=0, \\ x_1+\lambda x_2+x_3=0, \\ x_1+x_2+\lambda x_3=0 \end{cases}$$

仅有零解？有非零解？

9.4　线性规划

线性规划在理论上比较成熟，在实际中应用比较广泛，其研究的是在一定条件下，合理安排人力、物力等资源，使经济效果达到最好. 在企业的各项管理活动中，例如计划、生产、运输等，线性规划是指从各种限制条件的组合中，选择最为合理的计算方法，建立线性规划模型，从而求得最佳结果.

一般地，求线性目标函数在线性约束条件下的最大值或最小值的问题，统称为线性规划问题.

9.4.1　线性规划问题的图解法

1. 线性规划的数学模型

线性规划的数学模型一般形式如下.

目标函数：$\max(\min)Z=c_1x_1+c_2x_2+\cdots+c_nx_n$.

$$\text{约束条件：}\begin{cases} a_{11}x_1+a_{12}x_2+\cdots+a_{1n}x_n \leqslant (=,\geqslant)b_1, \\ a_{21}x_1+a_{22}x_2+\cdots+a_{2n}x_n \leqslant (=,\geqslant)b_2, \\ \qquad\vdots \\ a_{m1}x_1+a_{m2}x_2+\cdots+a_{mn}x_n \leqslant (=,\geqslant)b_m, \\ x_1,x_2,\cdots,x_n \geqslant 0. \end{cases}$$

根据实际问题建立具有形如上述线性目标函数和线性约束条件的数学模型称为线性规划问题数学模型(简称线性规划模型)，其中 $x_i\ (i=1,2,\cdots,n)$ 称为模型的决策变量.

可行解：满足约束条件的解称为可行解.

可行域：满足约束条件的解组成的一个区域称为可行域.

最优解：使目标函数达到最大值或最小值的可行解，称为最优解.

2. 图解法

对于简单的线性规划模型，我们常常用几何方法即图解法来求解，下面先以两个决策变量的线性规划模型为例介绍图解法.

例 9.4.1　用图解法求解下列线性规划问题.

目标函数：$\max Z = 5x + 6y$.

约束条件：$\begin{cases} 3x + 4y \leqslant 12, \\ -x + y \leqslant 2, \\ x \geqslant 0, y \geqslant 0. \end{cases}$

解：(1) 画可行域：如图 9-2 阴影部分所示为不等式组所代表的点集.

(2) 画等值线：对于直线 $Z = 5x + 6y$（Z 为参数），当 Z 取定值时，$Z = 5x + 6y$ 表示坐标平面上的一簇平行线，称为目标函数的等值线，如当 Z 取“0”时，$5x + 6y = 0$ 称为目标函数的 0 等值线（图 9-3 中过原点的虚线）.

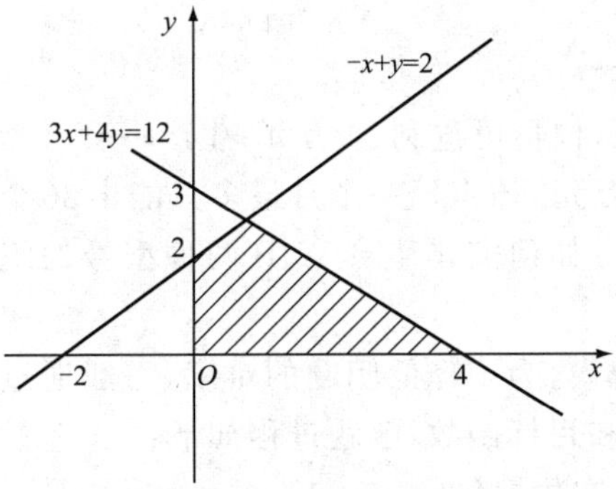

图 9-2

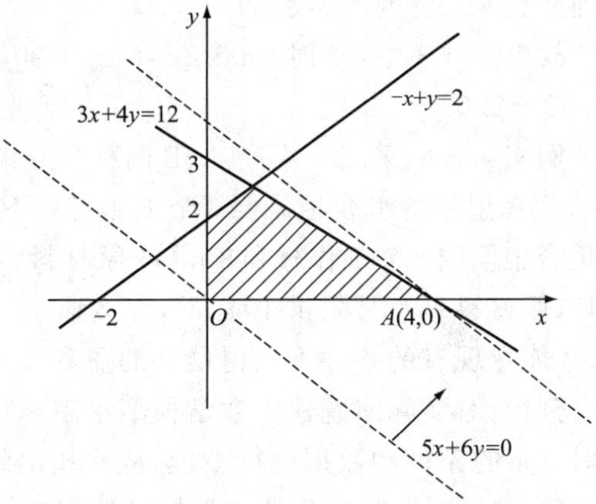

图 9-3

(3) 求最值：将目标函数的 0 等值线按图 9-3 中箭头方向移动，直到临界状态，即可行域的点 $A(4,0)$ 处，此时目标函数取得最大值. 继续按箭头方向移动，目标函数值会更大，但此时等值线与可行域无交点.

因此，该数学模型的最优解为临界等值线与可行域的交点 $A(4,0)$，此时，$\max Z = 5x + 6y = 5 \times 4 + 6 \times 0 = 20$.

由于 $Z = ax + by\ (b \neq 0)$ 可变形为 $y = -\dfrac{a}{b}x + \dfrac{Z}{b}\ (b \neq 0)$，因此 $\dfrac{Z}{b}$ 为直线 $y = -\dfrac{a}{b}x + \dfrac{Z}{b}\ (b \neq 0)$ 的纵截距，那么我们可得到如下结论（此处不妨设 $a > 0$）.

(1) 当 $b > 0$ 时，直线 $y = -\dfrac{a}{b}x + \dfrac{Z}{b}\ (b \neq 0)$ 所经过可行域上的点使其纵截距最大时，便是 Z 取得最大值的点，反之，使纵截距最小时，便是 Z 取得最小值的点.

(2) 当 $b < 0$ 时，直线 $y = -\dfrac{a}{b}x + \dfrac{Z}{b}\ (b \neq 0)$ 所经过可行域上的点使其纵截距最大时，便是 Z 取得最小值的点，反之，使纵截距最小时，便是 Z 取得最大值的点.

例 9.4.2 用图解法求解下列线性规划问题.

目标函数：$\max Z=60x+20y$.

约束条件：$\begin{cases}4x+2y\leqslant 16,\\0.5x+y\geqslant 3.5,\\x,y\geqslant 0.\end{cases}$

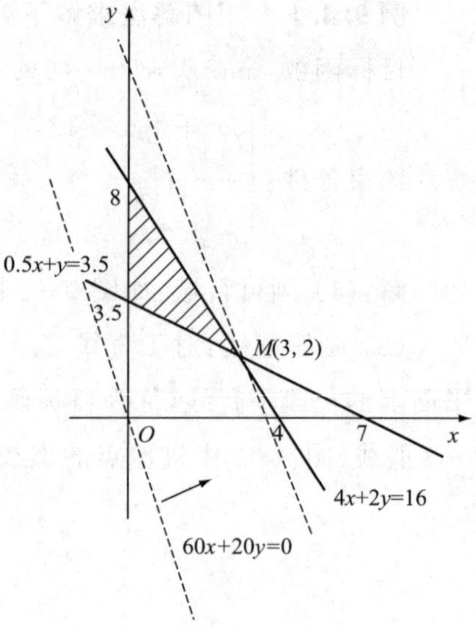

图 9－4

解：如图 9－4 阴影部分所示为可行域，当 0 等值线 $60x+20y=0$ 按箭头方向平移经过可行域的点 M 时，此时 $y=-\frac{60}{20}x+\frac{Z}{20}(b\neq 0)$ 的纵截距最大，同时目标函数 Z 取得最大值，由两直线方程 $\begin{cases}4x+2y=16,\\0.5x+y=3.5\end{cases}$ 求得两直线的交点 M 的坐标为(3,2).

故当 $x=3,y=2$ 时，$\max Z=60x+20y=60\times 3+20\times 2=220$.

例 9.4.3 某工厂生产 A、B 两种型号的组合柜，生产一套 A 型号的组合柜需要 3 个工作日和 10 m^2 的原材料，可盈利 11 万元；生产一套 B 型号的组合柜需要 2 个工作日和 8 m^2 的原材料，可盈利 8 万元. 该工厂一个月最多只能出 30 个工作日，原材料一个月限供 104 m^2，那么该工厂每个月应如何安排生产 A、B 两种型号的组合柜，才能在现有的条件下获得最大的盈利？

分析：对实际问题建立数学模型求解，难点在于建模，为了降低问题的难度，一般通过列表对复杂的条件和数据进行整理，从而找出约束条件和目标函数，解题过程如下：

解：(1) 根据题目条件和数据设计表的结构，并填充数据(见表 9－1)。

表 9－1

	A 型号组合柜	B 型号组合柜	资源限量
工作日 / 天	3	2	$\leqslant 30$
原材料 /m^2	10	8	$\leqslant 104$
利润 /(万元 / 套)	11	8	—

(2) 建立数学模型。设生产 A、B 两种型号的组合柜分别为 x_1 套和 x_2 套，建立如下数学模型：

目标函数：$\max Z=11x_1+8x_2$.

约束条件：$\begin{cases}3x_1+2x_2\leqslant 30,\\10x_1+8x_2\leqslant 104,\\x_1,x_2\geqslant 0.\end{cases}$

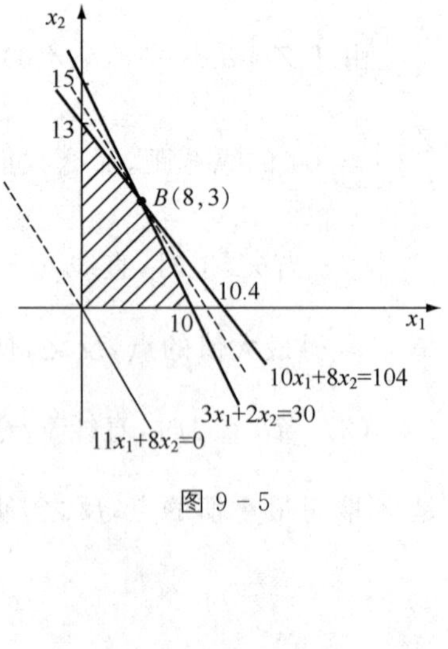

图 9－5

(3) 用图解法求解所建立的数学模型. 图 9－5 所示，当 0 等值线 $11x_1+8x_2=0$ 按目标函数值增大的方向平移至经过可行域(阴影部分) 的点 B 处时，目标函数取得最大值。其中 B 为两直线 $\begin{cases}3x_1+2x_2=30\\10x_1+8x_2=104\end{cases}$ 的交点，求得 $B(8,3)$.

当 $x_1=8, x_2=3$ 时，$\max Z=11x_1+8x_2=112$，故该工厂每个月生产 8 套 A 型号的组合柜，3 套 B 型号的组合柜，才能在现有的条件下获得最大的盈利.

综上所述，线性规划问题的图解法求解过程如下.

(1) 列表对复杂的条件和数据进行整理.

(2) 找出约束条件和目标函数，建立数学模型.

(3) 做出可行域.

(4) 做出目标函数的 0 等值线，将 0 等值线沿目标函数值增大（或减小）的方向平移，并结合图形求出最优解.

9.4.2　利用电子表格 Excel 求解线性规划问题

图解法在求解简单的线性规划问题时显示出其直观的特点，但在实际问题中数据往往是比较复杂的，此时可借助软件来实现求解. 这方面的软件很多（如 Matlab，Maple 等），本书主要采用电子表格 Excel 来求解，现仍利用例 9.4.3 中建好的数学模型进行求解，以便对比结果.

例 9.4.4　例 9.4.3 中建好的数学模型如下.

目标函数：$\max Z=7x_1+6x_2$.

约束条件：$\begin{cases}3x_1+4x_2\leqslant 30,\\10x_1+8x_2\leqslant 80,\\x_1,x_2\geqslant 0\end{cases}$

上机操作步骤如下.

(1) 加载 Excel 中的“规划求解”工具：在利用电子表格求解线性规划问题之前，先加载“规划求解”工具（若已加载，忽略此项）. 启动 Excel 应用程序后，在 Excel 窗口的菜单栏上单击【工具】，在下拉菜单中单击【加载宏】，如图 9-6 所示，打开【加载宏】对话框，选中【规划求解】，如图 9-7 所示.

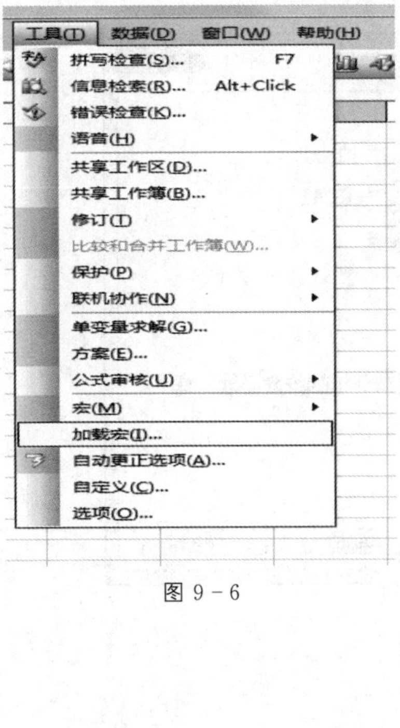

图 9-6

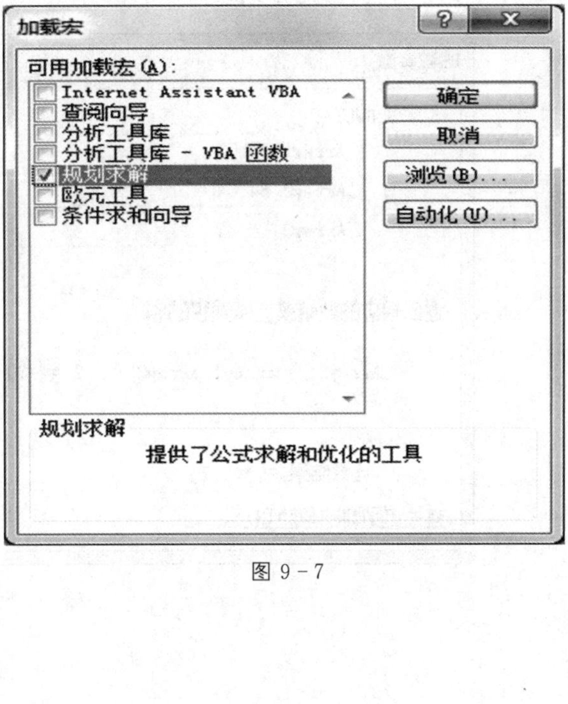

图 9-7

(2) 设计电子表格:按图 9 - 8 所示的电子表格设置表头,并填充相应文本和数据.

图 9 - 8

① 单元格 B3 和 C3 存放决策变量的初始值(可以任意输入一组数据,也可空置,此时的单元格称为“可变单元格”),此处将决策变量的初始值均设为 1.

② 单元格 B4 和 C5 存放约束条件左端表达式的系数,B6 和 C6 存放目标函数的系数.

③ 单元格 D4 和 D5 存放约束条件左端的数学表达式,利用函数 SUMPRODUCT(返回相应的数组或区域乘积的和)功能实现,如单击 D4 单元格,输入“=”,接着选择菜单栏上的【插入】,在下拉菜单中选择【函数】中的 SUMPRODUCT,弹出【函数参数】对话框,按图 9 - 9 所示设置后,按 Enter 键,D4 单元格显示数字“7”(相当于 D4=B3 * B4+C3 * C4=1 * 3+1 * 4=7). 同理,按此方式设置,得 D5=18,D6=13.

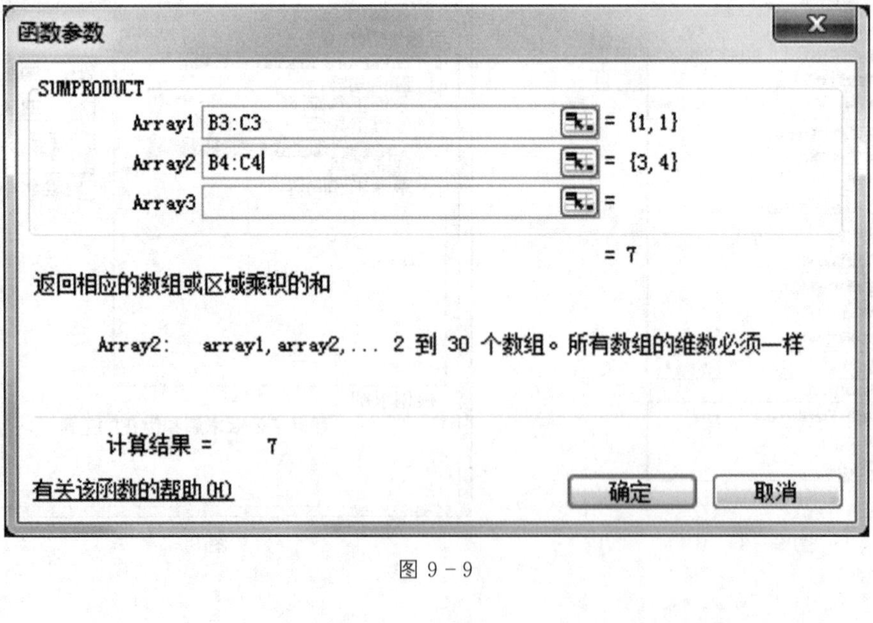

图 9 - 9

还可以采用另一种方法，如下.

单击 D4 单元格，输入“=SUMPRODUCT(B3:C3,B4:C4)”，按 Enter 键，单元格 D4 显示“7”.

单击 D5 单元格，输入“=SUMPRODUCT(B3:C3,B5:C5)”，按 Enter 键，单元格 D5 显示“18”.

单击 D6 单元格，输入“=SUMPRODUCT(B3:C3,B6:C6)”，按 Enter 键，单元格 D6 显示“13”.

④ 单元格 E4 和 E5 存放约束条件的关系符，单元格 F4 和 F5 存放约束条件的右端项(常数项)，如 F4=30.

(3) 设置参数.

① 根据精度的要求，可以设置单元格的数值小数位数，选中 B3:F6，单击鼠标右键，选择【设置单元格格式】，弹出如图 9-10 所示对话框，设置小数点位数，此处设为 2 位.

② 确定目标函数值的存放单元格，此处选择单元格 D6，单击单元格 D6，选择菜单栏上的【工具】，在下拉菜单中选择【规划求解】，弹出【规划求解参数】对话框，如图 9-11 所示. 分别在【设置目标单元格】、【可变单元格】与【约束】处填写各项参数，然后单击【选项】按钮，弹出如图 9-12 所示对话框，选中【采用线性模型】和【假定非负】两项，其他选项保留默认设置，单击【确定】按钮，返回【规划求解参数】对话框.

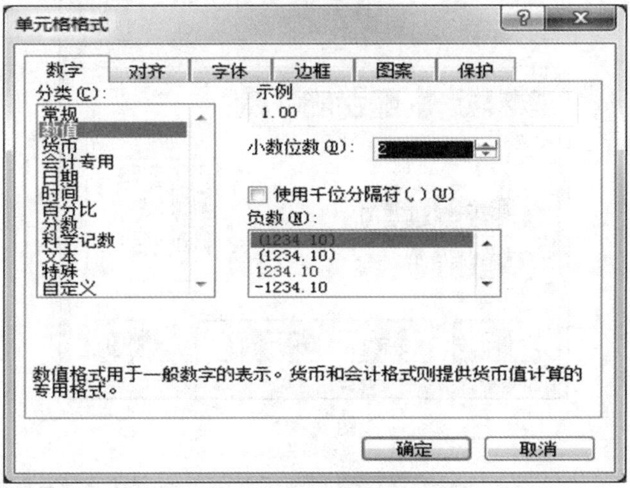

图 9-10

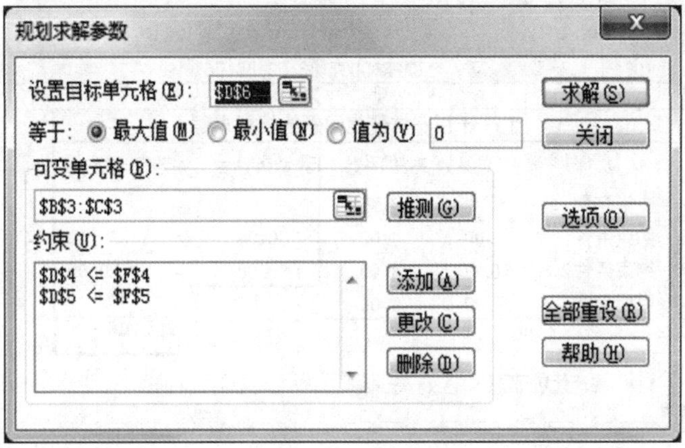

图 9-11

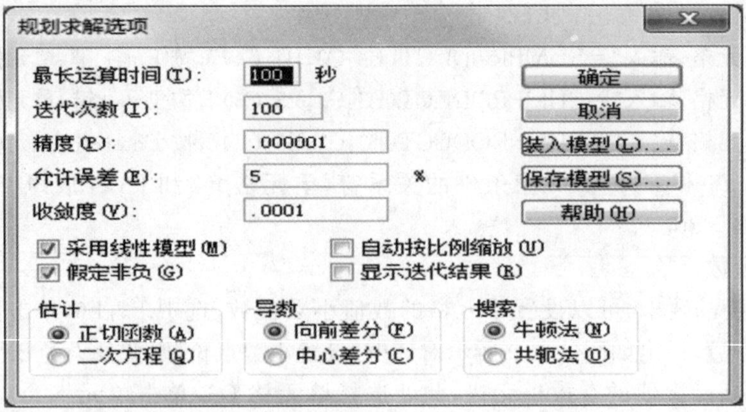

图 9-12

(4)规划求解结果:在【规划求解参数】对话框中单击【求解】,弹出如图 9-13 所示对话框,选择【保存规划求解结果】单选按钮表示接受求解结果,求解结果如图 9-14 所示。

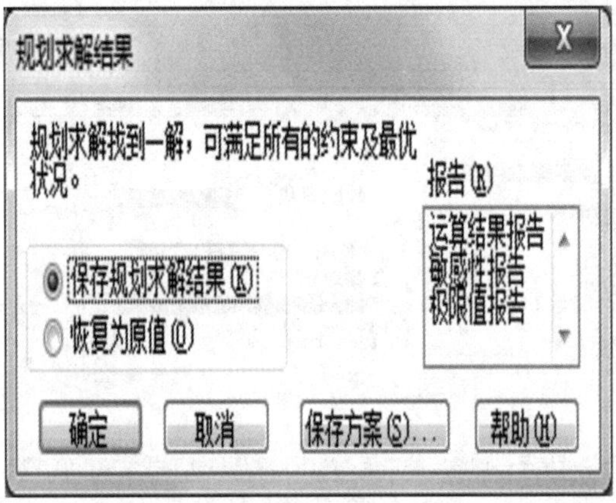

图 9-13

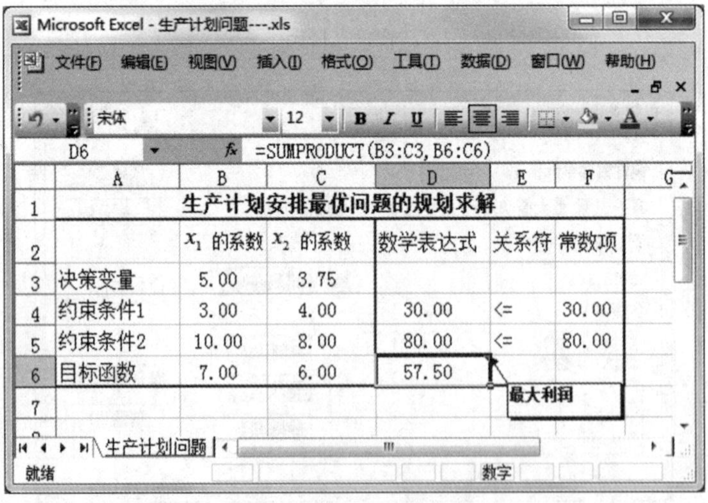

图 9-14

从图 9 - 14 可知，当决策变量 $x_1=5.00$，$x_2=3.75$ 时，目标函数（利润）取得最大值 57.50（千元），与用图解法求解的结果是一致的.

例 9.4.5　某加工厂要利用甲、乙两种旧材料加工两种玩具，A 玩具至少需要 280 个，B 玩具至少需要 388 个. 加工 1 kg 甲材料成本是 35 元，可以制作 A 玩具 6 个和 B 玩具 5 个；加工 1 kg 乙材料成本是 50 元，可以制作 A 玩具 5 个和 B 玩具 9 个. 问：甲、乙两种旧材料要分别使用多少 kg，才能使得总成本最小？最小的总成本是多少？

解：(1) 依题意整理数据，如表 9 - 2 所示.

表 9 - 2

	甲材料	乙材料	产量要求
A 玩具/个	6	5	≥280
B 玩具/个	5	9	≥388
成本/(元/kg)	35	50	

(2) 设甲、乙两种旧材料分别使用 x kg，y kg，建立数学模型如下.

目标函数：$\min Z=35x+50y$.

约束条件：$\begin{cases}6x+5y\geqslant 280,\\5x+9y\geqslant 388,\\x,y\geqslant 0.\end{cases}$

(3) 按例 9.4.4 中所述方法设计电子表格，设计好的电子表格如图 9 - 15 所示.

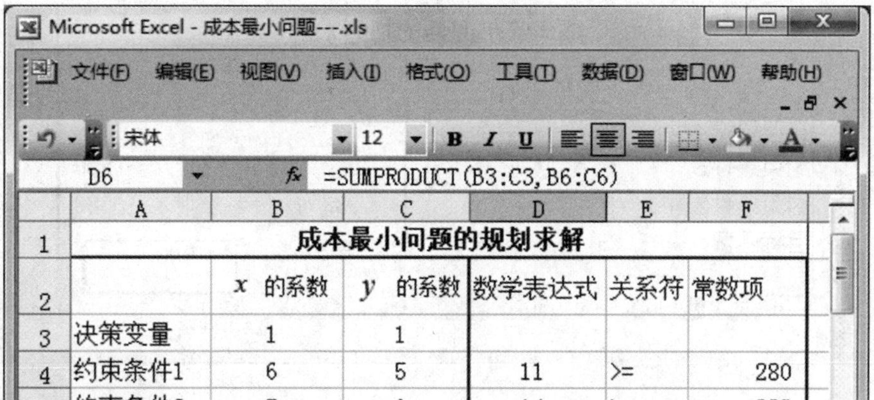

图 9 - 15

(4) 按图 9 - 16 所示设置各参数（此处目标函数选择“最小值”）.

(5) 求解的结果如图 9 - 17 所示.

故当甲、乙两种旧材料分别使用 20 kg，32 kg 时总成本最小，最小总成本为 2 300 元.

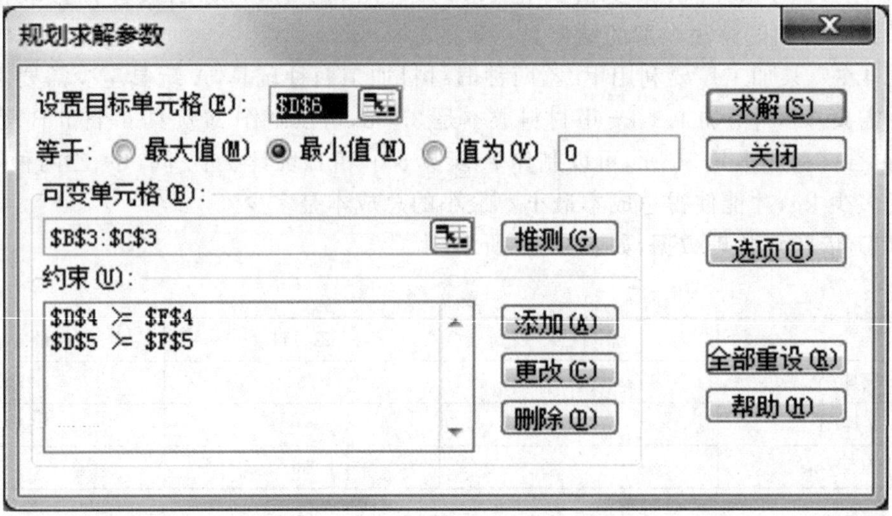

图 9－16

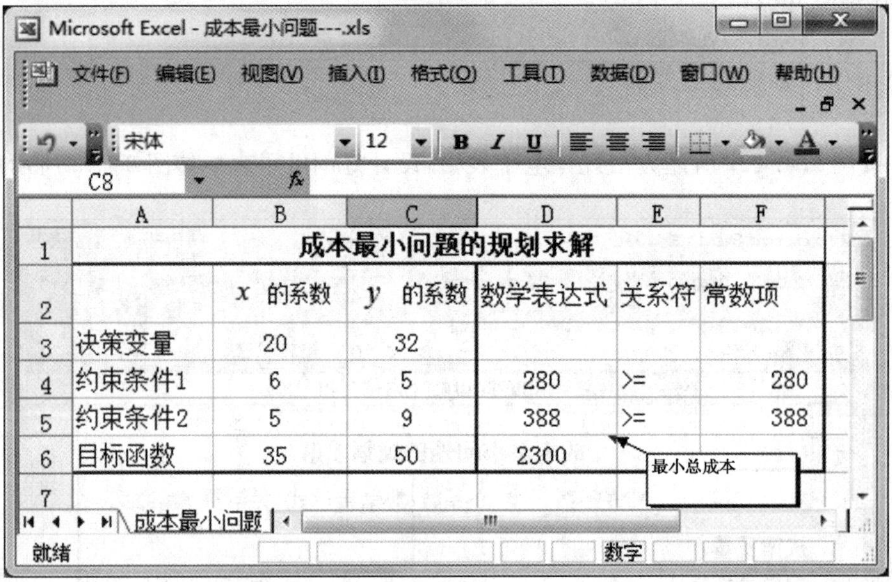

图 9－17

到此,我们领略了用 Excel 求解线性规划问题简化计算过程的优点,本节线性规划问题的应用主要体现在资源分配问题及成本收益问题,当然在其他问题(如网络配送问题等)上用 Excel 求解也突显出其优势,解题的方法类似,在此不一一讲述.

习题 9.4

1. 用图解法求解下列线性规划问题.

(1)目标函数:$\max Z=3x+4y$.

约束条件：$\begin{cases}4x+y\geqslant 9,\\x-y\leqslant 1,\\y\leqslant 3,\\x,y\geqslant 0.\end{cases}$

(2) 目标函数：$\max Z=7x+5y$.

约束条件：$\begin{cases}2x+3y\geqslant 8,\\3x+4y\leqslant 6.\end{cases}$

2. 利用 Excel 求解下列线性规划问题.

目标函数：$\max Z=5x+4y$.

约束条件：$\begin{cases}5x+y\leqslant 15,\\30x+20y\leqslant 160,\\x\leqslant 4,\\x,y\geqslant 0.\end{cases}$

3.（利用 Excel 求解）某公司生产 A、B 两种型号的产品，生产一个 A 型号产品需要工时 3 h、水管 9 m，A 型号产品单位利润为 300 元；生产一个 B 型号产品需要工时 7 h、水管 6 m，B 型号产品单位利润为 400 元. 公司总共可提供工时 270 h、水管 360 m. 问：公司该如何安排 A、B 两种型号产品的产量，才能使总利润最大？

本章小结

一、行列式

1. 行列式的概念和性质.

(1) 行列式的概念：二阶行列式、三阶行列式及 n 阶行列式的概念.

(2) 行列式的性质：转置性质、变号性质、数乘性质、降阶性质、零值性质、分项性质、倍加性质.

2. 行列式的计算.

(1) 特殊行列式的计算：三角形行列式、范德蒙行列式的计算公式.

(2) 一般行列式的计算：根据所要计算的行列式的特点，运用行列式的性质来简化运算. 主要利用行列式的倍加性质，通过造“零”达到简化计算的目的.

二、矩阵

1. 矩阵的概念及基本运算.

(1) 矩阵的概念、特点.

(2) 矩阵的基本运算：加减运算、数乘运算、转置运算、乘法运算的定义；加减运算、数乘运算、转置运算、乘法运算的运算法则.

2. 逆矩阵的概念、运算法则.

逆矩阵的求法：公式法、初等行变换法.

三、线性方程组

1. 非齐次线性方程组.

(1) 解的判断:唯一解、无解、无穷多解.

(2) 解的求法:初等行变换法.

2. 齐次线性方程组

(1) 解的判断:仅有零解、存在非零解.

(2) 解的求法:初等行变换法.

四、线性规划

1. 线性规划的数学模型.

线性规划的数学模型一般形式如下.

目标函数:$\max(\min)Z=c_1x_1+c_2x_2+\cdots+c_nx_n$.

$$\text{约束条件:}\begin{cases}a_{11}x_1+a_{12}x_2+\cdots+a_{1n}x_n\leqslant(=,\geqslant)b_1,\\a_{21}x_1+a_{22}x_2+\cdots+a_{2n}x_n\leqslant(=,\geqslant)b_2,\\\qquad\vdots\\a_{m1}x_1+a_{m2}x_2+\cdots+a_{mn}x_n\leqslant(=,\geqslant)b_m,\\x_1,x_2,\cdots,x_n\geqslant 0.\end{cases}$$

2. 用图解法求解简单的线性规划问题.

线性规划问题的图解法求解过程如下.

(1) 列表对复杂的条件和数据进行整理.

(2) 找出约束条件和目标函数,建立数学模型.

(3) 做出可行域.

(4) 做出目标函数的 0 等值线,将 0 等值线沿目标函数值增大(或减小)的方向平移,并结合图形求出最优解.

3. 利用 Excel 求解线性规划问题.

求解过程如下.

(1) 加载 Excel 中的“规划求解”工具.

(2) 设计电子表格.

(3) 设置参数.

(4) 规划求解结果.

复习题九

一、选择题

1. 如果 $D=\begin{vmatrix}a_{11}&a_{12}&a_{13}\\a_{21}&a_{22}&a_{23}\\a_{31}&a_{32}&a_{33}\end{vmatrix}=10$,则 $\begin{vmatrix}a_{11}&3a_{11}-a_{12}&2a_{13}\\a_{21}&3a_{21}-a_{22}&2a_{23}\\a_{31}&3a_{31}-a_{32}&2a_{33}\end{vmatrix}=(\quad)$.

A. 20　　B. -20　　C. 60　　D. -60

2. 已知四阶行列式 $\begin{vmatrix} 2 & 0 & 0 & 0 \\ 1 & 0 & 2 & 4 \\ 5 & -3 & 9 & 8 \\ -7 & 0 & 3 & 2 \end{vmatrix}$，则 $5A_{11}-3A_{12}+9A_{13}+8A_{14}=$(　　).

(A_{ij} 为元素 a_{ij} 的代数余子式)

A. 48　　B. -48　　C. 0　　D. 1

3. 已知三阶行列式 $\begin{vmatrix} 5 & 0 & 1 \\ 4 & 2 & 4 \\ 3 & 1 & 0 \end{vmatrix}$，则 $5M_{11}-4M_{21}+3M_{31}=$(　　).

(M_{ij} 为元素 a_{ij} 的余子式)

A. -10　　B. 10　　C. 22　　D. -22

4. 已知行列式 $D_1=\begin{vmatrix} 1 & 2 & 1 \\ 1 & 4 & 3 \\ -2 & -3 & -1 \end{vmatrix}$，$D_2=\begin{vmatrix} \lambda & 0 & 1 \\ 0 & \lambda-1 & 0 \\ 1 & 0 & \lambda \end{vmatrix}$. 若 $D_1=D_2$，则 $\lambda=$(　　).

A. 0,1　　B. 0,2　　C. $1,-1$　　D. $2,-1$

5. 在四阶行列式 D 中，第 3 行的元素依次为 1,0,2,3，它们对应的余子式依次为 -5,7,1,8，则 $D=$(　　).

A. 27　　B. -27　　C. 21　　D. -21

6. 下列命题正确的是(　　).

A. 若 $\boldsymbol{B}=\boldsymbol{C}$，则 $\boldsymbol{AB}=\boldsymbol{AC}$

B. 若矩阵 $\boldsymbol{A}^2=0$，则 $\boldsymbol{A}=0$

C. 若 $\boldsymbol{AB}=\boldsymbol{AC}$，则 $\boldsymbol{B}=\boldsymbol{C}$

D. 对任意矩阵 $\boldsymbol{A},\boldsymbol{B}$，有 $(\boldsymbol{A}-\boldsymbol{B})(\boldsymbol{A}+\boldsymbol{B})=\boldsymbol{A}^2-\boldsymbol{B}^2$

7. 设 $\boldsymbol{A}$ 是 5 阶方阵，且 $R(\boldsymbol{A})=3$，则(　　).

A. $\boldsymbol{A}$ 的阶梯形矩阵有一个 0 行　　B. $\boldsymbol{A}$ 的阶梯形矩阵有两个 0 行

C. 矩阵 $\boldsymbol{A}$ 有一个 0 行　　D. 矩阵 $\boldsymbol{A}$ 有两个 0 行

8. 已知矩阵 $\boldsymbol{A}=\begin{pmatrix} 1 & 0 \\ -2 & 1 \end{pmatrix}$，则 $\boldsymbol{A}^2=$(　　).

A. $\begin{pmatrix} 1 & 0 \\ 4 & 1 \end{pmatrix}$　　B. $\begin{pmatrix} 1 & 0 \\ -4 & 1 \end{pmatrix}$　　C. $\begin{pmatrix} 2 & 0 \\ -4 & 2 \end{pmatrix}$　　D. $\begin{pmatrix} 2 & 0 \\ -4 & 2 \end{pmatrix}$

二、解答题

1. 求下列行列式的值：

(1) $\begin{vmatrix} 5 & 4 & 3 \\ 503 & 398 & 305 \\ 30 & -20 & 50 \end{vmatrix}$；　(2) $\begin{vmatrix} 2 & 3 & 5 & -1 \\ 0 & 2 & 4 & 1 \\ 1 & 0 & 2 & 4 \\ 3 & 6 & -2 & 3 \end{vmatrix}$；　(3) $\begin{vmatrix} 1 & 3 & 6 & 2 \\ 3 & 6 & 2 & 1 \\ 6 & 2 & 1 & 3 \\ 2 & 1 & 3 & 6 \end{vmatrix}$；

(4) $\begin{vmatrix} 1 & 3 & 4 & 2 \\ 3 & 4 & 2 & 0 \\ 4 & 2 & 0 & 0 \\ 2 & 0 & 0 & 0 \end{vmatrix}$；　(5) $\begin{vmatrix} 0 & 2\sin x & 0 & 2 \\ 2\sin x & 0 & 2 & 0 \\ 0 & 2 & 0 & 2\sin x \\ 2 & 0 & 2\sin x & 0 \end{vmatrix}$；　(6) $\begin{vmatrix} a & a & a & 0 \\ a & a & 0 & a \\ a & 0 & a & a \\ 0 & a & a & a \end{vmatrix}$.

2．求下列矩阵的逆矩阵：

（1）$\begin{pmatrix}2 & 0 & 1\\3 & 3 & 4\\5 & 3 & 0\end{pmatrix}$；　　（2）$\begin{pmatrix}-1 & 0 & 2 & 1\\1 & 1 & 3 & 2\\2 & 1 & 2 & 3\\1 & 2 & 0 & 3\end{pmatrix}$.

3．已知$\begin{pmatrix}0 & 3 & 4\\2 & 1 & 0\\0 & 3 & 2\end{pmatrix}\boldsymbol{X}\begin{pmatrix}1 & 2\\3 & 5\end{pmatrix}=\begin{pmatrix}1 & 1\\4 & 2\\0 & 1\end{pmatrix}$，求 $\boldsymbol{X}$.

4．求解下列线性方程组：

（1）$\begin{cases}2x_1-4x_2+5x_3+3x_4=0,\\3x_1-6x_2+4x_3+2x_4=0,\\4x_1-8x_2+17x_3+11x_4=0;\end{cases}$

（2）$\begin{cases}x_1+2x_2-x_4=-1,\\-x_1-3x_2+x_3+2x_4=3,\\2x_1-3x_2+7x_3+3x_4=4.\end{cases}$

5．讨论 λ 为何值时，下列线性方程组有唯一解、无解、有无穷多解？并在有无穷多解时求解该线性方程组.

$$\begin{cases}2x_1+\lambda x_2-x_3=1,\\\lambda x_1-x_2+x_3=2,\\4x_1+5x_2-5x_3=-1.\end{cases}$$

6．利用图解法求解下列线性规划问题.

（1）目标函数：$\max Z=x+2y$.

约束条件：$\begin{cases}x+3y\leqslant 3,\\x+y\leqslant 2,\\x,y\geqslant 0.\end{cases}$

（2）目标函数：$\max Z=6x+4y$.

约束条件：$\begin{cases}x-y\geqslant 0,\\3x+y\leqslant 8,\\x,y\geqslant 0.\end{cases}$

7．某工厂要制造甲、乙两种模型，已知该工厂所能提供的资源有：钢材 4 500 kg，电力 5 200 kW·h. 每生产一个甲模型需钢材 3 kg、电力 2 kW·h，每生产一个乙模型需钢材 5 kg、电力 7 kW·h. 根据市场调查结果知，这两种模型非常畅销，只要生产出来就能马上卖掉，且甲模型的单件利润为 80 元，乙模型的单件利润为 130 元. 问：甲、乙两种模型的产量如何安排，才能获得最大利润？并求最大利润.

第 10 章

数学软件 Matlab 7.0 的应用

数学软件 Matlab 7.0 是一款功能非常强大的科学计算软件. 它将数值分析、矩阵计算、科学数据可视化以及非线性动态系统的建模和仿真等强大功能集成在一个易于使用的视窗环境中,为科学研究、工程设计以及必须进行有效数值计算的众多科学领域提供了较全面的解决方案,并在很大程度上摆脱了传统非交互式程序设计语言(如 C 语言、Fortran 语言)的编辑模式. Matlab 7.0 代表了当今国际科学计算软件的先进水平.

10.1 Matlab 7.0 软件简介

10.1.1 Matlab 7.0 的用户界面

Matlab 7.0 的用户界面是用户打开 Matlab 7.0 后所见到的主界面,包括菜单栏、工具栏、开始按钮和众多交互性强的工作窗口. Matlab 7.0 的用户界面具有友好且交互性强的特点.

完成 Matlab 7.0 的安装后,启动软件,首先看到的是 Matlab 7.0 的启动界面,如图 10-1 所示,随即弹出的是 Matlab 7.0 的用户界面,如图 10-2 所示.

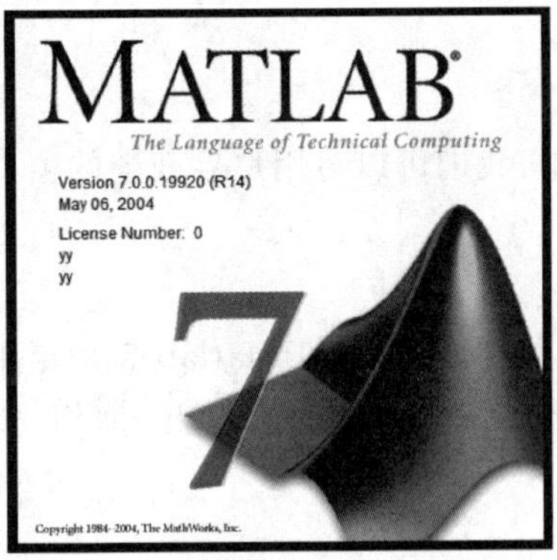

图 10-1

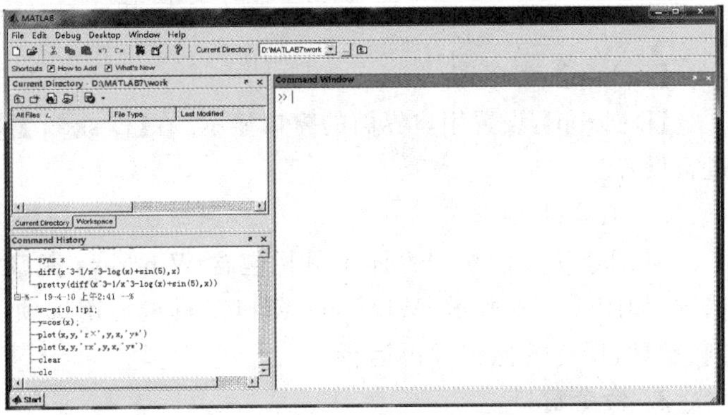

图 10-2

当要退出 Matlab 7.0 时,可以直接单击窗口右上角的“X”,还可以在命令行输入“exit”或“quit”,然后按回车键.

1. **菜单栏**

启动 Matlab 7.0 后,默认的菜单栏包括 6 个菜单图标,如图 10-3 所示. 本节主要讲解菜单栏图标功能以及菜单栏切换后新增的图标功能.

图 10-3

【File】:【File】菜单包括建立、打开、保存、打印文件、导入数据、设置路径和工作环境等功能选项. 在【File】菜单中,除了常见的文件操作选项,如新建、打开等,我们还要注意图 10-4 方框中的 4 个选项.

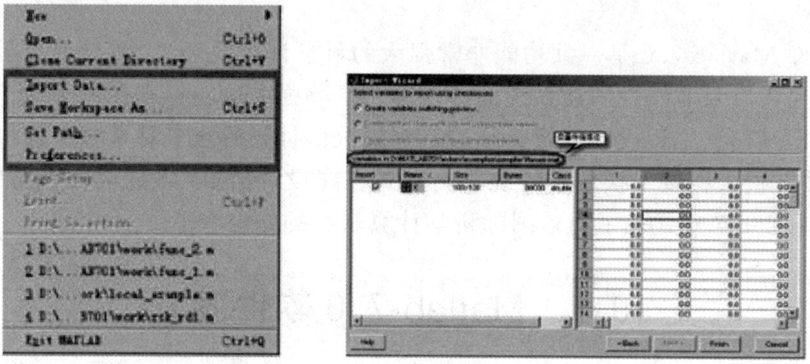

(a) (b)

图 10-4

【Edit】:复制、粘贴和删除等常见文档操作. 如图 10-5 所示,在【Edit】菜单中有 3 个窗口刷新选项,分别用来刷新命令窗口、历史窗口和工作空间中的操作记录.在各窗口上直接单击鼠标右键也可实现同样操作.

图 10-5

【Debug】:程序调试.

【Desktop】:设置用户界面的窗口显示. 在【Desktop】菜单中,我们可以对用户界面上的窗口进行设置.

2. **工具栏**

Matlab 7.0 的用户界面工具栏包含 Windows 窗口工具栏常用选项和 Matlab 7.0 专用选项,如图 10-6 所示. Windows 窗口工具栏常用选项主要包括文档的新建、打开、剪切、复制、粘贴、操作的撤销和再运行.

3. **命令窗口**

命令窗口是 Matlab 7.0 中最重要的窗口,默认显示在用户界面的右侧. 我们可以在命

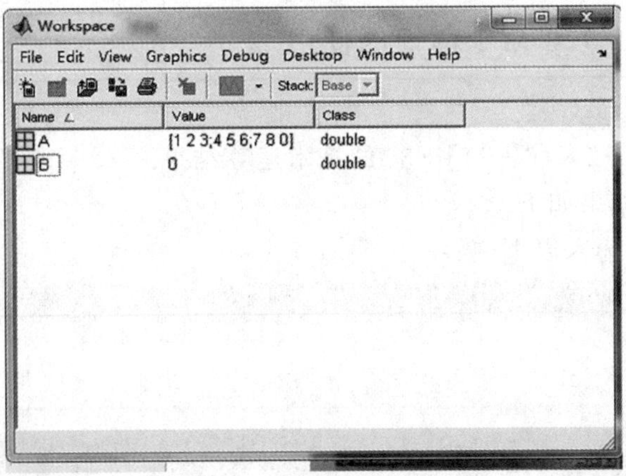

图 10 - 6

令窗口进行多种操作，如输入各种指令、函数和表达式等，此窗口是 Matlab 7.0 中使用最频繁的窗口，显示除图形外的一切运行结果.

启动 Matlab 7.0 后，命令窗口首先显示“To get started，select Matlab Help of Demos from the help menu”的提示信息，提醒我们在开始使用 Matlab 7.0 之前，可以参考帮助系统(Matlab Help)和演示文档(Demos). 在显示提示信息之后，命令窗口显示运行提示符“>>”，命令窗口执行的所有命令都被默认保留在历史窗口中，并且标明了命令执行的日期和时间. 我们可以对已执行命令进行操作，选择某条命令后单击鼠标右键，在弹出的菜单选项中选择需要的操作，如剪切、复制、粘贴、删除等操作. 如果选择【Evaluate Selection】选项，则会使选中的命令重新执行. 还可通过双击某一条历史命令来实现重新执行该命令.

4. 工作空间窗口

工作空间窗口显示 Matlab 7.0 工作内存中所有变量的名称、数据结构、大小及类型等信息，不同类型对应不同的图标，如图 10 - 6 所示. 我们可以选中窗口工具栏中的图标来新建一个变量.

5. 数组编辑窗口

Matlab 7.0 为用户提供了一个可以对数组进行编辑的窗口，即数组编辑窗口. 数组是 Matlab 7.0 的基本数据结构，是所有运算的基础. 我们可以在工作空间窗口选中一个数组，双击此数组或选择图标，将出现内存数组编辑对话框，如图 10 - 7 所示.

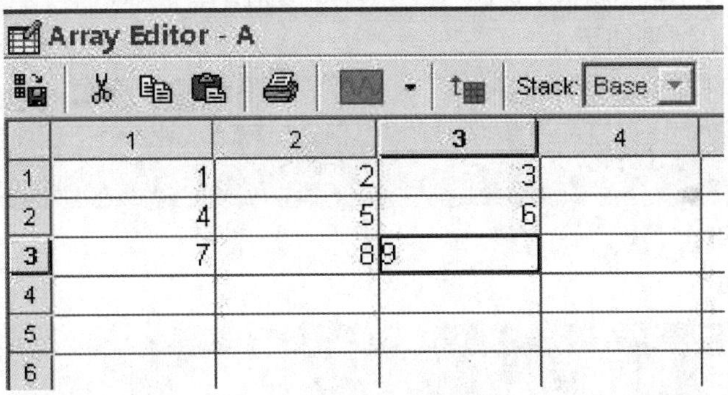

图 10 - 7

10.1.2 Matlab 7.0 命令窗口的使用

1. 简单计算

例 10.1.1 求$[5+2\times(6+1)]\div 3^2$的算术运算结果.

操作步骤及显示结果如下.

(1)在命令窗口中输入以下内容.

```
>> (5+2*(6+1))/3^2
```

(2)按"Enter"键.

(3)显示结果如下.

```
ans=
2.1111
```

2. Matlab 7.0 语句的输入

Matlab 7.0 的语句是由表达式和变量组成的,它有以下两种常见的形式:

(1) 表达式;

(2) 变量=表达式.

表达式由变量名、运算符、数字和函数等部分组成;"="为赋值符号,作用是将其右边表达式的运算结果赋给左边.

例 10.1.2 建立变量 $y=3$,并计算 $x=y^3+\sqrt{y+1}$.

操作步骤及显示结果如下.

(1)在命令窗口中输入以下内容.

```
>> y=3;
>> x=y^3+sqrt(y+1)
```

(2)按"Enter"键.

(3)显示结果如下.

```
x =
    29
```

3. 命令的续行输入

当一个表达式在一行写不下时,可换行,但必须在行尾加上 4 个英文句号.

例 10.1.3 求 1+2+3+4+5+6+7+8+9 的值.

操作步骤及显示结果如下.

(1)在命令窗口中输入以下内容.

```
>> a=1+2+3+4+5....
+6+7+8+9
```

(2)按"Enter"键.

(3)显示结果如下.

```
a =
    45
```

注意:(1) 若同一行中有多个表达式,则各表达式之间必须用分号或逗号隔开. 若表达式后面跟分号,将不显示结果.

(2) 当不指定输出变量时,Matlab 7.0 将计算出来的结果赋给缺省变量 ans(answer).

(3) 在 Matlab 7.0 里,有很多控制键和方向键用于命令行的编辑.

(4) 当命令行有错误时,Matlab 7.0 会用红色字提示.

10.1.3　Matlab 7.0 的变量及命名规则

Matlab 7.0 中所有变量都是用矩阵形式来表示的,即所有的变量都表示一个矩阵或一个向量. 变量的命名规则如下.

(1) 大小写有区别.

(2) 变量名的第一个字符必须为英文字母,其长度不能超过 31 个字符.

(3) 变量名可以包含下连字符、数字,但不能包含空格符、标点.

Matlab 7.0 中系统预定义的变量如表 10-1 所示,在使用时不要再定义.

表 10-1

变量名	含义	变量名	含义
ans	预设的计算结果的变量名	nargin	函数输入参数个数
pi	内建的 π 值	nargout	函数输出参数个数
inf	∞值,无穷大	realmax	最大的正实数
NaN	不定量(即不存在)	realmin	最小的正实数
i 或 j	虚数单位		

另外,键入 clear 将去除所有定义过的变量名称.

10.1.4　函数

Matlab 7.0 提供了很多内部函数,表 10-2 列出的是部分常用的内部函数.

表 10-2

函数	含义	函数	含义
sin(x)	正弦函数	asin(x)	反正弦函数
cos(x)	余弦函数	acos(x)	反余弦函数
tan(x)	正切函数	atan(x)	反正切函数
sec(x)	正割函数	asec(x)	反正割函数
csc(x)	余割函数	acsc(x)	反余割函数
exp(x)	以 e 为底的指数	sqrt(x)	开平方
log(x)	以 e 为底的对数	long10(x)	以 10 为底的对数
abs(x)	绝对值	sum(x)	求和
min(x)	最小值	max(x)	最大值

10.2 用 Matlab 7.0 求函数的极限

使用命令 limit()求极限,其语法格式如表 10-3 所示.

表 10-3

语法格式	含义	语法格式	含义
limit(*f*)	$\lim\limits_{x\to 0} f(x)$	limit(*f*,*x*,*a*,'left')	$\lim\limits_{x\to a^-} f(x)$
limit(*f*,*x*,*a*)或 limit(*f*,*a*)	$\lim\limits_{x\to a} f(x)$	limit(*f*,*x*,*a*,'right')	$\lim\limits_{x\to a^+} f(x)$
limit(*f*,*x*,inf,'left')	$\lim\limits_{x\to +\infty} f(x)$	limit(*f*,*x*,inf,'right')	$\lim\limits_{x\to -\infty} f(x)$

例 10.2.1 求下列函数的极限:

(1)$\lim\limits_{x\to 0}\dfrac{\sin 2x}{x}$; (2)$\lim\limits_{x\to\infty}\left(1+\dfrac{2}{x}\right)^{3x}$; (3)$\lim\limits_{x\to 0}\dfrac{e^x-1}{2x}$.

解:(1)输入以下命令.

```
>> clear  %清除前面的命令,以免前面的命令对后面的操作造成影响
>>  syms x
>>limit(sin(2 * x)/x,x,0)
```

显示结果如下.

```
ans =
     2
```

(2)输入以下命令.

```
>>syms x
>>limit((1+2/x)^(3 * x),x,inf)
```

显示结果如下.

```
ans =
     exp(6)
```

(3)输入以下命令.

```
>>limit((exp(x)-1)/(2 * x),x,0)
```

显示结果如下.

```
ans =
     1/2
```

习题 10.2

1. 用 help 命令查询 limit()和 inf()的用法.
2. 用 Matlab 7.0 求下列函数的极限:

(1) $\lim\limits_{x\to -2}\dfrac{x^2+2x}{3x^2+x-10}$; (2)$\lim\limits_{x\to 4}\dfrac{\sqrt{x}-2}{x-4}$; (3) $\lim\limits_{x\to\infty}\dfrac{2x^2-x+1}{x^2+1}$;

(4)$\lim\limits_{x\to\infty}\dfrac{x^2+1}{5x^3-5}$; (5)$\lim\limits_{x\to\infty}\dfrac{2^x-1}{4^x+1}$; (6)$\lim\limits_{x\to 2}\left(\dfrac{4}{x^2-4}-\dfrac{1}{x-2}\right)$.

10.3　用 Matlab 7.0 求函数的导数

在 Matlab 7.0 中，用 diff( ) 命令来完成求导运算. diff( ) 命令的语法格式为 diff(function,'variable',n)，其中，参数 function 为需要进行求导运算的函数，variable 为求导运算的独立变量，n 为求导的阶次. diff()命令默认求导的阶次为 1 阶，求导的变量为 x，如表 10－4 所示.

表 10－4

语法	含义
diff(y)或 diff(f,x)	求$\frac{d}{dx}f(x)$
diff(f,x,n)	求函数 $f(x)$对 x 的 n 阶导数
pretty(diff(f,x))	结果显示比较直观，将当前变量显示为常用的书写形式

例 10.3.1　求下列函数的导数：

(1) $y=x^3-\frac{1}{x^3}-\ln x+\sin 5$；　(2) $y=\ln(x^3e^{5x})$；　(3) $y=\ln(x+\sqrt{x^2-2^2})$.

解：(1) 输入以下命令.

```
>>syms x
>> diff(x^3-1/x^3-log(x)+sin(5),x)
```

显示结果如下.

```
ans =
3 * x^2+3/x^4-1/x
```

(2) 输入以下命令.

```
>>syms x
>> diff(log(x^3 * exp(5 * x)),x)
```

显示结果如下.

```
ans =
(3 * x^2 * exp(5 * x)+5 * x^3 * exp(5 * x))/x^3/exp(5 * x)
```

(3)输入以下命令.

```
>>syms x
>> diff(log(x+sqrt(x^2-2^2)),x)
```

显示结果如下.

```
ans =
(1+1/(x^2-4)^(1/2) * x)/(x+(x^2-4)^(1/2))
```

例 10.3.2　求下面函数的二阶导数：

(1) $y=x^2\ln x$；　(2) $y=(3x-2)^5$.

解：(1)输入以下命令.

```
>>syms x
>> diff(x^2 * log(x),2)
```

显示结果如下.

```
ans =
2 * log(x)+3
```

(2)输入以下命令.

```
>>syms x
>> diff((3 * x-2)^5,2)
```

显示结果如下.

```
ans =
180 * (3 * x-2)^3
```

例 10.3.3 已知 $z=x^2\sin^2(x+y)$,求:(1)$\frac{\partial z}{\partial x}$;(2)$\frac{\partial z}{\partial y}$.

解:(1)输入以下命令.

```
>>syms x y
>> diff(x^2 * (sin(x+y))^2,x)
```

显示结果如下.

```
ans =
2 * x * sin(x+y)^2+2 * x^2 * sin(x+y) * cos(x+y)
```

(2)输入以下命令.

```
>> diff(x^2 * (sin(x+y))^2,y)
```

显示结果如下.

```
ans =
2 * x^2 * sin(x+y) * cos(x+y)
```

习题 10.3

1. 用 Matlab 7.0 求下列函数的导数:

(1)$y=\frac{\sin x}{x}$;　　(2)$y=\frac{1+\sin x}{\cos x}$;

(3)$z=\arctan\frac{y}{x}$;　　(4)$z=\ln[e^{2(x+y^2)}+(x^2+y)]$.

2. 用 Matlab 7.0 求下面函数的二阶导数.

(1)$z=x^4+y^4-4x^2y^2$;　　(2)$y=e^x\sin x$.

10.4 用 Matlab 7.0 作函数图形

Matlab 7.0 提供了 plot()、fplot()、ezplot()这 3 个命令用于作函数图形.

1. 绘线性图命令 plot()

用 Plot()作图时,可以通过 4 个参数来控制曲线的类型.

(1)线型(4 种,见表 10－5).

表 10－5

定义符	—	——	:	—.
线型	实线(缺省值)	划线	点线	点划线

(2)线条宽度

指定线条的宽度,取值为整数(单位为像素).

例如:plot(x,y,'linewidth',4).

(3)颜色(8 种,见表 10－6)

表 10－6

红	绿	蓝	青	深红	黄	黑	白
r	g	b	c	m	y	k	w

(4)标记类型(13 种,见表 10－7)

表 10－7

定义符	+	O(字母)	*	.	x
类型	加号	小圆圈	星号	实点	交叉号
定义符	d	^	v	>	<
类型	菱形	上三角形	下三角形	右三角形	左三角形
定义符	s	h	p		
类型	正方形	正六角星	正五角星		

绘线性图命令 plot()的语法格式:plot(x,y,s). 其中,x 是函数横坐标向量,y 是函数纵坐标向量,s 用来定义函数曲线的颜色和线型.

例 10.4.1　绘出函数 $y=3x^2-9x+4$ 的图形.

解:输入以下命令.

```
>> x=-3:0.01:9;
>> y=3*x.^2-9.*x+4;
>> plot(x,y)
```

运行结果如图 10－8 所示.

例 10.4.2　绘出函数 $y=\cos x$ 的图形和反函数 $y=\arccos x$ 的图形,并观察两图形的关系.

解:输入以下命令.

```
>> x=-pi:0.1:pi;
>> y=cos(x);
>> plot(x,y,'r+',y,x,'y*')
```

运行结果如图 10－9 所示.

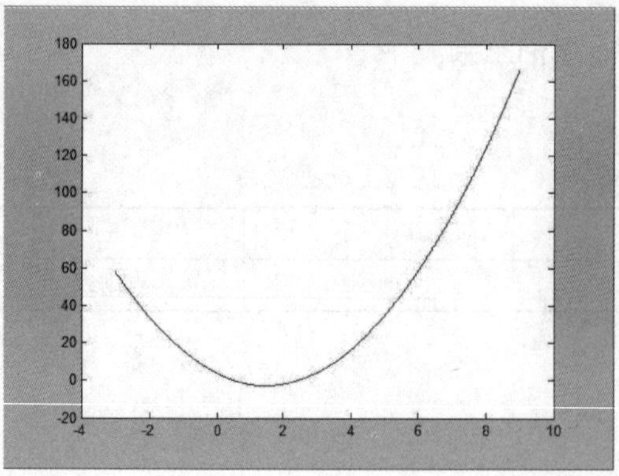

图 10 - 8

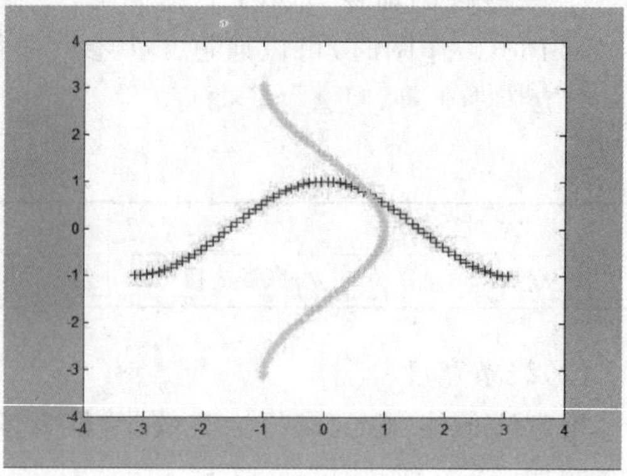

图 10 - 9

说明:(1)x=-pi:0.1:pi:pi 是构造行向量的赋值命令,x 一般形式为:第一个元素数值:步长:图形最后一个元素的数值;

(2)正弦函数 cos$x$ 的图形,颜色为红色,线型是"+";cos$x$ 反函数的图形,颜色为黄色,线型是"＊".

2. 一元显函数绘图命令 fplot()

命令 fplot()用来绘制数学函数的图形,其调用格式为 fplot('fun',lims),其中 fun 就是所要绘制图形的函数,既可以是已定义函数的文件名,又可以是以 x 为变量的可计算字符串,lims=[xmin,xmax,ymin,ymax]限定了 x,y 轴上的绘图空间.

例 10.4.3 试在区域 $x\in[-\pi,\pi]$,$y\in[-\pi,\pi]$上绘制 tan$x$ 的图形.

解:输入以下命令.

```
>>fplot('tan(x)',pi*[-1,1,-1,1])
```

运行结果如图 10 - 10 所示.

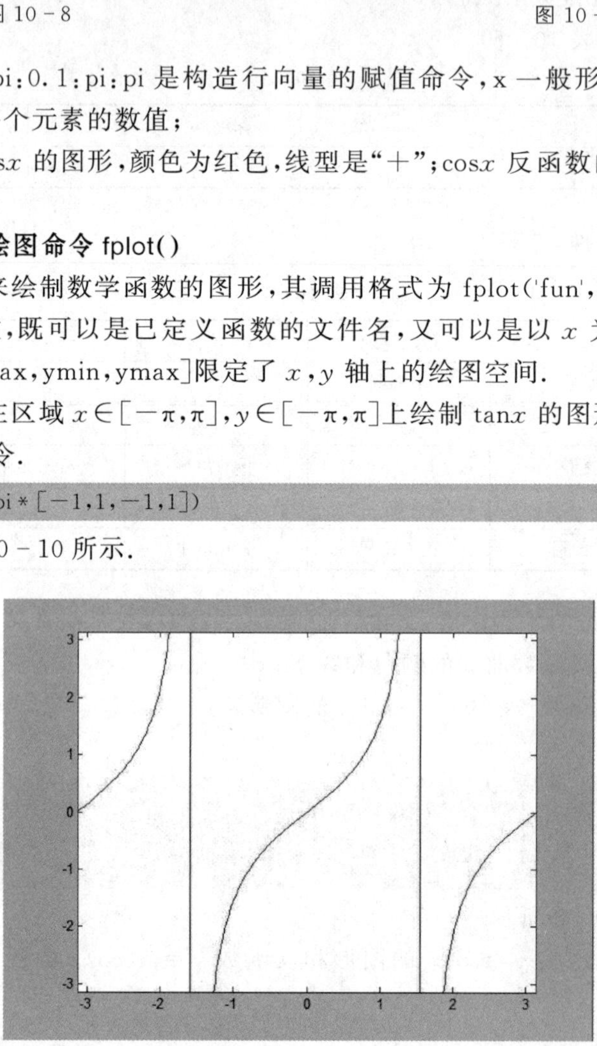

图 10 - 10

3. 绘图命令 ezplot()

绘图命令 ezplot()无须数据准备,直接画出函数图形,其基本调用格式为 ezplot('fun'),fun 是字符串或代表数学函数的符号表达式.

例 10.4.4　试在区间[0,π]上绘制 $y=\cos x$ 的图形.

解:输入以下命令.

```
>>ezplot('cos(x)',[0,pi])
```

运行结果如图 10-11 所示.

例 10.4.5　试在区间[-2,0.5],[0,2]上绘制 $e^x+\sin(xy)=0$ 的图形.

解:输入以下命令.

```
>>ezplot('exp(x)+sin(x*y)',[-2,0.5,0,2])
```

运行结果如图 10-12 所示.

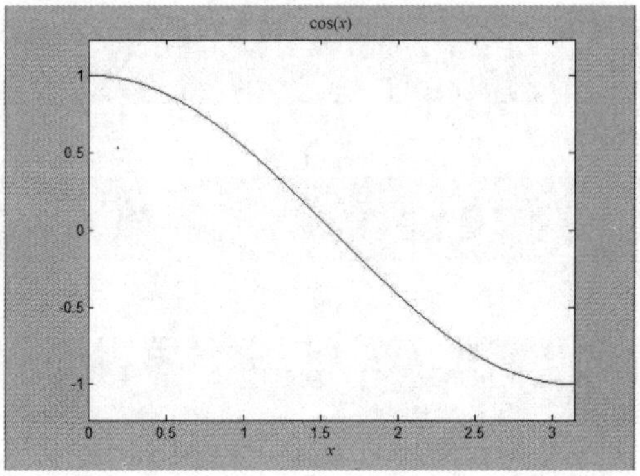

图 10-11

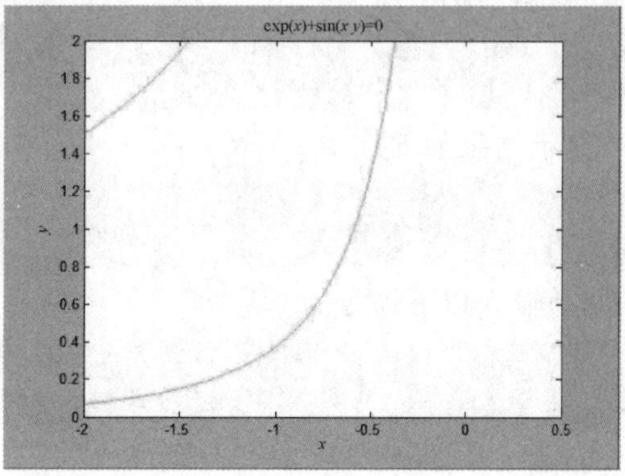

图 10-12

习题 10.4

1. 用 Matlab 7.0 绘制 $y=e^{x^2}$ 在 $x\in[-1,1]$,$y\in[0,2]$上的图形.
2. 用 Matlab 7.0 绘制 $e^{x+y}=xy$ 在[-2,2]上的图形.
3. 用 Matlab 7.0 绘制$\frac{x^2}{16}-\frac{y^2}{9}=1$ 在[-10,10]上的图形.
4. 用 Matlab 7.0 绘制 $f(x)=x^2\sin x-1$ 在$(0,2\pi)$上的图形.
5. 用 Matlab 7.0 绘制 $f(x)=x\sin\frac{1}{x}$在[-1,1]上的图形.

10.5　用 Matlab 7.0 求函数的积分

求函数的积分用命令 int()来实现. int()命令的一般调用格式如下.

int(s):没有指定积分变量和积分阶数时,系统按 findsym()命令指示的默认变量对被积函数或符号表达式 s 求不定积分.

int(s,v):以 v 为自变量,对被积函数或符号表达式 s 求不定积分.

int(s,v,a,b):求定积分运算. a,b 分别表示定积分的下限和上限.

例 10.5.1 计算下列积分：

(1) $\int \frac{1+2x^2}{x^2(1+x^2)}\mathrm{d}x$ ；　　(2) $\int_0^9 \frac{1}{1+\sqrt{x}}\mathrm{d}x$ ；　　(3) $\int_0^{+\infty} x\mathrm{e}^{-x}\mathrm{d}x$.

解：(1)输入以下命令.

```
>>syms x
>> int((1+2*x^2)/(x^2*(1+x^2)))
```

显示结果如下.

```
ans =
atan(x)-1/x
```

(2)输入以下命令.

```
>>syms x
>> int(1/(1+sqrt(x)),x,0,9)
```

显示结果如下.

```
ans =
-4*log(2)+6
```

(3)输入以下命令.

```
>>syms x
>> int(x*exp(-x),x,0,inf)
```

显示结果如下.

```
ans =
1
```

例 10.5.2 求下列函数的一个原函数：

(1)$2x^3+x-3$；　　(2)$x^3\ln x$.

解：(1)输入以下命令.

```
>> int(2*x^3+x-3,x)
```

显示结果如下.

```
ans =
1/2*x^4+1/2*x^2-3*x
```

(2)输入以下命令.

```
>> int(x^3*log(x),x)
```

显示结果如下.

```
ans =
1/4*x^4*log(x)-1/16*x^4
```

习题 10.5

1. 用 Matlab 7.0 求下列函数的积分：

(1) $\int x\arcsin x\,\mathrm{d}x$ ；　　(2) $\int \mathrm{e}^x\cos x\,\mathrm{d}x$ ；

(3) $\int_1^5 \frac{1}{1+\sqrt{2x-1}}\mathrm{d}x$ ；　　(4) $\int_0^{+\infty} \frac{1}{\sqrt{x}}\mathrm{e}^{-\sqrt{x}}\mathrm{d}x$.

2. 用 Matlab 7.0 求下列函数的一个原函数：

(1) $\mathrm{e}^{\cos x}\sin x$ ；　　(2) $x\arctan x$.

10.6 用 Matlab 7.0 解微分方程

用 Matlab 7.0 求解微分方程的命令如下.

```
dsolve('方程 1','方程 2',…,'方程 n','初始条件','自变量')
```

说明：在表达微分方程时，用字母 D 表示求微分，D2、D3 等表示求高阶微分. D 后跟的任何字母均为因变量，自变量可以指定或由系统规则选定为缺省.

例 10.6.1　求微分方程 $y'=x+3$ 的通解 .

解：输入以下命令.

```
>>syms x y
>> y=dsolve('Dy=x+3','x')
```

显示结果如下.

```
y =
    1/2 * x^2+3 * x+C1
```

例 10.6.2　求微分方程 $\begin{cases}\frac{\mathrm{d}^2y}{\mathrm{d}x^2}+4\frac{\mathrm{d}y}{\mathrm{d}x}+29y=0, \\ y(0)=0, y'(0)=15\end{cases}$ 的通解 .

解：输入以下命令.

```
>>syms x y
>> y=dsolve('D2y+4 * Dy+29 * y=0','y(0)=0','Dy(0)=15','x')
```

显示结果如下.

```
y =
    3 * exp(-2 * x) * sin(5 * x)
```

习题 10.6

1. 用 Matlab 7.0 求下列微分方程的通解：

(1) $y'=-\frac{y}{x}$ ；　　(2) $x+\frac{\mathrm{d}y}{\mathrm{d}x}=1+y^2-xy^2$ ；

(3) $\frac{\mathrm{d}y}{\mathrm{d}x}=3x^2y$ ；　　(4) $(1+x)y'=\frac{y}{\ln y}$.

2. 用 Matlab 7.0 求下列微分方程的特解：

(1) $\frac{y'}{1+y^2}+x^2=0, y|_{x=0}=0$ ；　　(2) $y'=\frac{x^2+y^2}{xy}, y|_{x=1}=1$ ；

(3) $y'=\dfrac{x}{2y}+\dfrac{y}{x}, y|_{x=1}=2$;　　(4) $\dfrac{dy}{dx}+5y=-4e^{-3x}, y|_{x=0}=4$.

10.7 用 Matlab 7.0 计算行列式、矩阵和解线性方程组

10.7.1 用 Matlab 7.0 计算行列式

用 Matlab 7.0 计算矩阵对应行列式的值的命令为 det(**A**),其中 **A** 为 n 阶方阵.

例 10.7.1 求矩阵 $\boldsymbol{A}=\begin{pmatrix}1 & 2 & 1\\ 4 & 1 & 2\\ 0 & 1 & 3\end{pmatrix}$ 的对应行列式的值.

解:输入以下命令.

```
>> A=[1 2 1;4 1 2;0 1 3];%生成矩阵
>> det(A)
```

显示结果如下.

```
ans=
     -19
```

说明:矩阵的输入格式有两种,除上面命令中的输入格式外,还可以采用如下格式输入.

```
A=[1,2,1;4,1,2;0,1,3]
```

例 10.7.2 求矩阵 $\begin{pmatrix}a & a & a & a\\ 1 & 1+a & 1 & 1\\ 1 & 1 & 1+b & 1\\ 1 & 1 & 1 & 1+c\end{pmatrix}$ 的对应行列式的值.

解:输入以下命令.

```
>> clear
>>syms a b c
>> A=[a a a a;1 1+a 1 1;1 1 1+b 1;1 1 1 1+c];
>> d=det(A)
```

显示结果如下.

```
d =
    a^2 * b * c
```

10.7.2 用 Matlab 7.0 计算矩阵

例 10.7.3 求矩阵 $\boldsymbol{A}=\begin{pmatrix}1 & 2 & 1\\ 4 & 1 & 2\\ 0 & 1 & 3\end{pmatrix}$ 与矩阵 $\boldsymbol{B}=\begin{pmatrix}1 & 3 & 11\\ 5 & 8 & 1\\ 0 & 2 & 1\end{pmatrix}$ 的和与差.

解:输入以下命令.

```
>> clear
>> A=[1 2 1;4 1 2;0 1 3];
>> B=[1 3 11;5 8 1;0 2 1];
>> C=A+B;
>> D=A-B;
>> C,D
```

显示结果如下.

```
C =
     2     5    12
     9     9     3
     0     3     4
D =
     0    -1   -10
    -1    -7     1
     0    -1     2
```

例 10.7.4　求矩阵 $\boldsymbol{A}=\begin{pmatrix}1&2&1\\4&1&2\\0&1&3\end{pmatrix}$ 与矩阵 $\boldsymbol{B}=\begin{pmatrix}1&3&11\\5&8&1\\0&2&1\end{pmatrix}$ 的乘积.

解:输入命令:

```
>> clear
>> A=[1 2 1;4 1 2;0 1 3];
>> B=[1 3 11;5 8 1;0 2 1];
>> C=A*B;
>> D=B*A;
>> C,D
```

显示结果如下.

```
C =
    11    21    14
     9    24    47
     5    14     4
D =
    13    16    40
    37    19    24
     8     3     7
```

用 Matlab 7.0 计算矩阵 $\boldsymbol{A}$ 的逆矩阵,命令为 inv($\boldsymbol{A}$).

例 10.7.5　求矩阵 $\boldsymbol{A}=\begin{pmatrix}1&2&1\\4&1&2\\0&1&3\end{pmatrix}$ 的逆矩阵.

解:输入以下命令.

```
>> clear
>> A=[1 2 1;4 1 2;0 1 3];
>> C=inv(A)
```

显示结果如下.

```
C =
   -0.0526    0.2632   -0.1579
    0.6316   -0.1579   -0.1053
   -0.2105    0.0526    0.3684
```

说明:如果矩阵不可逆,则运行后 Matlab 7.0 会给出警告信息. 用 Matlab 7.0 求逆矩阵,默认用小数显示,若想用分数显示,只需在上述命令后增加如下命令.

```
>> format rat
>> C
```

显示结果如下.

```
C =
    -1/19          5/19         -3/19
    12/19         -3/19         -2/19
    -4/19          1/19          7/19
```

例 10.7.6 利用矩阵的初等行变换求例 10.7.5 中矩阵 **A** 的逆矩阵.

解:输入以下命令.

```
>> clear
>> A=[1 2 1 1 0 0;4 1 2 0 1 0;0 1 3 0 0 1];  %矩阵 A 的增广矩阵
>> format rat  %以有理格式输出
>> C=rref(A)   %给出矩阵 A 的行最简形
```

显示结果如下.

```
C =
       1          0          0         -1/19          5/19         -3/19
       0          1          0         12/19         -3/19         -2/19
       0          0          1         -4/19          1/19          7/19
```

输入以下命令.

```
>> D=C(:,4:6)   %取矩阵 C 的 4 到 6 列,D 即为矩阵 A 的逆矩阵
```

显示结果如下.

```
D =
    -1/19          5/19         -3/19
    12/19         -3/19         -2/19
    -4/19          1/19          7/19
```

在 Matlab 7.0 中,矩阵相除可以利用运算符"\"(左除)和"/"(右除)进行.

例 10.7.7 求矩阵 $\boldsymbol{A}=\begin{pmatrix}1&2&1\\4&1&2\\0&1&3\end{pmatrix}$ 与矩阵 $\boldsymbol{B}=\begin{pmatrix}1&3&11\\5&8&1\\0&2&1\end{pmatrix}$ 相除的结果.

解:输入以下命令.

```
>> clear
>> A=[1 2 1;4 1 2;0 1 3];
>> B=[1 3 11;5 8 1;0 2 1];
>> C=A/B;  %矩阵右除,相当于 A * inv(B),inv(A)为矩阵 A 的逆矩阵
>> D=A\B;  %矩阵左除,相当于 inv(A) * B,inv(B)为矩阵 B 的逆矩阵
>> C,D
```

显示结果如下.

```
C =
      6/101       19/101        16/101
     39/101       73/101      -300/101
     25/101       -5/101        33/101
D =
      24/19        31/19         -9/19
      -3/19         8/19        127/19
       1/19        10/19        -36/19
```

说明:(1)矩阵的左除和右除概念完全不同,要注意区分;(2)可以利用矩阵的左除求解线性方程组 $\boldsymbol{AX}=\boldsymbol{B}$,其中 $\boldsymbol{X}=\boldsymbol{A}\backslash\boldsymbol{B}$;(3)可以利用矩阵的右除求解线性方程组 $\boldsymbol{XA}=\boldsymbol{B}$,其中 $\boldsymbol{X}=\boldsymbol{A}/\boldsymbol{B}$.

用 Matlab 7.0 计算矩阵的秩的命令为 rank($\boldsymbol{A}$).

例 10.7.8 求矩阵 $\boldsymbol{A}=\begin{pmatrix}1 & 2 & 1\\ 4 & 1 & 2\\ 0 & 1 & 3\end{pmatrix}$ 的秩.

解:输入以下命令.

```
>> clear
>> A=[1 2 1;4 1 2;0 1 3];
>> rank(A)
```

显示结果如下.

```
ans =
     3
```

10.7.3 用 Matlab 7.0 解线性方程组

对于齐次线性方程组 $\boldsymbol{AX}=\boldsymbol{0}$ 而言,可以通过求系数矩阵 $\boldsymbol{A}$ 的秩来判断解的情况:

(1)如果系数矩阵的秩为 n(方程组中未知数的个数),则方程组只有零解;

(2)当 $R(\boldsymbol{A})<n$ 时,方程组存在非零解(即无穷多解的情况).

对于非齐次线性方程组 $\boldsymbol{AX}=\boldsymbol{B}(\boldsymbol{B}\neq\boldsymbol{0})$ 而言,可以通过求增广矩阵($\boldsymbol{AB}$)和 $\boldsymbol{A}$ 的秩来判断解的情况:

(1)当 $R(\boldsymbol{A})=R(\boldsymbol{A}\quad\boldsymbol{B})=n$ 时,方程组有唯一解;

(2)当 $R(\boldsymbol{A})=R(\boldsymbol{A}\quad\boldsymbol{B})<n$ 时,方程组有无穷多解;

(3)当 $R(\boldsymbol{A})=R(\boldsymbol{A}\quad\boldsymbol{B})$ 时,方程组无解.

例 10.7.9 求解方程组 $\begin{cases}x_1+2x_2+2x_3+x_4=0,\\ 2x_1-x_2-2x_3-2x_4=0,\\ x_1-x_2-4x_3-3x_4=0.\end{cases}$

解:输入以下命令.

```
>> clear
>> A=[1 2 2 1;2 -1 -2 -2;1 -1 -4 -3];
>> rank(A)
```

显示结果如下.

```
ans =
     3
```

输入以下命令.

```
>> format rat
>>rref(A)          %矩阵 A 的行最简形矩阵
```

显示结果如下.

```
ans =
      1          0          0         -1/3
      0          1          0          0
      0          0          1          2/3
```

说明原方程组有非零解,并且解为$\begin{cases} x_1=\frac{1}{3}x_4, \\ x_2=0, \\ x_3=-\frac{2}{3}x_4. \end{cases}$　　(x_4 为自由未知量)

例 10.7.10　求解方程组$\begin{cases} x_1+2x_2-x_3+2x_4=2, \\ 3x_1+4x_2-x_3+x_4=3, \\ 2x_1+2x_2-x_4=3. \end{cases}$

解:输入以下命令.

```
>> clear
>> A=[1 2 -1 2;3 4 -1 1;2 2 0 -1];
>> B=[2 3 3]';
>> C=[rank(A) rank([A B])]
```

显示结果如下.

```
C =
     2          3
```

说明增广矩阵($\boldsymbol{A}$　$\boldsymbol{B}$)的秩=3,系数矩阵 $\boldsymbol{A}$ 的秩为 2,二者不相等,因此原方程组无解.

例 10.7.11　求解方程组$\begin{cases} 2x_1-x_2+4x_3-3x_4=-4, \\ x_1+x_3-x_4=-3, \\ 3x_1+x_2+x_3=1, \\ 7x_1+7x_3-3x_4=3. \end{cases}$

解:输入以下命令.

```
>> clear
>> A=[2 -1 4 -3;1 0 1 -1;3 1 1 0;7 0 7 -3];
>> B=[-4 -3 1 3]';
>> C=[rank(A) rank([A B])]
```

显示结果如下.

```
C =
       3          3
```

输入以下命令.

```
>>rref([A B])
```

显示结果如下.

```
ans =
    1      0      1      0      3
    0      1     -2      0     -8
    0      0      0      1      6
    0      0      0      0      0
```

得原方程组的解为$\begin{cases} x_1 = -x_3 + 3, \\ x_2 = 2x_3 - 8, \\ x_4 = 6. \end{cases}$　（x_3 为自由未知量）

例 10.7.12　求解方程组 $\boldsymbol{AX}=\boldsymbol{B}$，其中 $\boldsymbol{A}=\begin{pmatrix} 0 & 3 & 4 \\ 2 & 1 & 0 \\ 0 & 3 & 2 \end{pmatrix}$，$\boldsymbol{B}=\begin{pmatrix} 1 \\ 4 \\ 0 \end{pmatrix}$.

解：输入以下命令.

```
>> clear
>> A=[0 3 4;2 1 0;0 3 2];
>> B=[1 4 0]';
>> X=A\B
```

显示结果如下.

```
X =
    13/6
    -1/3
    1/2
```

习题 10.7

1. 已知 $\boldsymbol{A}=\begin{pmatrix} 2 & 0 & 1 \\ 3 & 3 & 4 \\ 5 & 3 & 0 \end{pmatrix}$，$\boldsymbol{B}=\begin{pmatrix} 0 & 3 & 4 \\ 2 & 1 & 0 \\ 0 & 3 & 2 \end{pmatrix}$，用 Matlab 7.0 求：

(1) $\boldsymbol{A}$、$\boldsymbol{B}$ 的秩；　(2) 求 $2\boldsymbol{A}+\boldsymbol{B}$ 和 $\boldsymbol{A}-3\boldsymbol{B}$；

(3) 求 $\boldsymbol{AB}$ 和 $\boldsymbol{BA}$；　(4) 求 $\boldsymbol{A}-2\boldsymbol{E}$ 和 $\boldsymbol{B}+\boldsymbol{E}$.

2. 用 Matlab 7.0 求 $\boldsymbol{A}=\begin{pmatrix} -1 & 0 & 2 & 1 \\ 1 & 1 & 3 & 2 \\ 2 & 1 & 2 & 3 \\ 1 & 2 & 0 & 3 \end{pmatrix}$ 的逆矩阵.

3. 用 Matlab 7.0 求 $\begin{vmatrix} 1 & 3 & 6 & 2 \\ 3 & 6 & 2 & 1 \\ 6 & 2 & 1 & 3 \\ 2 & 1 & 3 & 6 \end{vmatrix}$ 的值.

4. 用 Matlab 7.0 求解下列线性方程组：

(1) $\begin{cases} 2x_1-4x_2+5x_3+3x_4=0, \\ 3x_1-6x_2+4x_3+2x_4=0, \\ 4x_1-8x_2+17x_3+11x_4=0; \end{cases}$　(2) $\begin{cases} x_1+2x_2-x_4=1, \\ -x_1-3x_2+x_3+2x_4=3, \\ 2x_1-3x_2+7x_3+3x_4=4. \end{cases}$

本章小结

1. 用 Matlab 7.0 求函数的极限：使用命令 limit()求极限.

2. 用 Matlab 7.0 求函数的导数：用 diff()命令来完成求导运算. diff()命令的语法格式为 diff(function,'variable',n)，其中，参数 function 为需要进行求导运算的函数，variable 为求导运算的独立变量，n 为求导的阶次.

3. 用 Matlab 7.0 作函数图形：用 plot()、fplot()、ezplot()这 3 个命令来作函数图形.

4. 用 Matlab 7.0 求函数的积分：用命令 int()来实现.

5. 用 Matlab 7.0 解微分方程：命令为 dsolve('方程 1','方程 2',…,'方程 n','初始条件','自变量').

6. 用 Matlab 7.0 计算行列式：命令为 det($\boldsymbol{A}$)，其中 $\boldsymbol{A}$ 为 n 阶方阵.

7. 用 Matlab 7.0 计算矩阵的逆矩阵：命令为 inv($\boldsymbol{A}$).

8. 用 Matlab 7.0 计算矩阵的秩：命令为 rank($\boldsymbol{A}$).

9. 用 Matlab 7.0 将矩阵化为行最简形矩阵：命令为 rref($\boldsymbol{A}$).

复习题十

1. 用 Matlab 7.0 求下列函数的极限：

(1) $\lim\limits_{x\to-2}\dfrac{x^2-4}{x+2}$；　(2) $\lim\limits_{x\to\infty}\left(\dfrac{1+x}{x}\right)^{\frac{x}{2}}$；　(3) $\lim\limits_{x\to4}\dfrac{\sqrt{x}-2}{x-4}$；

(4) $\lim\limits_{x\to+\infty}\dfrac{2^x-1}{4^x+1}$；　(5) $\lim\limits_{x\to0}\left(\dfrac{x}{1-\sqrt{1+x}}\right)$；　(6) $\lim\limits_{x\to0}\dfrac{x^2\sin\dfrac{1}{x}}{\arctan x}$.

2. 用 Matlab 7.0 求下列函数的导数：

(1) $y=\left(\dfrac{1}{2}\right)^x+x^3$；　(2) $y=\dfrac{1-\sqrt{x}}{1+\sqrt{x}}$；

(3) $y=\cos^2(2x+1)$；　(4) $y=\dfrac{(2x+3)^4\sqrt{x-6}}{\sqrt[3]{x+1}}$.

3. 用 Matlab 7.0 求下列积分：

(1) $\int \frac{(\sqrt{x})^3+1}{\sqrt{x}+1}dx$；　(2) $\int \frac{1}{\sqrt{1-2x^2}}dx$；　(3) $\int \frac{\sqrt{x^2-1}}{x}dx$；

(4) $\int_1^e x^2\ln x\,dx$；　(5) $\int_{-\frac{\pi}{2}}^{\frac{\pi}{2}} (1+x)^2\sin x\,dx$.

4. 用 Matlab 7.0 求解下列各题：

(1)求微分方程 $y'+\frac{2\sqrt{xy}-y}{x}=0$ 的通解.

(2)求微分方程 $(e^{x+y}-e^x)dy+(e^{y-x}-e^y)dx=0$ 的通解.

5. 用 Matlab 7.0 求解下列各题：

(1)计算 $\begin{vmatrix} 5 & 4 & 3 \\ 503 & 398 & 305 \\ 30 & -20 & 50 \end{vmatrix}$；

(2)已知 $\boldsymbol{A}=\begin{vmatrix} -1 & 0 & 2 & 1 \\ 1 & 1 & 3 & 2 \\ 2 & 1 & 2 & 3 \\ 1 & 0 & 0 & 3 \end{vmatrix}$，求 $\boldsymbol{A}^{-1}$；

(3)解方程组 $\begin{cases} 2x_1-x_2+3x_3=5, \\ 3x_1+x_2-5x_3=5, \\ 4x_1-x_2+x_3=9. \end{cases}$

习题答案

第 1 章习题答案

习题 1.1

1. $y=x^3-1$.
2. 定义域为$(-\infty,+\infty)$;值域为$[-1,+\infty)$.
3. 复合函数为 $y=3\ln(1-x^2)$,定义域为$(-1,1)$.
4. (1) 不能;(2) 能.
5. (1) $y=e^u, u=-x$;(2) $y=u^2, u=\arcsin v, v=\frac{x}{2}$;(3) $y=2u, u=e^v, v=3-x^2$;

   (4) $y=\arcsin u, u=\sqrt{v}, v=\sin x$;(5) $y=u^3, u=\sin v, v=\ln x$;

   (6) $y=\sin u, u=v^3, v=\ln w, w=\cos x$;(7) $y=3u^2, u=\operatorname{arccot} v, v=x$;

   (8) $y=u^2, u=\ln v, v=\sin w, w=e^t, t=x^2+2x+2$.

习题 1.2

1. (1) 0;(2) 8;(3) -4;(4) 0.
2. 提示:$\lim\limits_{x\to 0^+}\frac{|x|}{x}\neq\lim\limits_{x\to 0^-}\frac{x}{|x|}$.
3. 图略;$\lim\limits_{x\to 3^-}f(x)=3$,$\lim\limits_{x\to 3^+}f(x)=7$,$\lim\limits_{x\to 3}f(x)$ 不存在.
4. $\lim\limits_{x\to 0^-}f(x)=1$,$\lim\limits_{x\to 0^+}f(x)=0$,$\lim\limits_{x\to 0}f(x)$ 不存在.
5. $\lim\limits_{x\to 0}f(x)=-1$,$\lim\limits_{x\to 1}f(x)$ 不存在,$\lim\limits_{x\to 2}f(x)$ 不存在,$\lim\limits_{x\to 3}f(x)=2$.

习题 1.3

(1) -4;(2) 9;(3) -1;(4) 2;(5) 0;(6) -1;(7) $\frac{9}{5}$;(8) -2;(9) $\frac{2}{3}$;(10) $\frac{1}{3}$;(11) 1.

习题 1.4

1. (1) $\frac{1}{2}$;(2) $\frac{2}{3}$;(3) 25;(4) 0;(5) 2;(6) 1;(7) 1;(8) $\frac{1}{2}$.

2. (1) e^2;(2) $e^{\frac{3}{2}}$;(3) e^{-3};(4) e^2;(5) $e^{\frac{3}{2}}$;(6) e^{-1};(7) e^{-4};(8) $e^{\frac{2}{3}}$.

习题 1.5

1. (1) 0;(2) 0.

2. (1) $1-\cos x$ 是 x 的高阶无穷小;(2) $\sin x$ 与 $\tan 2x$ 是同阶无穷小;(3) $1-x$ 与 $1-\sqrt[3]{x}$ 是同阶无穷小;(4) $\sin\frac{1}{x}$ 是$\frac{1}{x^2}$ 的低阶无穷小.

3. (1) 3;(2) 2;(3) $\frac{1}{2}$;(4) 2;(5) $\frac{9}{2}$;(6) -2;(7) 1;(8) $\frac{1}{4}$.

习题 1.6

1. (1) 间断;(2) 间断;(3) 间断;(4) 在 $x=0$ 处间断,在 $x=1$ 处连续.

2. (1) $x=-1$,第二类间断点中的无穷间断点;(2) $x=1$ 和 $x=2$,$x=1$ 是第一类间断点中的可去间断点,$x=2$ 是第二类间断点中的无穷间断点;(3) $x=0$,第一类间断点中的跳跃间断点;(4) $x=0$,第一类间断点中的可去间断点.

3. $a=1$.

4. (1) 1;(2) $-\frac{1}{3}$;(3) 1;(4) 1.

5. 略.

复习题一

一、填空题

1. $y=e^{x-1}-2$.　2. $\frac{2\pi}{3}$.　3. $f(x)=\begin{cases}3-2x, & x<1,\\ 1, & 1\leqslant x\leqslant 2,\\ 2x-3, & x>2.\end{cases}$

4. 2^{2x};2^{x^2}.　5. 1;0.　6. 4.

7. $\frac{2}{3}$.　8. 1.　9. -3.

10. e^n.　11. 2;2.　12. $x=-1$;第二.

二、选择题

1. C　2. D　3. D　4. C　5. B　6. D　7. A　8. B　9. D　10. D　11. C
12. D　13. A　14. C　15. D

三、求下列函数的极限

1. 12.　2. 0.　3. $-\frac{1}{4}$.　4. $-\frac{1}{6}$.　5. $\frac{1}{2\sqrt{2}}$.　6. 0.

7. $\frac{3}{2}$.　8. $e^{\frac{1}{2}}$.　9. e^2.　10. $\frac{3}{4}$.　11. 0.　12. 1.　13. 0.　14. 1.

四、判断下列函数在 $x=0$ 处是否连续

1. 不连续.　2. 连续.

第 2 章习题答案

习题 2.1

1. (1) $y'=a$;(2) $y'=-\frac{2}{x^3}$.

2. (1) 2;1;(2) -4;-1.

3. 切线方程为 $4x-y-4=0$,法线方程为 $x+4y-18=0$.

习题 2.2

(1) $y'=12x^3+\sin x$;

(2) $y'=\sec^2 x-\frac{2}{x}+\frac{1}{1+x^2}$;

(3) $y'=-\frac{15}{x^4}+\frac{6}{x^3}+\frac{1}{x^2}$;

(4) $y'=x-\frac{4}{x^3}-3^x\ln 3$;

(5) $y'=3x^2\ln x\sin x+x^2\sin x+x^3\ln x\cos x$;

(6) $y'=\frac{\cos x+\sin x+1}{(1+\cos x)^2}$;

(7) $y'=\frac{13}{4}x^{\frac{9}{4}}$;

(8) $y'=\frac{1}{1-\sin x}$;

(9) $y'=\frac{5}{2}x^{\frac{3}{2}}+\frac{3}{2}x^{\frac{1}{2}}$;

(10) $y'=8x^7-8x^3$.

习题 2.3

(1) $y'=20(5x+3)^3$;

(2) $y'=-\frac{1}{\sqrt{1-2x}}$;

(3) $y'=2\sin x\cdot\cos x$;

(4) $y'=3e^{\sin 3x}\cos 3x$;

(5) $y'=\frac{3\sec^2 3x}{\tan 3x}$;

(6) $y'=-\frac{1}{1+x^2}$;

(7) $y'=\frac{6x}{\sqrt{1-x^4}}(\arctan x^2)^2$;

(8) $y'=\frac{1}{\sqrt{x^2-a^2}}$;

(9) $y'=\sec x$;

(10) $y'=2x\sin\frac{1}{x}-\cos\frac{1}{x}$.

习题 2.4

1. (1) $y'=\frac{1}{5-6y}$;(2) $y'=\frac{3-x+y}{-x+y}$;(3) $y'=-\frac{y}{e^y+x}$;(4) $y'=\frac{x+y}{x-y}$.

2. (1) $y'=\frac{\sqrt{4x+1}(3x-2)^2}{(2x+1)^6}\left(\frac{2}{4x+1}+\frac{6}{3x-2}-\frac{12}{2x+1}\right)$;

(2) $y'=\frac{\sqrt{2x+3}(5x+2)^3}{(2x+5)^7}\left(\frac{1}{2x+3}+\frac{15}{5x+2}-\frac{14}{2x+5}\right)$;

(3) $y'=x^x(\ln x+1)$;

(4) $y'=x^{\cos x}\left(-\sin x\ln x+\frac{\cos x}{x}\right)$.

3. (1) $y'=-\frac{4}{5}\cot t$; (2) $y'=2\sqrt{t}+1$; (3) $y'=\frac{3t^2-1}{2t}$; (4) $y'=\frac{t}{2}$.

习题 2.5

1. $y''=180(3x-2)^3$.

2. $y''=2\ln x+3$.

3. $y^{(n)}=ne^x+xe^x$.

4. $y^{(n)}=3^x(\ln 3)^n$.

习题 2.6

(1) $dy=\left(-\frac{1}{x^2}+\frac{1}{\sqrt{x}}\right)dx$;

(2) $dy=\frac{-5x^4}{\sqrt{3-2x^5}}dx$;

(3) $dy=\frac{1}{2\sqrt{x(1-x)}}dx$;

(4) $dy=(\sin 3x+3x\cos 3x)dx$;

(5) $dy=\frac{2x^3}{x^4-1}dx$;

(6) $dy=(-e^{-x}\sin x+e^{-x}\cos x)dx$;

(7) $dy=(\ln x+1-2x)dx$;

(8) $dy=15\tan^4 3x\sec^2 3x\,dx$;

(9) $dy=-\frac{2x+3y}{3x+2y}dx$;

(10) $dy=\frac{e^x-y}{e^y+x}dx$.

复习题二

一、填空题

1. $\frac{1}{6}$. 2. $k=2$. 3. $-\frac{2x}{\sqrt{1-x^4}}$. 4. $\frac{1}{2(1+x)\sqrt{x}}$.

5. 24. 6. $\frac{1}{2}$. 7. $-\csc^2 x$. 8. $\frac{4}{\sin 4x}dx$.

二、选择题

1. B 2. C 3. B 4. B 5. D 6. C 7. C 8. A 9. D 10. A 11. A

三、解答题

1. $y'=\frac{17}{7}x^{\frac{10}{7}}$.

2. $y'=\left(\frac{1}{2}\right)^x\ln\frac{1}{2}+3x^2$.

3. $f'(x)=a^x\ln a+ax^{a-1}$.

4. $y'(4)=-\frac{1}{18}$.

5. $y'|_{x=1}=-3$;

6. $y'=-2\sin(4x+2)$.

7. $\frac{5}{4}$.

8. $y'=\frac{(1+y^2)e^x}{(1+y^2)e^y+1}$.

9. $\frac{dy}{dx}=\frac{2a}{3-3y^2}$.

10. $\left.\frac{dy}{dx}\right|_{\substack{x=0\\y=0}}=-2$.

11. $y'=\frac{\sqrt{x-6}(2x+3)^4}{\sqrt[3]{x+1}}\left[\frac{8}{2x+3}+\frac{1}{2(x-6)}-\frac{1}{3(x+1)}\right]$.

12. $y'=\frac{\cos t-t\sin t}{\cos t}$.

13. $y'(1)=19, y^{(5)}=0$.

14. (1) $dy=(\sin 2x+2x\cos 2x)dx$;

(2) $dy=(2\sec^2 2x+\cos 2^x\cdot 2^x\ln 2)dx$.

第3章习题答案

习题 3.1

1. (1) 满足,$\xi=0.25$;(2) 满足,$\xi=2$.

2. (1) 满足,$\xi=1$;(2) 满足,$\xi=-1$.

3. (1) 4;(2) 2;(3) 0;(4) 0;(5) $-\frac{1}{2}$;(6) 0.

习题 3.2

1. (1) 单调增加区间为$(-1,1)$,单调减少区间为$(-\infty,-1)$和$(1,+\infty)$;

(2) 单调增加区间为$(0,+\infty)$,单调减少区间为$(-\infty,0)$;

(3) 单调增加区间为$(-\infty,0)$和$(1,+\infty)$,单调减少区间为$(0,1)$;

(4) 单调增加区间为$(-1,0)$和$(1,+\infty)$,单调减少区间为$(-\infty,-1)$和$(0,1)$.

2. (1) 极大值 $f(\pm 1)=1$,极小值 $f(0)=0$;

(2) 极大值 $f(0)=-1$;

(3) 极大值 $f(-2)=4\mathrm{e}^{-2}$,极小值 $f(0)=0$;

(4) 极大值 $f\left(-\frac{1}{3}\right)=\frac{14}{27}$,极小值 $f(3)=-18$.

习题 3.3

1. (1) 最大值为 $f(\pm 2)=13$,最小值为 $f(\pm 1)=4$;

(2) 最大值为 $f\left(\frac{3}{4}\right)=\frac{5}{4}$,最小值为 $f(-5)=-5+\sqrt{6}$;

(3) 最大值为 $f(2)=\ln 5$,最小值为 $f(0)=0$;

(4) 最大值为 $f\left(-\frac{1}{2}\right)=f(1)=\frac{1}{2}$,最小值为 $f(0)=0$.

2. 矩形的长为$\frac{2}{3}a$,宽为$\frac{1}{3}a$ 时,圆柱的体积最大.

3. 租金每套每月定为 350 元时可获得最大收入.

习题 3.4

1. (1) 凹区间为$\left(-\infty,\frac{1}{3}\right)$,凸区间为$\left(\frac{1}{3},+\infty\right)$,拐点是$\left(\frac{1}{3},\frac{2}{27}\right)$;

(2) 凹区间为$(2,+\infty)$,凸区间为$(-\infty,2)$,拐点是$(2,2\mathrm{e}^{-2})$;

(3) 凹区间为$(-1,1)$,凸区间为$(-\infty,-1)$和$(1,+\infty)$,拐点是$(1,\ln 2)$和$(-1,\ln 2)$;

(4) 凹区间为$(-\sqrt{3},0)$和$(\sqrt{3},+\infty)$,凸区间为$(-\infty,-\sqrt{3})$和$(0,\sqrt{3})$,拐点是$(0,0)$、$\left(\sqrt{3},\frac{\sqrt{3}}{2}\right)$和$\left(-\sqrt{3},-\frac{\sqrt{3}}{2}\right)$.

2. 略.

习题 3.5

1. (1) $\mathrm{d}s=\sqrt{1+4x^2-12x^3+9x^4}\,\mathrm{d}x$;(2) $\mathrm{d}s=\sqrt{1+\frac{1}{2x}}\,\mathrm{d}x$;

(3) $ds=\frac{\sqrt{1+6x^2+x^4}}{1+x^2}dx$;

(4) $ds=\frac{R}{\sqrt{R^2-x^2}}dx$.

2. $ds=\sqrt{4x^2+4x+2}\,dx$;$K=\frac{\sqrt{2}}{2}$.

3. $K=\frac{\sqrt{2}}{4}$.

4. 在点(0,0)处的曲率 $K=0$;在点(1,1)处的曲率 $K=\frac{3\sqrt{10}}{50}$.

复习题三

一、填空题

1. 1.
2. e−1.
3. (−1,1);(−∞,−1)和(1,+∞).
4. (0,+∞);(−∞,0).
5. 1;3.

二、选择题

1. C 2. D 3. B 4. A 5. C

三、解答题

1. (1) 满足,$\xi=\frac{1}{2}$;(2) 满足,$\xi=0$.

2. (1) 满足,$\xi=\pm\frac{\sqrt{3}}{3}$;(2) 满足,$\xi=\ln(e-1)$.

3. (1) 6;(2) −2;(3) 0;(4) 0;(5) 1;(6) $-\frac{1}{2}$.

4. (1) 单调增加区间为(0,+∞),单调减少区间为(−1,0);
   (2) 单调增加区间为(0,+∞),单调减少区间为(−∞,0);
   (3) 单调增加区间为(−∞,0)和$\left(\frac{2}{3},+\infty\right)$,单调减少区间为$\left(0,\frac{2}{3}\right)$;
   (4) 单调增加区间为(−1,0)和(1,+∞),单调减少区间为(−∞,−1)和(0,1).

5. (1) 极大值 $f\left(\frac{1}{2}\right)=\frac{9}{4}$;
   (2) 极大值 $f(0)=-2$;
   (3) 极大值 $f(1)=1$,极小值 $f(-1)=-1$;
   (4) 极大值 $f(-1)=21$,极小值 $f(2)=-6$.

6. (1) 最大值 $f(\pm 2)=18$,最小值 $f(\pm 1)=9$;
   (2) 最大值 $f\left(\frac{3}{4}\right)=\frac{5}{4}$,最小值 $f(-3)=-1$;

(3) 最大值 $f(4)=\frac{3}{5}$,最小值 $f(0)=-1$;

(4) 最大值 $f(3)=\frac{1}{2}$,最小值 $f(0)=-1$.

7. (1) 凹区间为$\left(-\infty,\frac{2}{3}\right)$,凸区间为$\left(\frac{2}{3},+\infty\right)$,拐点是$\left(\frac{2}{3},\frac{16}{27}\right)$;

(2) 凹区间为$(-2,+\infty)$,凸区间为$(-\infty,-2)$,拐点是$(-2,-2e^{-2})$;

(3) 凹区间为$(-\infty,0)$,凸区间为$(0,+\infty)$,拐点是$(0,1)$;

(4) 凹区间为$\left(-\infty,-\frac{\sqrt{3}}{3}\right)$和$\left(\frac{\sqrt{3}}{3},+\infty\right)$,凸区间为$\left(-\frac{\sqrt{3}}{3},\frac{\sqrt{3}}{3}\right)$,拐点是$\left(\frac{\sqrt{3}}{3},\frac{3}{4}\right)$和$\left(-\frac{\sqrt{3}}{3},\frac{3}{4}\right)$.

8. 略.

9. $K=36$.

第 4 章习题答案

习题 4.1

1. (1)、(3) 是,(2)、(4) 不是.

2. $2x^2+e^x+C$.

3. $\frac{1}{\sqrt{x}}$.

4. $\frac{3}{2}\sqrt{x}+\frac{3}{x}$.

5. $\cos x+C$.

6. $-\sin x$.

习题 4.2

1. (1) $\frac{1}{3}x^3+x^2+3x+C$; (2) $\frac{2}{3}x\sqrt{x}+2\sqrt{x}+C$;

(3) $-\frac{4}{x}+\frac{4}{3}x+\frac{1}{27}x^3+C$; (4) $\frac{(ae)^x}{1+\ln a}+C$;

(5) $2x-2\arctan x+C$; (6) $-\frac{1}{x}+2\arctan x+C$;

(7) $2\arctan x+\ln|x|+C$; (8) $\frac{1}{2}x+\frac{1}{2}\sin x+C$;

(9) $\tan x-x+C$; (10) $\frac{1}{2}\tan x+C$.

2. $y=x^2+3x+1$.

3. $y=\ln|x|+1$.

习题 4.3

1. (1) $\frac{1}{15}(3x+2)^5+C$; (2) $-\cos(x+3)+C$; (3) $\frac{1}{4}e^{4x}+C$;

(4) $\frac{1}{2}\ln(a^2+x^2)+C$; (5) $\ln(1+\sin x)+C$; (6) $\frac{1}{10}(2+x^2)^5+C$;

(7) $\frac{1}{3}\ln|1+x^3|+C$；　(8) $\arctan e^x+C$；　(9) $-\frac{1}{\ln x}+C$；

(10) $\frac{1}{2}(\arcsin x)^2+C$；　(11) $-\cos e^x+C$；　(12) $-e^{\frac{1}{x}}+C$；

(13) $\frac{1}{2}x+\frac{1}{4}\sin 2x+C$；　(14) $\sin x-\frac{1}{3}\sin^3 x+C$.

2. (1) $\frac{2}{5}(x-3)^{\frac{5}{2}}+2(x-3)^{\frac{3}{2}}+C$；　(2) $2\sqrt{x}-2\arctan\sqrt{x}+C$；

(3) $-2\sqrt{x+1}-2\ln\left|1-\sqrt{x+1}\right|+C$；(4) $2\sqrt{x}-3\sqrt[3]{x}+6\sqrt[6]{x}-6\ln(1+\sqrt[6]{x})+C$；

(5) $\frac{x}{2}\sqrt{9-x^2}+\frac{9}{2}\arcsin\frac{x}{3}+C$；　(6) $-\frac{\sqrt{1-x^2}}{x}-\arcsin x+C$；

(7) $-\frac{\sqrt{1+x^2}}{x}+C$；　(8) $\frac{x}{\sqrt{x^2+1}}+C$；

(9) $\sqrt{x^2-1}-\arccos\frac{1}{x}+C$.

习题 4.4

1. (1) $-x\cos x+\sin x+C$；　(2) $\frac{1}{3}x^3\ln x-\frac{1}{9}x^3+C$；

(3) $x\arcsin x+\sqrt{1-x^2}+C$；　(4) $x\arccos x-\sqrt{1-x^2}+C$；

(5) $x\ln x-x+C$.

2. (1) $-xe^{-x}-e^{-x}+C$；　(2) $\frac{1}{4}\cos 2x+\frac{1}{2}x\sin 2x+C$；

(3) $x\ln^2 x-2x\ln x+2x+C$；　(4) $(x^2-2x+2)e^x+C$.

复习题四

一、填空题

1. $\frac{x^2}{1+x^2}$.　2. $x\sin 2x+C$.　3. $\ln(1+x^2)+C$.　4. $\frac{1}{2}f(2x)+C$.

5. $F(e^x)+C$.　6. $x^2f(x)dx$.　7. $-\cos(\ln x)+C$.　8. $-\frac{1}{2}\sqrt{1-x^2}+C$.

二、选择题

1. A　2. C　3. A　4. B　5. D　6. C　7. D　8. D　9. B　10. B

三、解答题

1. (1) $2e^x+3\sin x-x+C$；　(2) $\frac{2}{5}x^2\sqrt{x}+x+6\sqrt{x}+C$；

(3) $-\frac{1}{x}+2\arctan x+C$；　(4) $e^x-2\sqrt{x}+C$；　(5) e^x-x+C；

(6) $\frac{1}{2}(x+\sin x-\cos x)+C$；　(7) $\frac{1}{2}\tan x+C$；　(8) $\tan x+\sec x+C$.

2. (1) $\frac{2}{7}(x-2)^{\frac{7}{2}}+C$；　(2) $\frac{1}{3}(x^2+1)^{\frac{3}{2}}+C$；　(3) $\ln\left|\cos\frac{1}{x}\right|+C$；

(4) $-\cos(e^x-2)+C$；　(5) $\arctan e^x+C$；　(6) $\sec x+C$；

(7) $-\dfrac{1}{2}\sqrt{1-2x^2}+C$；　(8) $\ln|e^x-3|+C$；　(9) $\arctan\ln x+C$；

(10) $\dfrac{1}{2}\ln|1+2\ln x|+C$.

3. (1) $\dfrac{3}{2}\sqrt[3]{(x+1)^2}-3\sqrt[3]{x+1}+3\ln\left|\sqrt[3]{x+1}+1\right|+C$；　(2) $\dfrac{x^2}{2}-\dfrac{2}{3}x\sqrt{x}+x+C$；

(3) $2\arcsin\dfrac{x}{2}-\dfrac{x}{2}\sqrt{4-x^2}+C$；　(4) $-\dfrac{\sqrt{x^2+1}}{x}+\ln(x+\sqrt{x^2+1})+C$；

(5) $\sqrt{x^2-1}-\arccos\dfrac{1}{x}+C$.

4. (1) $\dfrac{1}{4}(2x^2-2x+1)e^{2x}+C$；　(2) $-2\sqrt{x}\cos\sqrt{x}+2\sin\sqrt{x}+C$；

(3) $\dfrac{1}{3}x^3(\ln x)^2-\dfrac{2}{9}x^3\ln x+\dfrac{2}{27}x^3+C$；　(4) $\dfrac{1}{13}e^{2x}(2\sin 3x-3\cos 3x)+C$.

第 5 章习题答案

习题 5.1

1. $\int_{-1}^{2}(e^x+1)\mathrm{d}x$.

2. (1) $\int_0^{\frac{\pi}{2}}\cos x\,\mathrm{d}x \geqslant \int_0^{\frac{\pi}{2}}\cos^2 x\,\mathrm{d}x$；　(2) $\int_1^{e}\ln x\,\mathrm{d}x \geqslant \int_1^{e}\ln^2 x\,\mathrm{d}x$；

(3) $\int_0^1(e^x+1)\mathrm{d}x \geqslant \int_0^1(ex+1)\mathrm{d}x$；　(4) $\int_0^1 x^2\mathrm{d}x \geqslant \int_0^1\sin^2 x\,\mathrm{d}x$.

3. 略.

习题 5.2

1. (1) $\dfrac{65}{4}$；　(2) $2\sqrt{2}+\dfrac{3}{\ln 2}$；

(3) $\dfrac{\pi}{12}$；　(4) $\dfrac{\ln 2}{2}$；

(5) 1；　(6) $\dfrac{\pi}{12}-\dfrac{1}{4}$；

(7) 2；　(8) $\dfrac{\pi}{12}$；

(9) $2\ln\dfrac{3}{2}+\dfrac{1}{2}$；　(10) $\dfrac{\sqrt{3}}{6}-\dfrac{\pi}{12}$.

2. $-\dfrac{\sqrt{3}}{4}$.

习题 5.3

1. (1) $2-\ln 2$；　(2) $\dfrac{1}{42}$；

(3) $\frac{\pi}{6}-\frac{\sqrt{3}}{8}$；　　(4) $\sqrt{2}-1$.

2. (1)0；　　(2) $\frac{3}{2}$；

(3) 18；　　(4) $\frac{\pi^3}{324}$.

3. (1)1；　　(2) $\frac{\pi}{4}$；

(3) $\frac{e^2+1}{4}$；　　(4) $\frac{\pi-2\ln 2}{4}$；

(5) $\frac{e\sin 1-e\cos 1+1}{2}$；　　(6) 0.

习题 5.4

(1) $\frac{1}{2}$；　　(2) $1-\frac{1}{e}$；

(3) $\frac{\pi^3}{12}$；　　(4) 发散；

(5) 发散；　　(6) 6；

(7) 发散；　　(8) π.

习题 5.5

1. $\frac{32}{3}$.　　2. $2-\frac{2}{e}$.

3. $\frac{3}{2}-\ln 2$.　　4. 36π.

5. $\frac{\pi}{2}(e^2+1)$.　　6. $\frac{32\pi}{5}$；8π.

7. (1) $\frac{8}{27}(10\sqrt{10}-1)$；　　(2) $\frac{1}{4}(e^2+1)$.

习题 5.6

1. (1) 25 500 元,85 元；　　(2) 16 500 元.

2. (1) 3(百台)；　　(2) 1 万元.

3. $\frac{2}{\pi}$.　　4. 48 m/s.

复习题五

一、填空题

1. 0.　2. 由曲线 $y=\sqrt{4-x^2}$,直线 $x=-2$ 和 $x=2$ 及 x 轴.　3. $\int_{-2}^{0}|x^3+1|\mathrm{d}x$.

4. $\frac{7}{3}$.　5. $\frac{16}{3}$.　6. 1.　7. 0.　8. $\pm\sqrt{2}$.　9. 2.　10. $\frac{1}{\pi}$.

二、选择题

1. B　2. D　3. C　4. A　5. B　6. A　7. A　8. B　9. B　10. D

三、解答题

1. (1) $\frac{1}{4}$;　(2) $3+2\ln\frac{4}{3}$;

(3) 4;　(4) $\frac{9}{2}+3\ln4$;

(5) $\ln\frac{1+e}{2}$;　(6) $\frac{1}{9}(2e^3+1)$;

(7) $\frac{1}{4}(e^2+1)$;　(8) $\frac{\pi}{4}$.

2. 18.　3. $\frac{64}{3}$.

4. $\frac{16}{15}\pi$; $\frac{1}{2}\pi$.　5. 8π; $\frac{256}{5}\pi$.

6. $\frac{2}{3}(5\sqrt{5}-1)$.

第6章习题答案

习题 6.1

1. 略.　2. $(0,-2,0)$.　3. $(5,0,-21)$.

习题 6.2

1. $\overrightarrow{MA}=-\frac{1}{2}(\boldsymbol{a}+\boldsymbol{b})$; $\overrightarrow{MB}=\frac{1}{2}(\boldsymbol{a}-\boldsymbol{b})$; $\overrightarrow{MC}=\frac{1}{2}(\boldsymbol{a}+\boldsymbol{b})$; $\overrightarrow{MD}=-\frac{1}{2}(\boldsymbol{a}-\boldsymbol{b})$.

2. $(3,1,1)$.　3. $(12,3,-20)$.

4. $\overrightarrow{M_1M_2}=(1,-2,-2)$; $|\overrightarrow{M_1M_2}|=3$; $\boldsymbol{e}_{M_1M_2}=\left(\frac{1}{3},-\frac{2}{3},-\frac{2}{3}\right)$.

5. (1) 4; (2) 1; (3) 28.

6. (1) $\boldsymbol{a}\cdot\boldsymbol{b}=3$, $\boldsymbol{a}\times\boldsymbol{b}=5\boldsymbol{i}+\boldsymbol{j}+7\boldsymbol{k}$;

(2) $(-2\boldsymbol{a})\cdot3\boldsymbol{b}=-18$, $\boldsymbol{a}\times2\boldsymbol{b}=10\boldsymbol{i}+2\boldsymbol{j}+14\boldsymbol{k}$.

习题 6.3

1. $3x-2y+5z-22=0$.　2. $2x+9y-6z-121=0$.　3. $x+z-1=0$.

4. $\frac{x}{2}+\frac{y}{2}+\frac{z}{2}=1$.　5. $2x+3y+z-6=0$.

6. (1) 垂直; (2) 平行; (3) 相交.

习题 6.4

1. (1) $\frac{x-2}{3}=\frac{y-3}{1}=\frac{z-1}{1}$; (2) $\frac{x-2}{1}=\frac{y-2}{0}=\frac{z+1}{0}$; (3) $\frac{x}{2}=\frac{y-3}{1}=\frac{z+2}{3}$.

2. $\frac{\pi}{4}$.　3. $\sqrt{5}$.

习题 6.5

1. $(x+1)^2+(y+3)^2+(z-2)^2=9$.

2. 球心在点(1, −2, −1)处,半径为$\sqrt{6}$的球面.

3. (1) 绕 x 轴旋转所得旋转曲面的方程为$\frac{x^2}{3}+\frac{y^2+z^2}{4}=1$,绕 y 轴旋转所得旋转曲面的方程为$\frac{x^2+z^2}{3}+\frac{y^2}{4}=1$;

(2) 绕 x 轴旋转所得旋转曲面的方程为$x^2-(y^2+z^2)=1$,绕 z 轴旋转所得旋转曲面的方程为 $x^2+y^2-z^2=1$.

复习题六

一、填空题

1. 3.　2. $\left(\frac{2}{3},\frac{1}{3},-\frac{2}{3}\right)$.　3. $x+2y+3z-4=0$.　4. $\frac{x-2}{1}=\frac{y+2}{2}=\frac{z}{3}$.

5. $(x-2)^2+(y-3)^2+(z-4)^2=29$.

二、选择题

1. D　2. C　3. B　4. B　5. A

三、解答题

1. (1) $x-2=0$;(2) $x-3y=0$.　2. $\frac{1}{3}$.　3. $\frac{x}{-10}=\frac{y-3}{7}=\frac{z-2}{16}$.

4. $\left(\frac{4}{\sqrt{61}},\frac{6}{\sqrt{61}},-\frac{3}{\sqrt{61}}\right)$.　5. (1) 异面;(2) 平行;(3) 平行.　6. $2x-y-z=0$.

第 7 章习题答案

习题 7.1

1. (1) $\{(x,y)\mid -1\leqslant x\leqslant 1, y\geqslant 1$ 或 $y\leqslant -1\}$;　(2) $\{(x,y)\mid x^2+y^2>1\}$;
(3) $\{(x,y)\mid x^2+y^2>1\}$;　(4) $\{(x,y)\mid 0\leqslant x-y\leqslant 2\}$;
(5) $\{(x,y)\mid x+y>0$ 且 $x-y>0\}$;　(6) $\{(x,y)\mid 0\leqslant x^2+y^2\leqslant 1\}$.

2. (1) $-\frac{1}{2}$;(2) 0;(3) 3;(4) 1.

3. 不存在.　4. 不连续.

习题 7.2

1. (1) $z'_x=\frac{1}{x+\ln y}, z'_y=\frac{1}{y(x+\ln y)}$;(2) $z'_x=y^x\cdot\ln y, z'_y=x\cdot y^{x-1}$;
(3) $z'_x=\frac{y}{2\sqrt{xy}}, z'_y=\frac{x}{2\sqrt{xy}}$;(4) $z'_x=\frac{y}{1+x^2y^2}, z'_y=\frac{x}{1+x^2y^2}$;
(5) $z'_x=2y-\frac{x}{\sqrt{x^2+y^2}}, z'_y=2x-\frac{y}{\sqrt{x^2+y^2}}$;(6) $z'_x=\frac{y}{\sqrt{1-x^2y^2}}, z'_y=\frac{x}{\sqrt{1-x^2y^2}}$.

2. (1) $f'_x(1,2)=2e^2, f'_y(1,2)=e^2$;(2) $f'_x(1,e)=\frac{1}{2}, f'_y(1,e)=\frac{1}{2e}$.

3. (1) $f''_{xx}=12x^2-8y^2, f''_{xy}=-16xy, f''_{yx}=-16xy, f''_{yy}=12y^2-8x^2$;
(2) $f''_{xx}=2a^2\cos[2(ax+by)], f''_{xy}=2ab\cos[2(ax+by)]$,

$f''_{yx}=2ab\cos[2(ax+by)]$，$f''_{yy}=2b^2\cos[2(ax+by)]$；

(3) $f''_{xx}=0$，$f''_{xy}=\dfrac{1}{y}$，$f''_{yx}=\dfrac{1}{y}$，$f''_{yy}=-\dfrac{x}{y^2}$；

(4) $f''_{xx}=y^2e^{xy}$，$f''_{xy}=(1+xy)e^{xy}$，$f''_{yx}=(1+xy)e^{xy}$，$f''_{yy}=x^2e^{xy}$.

4. 0；$4xyf''(x^2+y^2)$.

5. 略.

习题 7.3

1. (1) $dz=\left(y+\dfrac{1}{y}\right)dx+\left(y-\dfrac{x}{y^2}\right)dy$；(2) $dz=\dfrac{1}{x^2+y^2}(x\,dx+y\,dy)$；

(3) $dz=y\cos(xy^2)(y\,dx+2x\,dy)$；(4) $dz=\dfrac{1}{x^2+y^2}(-y\,dx+x\,dy)$.

2. $dz=-\dfrac{1}{4}dx+\dfrac{1}{4}dy$.

3. 全增量 $\Delta z\approx 0.07$；全微分 $dz=0.075$.

4. 全增量 $\Delta z=22.75$；全微分 $dz=22.4$.

5. 1.08.

习题 7.4

1. $\dfrac{\partial z}{\partial x}=3x^2y^3e^{x^3y^3}$；$\dfrac{\partial z}{\partial y}=3x^3y^2e^{x^3y^3}$.

2. $\dfrac{\partial z}{\partial x}=\dfrac{2x}{y^2}\ln(3x-2y)+\dfrac{3x^2}{y^2(3x-2y)}$；

$\dfrac{\partial z}{\partial y}=-\dfrac{2x^2}{y^3}\ln(3x-2y)-\dfrac{2x^2}{y^2(3x-2y)}$.

3. $\dfrac{dz}{dx}=e^{\sin x-2x^3}(\cos x-6x^2)$.

4. $\dfrac{dz}{dx}=e^x\left(\dfrac{1}{x}+\ln x\right)$.

5. $\dfrac{\partial z}{\partial x}=\dfrac{yz}{1-xy}$；$\dfrac{\partial z}{\partial y}=\dfrac{xz}{1-xy}$.

6. 略.

7. $\dfrac{\partial z}{\partial x}=-\dfrac{x}{z}$；$\dfrac{\partial z}{\partial y}=-\dfrac{y}{z}$.

8. $\dfrac{dy}{dx}=-\dfrac{e^x-y^2}{\cos y-2xy}$.

9. $\dfrac{\partial z}{\partial x}=-\dfrac{y-e^{x+z}}{1-e^{x+z}}$；$\dfrac{\partial z}{\partial y}=-\dfrac{x}{1-e^{x+z}}$.

习题 7.5

1. (1,1) 是极小值点，极小值为 6，(−1，−1) 是极大值点，极大值为 14.

2. (1,0) 是极小值点，极小值为 −5；(−3,2) 是极大值点，极大值为 31.

3. 最小值为 0，最大值为$\dfrac{\sqrt{3}}{9}$.

4. 最小值为 0，在点(0,0) 取得；最大值为$\frac{625}{64}$，在点$\left(\frac{5}{2},\frac{5}{4}\right)$取得.

5. 当水箱的长、宽、高分别为$\sqrt[3]{4}$ m、$\sqrt[3]{4}$ m、$\sqrt[3]{4}$ m 时，用料最少.

6. 这 3 个数分别为$\frac{a}{3},\frac{a}{3},\frac{a}{3}$.

习题 7.6

1. $\frac{1}{3}$. 2. $\frac{45}{8}$. 3. $\frac{4}{\pi^2}+\frac{8}{\pi^3}$. 4. $1-\sin 1$. 5. $\frac{1}{12}$.

复习题七

一、填空题

1. $\{(x,y)\mid x^2+y^2>1\}$. 2. $\frac{4}{5}$. 3. e;0.

4. $\left(y+\frac{1}{y}\right)dx+\left(x-\frac{x}{y^2}\right)dy$. 5. $12x^2-8y^2$; $-16xy$. 6. 充分.

二、选择题

1. B 2. D 3. B 4. B 5. D

三、解答题

1. $\frac{\partial z}{\partial x}=\frac{yz}{z^2-xy}$. 2. $\frac{\partial z}{\partial x}=4x$; $\frac{\partial z}{\partial y}=4y$. 3. $\frac{dz}{dx}=e^x\left(\frac{1}{x}+\ln x\right)$.

4. $z''_{xx}=6x-6y^3$; $z''_{xy}=-18xy^2$; $z''_{yy}=12y^2-18x^2y$.

5. 不存在. 6. 在点(2，−2) 处取到极大值 8.

7. $\frac{1}{4}$. 8. $\frac{9}{8}$.

第 8 章习题答案

习题 8.1

1. (1) 一阶；(2) 三阶；(3) 一阶；(4) 二阶.

2. (1) 是，特解；(2) 不是；(3) 是，特解；(4) 是，通解.

3. $y=\frac{1}{3}x^3$.

4. $y=(4+2x)e^{-x}$.

习题 8.2

1. (1) $y=Ce^{x^3}$; (2) $2y+\frac{1}{2}y^2=\frac{1}{2}x^2+C$; (3) $\arctan y=\arcsin x+C$;

(4) $\arctan y=x+\frac{1}{2}x^2+C$; (5) $\frac{1}{2}\ln^2 y=\ln|1+x|+C$; (6) $-\ln^2 y=\ln^2 x+C$.

2. (1) $(1+x)(1-y)=-1$; (2) $\arctan y=-\frac{x^3}{3}$; (3) $y=x$; (4) $\cos y=\frac{\sqrt{2}}{2}\cos x$.

习题 8.3

1. (1) $y=-\ln x+C$;(2) $\sin\frac{y}{x}=\ln x+C$;(3) $y=Cx^4+x^2$;(4) $\frac{y}{x+y}=Cx^2$.

2. (1) $\frac{y^2}{x^2}=2\ln x+1$;(2) $\frac{y^2}{x^2}=\ln x+4$;(3) $y=e^{\frac{y}{x}-1}$;(4) $\sqrt{\frac{y}{x}}=-\ln x+4$.

3. (1) $\sin(y-x)=x+C$;(2) $y=x\cdot e^{cx}$.

习题 8.4

1. (1) $y=e^{-x}(x+C)$;(2) $y=\frac{1}{x}\left(\frac{x^3}{3}+C\right)$;(3) $y=x^2\left(-\frac{\cos3x}{3}+C\right)$;

(4) $y=\cos(-2\cos x+C)$.

2. (1) $y=\frac{1}{2}x^3-x$;(2) $y=e^{-3x}\left(\frac{8}{3}e^{3x}-\frac{2}{3}\right)$;

(3) $y=e^x(x+1)$;(4) $y=e^{-5x}(-2e^{2x}-2)$.

3. $i(t)=e^{-5t}+\sin5t-\cos5t$.

习题 8.5

1. (1) $y=-\cos x+C_1x+C_2$;(2) $y=-C_1\ln(1-x)+C_2$;(3) $y=\frac{1}{2}e^{2x}+C_1e^x+C_2$;

(4) $y=-xe^{-x}-e^{-x}-C_1e^{-x}+C_2$;(5) $y=C_1x-C_1e^{-x}+C_2$;

(6) $x=\pm\frac{2}{C_1}\sqrt{C_1y-1}+C_2$.

2. (1) $y=\frac{x^3}{3}+x+1$;(2) $y=x^3+3x+1$;(3) $\arctan(y^2+1)=x+\arctan2$;

(4) $y=-(x+1)\cdot e^{-x+1}$.

习题 8.6

1. 略.

2. (1) $y=C_1e^{-x}+C_2e^{-2x}$;(2) $y=C_1+C_2e^{4x}$;(3) $y=(C_1+C_2x)e^{-5x}$;

(4) $y=e^{-x}(C_1\cos2x+C_2\sin2x)$;(5) $y=e^x(C_1\cos2x+C_2\sin2x)$;

(6) $y=C_1\cos2x+C_2\sin2x$.

3. (1) $y=4e^x+2e^{3x}$;(2) $y=(2+x)e^{-\frac{1}{2}x}$;(3) $y=2\cos5x-\sin5x$.

习题 8.7

1. (1) $y^*=\frac{1}{2}x^2$;(2) $y^*=x^2$;(3) $y^*=1$;(4) $y^*=x\left(\frac{1}{2}x-1\right)e^{-x}$;

(5) $y^*=\left(x^2-\frac{2}{9}\right)e^x$;(6) $y^*=-2xe^{-2x}$;(7) $y^*=\frac{1}{5}xe^x$;

(8) $y^*=\frac{1}{2}e^{-x}+\frac{1}{2}x-\frac{1}{4}$.

2. (1) $y=-5e^x+\frac{7}{2}e^{2x}+\frac{5}{2}$;(2) $y=\frac{3}{2}e^x-\frac{3}{2}e^{-x}+(x^2-x)e^x$.

3. $y=C_1e^{-x}+C_2e^{-5x}+\frac{3}{4}xe^{-x}$.

复习题八

一、填空题

1. 所出现的未知函数的最高阶导数的阶数；一阶.

2. 满足微分方程的函数；若微分方程的解中含有任意常数，且相互独立（即不能合并）的任意常数的个数和微分方程的阶数相同，则此解；当通解中的各任意常数都取特定值时所得到的解.

3. $\dfrac{\mathrm{d}y}{\mathrm{d}x}=f\left(\dfrac{y}{x}\right)$；4；转化、换元、求解、回代.

4. $y=C\mathrm{e}^{-\int P(x)\mathrm{d}x}$；$y=\mathrm{e}^{-\int P(x)\mathrm{d}x}\left[\int Q(x)\mathrm{e}^{\int P(x)\mathrm{d}x}\mathrm{d}x+C\right]$.

5. $y'=P, y''=P'$；$y'=P, y''=\dfrac{\mathrm{d}P}{\mathrm{d}y}\cdot\dfrac{\mathrm{d}y}{\mathrm{d}x}=P\dfrac{\mathrm{d}P}{\mathrm{d}y}$.

6. $y=(C_1+C_2x)\mathrm{e}^{r_1x}$.

7. $y^*=Ax^3+Bx^2+Cx+D$.

8. $y^*=x(Ax^2+Bx+C)\mathrm{e}^x$.

二、选择题

1. A　2. B　3. B　4. B　5. C　6. D　7. B　8. D

三、解答题

1. $y^2+1=C(x^2-1)$.

2. $y+\mathrm{e}^{-y}=\dfrac{1}{2}\mathrm{e}^{-2x}-\mathrm{e}^{-x}+C$.

3. $\pm\sqrt{\dfrac{y}{x}}=\ln|x|+C$.

4. $y=C\mathrm{e}^{\frac{y}{x}}$.

5. $y=\mathrm{e}^{-3x}(C_1\cos2x+C_2\sin2x)$.

6. $y^*=x\left(\dfrac{3}{2}x-3\right)\mathrm{e}^{-x}$.

7. $y=C_1\mathrm{e}^{-x}+C_2\mathrm{e}^{-4x}+x\left(\dfrac{1}{2}x-\dfrac{1}{3}\right)\mathrm{e}^{-x}+x^2-\dfrac{5}{2}x+\dfrac{33}{8}$.

第 9 章习题答案

习题 9.1

1. (1) 13；　(2) $-\cos2\alpha$；　(3) 0；
   (4) -8；　(5) $(b-a)(c-a)(c-b)$；　(6) -31.

2. $a_{23}(=-3)$ 的余子式 $M_{23}=\begin{vmatrix}0&3\\2&1\end{vmatrix}$，代数余子式 $A_{23}=-\begin{vmatrix}0&3\\2&1\end{vmatrix}$.

3. (1) $\begin{cases} x=-\dfrac{1}{2}, \\ y=0, \\ z=\dfrac{3}{2}; \end{cases}$ (2) $\begin{cases} x=\dfrac{1}{3}, \\ y=-\dfrac{7}{12}, \\ z=\dfrac{5}{4}. \end{cases}$

4. (1) 64; (2) 160; (3) 0; (4) -11; (5) -9; (6) a^2bc;
(7) -48; (8) 22; (9) $a_1+a_2+a_3+a_4+1$.

5. 略.

6. (1) $\begin{cases} x_1=1, \\ x_2=2, \\ x_3=3, \\ x_4=-1; \end{cases}$ (2) $\begin{cases} x_1=1, \\ x_2=-2, \\ x_3=0, \\ x_4=\dfrac{1}{2}. \end{cases}$

习题 9.2

1. $\boldsymbol{X}=\begin{pmatrix} 1.5 & 0.5 & 6 \\ 1 & 1 & 0 \\ 2 & -2 & 3 \end{pmatrix}$.

2. (1) $\begin{pmatrix} 1 & 0 & -2 \\ -2 & 6 & -1 \end{pmatrix}$; (2) (2);

(3) $\begin{pmatrix} 0 & 45 & 5 & 15 \\ 0 & 36 & 4 & 12 \\ 0 & -9 & -1 & -3 \end{pmatrix}$; (4) $\begin{pmatrix} 0 & 2 & 0 & 4 \\ 2 & 10 & -6 & 16 \\ 1 & 4 & -3 & 6 \end{pmatrix}$;

(5) $(1 \quad 15 \quad -5 \quad -6)$; (6) 180.

3. $(\boldsymbol{AB})^{\mathrm{T}}=\boldsymbol{B}^{\mathrm{T}}\boldsymbol{A}^{\mathrm{T}}=\begin{pmatrix} -1 & 4 \\ 13 & 4 \\ 7 & -6 \end{pmatrix}$.

4. $\boldsymbol{A}^2-2\boldsymbol{AB}+\boldsymbol{B}^2=\begin{pmatrix} 0 & 0 \\ 4 & 4 \end{pmatrix}$, $(\boldsymbol{A}-\boldsymbol{B})^2=\begin{pmatrix} 2 & 0 \\ 0 & 2 \end{pmatrix}$.

5. (1) $\begin{pmatrix} 9 & -2 \\ -7 & -1 \end{pmatrix}$; (2) $\begin{pmatrix} 6 & 3 & -12 \\ -3 & -3 & 6 \\ -9 & -3 & 9 \end{pmatrix}$.

6. (1) 可逆, $\dfrac{1}{11}\begin{pmatrix} 3 & -5 \\ 1 & 2 \end{pmatrix}$; (2) 可逆, $-\dfrac{1}{5}\begin{pmatrix} 3 & 0 & -2 \\ -1 & -1 & 1 \\ -4 & 0 & 1 \end{pmatrix}$; (3) 不可逆; (4) 可逆, $-\dfrac{1}{10}\begin{pmatrix} 15 & 3 & -11 \\ -10 & -4 & 8 \\ 0 & 2 & -4 \end{pmatrix}$.

7. (1) $\boldsymbol{X}=\begin{pmatrix}-1 & \frac{3}{2}\\ -1 & \frac{5}{2}\end{pmatrix}$； (2) $\boldsymbol{X}=\frac{1}{10}\begin{pmatrix}-16 & 24\\ -11 & 24\\ 13 & -22\end{pmatrix}$.

8. (1) $\begin{pmatrix}-5 & 0 & 2\\ 3 & 0 & -1\\ -5 & 1 & 1\end{pmatrix}$； (2) $\begin{pmatrix}-\frac{3}{2} & \frac{7}{10} & -\frac{3}{5} & \frac{1}{2}\\ -1 & \frac{3}{5} & \frac{1}{5} & 0\\ \frac{3}{2} & -\frac{3}{10} & \frac{2}{5} & -\frac{1}{2}\\ -\frac{1}{2} & -\frac{1}{10} & -\frac{1}{5} & \frac{1}{2}\end{pmatrix}$；

(3) $\begin{pmatrix}1 & 0 & 0 & 0\\ 1 & \frac{1}{2} & 0 & 0\\ -\frac{7}{3} & -\frac{2}{3} & \frac{1}{3} & 0\\ \frac{5}{2} & \frac{3}{4} & -\frac{1}{2} & \frac{1}{4}\end{pmatrix}$.

9. $t=0$.

习题 9.3

1. (1) $\begin{cases}x_1=3-x_3,\\ x_2=-8+2x_3,\\ x=6;\end{cases}$ (x_3 为自由未知量)

(2) $\begin{cases}x_1=-8-x_3,\\ x_2=13+x_3,\\ x_4=-2;\end{cases}$ (x_3 为自由未知量)

(3) $\begin{cases}x_1=-17-9x_2-4x_4,\\ x_3=14+7x_2+\frac{7}{2}x_4;\end{cases}$ (x_2,x_4 为自由未知量)

(4) $\begin{cases}x_1=1-\frac{3}{2}x_2-x_4,\\ x_3=2+\frac{7}{2}x_2-2x_4.\end{cases}$ (x_2,x_4 为自由未知量)

2. 当 $a-b\neq 0$，即 $a\neq b$ 时，线性方程组有唯一解；当 $a=b=0$ 时，线性方程组无解；当 $a=b$ 且 a,b 不同时为 0 时，线性方程组有无穷多解.

3. (1) $\begin{cases}x_1=-2x_3-x_4,\\ x_2=x_3-3x_4;\end{cases}$ (x_3,x_4 为自由未知量)

(2) $\begin{cases} x_1=-\dfrac{7}{5}x_3+x_4, \\ x_2=\dfrac{4}{5}x_3. \end{cases}$ (x_3,x_4 为自由未知量)

4. 当 $\lambda=1$ 或 $\lambda=-2$ 时，齐次线性方程组有非零解；当 $\lambda\neq1$ 且 $\lambda\neq-2$ 时，齐次线性方程组仅有零解.

习题 9.4

1. (1) 当 $x=4,y=3$ 时，目标函数取得最大值 24.

   (2) 当 $x=-14,y=12$ 时，目标函数取得最大值 -38.

2. 当 $x=0,y=8$ 时，目标函数取得最大值 32.

3. 当生产 A 型号产品 20 个，B 型号产品 30 个时，该公司可获得最大利润 18 000 元.

复习题九

一、选择题

1. B 2. C 3. D 4. C 5. B 6. A 7. B 8. B

二、解答题

1. (1) 0； (2) 300； (3) -624； (4) 16； (5) $16\cos^4 x$； (6) $-3a^4$.

2. (1) $\begin{pmatrix} \dfrac{2}{5} & -\dfrac{1}{10} & \dfrac{1}{10} \\ -\dfrac{2}{3} & \dfrac{1}{6} & \dfrac{1}{6} \\ \dfrac{1}{5} & \dfrac{1}{5} & -\dfrac{1}{5} \end{pmatrix}$； (2) $\begin{pmatrix} -\dfrac{1}{2} & \dfrac{1}{7} & \dfrac{2}{7} & -\dfrac{3}{14} \\ -\dfrac{1}{2} & 1 & -1 & \dfrac{1}{2} \\ 0 & \dfrac{3}{7} & -\dfrac{1}{7} & -\dfrac{1}{7} \\ \dfrac{1}{2} & -\dfrac{5}{7} & \dfrac{4}{7} & \dfrac{1}{14} \end{pmatrix}$.

3. $\boldsymbol{X}=-\dfrac{1}{6}\begin{pmatrix} 50 & -21 \\ -16 & 6 \\ 15 & -6 \end{pmatrix}$.

4. (1) $\begin{cases} x_1=2x_2+\dfrac{2}{7}x_4, \\ x_3=-\dfrac{5}{7}x_4; \end{cases}$ (x_3,x_4 为自由未知量)

   (2) $\begin{cases} x_1=-1-2x_3, \\ x_2=2+x_3, \\ x_4=-4. \end{cases}$ (x_3 为自由未知量)

5. 当 $\lambda\neq1$ 且 $\lambda\neq-\dfrac{4}{5}$ 时，原线性方程组有唯一解；

   当 $\lambda=-\dfrac{4}{5}$ 时，原线性方程组无解，

   当 $\lambda=1$ 时，原线性方程组有无穷多解，为 $\begin{cases} x_1=1, \\ x_2=-1+x_3. \end{cases}$ (x_3 为自由未知量)

6. (1) 当 $x=\dfrac{3}{2}, y=\dfrac{1}{2}$ 时，目标函数取得最大值 2.5.

(2) 当 $x=2, y=2$ 时，函数取得最大值为 20.

7. 解：设甲、乙两种模型的产量分别为 x, y 时，获得的利润为 Z，建立数学模型如下.

目标函数：$\max Z = 80x + 130y$.

约束条件：$\begin{cases} 3x+5y \leqslant 4\ 500, \\ 2x+7y \leqslant 5\ 200, \\ x, y \geqslant 0, \end{cases}$

用 Excel 求解，结果如下图所示.故当甲模型的产量为 500 台，乙模型的产量为 600 台时，该工厂可获得最大利润，为 118 000 元.

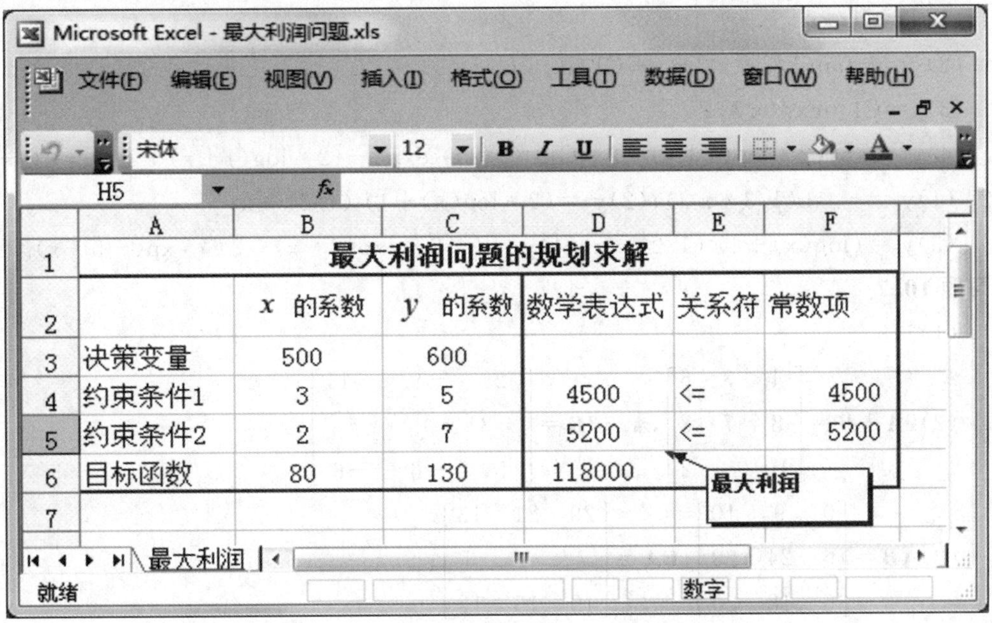

	A	B	C	D	E	F
1	最大利润问题的规划求解					
2		x 的系数	y 的系数	数学表达式	关系符	常数项
3	决策变量	500	600			
4	约束条件1	3	5	4500	<=	4500
5	约束条件2	2	7	5200	<=	5200
6	目标函数	80	130	118000		
7						

第 10 章习题答案

习题 10.2

1. 略

2. (1)2/11;(2)1/4 ;(3)2;(4)0;(5)0;(6)−1/4.

习题 10.3

1. (1)cos(x)/x−sin(x)/x^2;(2)1+(1+sin(x))/cos(x)^2 * sin(x);

(3)z'_x=−y/x^2/(1+y^2/x^2),z'_y=1/x/(1+y^2/x^2);

(4)z'_x= (2 * exp(2 * x+2 * y^2)+2 * x)/(exp(2 * x+2 * y^2)+x^2+y),

z'_y=(4 * y * exp(2 * x+2 * y^2)+1)/(exp(2 * x+2 * y^2)+x^2+y).

2. (1)z''_{xx}=12 * x^2−8 * y^2,z''_{yy}=12 * y^2−8 * x^2;z''_{xy}=z''_{yx}=−16 * x * y;

(2)y″=2 * exp(x) * cos(x).

习题 10.4

1～5. 略

习题 10.5

1. (1)1/2 * x^2 * asin(x)+1/4 * x * (1-x^2)^(1/2)-1/4 * asin(x);

   (2)1/2 * exp(x) * cos(x)+1/2 * exp(x) * sin(x);

   (3)-log(2)+2;

   (4)2.

2. (1)-exp(cos(x));

   (2)1/2 * x^2 * atan(x)-1/2 * x+1/2 * atan(x).

习题 10.6

1. (1)y=C1/x;

   (2)y=-tan(1/2 * x^2-x+C1);

   (3)y=C1 * exp(x^3);

   (4)y=exp((2 * log(1+x)+2 * C1)^(1/2)) exp(-(2 * log(1+x)+2 * C1)^(1/2)).

2. (1)y =-tan(1/3 * x^3);(2)y =(2 * log(x)+1)^(1/2) * x;

   (3)y =(log(x)+4)^(1/2) * x;(4)y =(-2 * exp(2 * x)-2) * exp(-5 * x).

习题 10.7

1. (1)3,3

   (2)$2\boldsymbol{A}+\boldsymbol{B}=\begin{bmatrix}4&3&6\\8&7&8\\10&9&2\end{bmatrix}$,$\boldsymbol{A}-3\boldsymbol{B}=\begin{bmatrix}2&-9&-11\\-3&0&4\\5&-6&-6\end{bmatrix}$;

   (3)$\boldsymbol{AB}=\begin{bmatrix}0&9&10\\6&24&20\\6&18&20\end{bmatrix}$,$\boldsymbol{BA}=\begin{bmatrix}29&21&12\\7&3&6\\19&15&12\end{bmatrix}$;

   (4)$\boldsymbol{A}-2\boldsymbol{E}=\begin{bmatrix}0&0&1\\3&1&4\\5&3&-2\end{bmatrix}$,$\boldsymbol{B}+\boldsymbol{E}=\begin{bmatrix}1&3&4\\2&2&0\\0&3&3\end{bmatrix}$.

2.

-1/2	1/7	2/7	-3/14
-1/2	1	-1	1/2
0	3/7	-1/7	-1/7
1/2	-5/7	4/7	1/14

3. -624.

4. (1)$\begin{cases}x_1=-\dfrac{2}{7}+2x_2\\x_3=\dfrac{5}{7}\\x_4\ \text{为自由变量}\end{cases}$

(2)X =

0

3/2

-1/2

4

复习题十

1. (1)-4;(2)exp(1/2);(3)1/4;(4)0;(5)-2;(6)0.

2. (1)-(1/2)^x * log(2)+3 * x^2;

(2)-1/2/x^(1/2)/(x^(1/2)+1)-1/2 * (1-x^(1/2))/(x^(1/2)+1)^2/x^(1/2);

(3)-4 * cos(2 * x+1) * sin(2 * x+1);

(4)8 * (2 * x+3)^3 * (x-6)^(1/2)/(1+x)^(1/3)+1/2 * (2 * x+3)^4/(x-6)^(1/2)/(1+x)^(1/3)-1/3 * (2 * x+3)^4 * (x-6)^(1/2)/(1+x)^(4/3).

3. (1)1/2 * x^2-2/3 * x^(3/2)+x+log(x^(1/2)+1)-log(x-1)+log(-1+x^(1/2));

(2)-1/2 * (1-2 * x^2)^(1/2);

(3)(x^2-1)^(1/2)+atan(1/(x^2-1)^(1/2));

(4)28667036230379972799757182819 9;

(5)4.

4. (1)y =

1/x * (x * y)^(1/2)+log(x)-C1 = 0;

(2)y =

(lambertw(-exp(-1/2 * exp(-2 * x)+exp(-x)-C1)) * exp(2 * x)+1/2-exp(x)+C1 * exp(2 * x)) * exp(-2 * x).

5. (1)0;

(2)

-1/2	1/7	2/7	-3/14
-1/2	1	-1	1/2
0	3/7	-1/7	-1/7
1/2	-5/7	4/7	1/14;

(3)X =

2

-1

0.